Eins zu Tausend

Ellen Kaplan, Michael Kaplan

Eins zu Tausend

Die Geschichte der
Wahrscheinlichkeitsrechnung

Aus dem Englischen von Carl Freytag

Campus Verlag
Frankfurt/New York

Für Jane, die das Wahrscheinliche liebt,
für Bob, der sich Chancen ausrechnet,
und für Felix, der das Risiko schätzt

Inhalt

Kapitel I

Gedankenspiele

> Die Gegenwart ist ein flüchtiger Augenblick, die Vergangenheit
> nicht mehr; und unsere Aussicht in die Zukunft ist dunkel und
> ungewiss. Der heutige Tag kann *vielleicht* der letzte sein; allein
> die Gesetze der Wahrscheinlichkeit, so unzuverlässig im All-
> gemeinen, so trügerisch im Einzelnen, erlauben mir noch immer
> etwa fünfzehn Jahre.
>
> *Edward Gibbon, Gibbons Leben: von ihm selbst beschrieben*

Wir verlangen nach Sicherheit und nennen »Schicksal«, was auf uns
zukommt. *Alles* ist möglich, aber nur *Eines* wird Wirklichkeit – wir
leben und sterben zwischen diesen zwei Polen und stehen dabei unter
dem Gesetz der Wahrscheinlichkeit. Trotzdem reden wir gern von
Glück und Unglück, unseren alten Bekannten in Gestalt von Göttern
und Dämonen, die wir durch Zauberkunst und Rituale beschwören.
Wir erinnern uns gegenseitig daran, wie leicht Glück und Glas bre-
chen – und glauben insgeheim, dass das für uns selbst nicht gilt: *Ich*
bin Herr meines Schicksals, während *Du* gegen tausend Gefahren
kämpfen musst und *er* in seinem Traumland lebt, wo ohnehin alles
egal ist.

Bis in die 1660er Jahre, als John Graunt, ein bankrotter Londoner Textilkaufmann, das Leben in der Stadt mit seinen *Bills of
Mortality* berechnete, gab es nur zwei Möglichkeiten, die Welt
zu verstehen: induktiv anhand von Beispielen und deduktiv auf
Axiome gegründet. Die Wahrheit war entweder das Resultat von
Erfahrung – und damit immer in Gefahr, durch Gegenbeispiele
widerlegt zu werden, die überall auf der Lauer lagen –, oder sie
bestand aus wunderschönen Abstraktionen: rein, widerspruchsfrei
und klar wie ein Kristall, aber ohne festen Bezug zur Welt von uns
Sterblichen. Diese beiden Wege der Erkenntnis setzten den Antworten, aber auch den Fragen über unser Leben Grenzen. Jenseits dieser
Grenzen war alles Zufall, Glück oder Schicksal: das Rätsel unserer
Existenz als Individuum.

Graunt war der Erste, der versuchte, die Wahrheit in einem Haufen von Daten zu entdecken. Mit seiner Erfindung, die später als *Statistik* bezeichnet wurde, umging er sowohl die Grundfrage des Seins (»Alles ist möglich«) als auch die der Einmaligkeit der individuellen Existenz (»Nur Eines wird Wirklichkeit«). Das Problem der Ungewissheit formulierte er in der Frage: »Wie genau muss man etwas wissen, um handeln zu können?«

Im gleichen Jahrzehnt, das so reich an Ideen war, arbeitete Blaise Pascal an zwei Projekten, am Rätsel des Würfelspiels und an seinem ganz persönlichen, weit drängenderen Problem: »Was muss ich tun, um gerettet zu werden?« Auch dabei konnte weder die Induktion noch die Deduktion eine Antwort geben: Gott und die Würfel schienen beide völlig unabhängig von ihrer Vergangenheit und Vorgeschichte zu sein. Und doch hatte die Welt in den Jahrtausenden seit ihrer Entstehung die *Tendenz*, einen bestimmten Weg zu gehen – so, wie bei 1 000-mal Würfeln die *Tendenz* besteht, dass die Sechs mit einer gewissen Wahrscheinlichkeit vorkommt. Pascal hat als Erster erkannt, dass die Wahrscheinlichkeit Gesetzen unterliegen kann, Gesetzen, die vielleicht nicht für jedes einzelne Mosaiksteinchen gelten und auch nicht für jeden Ort und zu jeder Zeit, aber doch für das Leben als Ganzes – nicht unbedingt *heute* für *mich*, aber über alle Zeiten für die Menschheit.

Die Kombination aus Statistik und Wahrscheinlichkeitstheorie ist heute die Grundlage fast aller moderner Naturwissenschaften – von der Meteorologie bis zur Quantenmechanik. Auf sie stützen sich auch die meisten gesellschaftlichen Aktivitäten – von der Politik über die Wirtschaft, die Medizin und den Handel bis zum Sport. Wenn wir einmal die reine Mathematik, die Philosophie oder die Theologie beiseitelassen, finden wir sie immer im Hintergrund, wenn wir konkrete Aussagen betrachten.

Dabei steht das »nur« Wahrscheinliche im Widerspruch zu all unseren menschlichen Instinkten. Unser natürlicher Drang, Wissen zu erlangen, richtet sich entweder auf die Deduktion logischer Wahrheiten (»Glück ist das höchste aller Güter«) oder auf induktive Wahrheiten mit der Erfahrung als Grundlage (»Spiel nie Poker mit jemand, den sie ›den Doktor‹ nennen«). Wir würden gern alle Fragen in eine

dieser beiden Kategorien einordnen, was einer der vielen Gründe ist, weshalb uns das »nur« Wahrscheinliche so fremd ist und wir Statistiker nicht ins Herz schließen. Sie sagen uns nicht, was wir hören wollen: die absolute Wahrheit. Ihre Aussagen sind zwar aufs Ganze gesehen wahr, aber, wenn man ins Detail geht, auch irgendwie falsch. Es ist wie beim Journalismus: Die Zeitungsberichte sind wahr, es sei denn, wir kennen uns bei einem Thema besonders gut aus. Und während wir vielleicht bereit sind, wenigstens einen Blick auf die Zahlen zu werfen, sträuben wir uns dagegen, selbst nur eine »Nummer« in der Statistik zu sein.

Nun gibt es Menschen, die zwar vielleicht nicht in der Lage sind, die versteinerten Verhältnisse zum Tanzen zu bringen, aber immerhin Daten. Es sind Menschen, für die in diesem unvollständigen Haufen voller Ungewissheiten Ordnungen aufleuchten, die so wunderbar sind, wie ein Zug von Schwänen auf dem Weg in den Süden. John Graunt, Blaise Pascal, Thomas Bayes, Francis Galton, Ronald A. Fisher, John von Neumann: Gestalten der Wissenschaftsgeschichte, die unangepasst waren und eher am Rande des großen Stroms des wissenschaftlichen Lebens existierten, um sich den Kopf zu zerbrechen, wie man das menschliche Tun entschlüsseln könnte – ein Vorhaben, für das sich die angepassteren Kollegen wohlfeiler Sprüche und Lebensweisheiten bedienten. Wer heute mit Wahrscheinlichkeiten arbeitet, also die Marktstrategen, Kartenspieler, Zauberer, Experten der künstlichen Intelligenz, Ärzte und Bastler von Kriegsspielen, hat einen gleichermaßen interessierten wie distanzierten Blick auf das Tun der Menschen, das er analysiert (und bis zu einem gewissen Maß kontrolliert).

Wenn Sie schon jemals mit einem neugierigen Kind eine lange Autofahrt machen mussten, kennen Sie die meisten Sackgassen, in denen das formale logische Denken landen kann. Sätze wie »Woher weißt Du das?« und »Was ist aber, wenn es nicht so ist?« werfen große Fragen auf, Fragen, an denen sich die Philosophen seit über zwei Jahrtausenden die Zähne ausbeißen. »Woher weißt Du das?« ist eine besonders tückische Frage. Wir »wissen«, dass Protonen aus Quarks zusammengesetzt sind oder die Kanzlerin in Trinwillershagen eine

Rede gehalten hat – aber ist dieses »Wissen« das Gleiche wie zu wissen, dass die Winkelsumme im Dreieck 180 Grad beträgt oder dass es uns ein wenig hinter dem linken Ohr juckt? Ganz intuitiv werden wir sagen, dass es *nicht* das Gleiche ist – aber woher wissen wir das eigentlich?

Das war die große Frage zu Zeiten Platons, insbesondere weil die Sophisten darauf bestanden, dass das *keine* Frage ist. Sie gingen davon aus, dass die *Überzeugung* die Grundlage alles Wissens ist und dass man Beweise mithilfe der Rhetorik durch Unter- und Überredung zu führen hat. So behauptete der Sophist Gorgias, der Rhetoriker besitze »das Mittel der Überredung, sodass er, ohne die Dinge zu verstehen, mehr davon zu verstehen scheint vor Unkundigen als der Sachverständige«! Demnach genügte es schon zu überzeugen, da ohnehin nichts wirklich existiert – oder man es nicht wissen kann, wenn es existiert, oder man es nicht ausdrücken kann, wenn man weiß, dass es existiert. Diese Ansicht hat den Vorteil, dass alles Wissen *gleich* ist – vom Geheimnis der Protonen bis zu dem Wissen über die Kanzlerin. Diese Ansicht hat aber den Nachteil, dass alles Wissen *ungenau* ist.

Platon und seine Anhänger hassten die Sophisten wegen ihrer selbstgerechten, anmaßenden Haltung und der Art, wie sie ihre Weisheiten vermarkteten, aber vor allem wegen ihres Relativismus. Die Platoniker konnten es nicht hinnehmen, dass Dinge einfach so sind, wie sie sind, nur weil irgendjemand das letzte Wort hat: Die Dinge sind vielmehr so, nur weil sie so sein *müssen*! Ein noch so glänzendes Plädoyer macht aus einer Drei keine Fünf. Euklid, ein Schüler Platons, gliederte sein Geometriebuch, die *Elemente*, in Definitionen von Dingen, Axiome als den Grundregeln der Beziehungen dieser Dinge und Theoreme, also Aussagen, die bewiesen werden können, indem man sie rein logisch aus den Axiomen ableitet. Ein Beweis Euklids hat noch jeden neugierigen Geist beeindruckt: Eine Aussage, die oft schwer zu glauben ist, macht den Anfang, und in ein paar Schritten wird aus ihr eine Erkenntnis, die so sicher ist wie ein beherztes »Ich bin«.

Warum kann denn nicht alles im Leben so glatt gehen wie bei Euklid? Selbst die Rede einer Kanzlerin hätte eine eindeutige, unbestreitbare Botschaft, wenn wir alles, was wir untersuchen, durch eine widerspruchsfreie Kombination von Axiomen, Theoremen und Beweisen ausdrücken könnten. Darin bestand der große Plan des Aristoteles. Die Axiome des Seins sind nach seiner Lehre Stoff und Form. Einem Ding wird durch die Form Wirklichkeit verliehen, deshalb kann die Beziehung zwischen zwei Dingen durch die Formen, die ihnen gemeinsam sind, definiert werden. Sterblichkeit, ein Hund zu sein, aus Korinth zu stammen oder sich als Schöpfer der Welt zu versuchen: Das alles sind Aspekte des Seins, die durch logische Beweisführung in ihre jeweilige verschachtelte Ordnung gebracht werden können. Fast jedes Lehrbuch der Logik beginnt mit einem berühmt gewordenen »Syllogismus« (oder Schluss vom Allgemeinen auf das Besondere):

Alle Menschen sind sterblich.
Sokrates ist ein Mensch.
Also ist Sokrates sterblich.

Das *muss* so sein: Der Schluss ist schon in den Definitionen angelegt. Aristoteles' Syllogismen bestimmten das wissenschaftliche Denken von damals bis zum Beginn des 17. Jahrhunderts. Das deduktive Denken hat aber einen wesentlichen Konstruktionsfehler: Es ignoriert den Unterschied zwischen (formal) *gültig* und *wahr*. Die Gesetze zur Bildung eines Syllogismus sagen, ob eine Aussage im Widerspruch zu den Prämissen steht oder nicht, aber sie sagen nichts über die Prämissen selbst. Die Bewohner der Halbinsel Kamtschatka glauben zum Beispiel, dass die Vulkane unterirdische Partykeller sind, wo die Dämonen Wale am Spieß braten. Raucht der Vulkan, geht es unten hoch her. An diesem Schluss ist *logisch* nichts falsch. Die deduktive Logik ist also darauf beschränkt, Beziehungen zwischen Aussagen zu beschreiben, sagt aber nicht unbedingt etwas über Wahrheiten aus. Sie kann nicht *etwas* aus *nichts* erzeugen. Ähnlich wie sich die japanischen Papierblumen entfalten, wenn sie mit Wasser in Berührung kommen, erlaubt die Logik nur, dass schon vorhandene Beziehungen aufblühen und sich entfalten. Heute hat sie ihre größte Verbreitung im Reich der Logikchips der Computer und sorgt dafür, dass die Puzzleteile unseres Lebens nicht auf Kollisionskurs geraten. Die Computerexperten ermahnen uns aber auch immer wieder, dass *wir* dafür verantwortlich sind, die Geräte nicht mit Müll zu füttern. Die Voraussetzungen, auf denen die automatisierte Logik von Computern beruht, sind selbst das Ergebnis von menschlichen Erkenntnissen über die Natur der Welt, die wir *nicht nur* durch Deduktion gewinnen konnten.

Sie erinnern sich noch an die andere peinliche Frage der Kleinen vom Rücksitz? »Was ist aber, wenn es nicht so ist?« Ganz instinktiv schließen wir vom Einzelbeispiel auf das Prinzip, von den Objekten auf ihr Wesen. Wir gehen von dem Haufen ungeordneten Zeugs aus, den wir Erfahrung nennen, um das wohlgeordnete Netz von Ursache und Wirkung über ihn zu breiten, das uns während unseres ganzen Lebens immer wieder in Bann zieht. Aber wo nehmen wir das Recht dazu her? Was macht aus unseren Annahmen mehr als bloße Vorurteile?

Sir Francis Bacon quälte sich zu Beginn des 17. Jahrhunderts mit diesem Problem herum und legte mit einer Methode, die er *Induktion* nannte, den Grundstein für eine neue Art von Wissenschaft, die sich von den Aristotelischen Beweisketten löste und bereit war, zu sehen, zu hören, zu fühlen – und selbst Schlüsse zu ziehen. Bacon ging vor, wie es einem Lordkanzler und obersten Richter des Königreichs angemessen war: Er kitzelte aus den Erfahrungen die verschiedenen Eigenschaften, ihr jeweiliges Ausmaß und ihre positiven und negativen Wirkungen heraus. Indem er diese Prüfung auf verschiedenen Ebenen durchführte, hoffte er, das Wesentliche vom Unwesentlichen trennen zu können. Nach seinen Vorstellungen ähnelte die Naturwissenschaft jenem »Spiel der 20 Fragen«, mit denen man das Wesentliche über einen Gegenstand herauszufinden versucht, oder dem Versuch, in einer fremden Sprache ein Essen zu bestellen: Die unbekannten Zusammenhänge zeigen sich auf Umwegen, und das Wissen nimmt zu, indem man versucht, Fehler und Irrtümer auszumerzen.

Die Induktion hat letztlich drei Gesichter, von denen sich jedes in eine etwas andere Richtung wendet. Ihr Allerweltsgesicht ist die Logik unseres Alltagsdenkens mit seinen guten Ratschlägen, Lebensweisheiten und Sprichwörtern: »Ärgere ein Krokodil nur, wenn es auf der anderen Seite des Grabens liegt«, »Ein Freund ist nicht länger ein Freund, wenn er zu Macht gelangt« und dergleichen mehr. Alle Geschichten, die Ihnen Ihr Vater erzählt hat, sind Meisterleistungen der Induktion, Kristalle ewiger Weisheit, die aus der gesättigten Lösung des Lebens ausgefällt wurden.

Das zweite und erhabenere Gesicht der Induktion ist das mathematische: So gesehen ist sie eine erstaunlich wirkungsvolle Methode, die uns erlaubt, die Unendlichkeit zu enthüllen und als reife Frucht in die Tasche zu stecken. Angenommen, wir wollen beweisen, dass die Summe der ersten n ungeraden Zahlen n^2 ist, wenn man mit 1 beginnt. Machen wir einen Versuch mit $n = 3$: $1 + 3 + 5 = 9 = 3^2$. So weit, so gut. Aber niemand wird Lust haben, alle Beispiele durchzurechnen. Wir wollen wissen, ob die Behauptung wahr oder unwahr ist, richtig oder falsch, und zwar für *alle* Werte von n, also für die erste Milliarde ungerader Zahlen und auch für 10^{100} ungerade Zahlen.

Warum nicht das Gesetz für die erste ungerade Zahl beweisen, also die Eins? Es geht ganz leicht: $1 = 1^2$. Nun nehmen wir an, dass das Gesetz für irgendeine abstrakte Zahl n gilt, das heißt, die Summe $1 + 3 + 5 + \dots$ mit insgesamt n ungeraden Zahlen beträgt n^2. Es könnte uns vielleicht helfen, wenn wir diese n-te ungerade Zahl definieren. Okay, die n-te *gerade* Zahl ist $2n$, dann ist die n-te *ungerade* Zahl $2n - 1$, da die erste ungerade Zahl, die Eins, *vor* der ersten geraden Zahl kommt, der Zwei. Nun müssen wir nur noch zeigen, dass das Gesetz auch für die $(n + 1)$-te ungerade Zahl gilt, *wenn* es für die n-te gilt:

Angenommen, $1 + 3 + 5 + \dots + 2n - 1 = n^2$.
Zu zeigen ist: $(1 + 3 + 5 + \dots + 2n - 1) + (2n + 1) = (n + 1)^2$.

Werfen wir nun einen genaueren Blick auf den Term $(n + 1)^2$ auf der rechten Seite. Rechnen wir die Klammer aus, erhalten wir $n^2 + 2n + 1$. Aber Moment: Das ist ja das Gleiche wie n^2, die Summe der ersten n ungeraden Zahlen, plus $2n + 1$, die nächste ungerade Zahl. Unser Gesetz gilt also tatsächlich für $n + 1$ ungerade Zahlen, *wenn* es für n ungerade Zahlen gilt.

Nun könnten wir aber fragen, ob wir damit nicht nur eine Beziehung zwischen zwei imaginären Dingen bewiesen haben. Wie unterscheidet sich das Verfahren von der Deduktion? Es unterscheidet sich, weil wir schon wissen, dass das Gesetz für die Eins, die erste ungerade Zahl, gilt. Gilt es aber für $n = 1$, so folgt, dass es auch für $n = 2$ und damit die Drei, die nächste ungerade Zahl gilt – und so weiter und so fort. Wir müssen aber nicht alle Beispiele durchrechnen, weil wir wissen, das immer dasselbe herauskommt. Wir haben ein Gesetz gefunden, das alle Beispiele beschreibt, indem man für das abstrakte Symbol n einen beliebigen Wert einsetzt. Die einzelnen Beispiele fallen wie eine Reihe von Dominosteinen – bis ins Unendliche.

Das dritte Gesicht der Induktion ist unergründlich: Es ist ihr wissenschaftliches Gesicht. Unglücklicherweise sind nur wenige Dinge in der Welt der Tatsachen so einfach zu definieren wie eine ungerade Zahl. Die Wissenschaft wäre viel einfacher, wenn wir Protonen, Prionen und Pandabären als eine abstrakte Größe p behandeln und jeweils zeigen könnten, dass auch alles für $p + 1$ wahr ist, was für p gilt. Aber das geht natürlich nicht – und an dieser Stelle sind wir gezwungen, die Wahrscheinlichkeit einzubeziehen. Die Dinge, über die wir sprechen, die Formen, welche die Materie annimmt, sind wie die Axiome des Aristoteles nicht aus sich heraus definiert, sondern von *uns*. Eine Zahl und ein geometrisches Gebilde definieren sich selbst – ein Pandabär nicht.

Wir nähern uns der Wissenschaft auf dem Weg Bacons, indem wir die Welt betrachten, Fragen stellen und Tests machen. Im Inneren dieses so einfach aussehenden Programms sind aber tiefe Rätsel versteckt: Nach *was* suchen wir? *Wo* sollten wir es suchen? *Wie* erkennen wir, dass wir es gefunden haben? *Wie* können wir es ein weiteres Mal finden? Jede neue Beobachtung liefert uns unzählige weitere Informationen, von denen (nur) einige zu den entscheidenden Fakten zählen, aus denen wir Schlüsse ziehen können, während andere nur blanken Unsinn oder Fehlinformationen darstellen. Wie können wir aber Sinnvolles von Unsinnigem unterscheiden? Die Antwort: Indem wir ein Gespür für die Varianten entwickeln, die *wahrscheinlich* sind.

Das hat allerdings zur Folge, dass es bei der wissenschaftlichen Induktion mehr um den Weg als um ein endgültiges Ziel geht: Auch wenn jeder neue Stein, den wir auf dem Weg umdrehen, unsere anfängliche

Annahme bestätigt, werden wir nie die letzte Wahrheit erfahren. Ohne Wiederholungen könnten wir keine Eigenschaften aus den Erfahrungen ableiten, aber die Wiederholungen allein beweisen nichts. Die schlichte Aussage »Die Sonne scheint hell« erfordert ehrlicherweise den coolen Nachsatz: »Na ja, Schnee von gestern – aber was ist morgen?«

Alle Schwäne sind weiß – bis wir nach Münster kommen, wo die schwarze Schwänin Petra in heißer Liebe ihr (weißes) Schwanentretboot umpaddelt. Für eine Wissenschaft, die auf Induktion setzt, ist das *Gegenbeispiel* wie ein Ganove, der nur darauf wartet, die unschuldigen Hypothesen mit seiner Keule platt zu machen, wenn sie an ihm vorbeikommen. Man sucht daher ganz gezielt eine Begegnung mit diesem finsteren Gesellen und begibt sich dazu in Regionen, wo die Gefahr am größten ist, dass er lauert. Die besten Experimente sind so angelegt, dass sie eine bestimmte Aussage, die aus der Hypothese folgt, auf einen Bereich zuspitzen, wo sie am ehesten widerlegt werden könnte. Die *Falsifizierbarkeit* unterscheidet eine wissenschaftliche Hypothese vom bloßen Glauben – und die Wissenschaften von anderen Hochburgen der Meinungen und Behauptungen.

Jedem, nicht nur dem Wissenschaftler, lastet die Induktion aber ein weiteres Problem auf: Wir müssen auf der Grundlage unserer Schlüsse *handeln*. Für diejenigen von uns, die in die Welt hinausfahren und ihre Schätze ungewissen Bedingungen aussetzen müssen, könnte das Gegenbeispiel gerade der Sturm sein, der das Schiff zum Sinken bringt, oder der Krieg, der das Land zerstört. Geht es um menschliche Angelegenheiten, besteht weder Hoffnung, sie genau vorhersagen zu können, noch sind wir in der Lage, sie genau zu überprüfen. So versuchen wir stattdessen, die Komplexität des Augenblicks mit der Komplexität unserer Erinnerung, unserer Vorstellungskraft und unseres Charakters in Einklang zu bringen. Beschäftigen wir uns mit der Geschichte, so hat unser induktives Vorgehen eher das Niveau von Küchen- als von Laborarbeit. Als Plutarch die Charaktere der großen Griechen denen der Römer gegenüberstellte, oder als Thomas a Kempis uns aufforderte, Christus in allem nachzueifern, folgten sie einer Richtschnur, die aus der Komplexität des Lebens, gesehen durch die ähnlich komplexen Filter tugendhafter Menschen, zu einfachen Regeln führte.

Aber heute, wo die Dorfgrenzen die ganze Welt umfassen, haben wir Beispiele, die von Mahatma Gandhi bis zu General Patton reichen und zeigen, welche Schwächen eine rein menschliche Form von Induktion hat. Wir brauchen eine Art von Vernunft, die beides liefert: die Verlässlichkeit der Naturwissenschaften und die Offenheit der Geisteswissenschaften für das Unordentliche und Faszinierende des Lebens. Wenn das Ergebnis verlässlich sein soll, brauchen wir einen Weg, um zu klaren, falsifizierbaren Aussagen zu kommen, weil wir ansonsten wieder beim Zank mit den Sophisten landen. Wenn es aber darum geht, das Leben widerzuspiegeln, müssen wir uns auf die Ungewissheiten einlassen, denn *sie* sind, vor allem anderen, unser Los. Schon Faust war mit diesem »Rauschen der Zeit« konfrontiert:

Stürzen wir uns in das Rauschen der Zeit,
Ins Rollen der Begebenheit!
Da mag denn Schmerz und Genuss,
Gelingen und Verdruss
Miteinander wechseln, wie es kann;
Nur rastlos betätigt sich der Mann.

Die Wissenschaft vom Ungewissen ist die Wahrscheinlichkeitstheorie. Sie beschäftigt sich mit allem, was immer wieder vorkommt, aber nicht immer gleich ist. Ihre Aussagen liefern uns nicht das endgültige *Ja* oder *Nein* der deduktiven Logik, sondern feine Abstufungen: *fast alles, kaum, manchmal* und *vielleicht*. Sie trennt das *Normale* vom *Außergewöhnlichen,* das *Vorhersagbare* vom *Zufälligen* und gibt an, ob sich ein Vorhaben »lohnt«. Sie ist die Wissenschaft der Risiken, Vermutungen und Erwartungen – also all der Dinge, die das Leben ausmachen und es voranbringen.

Aber warum in aller Welt arbeitet die Wahrscheinlichkeitstheorie mit so vielen Zahlen? Laien wie Mathematiker stöhnen auf, wenn von ihr die Rede ist: die Mathematiker, weil ihre Ergebnisse nur mit Vorbehalt und auf Probe gelten, weil sie nur Kochrezepte liefert und keine wirklichen Entdeckungen und weil die »unsauberen« Wahrscheinlichkeiten die ganze Disziplin in Verruf bringen. Die Laien lieben sie aus dem guten Grund nicht, dass bei einer Formel wie

der folgenden nicht auf Anhieb klar wird, welchen Wert sie für das
wahre Leben hat:

$$P(A|B) = P(A) \times \frac{P(B|A)}{\{P(B|A) \times P(A)\} + \{P(B|\bar{A}) \times P(\bar{A})\}}$$

Dabei macht sie eine wichtige Aussage darüber, wie wir dazu kommen, bestimmte Dinge zu glauben!

Abstraktionen und Rechenmodelle – also Versuche, interessante
Dinge mit Zahlen und Symbolen auszudrücken – können wie gefrier-
getrocknet wirken, wie wenn sie nur noch die Hülle des Lebens tragen, aber nicht mehr nach ihm riechen. An den Zahlen kommt man
aber nicht vorbei. Man braucht sie, um die realen Dinge zu ordnen,
die vielen Erfahrungen untereinander zu vergleichen, mit extremen
Größenordnungen klarzukommen und Bereiche zu erforschen, zu
denen unsere Intuition nur schwer Zugang hat. Das Verfahren ist von
sich aus nicht *wahrer* als andere – die Sterbetafel einer Versicherungsgesellschaft kommt dem Leben nicht näher als *Der Tod in Venedig*.
Etwas in Zahlen auszudrücken, ist auch kein Allheilmittel gegen Unsinn, aber es bietet immerhin einen bequemen Weg, Unsinn dingfest
zu machen. Zahlen erlauben, Aussagen über Wahrscheinlichkeiten zu
falsifizieren, mit ihnen können wir Beobachtungen deuten, die über
unsere Zeit und unseren Raum hinausgehen. Sie bieten uns zudem ein
flexibles Vergleichsschema, das für das Zimmer, in dem man gerade
sitzt, ebenso taugt wie für das gesamte Universum, für den Augenblick, in dem jemand dieses Buch liest, wie für die Ewigkeit.

Inzwischen liefert uns die Wahrscheinlichkeitstheorie Methoden,
mit denen wir das, was wir »glauben«, mit unserem Verstand in Einklang bringen können: in Form einer Wahrheit mit bekannten Grenzen – und auch hier bieten uns die Zahlen übertragbare Maßstäbe,
um die Qualität dieser Wahrheit beurteilen zu können.

Warum brauchen wir solche abstrakten Maßstäbe? Weil unsere
Sinne trügen können und weil unserer Intuition oft nicht zu trauen
ist. Unsere Einschätzung von »normal« und »unnormal« hängt ent-
scheidend davon ab, worauf wir achten. Kürzlich sollten in einem
Experiment Zuschauer eines Basketballspiels angeben, wie oft die
Spieler einer Mannschaft den Ball weitergegeben hatten. Sie über-

sahen dabei völlig einen Mann, der in einem Gorillakostüm auf dem Spielfeld herumrannte. Selbst wenn wir uns auf wichtige Häufigkeitsaussagen konzentrieren – beim Arzt oder vor Gericht –, kann uns unser Instinkt in die Irre führen. Die Wahrscheinlichkeitstheorie führt uns dann wieder zurück auf die rechte Bahn.

Die Wirtschaftswissenschaftler Amos Tversky und Daniel Kahneman entwickelten ein Szenario, das dem wahren Leben schon sehr nahe kommt: Ein Taxi streift in einer Winternacht ein anderes Auto. Es gibt in der Stadt zwei Taxigesellschaften: eine mit blauen Wagen, die andere mit grünen. Die mit grünen Wagen beherrscht 85 Prozent des Marktes. Eine Zeugin sagt aus, das Unfalltaxi sei blau gewesen. Unabhängige Tests ergeben, dass sie in 80 Prozent der Fälle eine richtige Aussage macht. Welche Farbe hatte das Taxi wirklich? Fast jeder wird glauben, dass es blau war, weil er sich auf die hohe Glaubwürdigkeit der Zeugin stützt. Die entscheidende Frage ist aber, wie weit ihre Glaubwürdigkeit die Tatsache beeinflusst, dass ein zufällig ausgewähltes Taxi mit 85-prozentiger Wahrscheinlichkeit grün ist. Kombiniert man die beiden Wahrscheinlichkeiten, ist die Chance, dass das fragliche Taxi *grün* war, 59 Prozent. Die Wahrscheinlichkeit für grün ist also größer als die für blau. Zu diesem Schluss können wir nie rein intuitiv kommen, dazu müssen wir *rechnen*.

Wollen wir ein numerisches Modell der Ungewissheit basteln, müssen wir zu zählen versuchen, was sich *ereignen kann,* und es mit dem vergleichen, was sich wirklich *ereignet.* »Wie ich dich liebe? Lass mich zählen, wie.« Ich kann dich lieben oder nicht, das sind zwei Möglichkeiten. Aber die englische Dichterin Elizabeth Barrett konnte einen Mann aus vielen Gründen lieben: wegen seiner Klugheit, Anziehungskraft, Besonnenheit, Schönheit, Präsenz und Erfahrung oder der Treuherzigkeit, die er ausstrahlte. Wie konnten sich all diese schönen Eigenschaften, die jeder von uns mehr oder weniger aufweist, so perfekt zu diesem Einen, dem strahlenden Robert Browning, vereinen? Wie groß musste London sein, damit sie sicher sein konnte, auf ihn zu treffen und seine Frau zu werden?

Eine solche Untersuchung vermischter Eigenschaften nennt man *Kombinatorik.* Sie hat ihren Ursprung im 13. Jahrhundert und wurde von einem katalanischen Missionar namens Ramon Llull (oder Raimundus Lullus) erfunden, der seine Berufung darin sah, Muslime durch Logik für den rechten Glauben zu gewinnen.

Er fing mit neun Aspekten Gottes an, die ihm von den drei großen monotheistischen Religionen zugesprochen werden: Göttlichkeit, Größe, Ewigkeit, Macht, Weisheit, Willen, Tugend, Wahrheit und Ruhm. Dann stellte er Beziehungen wie Übereinstimmung, Differenz und Gegensätzlichkeit und schließlich göttliche Wesen und Verkörperungen wie Gott, Engel, Hoffnung und Nächstenliebe zu Gruppen zusammen. Wählt man aus den drei Gruppen per Zufall Begriffe und bildet mit ihnen Aussagen, kommt man immer zu einem überzeugenden Ergebnis, das mit der Lehre des Christentums übereinstimmt.

Llull bezeichnete all seine theologischen Begriffe mit Buchstaben und schrieb sie auf drei konzentrische Ringe, die er unabhängig voneinander drehen konnte: eine Art Spielautomat der göttlichen Lehre. Drehte man nun die Ringe per Zufall, erhielt man jeweils eine stichhaltige Aussage. Mehr noch: Die Ringe erlaubten *jede* Kombination der Elemente, sodass der Missionar keine ungünstige Aussage unterdrücken konnte. Llull musste seine kleine Maschine nur einem skeptischen Muslim in die Hand drücken und ihn sich selbst bekehren lassen.

Während nun aber Gottes Eigenschaften gleichermaßen allüberall und ewig gelten mögen, haben Ringe, die *irdische* Ereignisse definieren, Lücken oder Sperren eingebaut, die unsere Berechnungen erschweren. Das ist die erste Herausforderung bei der Konstruktion eines Rechenmodells für Wahrscheinlichkeiten: Können wir eine Maschine bauen, die alles umfasst (oder zumindest benennt), was passieren kann? Welche Kombination von Elementen führt zu dem Ereignis, das uns interessiert? Beeinflussen sich diese Elemente untereinander oder sind sie unabhängig? Und zuletzt: Tragen immer alle zu dem Ereignis bei?

Mit diesen Fragen wollen wir uns in diesem Buch befassen. Sie stellen sich immer, wenn wir etwas über Dinge wissen wollen, die nicht regelmäßig passieren, sondern nur von Zeit zu Zeit in unterschiedlichen Abständen. Die Fragen unterstreichen den Unterschied zwischen dem, was wir zu wissen meinen, und dem, was wir wissen werden (und selbst dann vielleicht nicht glauben). Daniel Ellsberg hat einmal ein Experiment durchgeführt, bei dem er seinem Publikum zwei Urnen zeigte. In der einen waren je zur Hälfte rote und schwarze Kugeln. In der anderen war das Verhältnis von rot zu schwarz unbekannt. Er bot jedem 100 Dollar, dem es gelingen würde, aus irgendeiner der beiden Urnen eine rote Kugel zu fischen. Welche Urne würden die Teilnehmer an dem Experiment wählen? Fast jeder probierte es mit der Urne, deren Füllung bekannt war. Dann bot Ellsberg weitere 100 Dollar für eine *schwarze* Kugel. Die gleichen Teilnehmer wählten wieder die Urne mit dem Verhältnis 50 zu 50 – obwohl aus ihrer ersten Wahl eigentlich folgte, dass sie in der »unbekannten« Urne mehr schwarze als rote Kugeln vermutet hatten.

Es bleibt die Frage »Wie genau muss man etwas wissen?« – und es gibt weite Bereiche des Lebens, für die wir sie noch nicht genau genug beantworten können. Eine tiefere Sorge wartet wie ein auf Rache sinnender Geist: Könnten Wahrscheinlichkeiten schon die ganze Wahrheit sein? Immer wieder wird Einstein mit der Aussage zitiert, er glaube nicht, dass Gott mit dem Universum würfle. Die Antwort der Wahrscheinlichkeitstheorie auf diese Frage ist, dass vielleicht das Universum mit Gott würfelt.

Kapitel 2

Geheimnisse des Zufalls

Also der Zufall auch, der scheinbar zügelbefreite,
treu und gehorsam stets feste Gesetze befolgt!

Boethius (Anicius Manlius Severinus, der letzte der »klassischen« Denker, dessen verzweifelter Versuch, das gesamte
antike Wissen zu sammeln, vom Ostgotenkönig Theoderich
durch Haft, Folter und Hinrichtung zunichtegemacht wurde),
Trost der Philosophie

Jeder kann mit Gott plaudern, das Problem ist nur, wie man ihn
dazu bringt, zu antworten. Einige wenige Auserwählte können
vielleicht darauf zählen, dass Gott sie ständig führt und leitet, und
die Erfahrung zeigt uns, dass es nicht immer befriedigend ist, einen
Priester oder Propheten als Vermittler zu konsultieren oder ein Orakel aufzusuchen. Als der lydische König Krösus plante, in Persien
einzufallen, befragte er vorsichtshalber das Orakel in Delphi. »Wenn
Krösus den Halys überschreitet, wird er ein großes Reich zerstören«,
prophezeite das alte Weib in der rauchgeschwängerten Höhle. Die
Prophezeiung stimmte exakt: Das Reich war aber sein eigenes. Saul,
der unter dem Druck seiner Feinde stand, ging zur Hexe von Endor
und ließ sie den Geist von Samuel heraufbeschwören. Samuel war
nicht gerade hilfreich: »Der Herr wird dir tun, wie er durch mich
geredet hat, und wird das Reich von deiner Hand reißen und David,
deinem Nächsten, geben.« Saul muss sich gefühlt haben wie ein ge-
stresster Manager, dem der Arzt rät, weniger zu essen und sich mehr
zu bewegen. Wir sehen sehr schnell, welchen Reiz ein Mechanismus
hat, der das Schicksal in einfachere, weniger irritierende Botschaften
fasst.

Vieles kann man nicht vorhersagen – weder auf der großen Skala
(Niederlagen im Krieg, Katastrophen) noch auch auf der kleinen (die
herunterfallende Tasse, die Münze, die man wirft). Es zählt zu den
Gaben des Menschen, zwischen den beiden Skalen eine Verbindung
herzustellen: zwischen einem Unglück gleich um die Ecke und dem

Weltuntergang. Zukunftsprognosen, sei es durch Würfeln oder Ziehen eines Loses, stellen eine Tradition dar, die auf uralte Zeiten zurückgeht und sich seit der Erfindung der Schrift kaum geändert hat. Unter den Grabbeigaben der Pharaonen fand man fein gearbeitete Elfenbeinwürfel, bei denen wie in Monte Carlo und Las Vegas die Augen auf den gegenüberliegenden Seiten zusammen sieben ergeben. Schon damals müssen die Würfel zweierlei Verwendung gehabt haben: Sie dienten dem Vergnügen und der göttlichen Anbetung. Was wollte schließlich ein Pharao im Jenseits noch vorhersagen? Pausanias, der Baedeker der Antike, griff die doppelte Funktion der Würfel in schöner Weise auf und beschrieb das große Hippodrom von Elis, wo mitten im Durcheinander von Gedenktafeln und Siegestrophäen die drei in Gold und Elfenbein glänzenden Grazien standen und eine Rose hielten, einen Myrtenzweig – und einen Würfel, das »Spielzeug von Knaben und Mädchen, denen noch nichts Unschönes durch Alter anhaftet«. Vielleicht liegt hier das Geheimnis, wie die Würfel vom Orakel in die Spielhölle gelangt sind: Die Jugend ist viel zu beschäftigt, um sich für das Schicksal zu interessieren – und die Alten kennen die Antwort des Orakels allzu gut.

Das Würfelspiel wurde zum weit verbreiteten Laster der römischen Aristokratie. Kaiser Augustus, ansonsten ein Muster an Selbstbeherrschung und Zurückhaltung, verbrachte ganze Tage beim Spiel mit seinen Kumpanen. Von Sueton wissen wir, dass Claudius ein Buch über das Würfelspiel geschrieben hat und immer mit einer Sänfte reiste, um spielen zu können. Auch Caligula spielte – und betrog natürlich.

Unterdessen verfielen auch die Germanen in den dichten, rauschenden Wäldern jenseits des Rheins voll und ganz dem Spiel – mit wilder Entschlossenheit. Tacitus berichtet: »Das Würfelspiel betreiben sie, worüber man sich wundern kann, auch nüchtern als etwas Ernsthaftes, und zwar mit einer solchen Leidenschaft bei Gewinn und Verlust, dass sie, wenn alles andere verspielt ist, beim letzten Wurf sogar sich selbst und die Freiheit einsetzen.«

Die reinen Glücksspiele, die in der Zeit der Römer üblich waren, scheinen Varianten des Spiels »Hazard« gewesen zu sein, einem Vorläufer von »Craps«, und wurden mit Würfeln oder Knöcheln von Schafen gespielt. Wo immer römische Soldaten ihre Lager hatten, fand man

Hunderte von Würfeln – von denen ein beträchtlicher Anteil präpariert war! In Augustus' Lieblingsversion von Hazard wurde der günstigste Wurf, bei dem alle Würfel verschiedene Seiten zeigten, Venus genannt – ganz passend zu einem Zeitvertreib, der auch ein Gespräch mit den Göttern darstellte. Aber selbst dabei wollten die Menschen ihren Schnitt machen: Venus war der günstigste Wurf, aber auch der wahrscheinlichste. Schließlich gehen wir ja nicht in den Tempel, um uns noch mehr Unglück aufzuladen. Die Götter und Göttinnen waren nur so lange beliebt, wie sie vorwiegend günstige Antworten gaben. Wer weiß, dass Gänseblümchen in der Regel eine ungerade Zahl von Blütenblättern haben, kann jede/n dazu bringen, ihn zu lieben.

Dazu verdammt, nur ein einziges Leben zu leben, doch mit der Ahnung, dass es ein Leben »danach« geben könnte, haben wir schon immer versucht, nach vorn zu schauen und Zeichen für die Zukunft zu finden. Die Astronomie war die erste Naturwissenschaft und ist diejenige, die am längsten und ohne Unterbrechung betrieben wurde (und wird). Die ersten Aufzeichnungen über Planeten in den babylonischen Observatorien vor 4000 Jahren waren Orakelsprüche. Inmitten der Ruinen des antiken Wissens ging die große Lektion der Babylonier nie verloren: Alle Phänomene im Sonnensystem wiederholen sich und können vorhergesagt werden, wenn man die berechneten Zyklen sorgfältig kombiniert. Selbst in den finstersten Tagen des 7. Jahrhunderts wurden die Reste dieser Fähigkeit bewahrt, und wenn sie nur dazu dienten, das Datum des Osterfests zu berechnen, das wegen seiner ursprünglichen Verbindung zum Passahfest zu den ungünstigen Mondereignissen im Sonnenjahr zählte.

Die Fähigkeit, die Bewegungen im Sonnensystem voraussagen zu können, war noch keine richtige Wissenschaft, denn man wusste noch nichts über die Prinzipien, die den regelmäßigen Ablauf bestimmen. Lernen und Studieren war ganz anders als heute: Man beschäftigte sich mit den *Aspekten* der Dinge und begann mit den zehn Kategorien, die von Aristoteles überliefert waren: Substanz, Quantität, Qualität, Relation, Ort, Zeit, Tun, Leiden, Sich-Verhalten und Sich-Befinden. Die Natur war im Mittelalter keine eigenständige Wirklichkeit, die man so lange untersuchen konnte, bis man die

Gesetze herausgefunden hatte. Sie war vielmehr die Schöpfung, in deren Mittelpunkt der Mensch stand und in der der Wille Gottes das einzige Gesetz darstellte.

Warum ist ein Apfel süß? Würden Sie vier Studenten, die vor 700 Jahren hinter der Sorbonne in der Sonne sitzen, diese Frage stellen, könnten Sie die folgenden vier Antworten erhalten:

»Er ist süß, weil er aus der Apfelblüte entstanden ist, die süß riecht.«

»Er ist süß, weil er hoch über der Erde heranreift und daher aus den Luftelementen – Luft und Feuer – besteht, die mit Süßsein verbunden sind.«

»Er ist süß, damit er den Menschen ernähren und gesund erhalten kann.«

»Er ist süß, damit wir wieder und wieder an die immerwährende Verführung zur Sünde erinnert werden, an Adam, der im Garten Eden sündigte.«

Es geht nicht darum, ob eine dieser Antworten stimmt, sie waren nämlich je nach dem Aspekt der Schöpfung, der gerade im Mittelpunkt stand, *alle* korrekt. Ob eine Aussage stimmte, entschieden nicht Experimente, Beobachtungen oder Messungen, sondern die logische Übereinstimmung mit den überlieferten Texten.

Das Würfelspiel um Geld und zum Vergnügen wurde während des gesamten Mittelalters von Arm und Reich betrieben. Sogar Chaucers »Erzählung des Rechtsanwalts« in seinen *Canterbury Tales* drückt den Wunsch, der Weise möge zu Glück und Wohlfahrt gelangen, mit Worten aus dem Glücksspielermilieu aus:

Wie edel und wie klug zeigt ihr euch hier!
Mit Doppeleins nicht etwa füllet ihr,
ihr füllt mit Fünf und Sechs nur eure Ranzen,
So mögt ihr denn zum Christfest lustig tanzen.

Die »Doppeleins« entspricht dem Einserpasch, Fünf und Sechs geben, wie Sie leicht erraten können, die Summe elf. Ein Crapsspieler von heute würde sich vermutlich auf dem Weg nach Canterbury gut machen.

Es ist naheliegend, dass wir ein genaues Auge auf alles haben, was mit unserem Geld zu tun hat. Während des Mittelalters begann man sich mehr und mehr für die innere Struktur der Glücksspiele zu interessieren – beispielsweise für die Augensummen, die man mit zwei oder drei Würfeln erhalten kann. 1283 schrieb König Alfons der Weise von Kastilien, Schutzherr der Astronomie, seine Abhandlung *Libro de ajedrez, dado y tablas* über Würfel- und Brettspiele, die in Deutsch unter dem Titel *Das Schachzabelbuch* erschienen ist. Die Texte sind von mystischem Zahlenzauber durchdrungen: Sieben Bücher verbinden die vier irdischen Elemente mit der himmlischen Dreieinigkeit; der Abschnitt über Schach ist in 64 Kapitel unterteilt, der über das Würfeln in sechs. Schach zählte für Alfons zu den edlen Spielen, spiegelte es doch die Eroberungskriege des Königs wider. Das Würfelspiel war dagegen das Reich der Schwindler. In der Tat zählen die Verbote in Alfons' Gesetzeswerk eine überraschend große Zahl von Betrugsmanövern auf.

Wir sind nun an einem wichtigen Punkt in der Geschichte der Wahrscheinlichkeitstheorie angelangt: Will man bei einem Spiel betrügen, das aus ständigen Wiederholungen besteht, muss man eine gute Nase dafür haben, was »normalerweise« passiert. Würfel sind das früheste und einfachste Beispiel für einen Zufallsgenerator: Wirft man zwei Würfel, ist jede der 36 Kombinationen gleich häufig.

	⚀	⚁	⚂	⚃	⚄	⚅
⚀	2	3	4	5	6	7
⚁	3	4	5	6	7	8
⚂	4	5	6	7	8	9
⚃	5	6	7	8	9	10
⚄	6	7	8	9	10	11
⚅	7	8	9	10	11	12

Will man den Verlauf des Spiels zu seinen Gunsten beeinflussen – durch asymmetrisches Abschleifen der Würfel, ungleiche Gewichtsverteilung, das Ankleben von Wildschweinborsten auf die Kanten oder einfach durch Übermalen der Augen –, muss man zuvor wissen, wie die Verhältnisse aussehen, die man manipulieren will. Man muss alle Wahrscheinlichkeiten im Kopf haben und vor allem fest daran *glauben*, dass bei einem Wurf jede der 36 Kombinationen mit der gleichen Wahrscheinlichkeit zu erwarten ist, solange die geplante Schurkerei aus dem Spiel bleibt – ganz gegen den Glauben eines Spielers an göttliche Vorsehung oder Glückssträhnen!

Mittelalterliche Würfelspieler, seien sie ehrliche Leute oder Spitzbuben gewesen, müssen offenbar von diesem tiefen Geheimnis ihres Spiels gewusst haben. In der Mitte des 13. Jahrhunderts, also mehr als hundert Jahre, bevor Chaucers Gestalten tanzten und würfelten, wurde eine Richard de Fournival zugeschriebene lateinische Dichtung mit dem Titel *De vetula* (»Von der Alten« oder »Von der Vettel«) verbreitet. In ihr wird zum ersten Mal auf den kleinen, aber wesentlichen Unterschied zwischen Augensumme und Kombination der Würfel hingewiesen.

De vetula beschreibt die 216 möglichen Ergebnisse beim Werfen dreier Würfel. Aber bevor Sie das für bare Münze nehmen: *Sind* es denn wirklich 216 Varianten? Angenommen, Sie haben drei Würfel in der Hand. Betrachten Sie sie einen Moment und denken Sie an den kommenden Wurf. Es können 16 verschiedene Augensummen auftreten, vom Minimum 3 (dreimal die Eins) bis zum Maximum 18 (dreimal die Sechs). So weit, so gut. Es gibt aber Summen, die auf verschiedene Weise entstehen können, zum Beispiel die Summe 9, die man bei 1 + 3 + 5 oder 2 + 2 + 5 erhält. Wie kann man die Anzahl der Kombinationen herausfinden, die zu einer bestimmten Summe führen? Indem man an einem Ende anfängt, sich zur Mitte durcharbeitet und am anderen Ende ankommt:

eine Kombination: 3 = 1 + 1 + 1
eine Kombination: 4 = 1 + 1 + 2
zwei Kombinationen: 5 = 1 + 1 + 3 oder 5 = 1 + 2 + 2
.....

zwei Kombinationen: 16 = 6 + 6 + 4 oder 16 = 6 + 5 + 5
eine Kombination: 17 = 6 + 6 + 5
eine Kombination: 18 = 6 + 6 + 6

Zählt man die möglichen Zahlenkombinationen, die zu den jeweiligen Summen führen, kommt man auf nur 56. *De vetula* liegt also daneben – oder haben wir hier ein weiteres Beispiel mittelalterlichen Zahlenzaubers?

Nein, wirklich nicht. Das Werk stellt aber einen Punkt zur Diskussion, der so vertrackt ist, dass ihn sogar der große Mathematiker Jean-Baptiste d'Alembert missverstand, der in der *Encyclopédie* von 1751 den Artikel über das Würfeln verfasste: Die *Reihenfolge* in einer Zahlenfolge kann wichtig sein, auch wenn sie für die Summe gleichgültig ist: 4 = 1 + 1 + 2, aber auch 1 + 2 + 1 und 2 + 1 + 1. Das mag wie nutzlose Haarspalterei erscheinen, aber Sie werden die tiefe Wahrheit erkennen, die darin steckt, wenn Sie daran gehen, *einen* Würfel *dreimal* zu werfen statt drei Würfel zur gleichen Zeit. Sie werden zugeben müssen, dass die drei Zahlenfolgen verschiedene Ereignisse darstellen, auch wenn sie die gleiche Summe ergeben. Das gilt natürlich besonders, wenn Sie auf eine der Zahlenfolgen eine Wette abgeschlossen haben.

Während meines Aufenthaltes in Venedig verlor ich am Feste Mariä Geburt im Glücksspiel einen großen Teil meines Geldes, am nächsten Tag den Rest. Es war in der Wohnung meines Spielgenossen. Und da ich entdeckte, dass er mit falschen Karten spielte, verwundete ich ihn mit dem Messer im Gesicht, nur ganz leicht.

Die meisten Mathematiker von heute würden ihre Zeit in Venedig vermutlich anders verbringen, aber der Autor von *Des Girolamo Cardano von Mailand eigene Lebensbeschreibung* war in keiner Weise ein typischer Mathematiker.

Cardano wurde 1501 als der uneheliche Sohn eines bekannten Mailänder Anwalts und Gelehrten geboren und musste zeitlebens kämpfen: gegen die Armut, gegen seine eigenen Irrtümer und vor allem gegen Fortuna, die wankelmütige Glücksgöttin. Sein ältester Sohn führte eine unglückliche Ehe, vergiftete seine ehebrecherische

Gattin und wurde enthauptet. Seine Tochter schlug sich als Prostituierte durch, und von seinem jüngeren Sohn wird berichtet, er habe den Vater bei der Inquisition denunziert, um als Lohn einen Posten als öffentlicher Scharfrichter zu bekommen.

Cardano hatte etwas Zwanghaftes: Er legte nicht nur eine Liste seiner 100 veröffentlichten und unveröffentlichten Werke und seiner 60 Redensarten und Lebensregeln an, sondern notierte auch die 73 Fälle, in denen jemand in der Öffentlichkeit Gutes über ihn gesagt hatte. Er interessierte sich aber nicht nur sehr für sich selbst, sondern auch für die Welt, die ihn umgab. Er glaubte nichts auf Anhieb, und wir sehen in ihm schon Jahrzehnte vor Galilei den unbedingten Willen, die winzigen Risse im strahlenden Himmel der mittelalterlichen Gewissheit zu finden und zu erweitern, einen Willen, der schließlich zu dem führte, was wir heute Naturwissenschaft nennen.

Von vielen Gedanken in Cardanos Kopf können wir heute sagen, dass sie sich auf Kollisionskurs befunden haben. Seiner Meinung nach existierten drei völlig verschiedene Arten von Wissen: das Ergebnis von Beobachtungen, die Resultate der Logik und die göttliche Offenbarung. In Cardanos Leben gab es einen Bereich, in dem alle drei vonnöten waren: das Glücksspiel, das für Cardano mehr als der bloße Zeitvertreib eines Gentleman war. Er war der Spielsucht verfallen, eine Besessenheit, die ihn mit Scham erfüllte. Nach 25 Jahren Würfelspiel war es ihm mit einer »nicht unbedeutenden Geschicklichkeit ... für solche Dinge« und einigem Glück immerhin gelungen, den völligen Ruin zu vermeiden, indem er den scharfen Blick auf die inneren Regeln des Spiels mit der Überzeugung vereinte, dass das Wirken Gottes und das Glück im Spiel zwei verschiedene Dinge sind. Sein Schutzengel konnte Cardano vielleicht warnen, besser nicht nach Mantua zu gehen, aber die Würfel selbst konnten ihm verraten, welche Wetten er abschließen sollte.

Die Botschaft der Würfel hat Cardano in seinem *Liber de ludo aleae* (»Buch des Würfelspielens«) zusammengefasst – einem Werk, das keine trockene akademische Abhandlung darstellt, sondern Cardanos Meisterschaft zeigt, die Tatsachen zu erkennen, die den Instinkt eines Spielers prägen. Das Buch beginnt mit den richtigen Annahmen über die Zahl der Möglichkeiten, wie ein, zwei und drei

Würfel fallen können: 6, 36 und 216. Cardano nennt dies »Kreisläufe« und behauptet, dass in einer idealen Platonischen Welt während eines »Kreislaufs« jeder der möglichen Würfe genau einmal vorkommt. Wir Sterblichen sind aber verdammt, in der Höhle zu sitzen und nur die Schatten der Perfektion sehen zu können. Deshalb müssen wir uns mit der Tatsache zufrieden geben, dass es eher unwahrscheinlich ist, je einmal die sechs möglichen Augen zu erhalten, wenn wir einen Würfel sechsmal werfen: Einige Augenzahlen werden mehrmals vorkommen, dafür andere gar nicht.

Angesichts dieser offensichtlichen Tatsache hätten früher die meisten Autoren aufgegeben und ihren Text mit einem kurzen Nachsatz über die Unbeständigkeit des Schicksals beendet. Nicht so Cardano. Er beharrt auf der Idee, dass man alle möglichen Fälle im gleichen Verhältnis erwarten darf, wenn sie gleich wahrscheinlich sind – *sofern man nur genügend viele Versuche* macht, also nicht nur einen »Kreislauf« startet, sondern einige. Er geht in seinem Buch dann noch weiter und behauptet, dass man in der Hälfte der Fälle gewinnen wird, wenn man beispielsweise auf 108 der 216 möglichen Würfe gewettet hat – vorausgesetzt, man hat genügend Geld, um den Einsatz für viele »Kreisläufe« zu bezahlen.

Darüber hinaus war Cardano der Erste, der die Möglichkeiten exakt berechnete, wenn man etwas *mehr als einmal* tut. Ist die Chance 1/6, bei einem Wurf eine Eins zu würfeln, könnte man meinen, die Chance, mit zwei Würfeln zweimal die Eins zu würfeln, sei gleich, also ebenfalls 1/6. Wir haben aber gesehen, dass unter den 36 Summen bei Würfen mit zwei Würfeln die Summe 2 nur einmal vorkommt, das heißt also, dass die Chance nur 1/6 x 1/6 oder 1/36 beträgt. Bei vier Würfeln beträgt die Chance, viermal die Eins zu werfen, entsprechend nur 1/6 x 1/6 x 1/6 x 1/6 = 1/1296. Dieses Gesetz ist heute unter dem Namen »Potenzgesetz« bekannt: Bei der Wiederholung unabhängiger Vorgänge ist die Wahrscheinlichkeit für den Ausgang des Gesamtprozesses gleich dem Produkt der Wahrscheinlichkeiten der einzelnen Vorgänge.

Eine schöne Art, das Potenzgesetz zu veranschaulichen, ist der alte Trick, bei dem der Gauner bei einem Rennen mit zehn Gruppen von je 100 Spielern auf jeweils eines der zehn Pferde wettet. Welches

Pferd auch gewinnt: Eine der Gruppen wird denken: »Hey, der Typ ist okay!« Der Bauernfänger verteilt die 100 Sieger auf zehn Zehnergruppen und wettet dann mit je einer Zehnergruppe auf eines der zehn Pferde des nächsten Rennens. Ein Pferd gewinnt, und nun denken die verbliebenen zehn Einfaltspinsel: »Der Typ ist wirklich heiß drauf.« Beim nächsten Rennen wird dann *einer* der 1 000 ausrufen: »Der Typ ist ein Genie« – eine Riesensumme setzen und verlieren. Um also *eine* Person zu überzeugen, dass Sie dreimal mit einer Wahrscheinlichkeit von 1/10 Recht haben, müssen Sie mit 1 000 Tölpeln anfangen:

$$\frac{1}{10} \times \frac{1}{10} \times \frac{1}{10} = \frac{1}{10^3} = \frac{1}{1\,000}$$

Seltsamerweise kam Cardano nicht auf den Umkehrschluss seines Gedankenganges. Er war zum Beispiel daran interessiert, wie oft man einen Würfel werfen muss, um eine Chance von 50 Prozent für eine Sechs zu haben, und nahm an, man müsse dreimal werfen, denn bei zweimal käme man schon auf 2/6, bei dreimal auf 3/6 und damit 50 Prozent.

Diese Rechnung wirkt überzeugend, aber leider ist sie von Grund auf falsch. Würde man nämlich nach den drei Würfen weitermachen, hätte man laut Cardano bei sechs Würfen bereits 1/1 erreicht und wäre damit vollkommen *sicher*, eine Sechs zu würfeln. Wo liegt hier der Fehler? Die Antwort: Die Ergebnisse schließen sich gegenseitig nicht aus. Würfelt man nämlich beim ersten Mal eine Sechs, so kann man beim zweiten Mal wieder Glück haben. Wir müssen also die Frage neu formulieren: Wie oft muss man würfeln, um mit einer Wahrscheinlichkeit von 50 Prozent *mindestens eine* Sechs zu haben?

Um diese Frage zu beantworten, werden wir es mit einem schönen mathematischen Umkehrschluss versuchen. In der Wahrscheinlichkeitstheorie ist »*mindestens ein*« das Gegenstück von »*kein*«. Die Chance, dass etwas *einmal* passiert, ist gerade umgekehrt so groß wie die Chance, dass es *nie* passiert. Die Chance, beim ersten *oder* zweiten *oder* dritten und so weiter Wurf eine Sechs zu erhalten, ist also gerade umgekehrt so groß wie die Chance, beim ersten *und* zweiten *und* dritten und so weiter Wurf *keine* Sechs zu erhalten. Diese umgekehrte Chance ist aber leicht mithilfe des Potenzgesetzes zu berechnen: Für jeden einzelnen Wurf beträgt sie 5/6. Die Chance, bei drei aufeinanderfolgenden Würfen keine Sechs zu bekommen, ist also 5/6 x 5/6 x 5/6 = 125/216, also ungefähr 0,5787. Das heißt nun aber, dass die Chance, bei drei Würfen mindestens eine Sechs zu erhalten, 1 – 0,5787 beträgt, also ungefähr 0,4213. Das sind nicht ganz die 50 Prozent, die Cardano erwartet hatte. Der Abstand von der Gerechtigkeit ist sogar größer als der Vorteil, den die meisten Spielbanken haben. Wir sehen: Die Wahrscheinlichkeitstheorie ist keine intuitive Wissenschaft.

Es ist Ihnen sicher aufgefallen, dass Cardano versucht hat, *ausgeglichene* Chancen zu berechnen. Es zählt zu den Besonderheiten seiner Analyse (und den aller frühen Werke der Wahrscheinlichkeitstheorie), dass es um ein Gleichgewicht der Erwartungen geht und nicht einfach nur um die Wahrscheinlichkeit, mit der sich etwas ereignet. Es geht um die Aussichten, die bei einer bestimmten Anzahl von Versuchen für den glücklichen oder unglücklichen Ausgang eines häufigen Ereignisses bestehen. Manchmal wurde dies auch in der Form einer Wette auf den Ausgang formuliert, in der sich die Wahrscheinlichkeiten getreulich widerspiegeln. Man könnte meinen, dass sich hier Cardano als versierter Spieler zu Wort gemeldet hat, um der Welt das erste in einer langen Reihe von Handbüchern zu präsentieren, mit denen man das Spielkasino »bezwingen« kann. Die Lage ist aber verzwickter und führt uns zunächst zu jenem Philosophen zurück, dessen Ideen die westliche Kultur auf so vielfältige Weise bestimmt haben: zu Aristoteles.

Es ist noch nicht allzu lange her, dass die *Nikomachische Ethik* ihren Anspruch verloren hat, Grundlage aller Moralphilosophie zu sein – wobei ihre Klarheit, ihr Radikalismus und ihr Mut, Moral ohne göttliche Beglaubigung zu definieren, dafür sprechen, dass dieser Anspruch vielleicht zu früh aufgegeben wurde. Der zentrale Begriff des Werks ist die ἐπιείκεια, was man mit *Billigkeit* übersetzen kann, mit von Güte bestimmter Gerechtigkeit. Alles ist darauf ausgerichtet, dass etwas recht *und* billig ist. Aristoteles schlägt Wege vor, um in den Lebenszusammenhängen für Ausgleich zu sorgen oder das

Gleichgewicht zu bewahren. Wie können wir freundschaftlich mit denen verbunden sein, die reicher, ärmer, schlauer, hässlicher, einflussreicher oder scharfsinniger sind als wir selbst? Indem wir dort etwas abgeben, wo wir überlegen sind, indem wir in dem Maß geben, in dem wir empfangen – mit anderen Worten, indem wir unseren Einsatz im Spiel des Lebens an die Möglichkeiten anpassen, die es uns bietet.

Als Anhänger des Aristoteles war für Cardano die Wahrscheinlichkeitstheorie keine Wissenschaft zur Beschreibung des Verhaltens der Dinge, sondern ein Weg, um eine Welt, die aus den Fugen geraten war, wieder ins Gleichgewicht zu bringen und die Unebenheiten auszugleichen, sodass die Glücksgöttin wieder zu ihrem Recht kam: gleiche Chancen und ähnlich faire und gerechte Verhältnisse wie beim Werfen einer Münze. Cardano klagte aber darüber, dass die Berechnung der Chancen beim Glücksspiel wie der Versuch sei, die Bedeutung eines übernatürlichen Ereignisses verstehen zu wollen: »Ganz dasselbe ist es mit den Wahrscheinlichkeitsberechnungen beim Würfelspiel: Sie versagen entweder ganz oder bleiben doch unklar und unsicher.« Zwischen den antiken Autoritäten und dem modernen Empirismus gefangen, von den unterschiedlichen, aber doch auch weitgehend gemeinsamen Eigenschaften seiner Glücksspiele verblüfft, von Fortuna zu Boden geschlagen und zuletzt von der Kirche zum Schweigen gebracht, versteckte er das *Liber de ludo aleae* schließlich in seinem Tresor, wo es über ein Jahrhundert liegen blieb und vergessen wurde.

Die Zeit heilt die Wunden, und die Sterne ziehen ihre Bahn und versprechen mit ihrem lautlosen, unstörbaren Kreisen, dass keine Idee für immer und ewig verloren geht. In den Jahrzehnten nach Cardanos Tod 1576 machte die Astronomie dem menschlichen Denken das größte Vermächtnis, seit das Bewusstsein Einzug hielt: die physikalischen Gesetze. Das Feuerwerk der Entdeckungen von Kopernikus, Galilei, Kepler und Newton hatte zur Folge, dass man die grundlegenden Bewegungen im Universum nicht nur vorhersagen, sondern auch erklären konnte – in der klaren, unzweideutigen Sprache der Mathematik.

René Descartes, dessen Glaube, es sei für das gute Arbeiten des Gehirns sinnvoll, bis Mittag im Bett zu bleiben, ihn zum Helden jedes belesenen Heranwachsenden macht, definierte die Naturwissenschaften nicht nur, sondern gab ihnen auch eine Sprache. In der Zeit vor ihm stand die Erforschung der Natur im gleichen Verhältnis zur modernen Physik wie das Kochen am Herd zur Arbeit im Chemielabor. Nach ihm konnten alle Naturwissenschaftler den Kern ihrer Arbeit in einer Weise definieren und in eine Form bringen, in der er für andere verständlich war und von ihnen für die eigenen Arbeiten nutzbar gemacht werden konnte.

Descartes machte das durch zwei Errungenschaften möglich: Er erfand die algebraische Geometrie und wies Gott einen besonderen Platz zu. Er breitete über eine ebene Fläche ein Gitternetz, gab damit jedem Punkt seine Koordinaten (x, y) und konnte nun zeigen, dass Kurven als Gleichungen geschrieben und umgekehrt Gleichungen als Kurven dargestellt werden können: Diese beiden mathematischen Ausdrucksmittel sind in Wirklichkeit ein und dasselbe. Die drängenden geometrischen Probleme der neuen Astronomie (»Wie groß ist die Fläche innerhalb einer Umlaufbahn?« »Wo ist der entfernteste Punkt dieser Bahn?«) konnten nun algebraisch gelöst und als Gleichungen formuliert werden. Umgekehrt konnte das Verhalten neuer, exotischer Gleichungen anhand ihrer Grafen anschaulich gemacht werden. Bilder waren Zahlen, und Zahlen waren Bilder. Dinge, die man mit dem Auge im Fernrohr oder im Mikroskop sah, konnten nun mit der Genauigkeit und Endgültigkeit eines mathematischen Beweises ausgedrückt und manipuliert werden. Damit war das Ende der mittelalterlichen Einordnung in die Kategorien gekommen.

Descartes' zweiter wichtiger Beitrag war die Trennung von Materie und Geist. Solange die letzte Antwort auf die Frage nach dem »Warum« in der Berufung auf den Willen Gottes bestand, beherrschte die Theologie die Erforschung der Welt – Galilei hat es am eigenen Leib gespürt. Descartes' Mathematik begründete ein neues Reich der Freiheit. Seine Grafen eröffneten die Möglichkeit, uns die wahren Eigenschaften einer Funktion mit der Lupe zu betrachten. Zwischen zwei beliebig nah beieinanderliegenden Punkten auf einem Graf gibt es aber immer unendlich viele andere. Das heißt, wir können uns der

Wahrheit beliebig annähern, sie aber nie ganz erreichen. Da jedoch Gott perfekt und unendlich ist, können wir ihn letztlich nicht begreifen und müssen uns damit begnügen, dass unser von ihm verliehener Verstand immerhin in der Lage ist, seine Schöpfung zu verstehen. Damit ist nun jede Spekulation über die Welt der Dinge erlaubt, und im Wechselspiel von Spekulation und Zweifel können sich unsere Vorstellungen immer mehr verfeinern und kraftvoller, klarer und bestimmter werden. Je kristalliner unsere Ideen aufleuchten, umso mehr nähern wir uns der göttlichen Wahrheit, wobei wir sie so wenig zu erreichen vermögen, wie wir alle Punkte einer Linie zeichnen können.

In Blaise Pascal manifestierten sich die vielfältigen Widersprüche des mittelalterlichen Denkens längs der großen Trennungslinien, die immer noch unser Denken bestimmen: Vernunft gegen Glauben, Strenge gegen Intuition, Kopf gegen Bauch. Jung, erschreckend intelligent, wohlhabend und mit guten Beziehungen gesegnet, sprachgewandt mit einem Sinn fürs Paradoxe, der an Oscar Wilde erinnert (»Der Brief ist nur deshalb so lang geraten, weil mir die Zeit fehlte, ihn kürzer zu fassen«), verkörperte Pascal jenen Geist, den besonders die Franzosen pflegen und der am besten mit dem Wort *esprit* bezeichnet wird.

Der Esprit und die Höhenflüge des Geistes waren aber für Pascal auch eine Quelle der Qual: »Feuer ... Der Gott Jesu Christi. ... Ich habe mich von ihm getrennt, ich habe mich ihm entzogen, habe ihn verleugnet und gekreuzigt.« Diese Satzfetzen sind Teil eines *Mémorial* über eine ekstatische Andachtsübung in der Nacht vom 23. November 1654, die er auf einem Pergamentschnipsel niederschrieb, den er danach eingenäht in seiner Weste mit sich herumtrug. Pascals Gläubigkeit war tief, sehr persönlich und ohne Grenzen. Wenn er also den Wunsch äußerte, Gewissheit über *alles* zu erlangen, meinte er mehr als nur die Fläche, die von einer Kurve umschlossen wird: Es ging ihm auch um die Rettung seiner ewigen Seele. Descartes' säuberliche Trennung der weltlichen Zweifel vom göttlichen Glauben war nicht seine Sache. Der Abgrund, in den sich jeder wahrhaft Gläubige werfen muss, öffnete sich auf schmerzliche Weise in seinem eigenen Herzen.

Keine der großen intellektuellen Meisterleistungen, die Pascal zum »Urvater« der modernen Wahrscheinlichkeitstheorie machten – seine Wette auf die Existenz Gottes, seine Lösung der Probleme de Mérés und das sogenannte Pascalsche Dreieck –, ging allerdings ganz auf ihn zurück. Sie zählten zu den Rätseln und Kuriositäten, die schon Hunderte von Jahren diskutiert worden waren. Pascals wahre Leistung bestand darin, jede dieser reizvollen Denkübungen in die Form eines mathematischen Beweises übersetzt zu haben.

Die Frage bei der Wette ist, ob man an Gott glauben sollte, obwohl man ihn nicht erfassen kann:

Lassen Sie uns ein Spiel spielen, bei dem es zu einer Entscheidung für »Kopf« oder »Zahl« kommt. Mit Vernunft können wir weder das eine noch das andere versichern; mit Vernunft können wir weder das eine noch das andere ausschließen. ... Aber es muss gewettet werden. Es gibt keine Freiwilligkeit. Sie müssen sich darauf einlassen. ... Wofür entscheiden Sie sich?

Zuvor wich an dieser Stelle die Diskussion über den Glauben meist ins Qualitative aus, und man erklärte, es sei nicht *so* schwer zu glauben, die Hölle verheiße wenig Spaß und die Ewigkeit daure ewige Zeiten. Pascal behielt einen klaren Kopf und drückte in den *Pensées* das Problem ganz in der Art und Weise Cardanos in Form mathematischer Erwartungswerte aus: »Wenn Ihr, da die Aussichten auf Gewinn und Verlust gleich sind, nur zwei Leben für eines zu gewinnen hättet, so könntet Ihr noch wetten.«

Ein Glücksspieler von heute würde das Problem so formulieren:

$$E = \left[p(X) \times A \right] + \left[p\left(\overline{X}\right) \times S \right]$$

Dabei ist $p(X)$ die Wahrscheinlichkeit, dass X eintritt – in diesem Fall, dass der Glaube unsere Seele retten wird. A ist der ausgesetzte Gewinn und $p(\overline{X})$ das Risiko, verdammt zu werden, ins irdische Jammertal reinkarniert zu werden und kein paradiesisches Leben nach dem Tod erwarten zu können. E ist die Gewinnerwartung auf den Einsatz S – wobei der Einsatz das eigene Leben ist.

Da wir laut Pascal keine Möglichkeit haben, Gott zu (er)kennen, können wir für Rettung und Verdammnis die gleiche Wahrscheinlichkeit annehmen, also $p(X) = p(\overline{X}) = 1/2$. Bei solchen Aussichten bräuchten wir nur zwei Leben, und schon wäre es ein faires Spiel. Hätten wir drei (oder gar neun wie eine Katze), wäre es dumm, sich bei der Wette nicht auf die Seite Gottes zu schlagen.

Wenn aber wirklich der Glaube die Seele *rettet*, ist »die Unendlichkeit eines unendlich glücklichen Lebens zu gewinnen«. Weil der Gewinn zum Einsatz im gleichen Verhältnis steht wie das Unendliche zum Endlichen, sollten wir immer wetten, dass es Gott gibt, wie auch die Umstände sein mögen: Es gibt kein Zögern, »kein Abwägen mehr, man muss alles geben«.

Die populäre Formulierung des Ergebnisses von Pascals Wette ist: »Setze auf Gott. Gibt es ihn, gewinnst Du, gibt es ihn nicht, verlierst Du nichts.« Pascal war nicht so zynisch, für ihn drückte die Rechnung wirklich den Glauben aus, dass die Wahrscheinlichkeitsrechnung einen Zugang zum Unbekannten öffnen könnte, selbst wenn das Unbekannte so gewaltig ist wie die Frage unserer Erlösung.

Chevalier de Méré war nicht nur ein Spieler, der auf großem Fuß lebte, sondern auch ein fähiger Mathematiker. Das erste Problem, das er Pascal unterbreitete, war dieses: Die Chance, bei viermal Würfeln wenigstens einmal die Sechs zu erhalten, ist ein wenig größer als 50 Prozent. Mit einem zweiten Würfel sollte die Sechs doppelt so häufig vorkommen. Sollte nun nicht auch die Chance größer als 50 Prozent sein, mit zwei Würfeln und 24-mal Werfen zumindest einmal einen Sechserpasch (zweimal die Sechs) zu erhalten? Versierte Spieler wissen aber, dass ein Sechserpasch in etwas weniger als der Hälfte der 24 Würfe vorkommt. Pascal schrieb, de Méré sei »so schockiert über diese Tatsache gewesen, dass er ausrief, die Arithmetik widerspreche sich selbst«.

Pascal wollte sich natürlich mit einer solchen Schmähung der Mathematik nicht abfinden und machte sich an die Lösung der Aufgabe. Er ging dabei einen Weg, den wir schon im Zusammenhang mit Cardano erprobt haben: Die Chance, bei 24 Würfen wenigstens einen Sechserpasch zu erhalten, ist umgekehrt der Chance, *keinen* Sechserpasch zu erhalten (die bei jedem Wurf 35/36 beträgt). Das Ergebnis ist schnell berechnet:

$$1 - \left(\frac{35}{36}\right)^{24} = \frac{2{,}245225771 \times 10^{37}}{2{,}245225771 \times 10^{37}} = 1 - 0{,}508596123 = 0{,}491403877$$

Wie wir sehen, ist die Chance tatsächlich ein wenig kleiner als 50 Prozent! Ohne die Hilfe von Rechengeräten hatte Pascal den Ruhm der Arithmetik gerettet, eine exakte Wissenschaft zu sein. Ein Spieler, der wettet, bei 24 Würfen einen Sechserpasch zu bekommen, wird auf Dauer verlieren, ab 25 Würfen aber gewinnen – genau wie es den Erfahrungen der Profis entspricht.

De Mérés zweites Problem, das »Problem der Punkte«, klingt trügerisch einfach. Angenommen, Sie und Ihr venezianischer Spielkumpan haben Ihren Einsatz auf den Tisch gelegt. Der erste, der eine bestimmte Anzahl von Spielen gewinnt, darf alles mitnehmen. Wie es das Unglück will (und hier ist es verführerisch, an eine jener Szenen von Caravaggio zu denken, wo ein Engel plötzlich in die Niederungen des irdischen Lebens einbricht), wird das Spiel unterbrochen, bevor einer von Ihnen genügend viele Punkte gemacht hat. Wie soll nun der Haufen Geld auf dem Tisch aufgeteilt werden?

Fermat, von dem das sogenannte Fermatsche Theorem überliefert ist und mit dem Pascal das Problem diskutierte, wählte eine Methode, bei der die Wahrscheinlichkeiten von Ereignissen, die sich gegenseitig ausschließen, aufaddiert werden. Angenommen, es gibt acht Würfe, und wer als Erster eine Sechs wirft, ist Sieger. Sie sind gerade dabei, zum ersten Mal zu würfeln, als – Oh, mein Gott! – ein strahlendes Licht die düstere Kneipe füllt und Sie in höhere Sphären entführt. Aber was ist mit dem Geld? Es kann doch nicht einfach zurückbleiben! Vielleicht hätten Sie ja schon beim ersten Wurf einen Punkt gemacht, die Wahrscheinlichkeit dafür betrug 1/6. Also nehmen Sie sich 1/6 des Pots. Oder Sie hätten zunächst Pech gehabt, aber dann beim zweiten Mal eine Sechs. Also nehmen Sie zusätzlich 1/6 des Rests oder 5/36 der Gesamtsumme. Dann der dritte Wurf: weitere 25/216, dann 125/1296 und so weiter bis zum achten Wurf. Sie addieren immer wieder die Wahrscheinlichkeiten (und hoffen, dass jemand das richtige Wechselgeld hat).

Fermat interessierte sich für das Problem nur als Mathematiker, aber einfach die möglichen Erfolgschancen aufzuaddieren, wie er es tat, kann schnell zum Streit führen. Hätten Sie nämlich wirklich beim ersten Mal Glück gehabt, wäre für Sie das Spiel zu Ende gewesen. Warum sollten Sie also für weitere Spiele Geld kassieren? Für Pascal drehte sich das Problem aber um die Frage von Erwartung und Gerechtigkeit, deshalb wählte er einen anderen Ansatz und schloss vom Geld aus rückwärts. Angenommen, das Spiel bietet beiden genau gleiche Chancen – wie beim Werfen einer Münze. Sie haben vereinbart, dass der Spieler, der zuerst drei Punkte hat, alles bekommt. Beim Auftritt des rettenden Engels haben Sie zwei, Ihr zwielichtiger Gegner einen Punkt gemacht. Sie könnten sich nun die Teilung des Pots, der aus 64 Goldmünzen besteht, so vorstellen: »Hätte ich das nächste Spiel gewonnen, wären sie alle 64 mein. Hätte ich es verloren, wären wir beide gleichauf und könnten den Pot halbe-halbe teilen, ich bekäme also 32. Beides ist gleich wahrscheinlich, die Fairness gebietet daher, dass ich mich mit der Mitte zwischen 64 und 32 zufrieden gebe und nur 48 Münzen bekomme.« Der Venezianer sackt mit einem unterdrückten Fluch die restlichen 16 Münzen ein, aber er findet in Ihrer Logik keinen Haken.

Würden Sie nun aber bei der Unterbrechung des Spielabends mit zwei Punkten vorn liegen, während der Gegner noch keinen gewonnen hat, könnten Sie so argumentieren: »Hätte ich das nächste Spiel gewonnen, wären alle 64 Münzen mein. Hätte ich es verloren, wäre es zwei zu eins gestanden, das heißt aber, wenn ich daran erinnern darf, dass ich 48 Münzen bekomme. Wieder erfordert die Fairness, die Mitte zu wählen, ich bekomme also 56 Goldmünzen, er nur acht.« Wieder sind Sie gerecht wie Aristoteles und können zufrieden in die hereinbrechende Nacht hinausgehen – den gestirnten Himmel über sich, die stille Stadt vor sich und das klimpernde Gold in der Tasche.

So weit, so gut. Aber können wir aus all dem ein *allgemein gültiges* Gesetz ableiten, ein »Gesetz für Spielabende, die von einem Engel unterbrochen werden«, bei denen Sie noch *r* Punkte machen müssen, Ihr Gegner aber *s*? Ja, aber zuvor müssen wir noch einen Ausflug unternehmen. An den Strand vielleicht …

Brachvögel treiben in den Windböen wie himmlische Surfer, Wolken ordnen sich in regelmäßigen Bändern an wie eine breite Patchwork-Decke, und die Wellen ringeln sich ein, rollen nach vorn und springen zurück, wie wenn der Ozean sein Haar ausschütteln wollte. Wenn irgendwo immer wieder das Gleiche passiert, bilden sich Strukturen und Muster heraus. Sie wahrzunehmen, zählt zu den tiefsten menschlichen Vergnügen und ist eine Quelle der Aufregung und des Staunens. Für Pascal war die mystische Herrschaft solcher Strukturen Ausdruck der Schöpfung und hatte eine spirituelle Bedeutung. Für den Naturwissenschaftler stellen sie eine Einladung dar, das Unbekannte zu erforschen und locken mit dem Versprechen, dass das scheinbar Zufällige einem geheimen Gesetz folgt, das es »nur« noch zu finden gilt.

In der Kunst spielen wir mit Strukturen, um unser ganz spezifisches Markenzeichen zu setzen. Da wir gerade am Strand sind, fangen wir an, indem wir die erste und einfachste aller Zahlen in den Sand graben, die Eins. Und auf jeder Seite, der Symmetrie wegen, noch eine Eins. Das sieht dann so aus:

$$1$$

$$1 \qquad 1$$

Jetzt wollen wir die Flügel noch etwas weiter ausbreiten, indem wir eine Regel benutzen (die selbst Ausdruck einer bestimmten Struktur ist), um den Platz zwischen den Zahlen auszufüllen: Unterhalb der Lücke zwischen zwei Zahlen soll jeweils ihre Summe stehen.

$$
\begin{array}{ccccccccccccc}
 & & & & & 1 & & & & & \\
 & & & & 1 & & 1 & & & & \\
 & & & 1 & & 2 & & 1 & & & \\
 & & 1 & & 3 & & 3 & & 1 & & \\
 & 1 & & 4 & & 6 & & 4 & & 1 & \\
1 & & 5 & & 10 & & 10 & & 5 & & 1 \\
\end{array}
$$

$$1 \quad 6 \quad 15 \quad 20 \quad 15 \quad 6 \quad 1$$

Schon bald trägt der Sand ein ganz persönliches symmetrisches Muster, das voller Überraschungen steckt.

Was haben wir erzeugt? Auf den ersten Blick scheint es nicht mehr zu sein als eine Art Kritzelei, wie man sie am Rand aller Schulhefte findet. Schaut man jedoch genauer hin, wie es Pascal in seiner *Traité du triangle arithmétique* getan hat, erkennt man wundersame Eigenschaften. Beginnen wir, indem wir an unserem Dreieck zerren, damit die Zeilen, Spalten und Diagonalen ein wenig deutlicher werden:

```
1

1   1

1   2   1

1   3   3   1

1   4   6   4   1

1   5   10  10  5   1

1   6   15  20  15  6   1
```

Das Schema erweist sich zunächst als eine Lektion im Zählen. In der linken Spalte wird gezählt wie im Kindergarten: »Eins und eins und eins und eins ....« In der zweiten Spalte geht es schon erwachsener zu: Jede Zahl ist um 1 größer als die vorhergehende. In der dritten Spalte stehen die sogenannten *Dreieckszahlen*, die angeben, wie viele Punkte man braucht, um gleichseitige Dreiecke wie die folgenden zu bilden:

Die vierte Spalte enthält die *Tetraederzahlen*, die Zahl der Steine für den Bau gleichseitiger Pyramiden mit dreieckiger Grundfläche. Mit ein paar weiteren Anweisungen kann man aus dem Dreieck noch die Fibonacci-Zahlen, Kennzahlen fraktaler Muster und andere Highlights an Komplexität herausholen.

Der zweite Trick, der in dem Dreieck steckt, wurde vielleicht schon von den alten Hindus und Chinesen entdeckt und war sicher Omar

Khayyám bekannt, dem glänzenden Mathematiker, Dichter, Zeltmacher und philosophischen Trunkenbold aus dem 11. Jahrhundert. Sie erinnern sich vielleicht an Ihre Schulzeit und daran, wie schnell man die eine oder andere Kombination vergessen kann, wenn man $(a + b)$ potenzieren muss. $(2 + 3)^2$ ist nicht gleich $2^2 + 3^2$, also ist auch $(a + b)^2$ nicht gleich $a^2 + b^2$. Es gilt vielmehr:

$$(a + b)^2 = (a + b) \times (a + b) = (a \times a) + (a \times b) + (b \times a) + (b \times b) = a^2 + 2ab + b^2$$

Um $(a + b)^3$ oder $(a + b)^4$ zu berechnen, muss man noch weitere Kombinationen berücksichtigen:

$$(a + b)^3 = a^3 + 3a^2b + 3ab^2 + b^3$$
$$(a + b)^4 = a^4 + 4a^3b + 6a^2b^2 + 4ab^3 + b^4$$
$$(a + b)^5 = a^5 + 5a^4b + 10a^3b^2 + 10a^2b^3 + 5ab^4 + b^5$$

Kommt Ihnen irgendetwas an den fett gedruckten Zahlen bekannt vor? Genau! Wenn Sie die Koeffizienten der Terme der Auflösung von $(a + b)^n$ wissen wollen, müssen Sie nur im Pascalschen Dreieck in die n-te Zeile nach unten gehen (die 1 an der Spitze ist die nullte Zeile) und die Zahlen ablesen.

Das ist eine hübsche Entdeckung, aber wie kommt es dazu? Weil man beim Potenzieren der Klammer jeden Term mit jedem Term multiplizieren muss und dann die Ergebnisse in Gruppen zusammenfasst. Wie viele Gruppen mit fünf a's gibt es bei der Berechnung von $(a + b)^5$? Eine – aber es gibt fünf Gruppen mit vier a's und einem b und zehn mit drei a's und zwei b's. Die Koeffizienten sagen uns also, wie viele Kombinationen von a und b man bilden kann, wenn man sie in Gruppen mit einem a, zwei a's, drei a's ... zusammenfasst.

Jetzt sind wir schon fast in der Lage, wieder an den Spieltisch zurückzukehren und unseren Anteil am Gewinn zu bestimmen. Das Spiel wurde unterbrochen, als Ihnen noch r Punkte fehlten, während es bei Ihrem Gegner s waren. Wäre das Spiel weitergegangen, ohne dass einer der Teilnehmer davongezogen wäre, hätte es noch weitere $r + s - 1$ Spiele geben können, aber nicht mehr, denn dann hätte einer gewinnen *müssen*. Wir wollen die Zahl der noch offenen Spiele n nennen. Bei jedem dieser n Versuche hätten nun Sie oder Ihr Gegner gewinnen können, die Gesamtheit aller möglichen Spiele ist also $(1 + 1)^n = 2^n$: Ihr möglicher Punkt plus der Ihres Gegners potenziert mit n, den noch verbleibenden möglichen Spielen. Wie erwähnt, fehlten Ihrem Gegner noch s Punkte, als das Spiel unterbrochen wurde. Wie viele der 2^n noch möglichen Punkte hätten Sie dann mit gutem Recht auf Ihr Konto buchen können?

$(1 + 1)^n$ sieht sehr vertraut aus: Es ist ein Binomialausdruck. Wenn wir also im Pascalschen Dreieck n Zeilen nach unten gehen, finden wir die Auflösung der Binomialform. Und da a und b in diesem Fall beide gleich 1 sind, bleiben nur die Binomialkoeffizienten übrig.

			1				Gesamtzahl der Punkte
		1		1			$(1+1)^1$
	1		2		1		$(1+1)^2$
1		3		3		1	$(1+1)^3$

‖ etc. ‖ etc. ‖ etc. ‖ etc. ‖

Ende des Spiels:

1 n ... ... ❘ ... ... n 1 $(1+1)^n$

Sie s-ter Term   Der Gegner
gewinnen   gewinnt

Der erste Term in jeder Zeile ist 1. Das drückt den einen Fall aus, in dem Sie alle kommenden Punkte gewinnen, der Venezianer keinen. Der zweite Term drückt die n Fälle aus, in denen Sie alle weniger den einen Punkt gewinnen, der Ihrem Gegner zufällt. Fügen Sie nun diesen Wert Ihrer Bilanz hinzu und machen Sie weiter, indem Sie nach rechts gehen und die Koeffizienten aufaddieren, bis Sie zum s-ten Term der Auflösung kommen! Von diesem Punkt bis zum Ende der Zeile gehört das Land Ihrem Gegner: Die Koeffizienten repräsentieren die verschiedenen Wege, auf denen *er* die fehlenden s Punkte gewinnen kann. Hier liegt für Sie die Trennungslinie: Indem Sie die Gesamtzahl der Wege, auf denen *Sie* hätten gewinnen können, mit der Gesamtzahl von 2^n Spielen vergleichen, erhalten Sie Ihren gerechten Anteil am Einsatz.

Und nun zurück zu unserem Venezianer, der immer noch ungeduldig wartet. Sie hätten bei der Unterbrechung noch einen Punkt gebraucht, er aber drei, also ist $s = 3$. Die Zahl n der Spiele, die noch gespielt werden können, ist $1 + 3 - 1 = 3$. Die Gesamtzahl der Spiele beträgt $2^3 = 8$. Gehen Sie nun im Pascalschen Dreieck drei Zeilen nach unten: Sie finden dort die Koeffizienten 1, 3, 3 und 1. Da $s = 3$ ist, dürfen Sie die ersten drei Koeffizienten zu Ihrem Konto addieren: $1 + 3 + 3 = 7$. Diese Zahl vergleichen Sie nun mit der Gesamtzahl der Spiele, also mit 8: Sie haben Anspruch auf 7/8 des Einsatzes, also auf 56 der 64 Goldmünzen – genau, wie Sie es auch schon zuvor herausgefunden hatten.

1654, im gleichen Jahr, als ihm Gott in der Gestalt von Feuer erschien, fasste Pascal seine Entdeckungen in einer Denkschrift an die Pariser Akademie zusammen:

Das Ungewisse am Glück wird durch die Gerechtigkeit der Vernunft so eingeschränkt, dass man immer jedem der beiden Spieler den richtigen Zug unterbreiten kann. ... Hier vereinen sich die Ergebnisse der Mathematik mit der Ungewissheit des Zufalls. Er verdankt sich beiden Seiten, und man kann mit Recht von einer »Geometrie des Zufalls« sprechen.

Descartes hat diese »Geometrie des Zufalls« in Gleichungen gefasst. Die Bedeutung des Pascalschen Dreiecks liegt nicht nur in der schönen Anordnung der Zahlen: Zeichnet man die Werte jeder Zeile als Punkte eines Grafs, beschreiben sie einen Umriss, der von Zeile zu Zeile feiner aufgelöst wird.

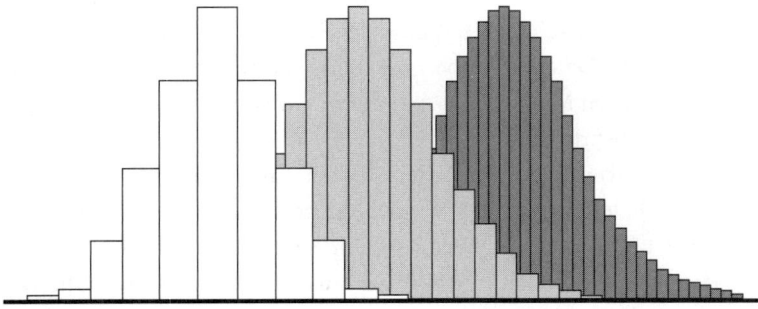

Diese Umrisslinie ist es, die heute unser Leben beherrscht und definiert, was *normal* ist: Sie wird Normalverteilung, Standardverteilung oder – ihrer Form wegen – Glockenkurve genannt. Und was hat diese Kurve mit einem Würfelspiel mit Venezianern zu tun? Dieses Würfelspiel ist weit wichtiger, als es scheint. Gewinnen und verlieren ist nicht nur bloßer Zeitvertreib, es ist auch das Denkmodell, mit dem die Wissenschaft das Universum erforscht. Wann immer man eine Münze wirft oder würfelt, stellt man in Wirklichkeit eine Frage: Die Antwort – Erfolg oder Misserfolg – entspricht Ja oder Nein. Ein Glücksspiel gleicht somit einem Test, den man öfters wiederholt, dessen Ausgang im Einzelfall aber nicht vorhergesagt werden kann. Die Summe aller Zahlen in der n-ten Zeile unseres Dreiecks, 2^n, ist also auch die Gesamtzahl möglicher Antworten auf eine Ja-Nein-Frage, die man n-mal stellt. Die Binomialkoeffizienten, die man in der Zeile abliest, geben an, wie häufig welche Kombinationen vorkommen – von n-mal Ja über $(n-1)$-mal Ja und einmal Nein, $(n-2)$-mal Ja und zweimal Nein bis zu n-mal Nein. Wenn wir, wie hier, aufgrund unserer wiederholten Fragen eine perfekt-symmetrische Glockenkurve erhalten, wissen wir, dass unsere Chance – wie bei Pascals Spiel – gerechten 50 Prozent entspricht.

Ein Spiel muss natürlich Regeln haben. Gelten für jeden neuen Versuch auch neue Bedingungen, können wir kaum unser Geschick und unsere Stärke am Gegner erproben. Das ist die verborgene Schwäche der von Pascal erfundenen Methode, denn wir müssen beweisen, dass es immer das gleiche Spiel ist, mit dem wir unser Punktekonto aufbessern – eine simple Angelegenheit, solange wir würfeln oder eine Münze werfen. Gehen aber die Fragen mehr in die Tiefe, wird der Nachweis immer schwieriger, dass der Testlauf n völlig identisch mit Testlauf 1 ist. Denken Sie beispielsweise daran, was passiert, wenn Sie dem gleichen Menschen n-mal die wichtigste aller Ja-Nein-Fragen stellen: »Liebst du mich?«

Die Gelehrten des Mittelalters hatten einen klaren Weg zur Erkenntnis: Jeder Aspekt des Wissens hatte seine eigenen Regeln des Urteilens und Beweisens. Wenn wir hingegen die Macht der Wissenschaften nutzen wollen, müssen wir unser Problem so formulieren, dass es immer wieder getestet werden kann – oder wir müssen aufstecken. »Warum ist ein Apfel süß?« ist *keine* wissenschaftliche Frage.

Kapitel 3
Theorie und Praxis

Die gleichen Argumente, mit denen die Rolle des Glücks zer-
pflückt wird, können auf der anderen Seite in einigen Fällen für
einen echten Vergleich zwischen Zufall und Schöpfung nützlich
sein. Wir können uns Zufall und Schöpfung so vorstellen, als
bewirken sie im Wettstreit miteinander einige Ereignisse, und
dass man mit ihnen die Wahrscheinlichkeiten berechnen kann,
mit denen sich diese Ereignisse dem einen oder dem anderen
verdanken.

Abraham de Moivre, Doctrine of Chances

Newton hätte vermutlich Studenten, die ihn mit mathematischen
Problemen belästigen wollten, mit einem »Geht damit zu Herrn de
Moivre, der versteht solche Dinge besser als ich!« abgespeist. Abraham de Moivre war Hugenotte und 1688 nach London geflohen.
Er brachte nichts mit als eine Ausbildung in Mechanik, perspekti-
vischem Zeichnen und sphärischer Trigonometrie an der Sorbonne.
Das war zum Leben zu wenig und zum Sterben zu viel, und es gelang
ihm in 66 Jahren harter Arbeit nie so recht, auf einen grünen Zweig
zu kommen. Er veröffentlichte dies und das, erzog die Söhne von
Adligen, half Versicherungen, die Sterbetafeln zu berechnen und verkaufte an Glücksspieler Informationen über ihre Chancen.

De Moivres neue Technik zur Berechnung dieser Chancen war
die Algebra, die sich schon so gut bei der Behandlung von de Mérés
erstem Problem bewährt hatte, der Frage, wie oft man zwei Würfel werfen muss, um mit einer Wahrscheinlichkeit von 50 Prozent
mindestens einen Sechserpasch zu bekommen. De Moivre fing nun
nicht etwa an, mit dieser Algebra ein Beispiel durchzurechnen und
dann ein weiteres und noch eines, sondern setzte ganz kühn ein x
an die Stelle, wo die Antwort verborgen war und formulierte seine
Erkenntnisse so allgemein, wie nur irgend möglich: Wenn bei jedem
der x Versuche etwas mit der Wahrscheinlichkeit a stattfindet oder
mit der Wahrscheinlichkeit b nicht stattfindet, können wir mit einem

allgemein formulierten Potenzgesetz berechnen, wie groß die Chance des Nichteintreffens bei jedem Versuch ist. Sie beträgt

$$\frac{b^x}{(a+b)^x}$$

Wir wollen nun wissen, wie viele Versuche wir mit zwei Würfeln machen müssen, damit die Chance, *keinen* Sechserpasch zu bekommen, 50 Prozent oder 1/2 beträgt:

$$\frac{1}{2} = \frac{b^x}{(a+b)^x}$$

Um die Unbekannte x zu bestimmen, nutzen wir die wunderbare Eigenschaft der Algebra, Gleichungen durch ein wenig Hin-und-her-Jonglieren auf eine einfachere Form bringen zu können und multiplizieren beide Seiten mit $(a+b)^x$ und 2, dividieren dann beide Seiten durch b^x und erhalten schließlich

$$\frac{(a+b)^x}{b^x} = 2$$

Früher hätte man an diesem Punkt Halt machen müssen. Aber de Moivre verfügte bereits über die Logarithmen, die es erlauben, Exponenten wie unser x von den anderen Elementen zu trennen oder die Gleichung »nach x aufzulösen«, wie die Mathematiker sagen. Dies führt zu

$$x = \frac{\log 2}{\log (a+b) - \log b}$$

Logarithmen sind so definiert: Ist $x = 10^a$, so ist $a = \log x$. Man multipliziert Zahlen, die als Potenz dargestellt werden (zum Beispiel $1\,000\,000 = 10^6$), indem man einfach die jeweiligen Potenzen addiert, da $10^a \times 10^b = 10^{a+b}$ ist. De Moivre benutzte nicht diese »Zehnerlogarithmen« mit der Basis 10, sondern sogenannte »natürliche Logarithmen« mit der Basis e, jener geheimnisvollen irrationalen Zahl, die ungefähr 2,718281... beträgt. Der natürliche Logarithmus wird mit »ln« bezeichnet, der mit der Basis 10 mit »log«.

Wenn Sie in Ihrem alten Mathematikbuch die Logarithmentafeln wiederentdeckt haben, verfügen Sie über ein Handwerkszeug, das für die meisten praktischen Zwecke ausreichend ist. Aber wir sind mit de Moivre noch nicht fertig: Statt *a* und *b* wollen wir mit 1 und *q* rechnen. Wir können dann sagen, dass die Wahrscheinlichkeit des Nichteintreffens *q* zu 1, also *q* beträgt und erhalten die folgende Grundgleichung:

$$\left(1 + \frac{1}{q}\right)^x = 2 \text{ oder } x \ln \left(1 + \frac{1}{q}\right) = \ln 2$$

De Moivre hatte eine Standardmethode, um mit verwickelten Ausdrücken wie $\ln (1 + 1/q)$ umzugehen. Er ersetzte sie durch unendliche Reihen, also die Summe unendlich vieler Terme:

$$\ln \left(1 + \frac{1}{q}\right) = \frac{1}{q} - \left(\frac{1}{2} \times \frac{1}{q^2}\right) + \left(\frac{1}{3} \times \frac{1}{q^3}\right) - \left(\frac{1}{4} \times \frac{1}{q^4}\right) + \left(\frac{1}{5} \times \frac{1}{q^5}\right)\dots$$

Na schön – aber wie kann uns angesichts solcher Monster die Algebra helfen? Die Formel schaut ja sehr übersichtlich aus, aber das gilt auch für die Anweisung, einen Sandhaufen mit der Pinzette abzutragen. De Moivre stellte zunächst fest, dass alle Terme auf der rechten Seite nach dem ersten äußerst klein und für die Summe vernachlässigbar sind, wenn nur *q* groß genug ist. Das leuchtet insbesondere ein, weil sie auch noch abwechselnd aufaddiert und abgezogen werden. Sie sind in der Praxis gewöhnlich so winzig, dass wir sie völlig weglassen können und das Ergebnis trotzdem hinreichend genau ist, wenn auch nicht *ganz* genau. Nach dieser größeren Operation am offenen Herzen bleibt das Folgende übrig:

$$x \left(\frac{1}{q}\right) = \ln 2 \text{ oder } x = q \, ln \, 2$$

Ein kleiner Blick in die Logarithmentafel zeigt, dass ln 2 ungefähr 0,7 beträgt. Nachdem wir also mit einer vagen, sehr allgemeinen Frage begonnen haben, liefert uns die Algebra nun ein erstaunlich genaues Resultat: Ist die Chance, dass etwas *nicht* eintrifft, sehr groß, muss man sie mit 0,7 multiplizieren und erhält dann die Zahl der Versuche, die nötig sind, um eine Chance von 50 Prozent für das Eintreffen zu haben. Das gilt für alle möglichen Probleme: beim Roulette, beim

Kartenspiel und den Mondfinsternissen. Im Fall der Würfel de Mérés war die Chance, *keinen* Sechserpasch zu werfen, 35 zu 1. Nun ist 35 x 0,7 = 24,5; man muss also 24,5-mal würfeln (das heißt, mindestens 25-mal), um mit einer Wahrscheinlichkeit von mindestens 50 Prozent den Sechserpasch zu bekommen – genau der Wert, den Pascal beim Durchrechnen erhalten hatte!

Unendliche Reihen und Logarithmen waren für de Moivre auch der Schlüssel, das Pascalsche Dreieck zu verstehen – und damit die Glockenkurve. Will man die Wahrscheinlichkeit wissen, mit der eine Münze *a*-mal auf Zahl fällt, wenn man sie *n*-mal wirft, muss man im Pascalschen Dreieck nur *n* Zeilen nach unten und *a* Spalten nach rechts gehen, um den Koeffizienten zu finden. Das ist, wie wir oben gesehen haben, eine leichte Aufgabe, wenn es um fünf oder sechs Versuche geht, aber stellen Sie sich die Mühe vor, wenn es 1000 sind! Man würde dann wieder mit der Pinzette vor einem riesigen Sandhaufen stehen. Es gibt also gute Gründe, de Moivre zu befragen und uns von seiner Algebra helfen zu lassen.

Seine Attacke auf das Problem machte sich die zwei wichtigsten Aspekte der Logarithmen und der unendlichen Reihen zunutze: Statt Zahlen zu multiplizieren, kann man ihre Logarithmen addieren, und es gibt unendliche Reihen, die konvergieren. Eine Reihe konvergiert, wenn sie zwar nie endet, sich aber wie im Fall unserer Reihe für ln (1 + 1/*q*) die Summe von Term zu Term immer weniger ändert, und man erkennt, worauf es hinauslaufen wird, ohne dass man aber jemals am Ziel ankommt. De Moivre hat dann einen jener Wechsel des Standpunkts vollzogen, die einen genialen Mathematiker ausmachen. Nachdem er zunächst den mittleren Term der *n*-ten Zeile des Dreiecks als unendliche Reihe hingeschrieben hatte, machte er alles nur noch verwirrender, indem er nun jeden Term dieser Reihe als unendliche Reihe darstellte. Das Ergebnis war ein verschachteltes System von Reihen, und auf jedem Rücken einer kleinen Fliege mussten ganze Welten ihren Platz finden. Erst als er in diesem Teppich aus Summen von Summen die Terme nicht längs der *Zeilen*, sondern längs der *Spalten* aufaddierte, stellte sich heraus, dass das Ganze auf handhabbare, ordentliche Formeln hinausläuft. Ist die Anzahl der Versuche groß, schrumpft der unendlich große Berg von Rechnungen auf zwei dieser

Formeln zusammen, die eine Näherung (relativ zur Gesamtzahl 2^n) für den mittleren Term und für jeden anderen Term, der t Plätze von der Mitte der n-ten Zeile des Pascalschen Dreiecks entfernt ist, angeben:

$$\frac{2}{\sqrt{2\pi n}} \quad \text{und} \quad \frac{2}{\sqrt{2\pi n}}\, e^{-(2t^2/n)}$$

Wenn Sie wollen, können Sie mit diesen Formeln das zweite de Moivresche Problem lösen, das »Problem der Punkte«. Sie *müssen* wahrscheinlich sogar die Formeln verwenden, wenn es um mehr als 100-mal Würfeln geht.

Selbst wenn Ihnen der Sinn nicht nach mathematischen Formeln steht, werden Sie ahnen, welch hinreißende Kraft in ihnen steckt. Dieser schäbige Mann, der sich in der Nähe des Fensters an dem verschmierten Tisch in Slaughter's Tavern niedergelassen hatte, entdeckte (oder erfand) durch nichts als die Manipulation einiger abstrakter Terme einen Weg zur Beschreibung von Dingen, die sich »normal« verhalten – mit Wahrscheinlichkeiten, die sich symmetrisch in einer Glockenkurve verteilen: »Stellt man sich die Binomialkoeffizienten im rechten Winkel zu einer Gerade und in gleichen Abständen vor, folgen die Extremwerte der Terme einer Kurve. ... Die so beschriebene Kurve hat zwei Umkehrpunkte, die auf beiden Seiten des Maximalwerts liegen.« Werfen wir nun einen Blick auf eine solche Kurve, wie man sie beispielsweise aus der 14. Zeile des Pascalschen Dreiecks erhält:

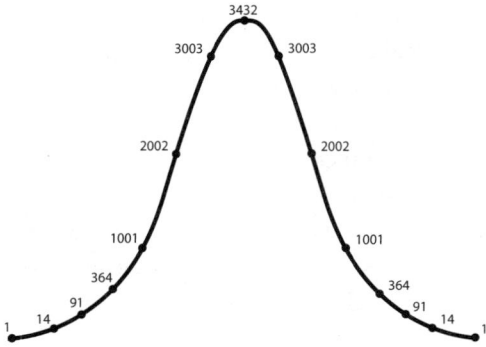

Die Kurve ist noch immer recht grob, da wir nur 15 Punkte bestimmt haben, aber die Form schält sich schon klar heraus, insbesondere kann man die Umkehrpunkte erkennen, die de Moivre erwähnt, also die Stellen, an denen die konvexe Kurve um den Gipfel an den beiden Seiten in konkave Kurvenäste übergeht. Das sind die interessantesten Stellen der Kurve. De Moivre berechnete ihren Abstand von der Mitte der Kurve bei n Versuchen mit 1/2 $\sqrt{n}$. Diese Zahl wird von den Statistikexperten als *Standardabweichung* bezeichnet und zählt zu ihren wichtigsten Größen. Es war de Moivres nächster Schritt, der ihr diese Bedeutung verlieh.

Nachdem ihm die neue Methode der Infinitesimalrechnung die Möglichkeit gab, die Fläche unter der Kurve zu bestimmen, wollte de Moivre wissen, wie groß der Anteil der Fläche ist, der zwischen dem Gipfel der Kurve und den beiden Umkehrpunkten liegt. Auch bei dieser Rechnung kamen unendliche Reihen ins Spiel, die dann zu einer einzigen, irritierend genauen Zahl zusammenschrumpften: 0,682688 (unter der Annahme, dass die Gesamtfläche unter der Kurve 1 beträgt).

Wieder einmal hat uns die mächtige formale Algebra den goldenen Schlüssel zur Lösung eines Problems in die Hand gegeben – aber zur Lösung welchen Problems? Dem der Erwartungswerte bei Zufallsprozessen! Wir wissen nun, dass bei einem Experiment, dessen guter oder schlechter Ausgang gleich wahrscheinlich ist, ein wenig mehr als zwei Drittel der Ergebnisse innerhalb des Bereichs 1/2 $\sqrt{n}$ um den Mittelwert liegen. Je mehr Versuche wir machen, umso größer wird n und umso näher liegen die Ergebnisse bei ihrem zugehörigen Erwartungswert. De Moivre zeigte, dass bei 3600 Würfen einer Münze die Wahrscheinlichkeit 0,682688 beträgt, dass wir zwischen 1770- und 1830-mal Zahl werfen, und mit der Wahrscheinlichkeit 0,99874 – also mit fast völliger Sicherheit – zwischen 1710- und 1890-mal. Je öfter man die Münze wirft, umso schmaler wird das Fenster und umso schlanker wird die Kurve. Die Ergebnisse aller Experimente werden von der Kurve vorausgesagt.

De Moivre erkannte, dass seine Kurve nicht nur die Gesetze der Wahrscheinlichkeit ausdrückt, sondern auch ein Anzeichen dafür ist, dass inkohärent erscheinende Daten unter der Herrschaft dieser Gesetze stehen können:

Man kann so zeigen, dass bestimmte Gesetze das Wesen der Dinge bestimmen, nach denen die Ereignisse stattfinden. Es ist nicht weniger aufgrund der Beobachtung offensichtlich, dass diese Gesetze zu weisen und wohltätigen Zwecken wirken. ... Und wenn wir uns daher nicht mit metaphysischem Dunst benebeln, werden wir in schneller und offensichtlicher Weise zur Anerkennung des großen SCHÖPFERS und HERRN von allem gelenkt, der allwissend, allmächtig und gut ist.

Für de Moivre enthüllte sich Gott in den Strukturen und Gesetzen, die den Zufall bestimmen. Nachdem Gott von Descartes aus der deterministischen Welt der Dinge verbannt worden war, kehrte er nun in der unerwarteten mathematischen Präzision von Zufallsereignissen wieder. Die Glockenkurve ist die Spur der Hand des Allmächtigen – wenn auch der Einzelfall weitab vom Mittelwert liegen kann. De Moivre war selbst ein solcher »Einzelfall« und profitierte als Außenseiter wenig von seiner Genialität. Selbst seine Glockenkurve wird heute nicht nach ihm, sondern nach Gauß oder Poisson benannt. Er war seiner Zeit immer zu weit oder zu wenig voraus. Die Reihe seines Lebens erwies sich als endlich und konvergierte im Alter von 87 Jahren. Angeblich war ihm aufgefallen, dass er Tag für Tag ein wenig länger schlief, sodass er ausrechnen konnte, an welchem Tag er nicht mehr aufwachen würde. Und an diesem Tag, dem 27. November 1754, starb er – laut Totenschein an »Somnolenz«, also übergroßer Schläfrigkeit.

Das Geheimnis all dieser Rechnungen besteht darin, aus dem Ungenauen Genaues beschwören zu können. Kein Genie könnte jemals alle Terme einer unendlichen Summe aufaddieren, kein Schutzengel verrät uns die exakte Steigung einer Kurve an einem bestimmten Punkt – aber die Infinitesimalrechnung kann es mit jeder gewünschten Präzision. Es gab im 18. Jahrhundert keine realen Probleme, die Messungen mit einer Genauigkeit von vier Dezimalstellen erforderten, nicht einmal in der Astronomie. De Moivre konnte aber sogar noch weit genauere Antworten liefern, indem er einfach mit einem dicken Zimmermannsbleistift auf der Rückseite eines weggeworfenen Notenblatts seine Näherungsrechnungen hinkritzelte.

Die Möglichkeiten dieser wissenschaftlichen Technik drängten zumindest für einige Zeit die philosophischen Probleme in den Hintergrund, die sie mit sich brachte. Das tiefste dieser Probleme beunruhigt Sie vielleicht schon, seit wir das Pascalsche Dreieck behandelt haben. Seine wunderschöne Symmetrie liefert uns eine perfekte, sozusagen platonische Darstellung davon, wie beim Werfen einer Münze Kopf und Zahl fallen. Aber wir haben überhaupt noch nicht über die Dinge gesprochen, die in der realen Welt geschehen, wo man nicht fortwährend Münzen wirft. Unsere Beispiele geben, so schön sie gewählt wurden, doch nur eine *abstrakte* Beschreibung des Zufalls im Hier und Jetzt, überall und immerfort. Was wir gefunden haben, verdankt seine universelle Gültigkeit der einmaligen Fähigkeit der Mathematik, das Unerreichbare und Unzugängliche zu beschreiben: mit Reihen, die unendlich sind, und Abständen, die sich rapide Null nähern.

Wir kommen also zu unseren Resultaten, indem wir mit großer Präzision auf ein Ziel zusteuern, das wir nie erreichen. Was Eugene Wigner einmal die »unvernünftige Nützlichkeit der Mathematik in den Naturwissenschaften« genannt hat, ist mit dem Preis erkauft, im wörtlichen Sinne einen Kopfsprung ins Abstrakte zu machen, wenn wir eine Beobachtung aufzeichnen oder eine Messung registrieren. Wir ordnen sie einem Modelluniversum zu, das weit mehr Einfachheit und Reinheit ausstrahlt, als das, in dem wir leben.

In der realen Welt fällt ein Würfel aber letzten Endes *nicht* zufällig, er stellt vielmehr ein äußerst komplexes, aber deterministisches physikalisches System dar. Auch reale Münzen werden letztlich nicht vom Zufall beherrscht. Ein geschickter Magier kann lernen, sie so zu werfen, dass sie stets auf Zahl fallen, und verbannt uns damit für immer und ewig auf eine Hälfte der Normalverteilung. Was sagen also die Instrumente der Wahrscheinlichkeitstheorie wirklich, wenn wir mit ihnen unsere Erfahrungen bearbeiten? Sagen sie etwas über die wirkliche Welt und ihre verborgene Struktur oder über das wahre Wesen von Beobachtungen und Messungen? Oder über unsere Art zu urteilen? Diese Fragen sind nicht rein rhetorisch – und wenn Sie sich mit ihnen beschäftigen, sind Sie in bester Gesellschaft.

In der Zeit der Aufklärung hat sich wegen derartiger Fragen allerdings niemand beunruhigt. Wie sich die Fortschritte in der Mathematik und den Naturwissenschaften gegenseitig beflügelten, überzeugte damals die meisten Forscher davon, dass die Mathematik nicht nur die Sprache der Vernunft war, sondern auch ihr Inhalt. Die Mathematik war – von der Physik Newtons bis zur revolutionären Politik – das natürliche Modell für die offensichtlichen Wahrheiten, die für den Glauben der Aufklärung charakteristisch waren.

Die von einem einfachen Luft- oder Gasmolekül beschriebene Kurve ist in ebenso sicherer Weise geregelt wie die Planetenbahnen: Es besteht zwischen beiden nur der Unterschied, der durch unsere Unwissenheit bewirkt wird.

Dieser Satz stammt von Pierre Simon Marquis de Laplace, dem zugleich brillantesten wie erfolgreichsten Wissenschaftler seiner Generation. Der Sohn eines Kleinbauern aus der Normandie war von seiner Ankunft in Paris 1767 als 18-Jähriger bis zu seinem Tod 1827 in all diesen Jahren, die von Streit, Revolution, Gemetzel, Kaiserreich, Krieg, Restauration und wieder Streit geprägt waren, nie ernsthaft gefährdet und vom Unglück verfolgt. Von Napoleon I. in den Adelsstand erhoben, wurde er unter Ludwig XVIII. Marquis und erfuhr in einer Sphäre, die so wenig zu erschüttern war wie eine Planetenbahn, Ehrung auf Ehrung.

Laplaces Forschungen reichten von der kristallinen Reinheit der abstrakten Grundprinzipien bis zu den chaotischen Besonderheiten der konkreten Phänomene. Jenseits der Wahrscheinlichkeitsrechnung, die er quasi erfunden hat, lieferte er bedeutende mathematische Beiträge zur Gravitationstheorie, Thermodynamik, Elektrizität und zum Magnetismus. Seine Fähigkeiten in physikalischer Astronomie waren legendär. Er war seiner Zeit so weit voraus, dass erst viele Jahrzehnte vergehen mussten, bis die Wissenschaft aufgrund neuer Daten und Beobachtungen von seinen Theorien Gebrauch machen konnte.

Laplace hat seine Beiträge zur Wahrscheinlichkeitsrechnung am vollständigsten in seiner *Théorie analytique* von 1812 zusammengefasst. Er sagte zwar, die Wahrscheinlichkeitstheorie sei nichts als der gesunde Menschenverstand in mathematischer Sprache ausgedrückt, aber seine Theorie erforderte die Entwicklung ganz neuer Rechenmethoden und ist so komprimiert dargestellt, dass selbst Mathematikexperten von der Lektüre eingeschüchtert werden. Sein Assistent erinnerte sich, wie der große Gelehrte eine Stunde darum kämpfte, die Schritte eines Beweises zu finden, die er mit einem lockeren »wie leicht zu sehen ist« übersprungen hatte. Erst im Nachhinein waren die Schritte »leicht zu sehen«, mit denen er nach den bekannten Regeln des logischen Denkens den Beweis aus den Grundprinzipien entwickelt hatte.

Das Universum Laplaces war voll und ganz deterministisch bestimmt. Er machte die berühmte Feststellung, dass nur jemand die Zukunft der Welt in allen Einzelheiten vorherzusagen vermag, der zu einem bestimmten Zeitpunkt den Ort und den Impuls jedes einzelnen Teilchens kennt. Es liegt danach nur an uns, an unseren unzulänglichen Sinnen, den unzureichenden Geräten und dem Befangensein in voreiligen Schlüssen, dass wir, anders als der allwissende »Laplacesche Dämon«, die Umwälzungen des Universums nicht voraussagen können.

Die Wahrscheinlichkeitstheorie stellt also eine Art Korrekturlinse dar, die uns erlaubt, die Natur des Zufalls besser zu verstehen, daraufhin unsere Schlüsse präzisieren zu können und uns der Perfektion der Schöpfung anzunähern, wenn wir sie schon nicht erreichen. Die Bedeutung der Glockenkurve de Moivres liegt in der Beschreibung der Streuung unserer Messungen um den Wert, der aus dem ewigen Gesetz folgt, der »alles schaffenden Funktion«, die das ideale Verhalten des Systems beschreibt. Die Glockenkurve stellt ein Instrument dar, die Daten von den unvermeidlichen Fehlern zu befreien und das Eine, Reine und Wahre zu offenbaren – das Geheimnis, das nicht nur hinter den Sternen steht, sondern hinter allen physikalischen Prozessen.

Mit einer ähnlichen Selbstverständlichkeit, mit der die Französische Revolution das metrische System und einen Kalender auf Grundlage des Dezimalsystems einführte, hielt es Laplace nur für logisch, die Prinzipien, die in den Naturwissenschaften gelten, auch auf die Gebiete der Moral und Politik auszudehnen. Wahlen, die Bildung von Parlamenten, die Beurteilung von Aussagen vor Gericht – all das konnte seinem Gefühl nach vernünftiger organisiert werden, wenn man es als Wahrscheinlichkeitsproblem sah und das Würfeln, Werfen von Münzen oder das Ziehen von Kugeln und Losen aus einer Urne zum Modell nahm. Berücksichtigen wir die Wahrscheinlichkeiten, können wir die übergroßen Schwankungen ausgleichen, die das Leben von Generationen überschatten, und den Weg zu den weiten, sonnenüberglänzten Auen des Reichs der Vernunft finden.

Leider ist die Grundeinheit des metrischen Systems kein ganzzahliger Teil des Erdumfangs, und an den französischen Revolutionskalender erinnert heute nur noch das Rezept für »Hummer Thermidor«. Die Frage ist auch, wie wir eigentlich genau erfüllen könnten, was Laplace fordert: »Prüfen wir vorerst strenge unsere eigenen Meinungen und wägen wir mit Unparteilichkeit die Wahrscheinlichkeit der einen und anderen ab.« Nun, es »ist leicht zu sehen« ...

Wie auch immer: Indem Laplace Wahrscheinlichkeiten nicht als innere Eigenschaft des Zufalls, sondern als Verhältniszahlen definierte, die man aus der Beobachtung gewinnen kann, trug er dazu bei, die Zukunft der Naturwissenschaften zu gestalten. Er gab ihnen vor, welche Phänomene sie untersuchen sollten, nämlich solche, die sich gut mit der Wahrscheinlichkeitsrechnung beschreiben lassen. Und da er nicht die Natur der Schöpfung, sondern den Geist des Beobachters in den Mittelpunkt der Wissenschaft stellte, machte er Pascals Hoffnung für immer zunichte, dass sich frommer Glauben und wissenschaftliche Forschung ergänzen könnten.

Da Laplace nicht religiös war, widerstrebte ihm die Annahme, ein göttliches Wesen könnte die perfekte Regelmäßigkeit des Geschehens am Himmel stören. Als ihn Napoleon im Scherz darauf hinwies, in der *Mécanique céleste* sei kein Schöpfer des Universums erwähnt, entgegnete er: »Sire, ich hatte keinen Bedarf für diese Hypothese.« Es schien ihm regelrecht weh zu tun, dass ein so großer Geist wie Pascal an Wunder glaubte. Da nun aber die Wahrscheinlichkeitstheorie mehr über das Geschehen in unserer Welt aussagt als über ein Jenseits, wo immer es sich befindet, machte Laplace schnell Gebrauch von ihr, um den Höhenflügen von Pascals Wette eine harte irdische Landung zu bereiten.

Wir wollen uns nun seine Beweiskette ansehen, bei der – wie

immer – das Problem in den ersten Annahmen liegt. Wenn wir die Wahl haben, an Gott zu glauben oder nicht, woher wissen wir dann, *dass* wir diese Wahl haben? Weil man es uns *gesagt* hat! Zeugen – von den Evangelisten bis zum letzten Dorfpfarrer – haben uns das Versprechen Gottes verkündet, dass der Glaube die Garantie für unendlich viele glückliche Leben darstellt. Diese Versicherung und nicht die Verheißung selbst ist es, was wir wahrnehmen. Laplace wählte eine Lotterie als Denkmodell, was recht gut zu Pascals Idee passte, dass die Wette attraktiv sei, weil selbst bei einer unendlich hohen Wahrscheinlichkeit für die Nicht-Existenz Gottes der Preis, den wir gewinnen könnten, verglichen mit unserem Einsatz, ungeheuer ist. Nehmen wir an, Pascals Lotteriespiel besteht aus einer Reihe von Kugeln, auf die gemalt ist, wie viele glückliche Leben wir für den Einsatz unseres einen Lebens gewinnen. Wir können selbst nicht sehen, welche Kugel gezogen wird, aber ein Zeuge teilt uns mit, dass wir den ersten Preis gewonnen haben. Wie glaubhaft ist dieses Zeugnis?

Offenkundig liegt es sehr im Interesse gerade dieser Zeugen, uns zu versichern, dass wir gewonnen haben. Nehmen wir aber der Einfachheit halber an, die Wahrscheinlichkeit, dass der Zeuge in dieser so wichtigen Angelegenheit die Wahrheit und nichts als die Wahrheit sagt, sei 50 Prozent. Nehmen wir dann noch an, dass die kleinste Zahl glücklicher Leben, die laut Pascal die Wette zu einem sicheren Erfolg macht, drei beträgt. In der Urne sind also drei Kugeln: mit einer Eins, einer Zwei und einer Drei. Die Ziehung findet statt, und der Zeuge ruft aus: »Glückwunsch! Es ist die Drei!« Nun lügt er entweder, oder er sagt die Wahrheit. Sagt er die Wahrheit, multiplizieren wir die Wahrscheinlichkeit dafür (1/2) mit der Wahrscheinlichkeit, dass die Drei gezogen wird (1/3), und erhalten 1/6.

Nehmen wir nun an, der Zeuge hat gelogen. Es wurde eine andere Kugel gezogen, und wir haben unser Leben vergeblich eingesetzt. Die Wahrscheinlichkeit, dass die Eins oder die Zwei gezogen wird, beträgt 2/3. Wir multiplizieren sie wieder mit der Wahrscheinlichkeit, dass der Zeuge lügt (1/2) und kommen damit auf eine Wahrscheinlichkeit von 2/6 = 1/3, dass auf uns der Weg ins Fegefeuer wartet.

Wir sehen also: Das Ziehen der Glückskugel mit der Drei *und*, dass uns der Zeuge die Wahrheit sagt, ist nur halb so wahrscheinlich, wie dass er uns sagt, es sei die Drei, dabei aber lügt. Wir gewinnen die Wette also nur in einem Drittel der Fälle – was weit entfernt von Pascals absoluter *Gewissheit* eines Sieges ist.

Wir sind nun wieder bei den blauen und grünen Taxis gelandet. Ist etwas von Haus aus selten oder unwahrscheinlich, ändert es wenig, wie glaubhaft oder verlogen ein Zeuge ist: Es bleibt unwahrscheinlich. Selbst wenn der Zeuge in 90 Prozent der Fälle die Wahrheit spricht, ist die Wahrscheinlichkeit, die versprochenen 1000 glücklichen Leben genießen zu können, nur neun zu 10000. Steigt der Preis für die himmlische Lotterie, steigt auch das Risiko, dass die Siegesbotschaft gelogen ist. Das gilt selbst dann, wenn wir weitere Faktoren weglassen, die das Eigeninteresse des Zeugen berücksichtigen, uns zu missionieren.

Laplaces Wahrscheinlichkeitsrechnung sollte uns ein Verfahren liefern, mit dem wir Fehler austreiben können, um auf leuchtenden Tafeln die Grundgesetze des Universums zu erblicken. Heutzutage verwenden wir die Rechenverfahren nur bis zu einer bestimmten Grenze und nur für einige ausgewählte Probleme. Wie kam es, dass diese mächtige Idee so viel von ihrer Bedeutung verloren hat? Sie teilte das Schicksal vieler großer und überzeugender Ideen und litt darunter, dass ihr gewaltiger Erfolg die Menschen dazu verleitete, sie auch in Gebieten anzuwenden, für die sie nicht gut geeignet ist – zum Beispiel in Wissenschaften, die weit von ihrer Quelle, der Astronomie, entfernt sind: in der Chemie, der Biologie und den aufkommenden Gesellschaftswissenschaften. Dort verhalten sich die Phänomene nicht unbedingt »normal«, die Ergebnisse streuen also nicht wie in einer Normalverteilung um den »wahren« Wert. Neue Strukturen und neue Verteilungen wurden gefunden, die neue Rechenmethoden erforderten.

Ein frühes Beispiel neuer Verteilungen, die durch das erweiterte Anwendungsgebiet nötig wurden, ist nach einem der Studenten Laplaces benannt, nach Siméon Denis Poisson, einem ehemaligen Anwaltsgehilfen, der hoffte, die Wahrscheinlichkeitsrechnung auf Indizien und Aussagen vor Gericht anwenden zu können. Poisson definierte eine Klasse von Ereignissen, die, wie ein Verbrechen, ohne weiteres jederzeit stattfinden *können*, aber tatsächlich nur selten vorkommen. Fast jeder der über eine Milliarde Telefonbesitzer der Welt könnte Sie beispielsweise jetzt anrufen – aber es ist höchst unwahrscheinlich, dass Sie gerade in dem Moment einen Anruf bekommen, in dem Ihr Auge auf dem nun folgenden Punkt ruht. Es hat sich gezeigt, dass eine große Zahl menschlicher und zwischenmenschlicher Angelegenheiten in diese Kategorie fällt: Das Risiko, an irgendeinem Tag in Rom vom Auto angefahren zu werden, ist sehr gering, während die Wahrscheinlichkeit relativ groß ist, zumindest *einmal* angefahren zu werden, wenn Sie Ihr ganzes Leben in der Ewigen Stadt verbringen. Sie könnten dann ein starkes Interesse an der Information haben, ob Sie vermutlich einmal, zweimal oder öfters in einen Unfall verwickelt werden.

Bei der Poisson-Verteilung geht man – wie im richtigen Leben – davon aus, die Wahrscheinlichkeit eines zukünftigen Ereignisses *nicht* zu kennen. Wir »kennen« die Wahrscheinlichkeit, mit der wir eine bestimmte Augenzahl beim Würfeln erhalten, wir »kennen« die Gesetze, die eine Planetenbahn bestimmen. Wir können also in diesen Fällen die bekannte Wahrscheinlichkeit mit der Zahl der Versuche multiplizieren, um die Wahrscheinlichkeitsverteilung zu erhalten. Aber im wirklichen Leben kann es sein, dass wir über diese Informationen nicht verfügen, sondern nur das Ergebnis der Multiplikationen kennen: die Zahl der Ereignisse, die wirklich stattgefunden haben.

Die grafische Darstellung einer Poisson-Verteilung ist steiler als die Glockenkurve und gleicht eher einer Kirchturmspitze. In ihr wird das Produkt der Wahrscheinlichkeiten mit der Anzahl der Fälle aufgetragen. Sie wird für Ereignisse verwendet, die selten vorkommen, sich aber unter vielen Bedingungen ereignen können. Das klassische Beispiel für eine Poisson-Verteilung wurde von dem russisch-polnischen Statistiker Ladislaus Bortkiewicz untersucht und veröffentlicht: Es geht um die Zahl der Kavalleristen, die in 14 Korps des deutschen Heeres zwischen 1875 und 1894 von einem Pferd zu Tode getrampelt wurden. So sehen die Originaldaten aus:

Todesfälle pro Jahr in einem Korps	Wirkliche Anzahl der Fälle
0	144
1	91
2	32
3	11
4	2
5 und mehr	0

Insgesamt haben wir 280 Kategorien (20 Jahre x 14 Korps), insgesamt kamen 196 Reiter um, das heißt, 0,7 je Jahr und Korps. Die Poisson-Verteilung für unser Beispiel folgt der Formel

$$W_m = \frac{e^{-0,7}\,(0,7)^m}{m!}$$

mit m als Zahl der Toten pro Jahr, deren Wahrscheinlichkeit wir bestimmen wollen. Ist $m = 1$, beträgt die Wahrscheinlichkeit 0,3476. Wendet man dies auf 280 Fälle an (wie in unserem Beispiel), gab es nach der Poisson-Verteilung 97,3 Tote in Korps mit nur einem Toten pro Jahr – in Wirklichkeit waren es 91. Die theoretische Verteilung gleicht also sehr eng der wirklichen – deshalb ist dieses Beispiel vermutlich auch zum »Klassiker« avanciert:

Todesfälle pro Jahr in einem Korps	Theoretische Anzahl der Fälle
0	139,0
1	97,3
2	34,1
3	8,0
4	1,4
5 und mehr	0,2

Was kann man damit anfangen, wenn man zufällig *kein* Kavallerist ist? Vielleicht lässt sich die Poisson-Verteilung am besten so kennzeichnen, dass sie Ereignisse beschreibt, die man erhofft oder befürchtet (oder wie im Fall der Telefonate beides), während die Normalverteilung Ereignisse beschreibt, die man erwartet oder voraussieht. Supermärkte berechnen mit der Poisson-Verteilung die Wahrscheinlichkeit, dass an einem bestimmten Tag eine bestimmte Ware ausgeht, Stromerzeuger einen besonders hohen Bedarf. Mit ihr konnte man auch das Risiko bestimmen, dass 1944 ein bestimmter Bereich von Südlondon von einer V2 getroffen wurde.

Wenn Sie in einer Großstadt leben, können Sie die Poisson-Verteilung heranziehen, um die Chance (oder das Risiko) auszurechnen, auf die Liebe Ihres Lebens zu treffen. Das legt einige interessante Schlüsse nahe. Woody Allen hat darauf hingewiesen, dass sich die Chance für ein Date am Samstagabend verdoppelt, wenn man bisexuell ist. Leider zeigt die Poisson-Verteilung, dass sich die Erfolgsaussichten wenig ändern, selbst wenn sich die entsprechende Wahrscheinlichkeit (hier: die des passenden Geschlechts) verdoppelt, da die Zahl der nötigen »Versuche« weiterhin riesig groß ist. Die Aussichten auf Erfüllung Ihrer Träume bleiben entmutigend gering. Es könnte Ihnen aber Mut machen, dass der größte Anteil der Wahrscheinlichkeit um die Mitte der Kurve konzentriert ist. Das verspricht die besten Chancen, wenn Sie die Freundschaften mit denen pflegen und vertiefen, die Sie ohnehin schon am liebsten haben, statt Ihre Zeit mit den traurigen, verrückten oder miesen Alternativen zu verplempern. Sie können also die Poisson-Verteilung für sich nutzbar machen, indem Sie Distanz zu den Außenseitern wahren. Das gilt auch bei Ihrer Kavallerie-Einheit: Wollen Sie sich mit einem Pferd anfreunden, sollten Sie bei einem Date an das Tier von vorn herantreten!

Man kann die Poisson-Verteilung als einen Spezialfall der Normalverteilung sehen, aber im Lauf der Zeit, in der die Wahrscheinlichkeitsrechnung immer mehr in der Statistik Einzug hielt, traten noch weit mehr Kurven mit ihr in Konkurrenz, solange die Daten mathematisch zu beschreiben waren. Es gibt spitz zulaufende Kurven und Kurven mit Löchern, also Verteilungen, die man eigentlich nicht Kurven nennen darf, obwohl sie alle noch durch Funktionen definiert werden, die einem bestimmten Eingangswert einen bestimmten Ausgangswert zuweisen. Die Mathematik opferte im 19. Jahrhundert viel Zeit und Mühe, um derartige Kringel und Schlangenlinien zu bändigen und ihre Werte zu bestimmen, indem sie sie in unendliche Reihen auflöste, sie in einem Käfig aus der Kombination braver Sinuskurven einfing oder sie in kürzere, endliche Stücke zerschnitt, die besser zu handhaben waren.

An der Schwelle zum 20. Jahrhundert brachte der französische Mathematiker Henri Lebesgue diese vielen Techniken auf ihren philosophischen Nenner und definierte sie als einen Weg, Messwerte einer – wenn auch noch so wilden – Funktion zuzuordnen. Die *Maß-theorie*, wie seine Erfindung genannt wird, erlaubt es, auch die exotischsten der Kurven zu zähmen und die Wahrscheinlichkeiten zu bestimmen, die ihnen zugrunde liegen. Die großen Möglichkeiten der Maßtheorie gehen aber auf Kosten der Intuition: Eine »Messung« ist einfach nur eine Messung, ein Mittel, die *eine* mathematische Größe mit einer *anderen* auszudrücken. Die Maßtheorie behauptet nicht, ein Werkzeug zum besseren Verstehen der Welt zu sein.

Um 1900 wurde etwas klar: Wenn ein Ergebnis, das der Intuition widerspricht, nicht unbedingt falsch ist, muss ein intuitiv gewonnenes Ergebnis auch nicht unbedingt richtig sein. Die im klassischen Ansatz der Wahrscheinlichkeitstheorie steckenden Widersprüche ließen sich nicht mehr länger verbergen. Laplace hatte seine universelle Wahrscheinlichkeitstheorie auf physikalische Prozesse wie das Werfen einer Münze oder das Würfeln gegründet, weil sie eine besonders nützliche Eigenschaft haben: Man kann annehmen, dass jeder Ausgang des Experiments gleich wahrscheinlich ist. Wir wissen im Vorhinein, dass eine Sechs beim Würfeln in 1/6 der Fälle auftreten wird, und wir können dieses Wissen verwenden, um Modelle für andere, weniger bekannte Aspekte des Lebens zu basteln. Aber denken Sie bitte eine Minute lang über die folgende Frage nach: Woher *wissen* wir eigentlich, dass die Sechs mit der gleichen Wahrscheinlichkeit zu erwarten ist wie die anderen Augen?

Nun gut, man könnte antworten, dass es keinen Grund für die Annahme gibt, dass es *nicht* so ist. Oder dass wir die Allgemeingültigkeit der physikalischen Gesetze voraussetzen müssen. Oder dass dies ein Axiom der Wahrscheinlichkeitstheorie ist, an dem wir nicht rütteln dürfen. Oder dass wir, wenn wir *keine* gleichen Wahrscheinlichkeiten hätten … *alles noch einmal von vorn beginnen müssten*. Und wollen wir das? All diese Argumente spiegeln die bequemen, rationalen Annahmen der Wissenschaft in der Zeit der Aufklärung wider. Und allen gilt das gleiche sardonische, abschätzige Lächeln des Hauptanklägers in dieser Sache: Richard von Mises.

Lemberg (oder Lwów oder Lwiw) ist eine Stadt, die im Schnittpunkt dreier Einflüsse von je drei Seiten liegt: Österreich – Polen – Ukraine; katholisch – orthodox – jüdisch; praktisch – abstrakt – künstlerisch. Die Stadt, die heute zur Ukraine gehört, ist immer noch das Symbol einer intellektuellen Verheißung für das umstrittene Land zwischen Weichsel und Dnjepr, ein barocker Leuchtturm im geopolitischen Sturm. Die berühmtesten Söhne der Stadt würden allein schon ausreichen, um eine ganze Kultur erblühen zu lassen: der Philosoph und Schriftsteller Martin Buber und der Schriftsteller Stanislaw Lem, die Pianisten Moriz Rosenthal, Emanuel Ax und Stefan Askenase, die Brüder Stanislaw und Adam Ulam, der Spion Alfred Redl, der Trotzkist Karl Radek, der Schriftsteller Joseph Roth und, nicht zu vergessen, Weegee, Paul Muni, Sacher-Masoch und der muslimische Theologe Muhammad Asad, einer der wenigen Imame, der Sohn eines Rabbis war.

Der in Lemberg geborene Richard von Mises, Bruder des Nationalökonomen Ludwig von Mises, war einer der Pioniere der Aerodynamik und entwarf (und flog) 1915 den österreichisch-ungarischen Superbomber Aviatik G. I. Das Flugzeug wurde kein Erfolg und nach drei Prototypen aufgegeben – aus vielerlei Gründen, wie sie den Flug von Gegenständen komplizieren machen, die schwerer als Luft sind. Von Mises interessierte sich – vielleicht in einer Reaktion auf den Fehlschlag – immer mehr für einen dieser Gründe, die atmosphärische Turbulenz. Wie wir sehen werden, lässt sich Turbulenz nicht mit der wunderbaren Präzision voraussagen wie die Bewegungen im Planetensystem. Die Wirbel in einer Flüssigkeit mögen zwar auf den ersten Blick den gewaltigen Wirbeln ferner Galaxien ähneln, aber die Berechnung ihrer wahren Bewegungen stellt immer noch eine Herausforderung für die Wissenschaft dar. Von Mises nahm alles sehr genau und verlangte von der Angewandten Mathematik die gleiche Strenge wie von ihrer Schwester, der Reinen Mathematik. Je mehr er in die Welt der instabilen, flatterhaften Strömungen eintauchte, umso weniger konnte er sich mit den strikten, aber nicht hinreichend überprüften Annahmen der Laplaceschen Wahrscheinlichkeitstheorie anfreunden, nach denen die Wahrscheinlichkeitswerte »als eine Zahl zwischen 0 und 1, von der man sonst nichts weiß« definiert sind. Von Mises sah ein Problem darin, dass wir für unseren Würfel, die Münze und den Topf mit Kugeln gleiche Chancen für jeden Versuch annehmen. Seiner Meinung nach erschaffen wir dadurch aus dem Nichts ein Paralleluniversum, in dem sich die Dinge in einer ganz bestimmten Weise verhalten, weil wir es von ihnen *erwarten*. Statt Überbringer göttlicher Nachrichten zu sein, ist der Würfel selbst zu Gott geworden. Günstigstenfalls kann man die Gesetze der Wahrscheinlichkeit noch als Tautologie einordnen: Die Zahlen von 1 bis 6 kommen der Theorie nach deshalb gleich oft beim Würfeln vor, weil wir sie so definiert haben. Schlimmstenfalls hindert uns das Konzept der gleichen Häufigkeit daran, irgendetwas über das zu sagen, was wir vor Augen haben. Was ist zum Beispiel, wenn dem Würfel an einer Ecke ein paar Moleküle fehlen? Wir haben Beweismaterial und unsere Erfahrung, aber keines der Theoreme, die auf der Chancengleichheit beruhen, ist darauf anwendbar. Unsere Wahrscheinlichkeitsrechnung ist nicht zuständig, und wir können nur noch verstummen.

Von Mises' Ansicht nach unterscheidet sich der Grund unseres Glaubens an die 1/6-Wahrscheinlichkeiten beim Würfel in nichts von dem unseres Glaubens, dass sich die Erde in 365,25 Tagen um die Sonne bewegt. Der Grund ist jeweils, dass wir es *beobachtet* haben. »Die Wahrscheinlichkeit, Sechs zu zeigen, ist eine *physikalische Eigenschaft* eines Würfels« – eine Größe, die aus immer wieder durchgeführten Messungen bestimmt wurde und keineswegs zum Wesen der Schöpfung oder der Natur gehört. Kopf oder Zahl, Rot oder Schwarz, Gerade oder Ungerade: Das sind keine Phänomene an sich, sondern Messungen, wie man sie bei anderen Gelegenheiten in Gramm, Ohm oder Hektopascal angibt. Das Ausmaß, in dem ein bestimmter Aspekt konsistenter Ereignisgruppen (von Mises hat sie »Kollektive« genannt) sichtbar wird, ist seine Wahrscheinlichkeit. Sie schält sich heraus, wenn wir unendlich viele Ereignisse untersuchen.

Die »Kollektive« müssen eine ganz spezifische Natur haben und aus einer praktisch unbegrenzten Folge gleichartiger, aber zufälliger

Beobachtungen oder Messungen bestehen. Wenn sich die relative Häufigkeit eines Aspekts einem bestimmten Grenzwert nähert, können wir annehmen, die Wahrscheinlichkeit dieses Aspekts bestimmt zu haben. Dies gilt dann im Übrigen nicht nur für das Grundkollektiv, sondern auch für alle zufällig ausgewählten, beliebig gemischten Teilkollektive. Auch Wahrscheinlichkeiten von kombinierten Aspekten (wie beim Werfen *zweier* Würfel) können definiert werden, indem man den Reihenfolgen der Resultate und ihrer Verteilung in den Teilkollektiven nachgeht. Das bedeutet nichts anderes, als zunächst rigoros alle Vorurteile, die wir über die Wahrscheinlichkeiten haben, aus dem Kopf zu verbannen, um sie dann nach und nach neu zu berechnen.

Es gab keine Zweifel, welchen Weg die Naturwissenschaft gehen musste, um Wissenschaft zu bleiben: Alle Fakten sind bloße Wahrscheinlichkeiten, die sich aus Häufigkeiten bei den Beobachtungen ergeben. Nach der Ansicht von Mises' ist alles andere nur eine Folge von falschem Bewusstsein.

Mit diesem ernüchternden Blick auf die Naturwissenschaft ist es natürlich schwer zu begreifen, mit welchem Recht man Wahrscheinlichkeiten in der Juristerei, in Gremien und bei Wahlverfahren einsetzen kann. Für von Mises gab es nur drei Gebiete, in denen Wahrscheinlichkeitsrechnungen legitim sind: das Glücksspiel, bestimmte Phänomene, bei denen es um große Zahlen geht (wie die Vererbung und das Versicherungswesen) und die Thermodynamik, wo sie, wie wir in Kapitel 11 sehen werden, die entscheidende Rolle spielen.

»Vermeinest du, weil du tugendhaft seiest, solle es in der Welt keine Torten und keinen Wein mehr geben?«, fragt Junker Tobias in *Was ihr wollt*. Wie alle Fundamentalisten in der Wissenschaft oder anderswo forderte von Mises von seinen Anhängern, viel von dem aufzugeben, was ihrer Meinung nach das Leben lebenswert machte. Menschen wenden sich der Wissenschaft zu, weil sie all die Dinge um sich herum, die mit so viel Bedeutung aufgeladen erscheinen, enthüllen und erklären wollen. Aber wie viele der interessanten Phänomene des Lebens sind wirklich »Kollektive« im Sinne von Mises'? Von welchen spannenden Ereignissen kann man wirklich sagen, dass sie sich unendlich oft exakt gleich wiederholen? Während Laplace über den kleinen Riss hinwegging, der sich auftut, wenn man behauptet, dass die Häufigkeiten gleich sind, und dies auch im Experiment erwartet, sah sich von Mises vor einer tiefen Gletscherspalte im Gebirge des Wissens, wenn nach seiner Annahme die relativen Häufigkeiten der beobachteten Ereignisse wirklich einem Grenzwert zustrebten. Vielleicht enthüllen sich ja alle Geheimnisse auf lange Sicht, aber auf lange Sicht sind wir, wie Keynes zu Recht festgestellt hat, alle tot.

Unsere Gedanken gleichen manchmal Eisenbahnzügen: hellen kleinen Welten, die in finstrer Nacht durch unbekannte und vielleicht unbewohnte Gegenden rattern. Es ist die schon beinahe klassische Tragödie des geistigen Lebens, viel zu spät zu entdecken, dass unser eigener Wagen abgehängt und auf ein rostiges Nebengleis geschoben wurde, dessen holpriges Gleisbett allzu deutlich zeigt, dass der Weg nur in eine Geisterstadt führt. Manchmal geht es jedoch auch aufregend zu, und man erreicht die Traummetropole auf Gleisen, die mit anderen immer mehr zusammenlaufen: Beim Blick aus dem Waggon gleiten golden leuchtende Fenster vorbei, und wir sehen Reisende, die ihre Zeitungen zusammenfalten und nach ihren Mänteln greifen, oder wartende Kinder, die uns einen Willkommensgruß zuwinken.

Lebesgues Maßtheorie und von Mises' Häufigkeitstheorie waren einander schon von ferne begegnet. Zwischen ihnen näherten sich zwei weitere Züge dem Ziel. In dem einen saßen Physiker, die mehr und mehr der Überzeugung waren, dass man für bestimmte Prozesse der Thermodynamik und Quantenmechanik *nur* Wahrscheinlichkeiten angeben kann, dass es also kein mechanistisches, deterministisches Modell gibt, um sie zu beschreiben oder sich auch nur vorzustellen. Im anderen Zug reiste die große zeitgenössische Bewegung, die versprach, dass die gesamte Mathematik – mit all ihrer Macht und Komplexität, die auf magische Weise so viele Parallelen zum Reichtum und zur Schönheit des Lebens zu haben scheint – auf einigen wenigen Axiomen begründet werden kann, die durch die Regeln der deduktiven Logik miteinander verbunden sind. Die Reisenden hatten das deutliche Gefühl, dass der Hauptbahnhof in Sicht war, wo sie dann ihre Geschichten austauschen konnten – alle in der gleichen Sprache.

Diese gleiche Sprache war um den Begriff der *Menge* entstanden, der von Georg Cantor als Mittel eingeführt worden war, um die Unendlichkeit einzubeziehen, ohne konkret an unendlich viele Dinge oder ewig dauernde Prozesse denken zu müssen. Die Definition einer Menge ist bewusst so locker wie möglich gehalten: Sie wird durch ihre Mitglieder definiert. Die Mitgliedschaft kann unter den unterschiedlichsten Voraussetzungen erworben werden, etwa dadurch, als Zahl durch fünf teilbar zu sein. Eine Menge kann aber auch aus »Rot; 17; Hund.« bestehen. Selbst eine leere Menge ist möglich: Wir können den Inhalt einer Schachtel diskutieren, auch wenn sie leer ist. Mengen können in *Untermengen* zerteilt werden, die selbst wieder Mengen sind. Wir können sie aber auch zu einer *Vereinigungsmenge* zusammenfügen, wir können definieren, wo sich Mengen überlappen, und auch dieses Gebiet ist wieder eine Menge: die *Schnittmenge.* Es gibt unendliche Mengen (wie etwa die Menge der natürlichen Zahlen), und wir können uns die Menge aller Untermengen einer Menge vorstellen.

Vielleicht fragen Sie sich jetzt, über was in aller Welt wir eigentlich reden? Über nichts Bestimmtes – und das ist der springende Punkt! Es geht um reine Form und nur darum, ein logisches System zu untermauern, das uns immer begleitet, wenn wir Dinge von anderen unterscheiden. Eine Menge ist einfach ein Satz geistiger Klammern, die »das« von »nicht das« abgrenzen. Wir können alles zwischen diese Klammern packen, was uns interessiert. So wie Cantors Unendlichkeit in eine Menge passt und im Hier und Jetzt untersucht werden kann, statt im Unendlichen und in alle Ewigkeit, können auch von Mises' unendliche Ketten von Beobachtungen eine Menge bilden: die Menge der Ereignisse, die darin bestehen, dass etwas beobachtet wird. Wir können die Axiome, auf deren Grundlage wir Mengen bearbeiten, auch auf Sammlungen von Ereignissen anwenden. Und, was am Wichtigsten ist: Lebesgues Maßtheorie liefert uns ein Verfahren, einer Menge, ihren Untermengen und ihren Elementen einen einzigen und vollständigen Wert zuzumessen. Diese Werte verhalten sich dann so, wie wir es von Wahrscheinlichkeiten erwarten und fordern.

Gedankenbahnen, die sich einander annähern und aufeinander zulaufen: Wer könnte den letzten Schritt zur Vereinigung besser in die Wege leiten, als jemand, der in einem Eisenbahnzug geboren wurde? Andrei Nikolajewitsch Kolmogorow war ein Sohn, auf den alle Eltern stolz gewesen wären, aber weder Vater noch Mutter haben ihn je erblickt. Die Mutter starb bei der Entbindung am 25. April 1903 auf der Fahrt von der Krim zu ihrem Familienbesitz. Der Vater, ein Kalmücke, der aus einer Familie von Geistlichen stammte, war auf der Krim zurückgeblieben. Der kleine Andrei wurde in der Bedarfshaltestelle Tambow von seiner ledigen Tante übernommen. Sie richtete für ihren hochintelligenten Neffen und seine kleinen Freunde eine besondere Schule ein, die auch eine eigene Zeitschrift herausgab, in der Andrei im Alter von fünf Jahren seine erste mathematische Entdeckung veröffentlichte: Die Summe der ersten n ungeraden Zahlen beträgt n^2 – wie auch wir in Kapitel 1 herausgefunden haben.

Was jeden, der Kolmogorow kennen lernte, auf Anhieb verblüffte, war sein lebendiges Denken. Er interessierte sich für alles – von der Metallurgie bis zu Puschkin, vom Papsttum bis zum Skifahren in natürlicher Nacktheit. In seiner Datscha, einem alten Gutshaus außerhalb Moskaus, richtete er die Privatschule seiner Kindheit wieder ein. Unter der Leitung der alten Tante und seiner alten Kindsmagd unterhielt sie eine große Bibliothek und beherbergte ständig jede Menge Besucher: Studenten, Kollegen und Gastforscher.

Man hat gesagt, es sei leichter, die mathematischen Gebiete aufzuzählen, zu denen Kolmogorow *keinen* wichtigen Beitrag lieferte, als die Unzahl von Themen zu nennen, die er in seinen siebzig Jahren produktiver Arbeit gründlich erforschte. Sein Genie bestand darin, Verbindungen herzustellen und Brücken zu schlagen: Er nahm mathematische Ideen, formulierte sie noch klarer und benutzte sie dann, um ganz neuen Gebieten wie der Logik oder der Wahrscheinlichkeitstheorie eine neue Sprache zu geben. In seinen Arbeiten über mathematische Logik verband er die klassischen mit den intuitiven Traditionen. Er entwickelte eine Theorie des Funktionenraums und erweiterte sie auf das Gebiet der Turbulenz. Auf die von ihm entdeckte »Algorithmische Komplexität« wuchtete er mit seinem typischen Elan das wacklig gewordene Gebäude der Wahrscheinlichkeitstheorie, um das Ganze noch mit einem neuen Fundament zu unterlegen.

Die Botschaft seines Systems war einfach: Die *Wahrscheinlichkeit* eines Ereignisses ist das Gleiche wie die *Maßzahl* einer Menge. Wir können versuchen, den Gedankengang mit einem Diagramm klarer zu machen. Nehmen wir ein Rechteck:

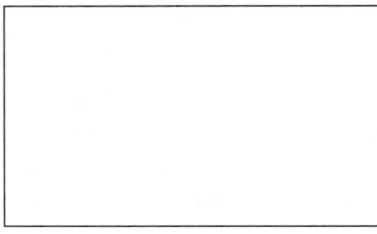

Alles, was sich in dem für uns interessanten System ereignen kann – jede mögliche Beobachtung oder Messung – wird durch einen Punkt innerhalb des Rechtecks repräsentiert. Der Wahrscheinlichkeitswert des Rechtecks, der bei einem flachen Gebilde wie unserem in seiner Fläche besteht, ist 1, da wir sicher sein können, dass *jede* Beobachtung in ihm ihren Platz hat. Sind wir beispielsweise am Werfen einer Münze interessiert, wird unser Diagramm so aussehen:

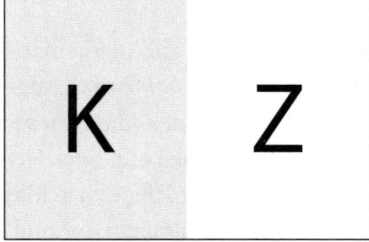

Wir haben zwei mögliche Zustände – »Kopf« und »Zahl« – und zwei gleich große Felder, die keinen der Punkte gemeinsam haben. Wie groß ist die Chance, mit einem Würfel eine gerade Zahl zu werfen? Es gibt drei unabhängige, sich gegenseitig ausschließende Möglichkeiten, die insgesamt die Hälfte der Fläche unseres Rechtecks einnehmen:

Wie wir sehen, beschreibt dieses Modell sehr schön einen Schlüsselaspekt der Wahrscheinlichkeitstheorie: Die Wahrscheinlichkeit für zwei oder mehr sich ausschließende Ereignisse wird bestimmt, indem man die entsprechenden Einzelwahrscheinlichkeiten aufaddiert. Was ist nun aber mit Ereignissen, die sich *nicht* ausschließen, wie beispielsweise das Ereignis A (»Diese Erklärung ist *klar*«) und das Ereignis B (»Diese Erklärung ist *wahr*«)? Unser Bild sieht dann so aus:

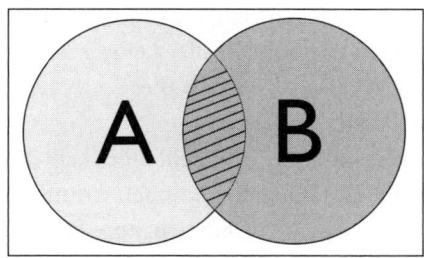

Die Wahrscheinlichkeit, dass die Erklärung *sowohl* klar *als auch* wahr ist, wird durch die Fläche repräsentiert, die von A und B geteilt wird. Die Wahrscheinlichkeit, dass sie *entweder* klar *oder* wahr ist, entspricht der gesamten Fläche von A und B. Diese entspricht aber nicht der Summe von A und B, da man dann die gemeinsame Fläche doppelt rechnen würde. Die erschreckende Möglichkeit, dass die Erklärung *weder* klar *noch* wahr ist, wird von der verbleibenden öden, leeren Fläche des Rechtecks repräsentiert.

Was ist nun mit einer bedingten Wahrscheinlichkeit – etwa der Wahrscheinlichkeit, dass die Erklärung wahr ist, *wenn* sie klar ist? Wir ignorieren alles, was außerhalb der Fläche A liegt, denn wir setzen ja voraus, dass die Erklärung klar ist, und vergleichen die Fläche von *A* mit der gemeinsamen Fläche von *A* und *B*, die, wie wir ja wissen, klar *und* wahr repräsentiert.

Sie werden das ja vielleicht allzu simpel finden, vor allem, nachdem Sie sich gerade durch die komplexen Ideen von Cardano, Pascal, de Moivre, Laplace und von Mises gearbeitet haben. Der springende Punkt ist aber, dass man dieses einfache Modell verfeinern kann und es dann der Komplexität jeder Situation angemessen ist – so, wie man aus den Euklidischen Axiomen alles ableiten konnte, was zum Bau der Kathedrale von Chartres nötig war. Wir müssen uns nicht auf zwei Kreise beschränken, sondern können uns Hunderte, Tausende, ja unendlich viele messbare Untermengen unseres rechteckigen Ereignisraumes vorstellen, die sich überlappen und durchdringen, wie es scheinbar die Wirbel eines Ölflecks auf dem Wasser tun. Unser Raum muss natürlich kein 2-dimensionales Rechteck sein, die gleichen Axiome gelten auch für die Volumina in einem 3-dimensionalen Körper oder die nicht mehr darstellbare, aber mathematisch ganz konventionelle Welt eines Körpers im *n*-dimensionalen Raum. Man braucht keine Regeln für Sonderfälle, keine zusammengestückelten Anweisungen oder Mauscheleien, um diese oder jene ungewöhnliche Situation zu behandeln.

Da diese Vorstellung von Wahrscheinlichkeit ihre Struktur von der Mengenlehre übernommen hat, können wir mit den logischen Instrumenten der Booleschen Algebra arbeiten. Das heißt, *wir* können es nicht, aber Computer können es, weil sie auf genau die Weise arbeiten, die jede menschliche Seele mit Verzweiflung füllt: Sie tragen erbarmungslos Schritt für Schritt mit der Pinzette den Sandberg ab. Der springende Punkt bei Kolmogorow ist, dass die mathematische Wahrscheinlichkeitstheorie vom Rest der Mathematik nicht getrennt ist: Sie stellt nur einen besonders interessanten Aspekt der Maßtheorie mit einer etwas seltsamen Terminologie dar, die ihre Quellen aber im wahren Leben hat.

So eingebettet fand die Wahrscheinlichkeitstheorie – verstanden als die Mathematik des Zufalls – wieder zur Strenge der deduktiven Logik zurück. Gewiss, auf den ersten Blick erscheint diese Strenge ein wenig kühl, was alle, die sie anwenden, gern dazu bewegt, die Theorie von der realen Welt fernzuhalten, in der alles infrage steht. William Feller, der in der Mitte des 20. Jahrhunderts mit seiner *Introduction to Probability Theory and its Applications* ein bedeutendes Lehrbuch der Wahrscheinlichkeitstheorie geschrieben hat, beginnt mit dem Hinweis: »Wir sollten nicht viel mehr Mühe darauf verwenden, das ›Wesen‹ von Wahrscheinlichkeit zu erklären, als der moderne Physiker darauf verwendet, das ›wahre Wesen‹ von Masse und Energie zu erklären.« Für Joseph Doob, einen der bekanntesten und entschiedensten Anhänger der Wahrscheinlichkeitstheorie, ist die Diskussion der Frage, ob eine Reihe von Würfen mit einer Münze von den Gesetzen der Wahrscheinlichkeitstheorie beherrscht werde, so nutzlos wie die nach den »Tischmanieren von Kindern mit sechs Armen«. Wie immer fordern die Anwälte der Perfektion, in Bereiche auszuweichen, die nicht von dieser Welt sind.

Bis jetzt haben wir noch kein Wort über die menschlichen Aspekte verloren. Unser Wunsch, selbst dann Ergebnisse zur Hand zu haben, wenn sie nicht sicher sind, lässt uns nach dem Experteninstrument der Wahrscheinlichkeitstheorie greifen, um es auf unbekanntem Terrain zu erproben. Das Erbe Kolmogorows wird tagtäglich in den Naturwissenschaften, der Medizin, bei der Systemanalyse, in der Entscheidungstheorie und bei der Computersimulation der Finanzmärkte eingesetzt. Sein Erfolg beruht auf der Reinheit seines einfachen Grundkonzepts. Wir reden nicht mehr über das ganz besondere Verhalten bestimmter physikalischer Objekte, über Beobachtungen, Häufigkeiten oder Vermutungen, sondern nur über Maßzahlen. Gereinigt von unnötigen, ritualisierten Erwägungen, die der irdischen Welt entstammen, scheint die mathematische Wahrscheinlichkeitstheorie, nachdem sie alle abtrünnigen Sekten wieder aufgenommen hat, der eine, wahre Glaube zu sein.

Einen festen Glauben zu haben, bedeutet aber nicht unbedingt das Ende aller Schwierigkeiten. Wir wollen uns dazu eine einfache Aufgabe anschauen, die der französische Mathematiker Joseph Bertrand gestellt hat. Einem Kreis ist ein gleichseitiges Dreieck einbeschrieben:

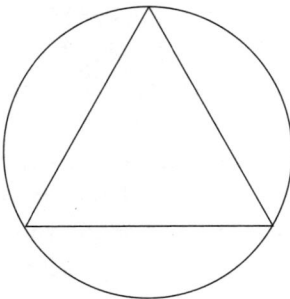

Nun zeichnen wir eine »zufällige« Gerade, die den Kreis an zwei Stellen schneidet. Wie groß ist die Wahrscheinlichkeit, dass diese »Saite« länger ist als eine der Dreiecksseiten?

Ein gangbarer Weg zu einer Antwort ist der folgende: Wir legen einen Endpunkt der Saite auf ein Eck des Dreiecks und sehen nun leicht, dass *jede* Saite, die *durch* das Dreieck verläuft, länger als eine Dreiecksseite ist.

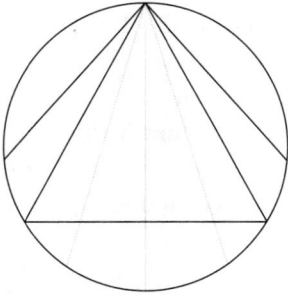

Es ist auch leicht einzusehen, dass ein Drittel aller Saiten durch das Dreieck geht, nämlich alle, deren Winkel gegen die Senkrechte zwischen 0 Grad und 30 Grad beträgt. Damit ist die Wahrscheinlichkeit, dass eine zufällig gewählte Saite länger als eine Dreiecksseite ist, 1/3.

Nun wollen wir es aber noch auf eine andere Weise versuchen. Zunächst zeichnen wir in den Kreis ein Rechteck über der unteren Dreiecksseite. Wir wollen nun unsere Saite nehmen und wie einen Bleistift von oben nach unten durch den Kreis abrollen.

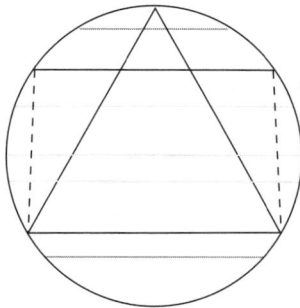

Wir sehen sehr schnell, dass jede Saite, die in das Rechteck fällt, länger als eine Dreiecksseite ist. Die Höhe des Rechtecks ist aber gerade halb so groß wie der Kreisdurchmesser, daher ist die Wahrscheinlichkeit, dass eine zufällig gewählte Saite länger als eine Dreiecksseite ist, 1/2. Ein Paradoxon!

Die Wahrscheinlichkeitstheorie bleibt, wie Charles Peirce gezeigt hat, der einzige Bereich der Mathematik, »in dem gute Formulierungskünstler immer wieder schöne Resultate präsentieren, die aber völlig falsch sind«. Wahrscheinlichkeiten als Maßzahlen zu definieren, sorgt für Klarheit, ist in sich konsistent und befriedigt unsere Intuition. Wie aber Bertrands Paradoxon zeigt, müssen wir sehr sorgfältig darauf achten, wie wir unsere Aufgabe formulieren – in unserem Fall, was wir genau mit »zufällig gewählt« meinen. Wie beim Orakel von Delphi hängt die Gültigkeit der Weissagung von der Art der Frage ab. Wir müssen genau darauf achten, worum wir beten!

Kapitel 4

Glücksspiel

Beim Spiele sei dir doppeltes bewusst,
Gewinn heißt eins, das andere heißt Verlust!

Lord Byron, Don Juan, 14. Gesang

Ein Sommerabend in Monte Carlo. Die warme Brise ist mit Salz gesättigt, mit Aftershave, Zigarrenrauch und dem feinen Dieselduft der Luxusjachten. Als Sie den Teppich der Eingangsstufen des Kasinos hinaufschreiten, sind Ihre Schritte gelassen, aber bestimmt. Die Marmorfassade schimmert rosafarben über Ihnen, und goldgerahmte Gemälde lächeln auf Sie herab. Sie sind glücklich: vom Schicksal auserwählt und mit allen Gütern gesegnet. Trotzdem wundern Sie sich beim Weg durch den hell erleuchteten Salon d'Europe, warum diese Kasinobetreiber so viele Kronleuchter haben, die zudem weitaus gewaltiger sind als die in Ihrer Villa. Die Antwort ist ganz einfach: Es gibt Dinge, die häufiger vorkommen als andere ... auf lange Sicht.

»Mesdames et messieurs, faites vos jeux.« Das Roulette ist ein Mechanismus, an dem wir die Grundlagen der Wahrscheinlichkeitstheorie lernen können. Der Blick auf den Teller und das Tuch mit dem Spielplan zeigt uns, dass wir es mit einem Gerät zu tun haben, das Ereignisse zählt und in bestimmte Kategorien einteilt. Es gibt für die Kugel 36 abwechselnd rot und schwarz gekennzeichnete Fächer. Bedenkt man, wie sich die verwirrenden Effekte der Geschwindigkeit des Tellers, der Abprallflächen und Reflektoren überlagern, und berücksichtigt man das Einwerfen der Kugel und den Kick, den der Croupier ihr mitgibt, gibt es keinen ausreichenden Grund für den Glauben, dass die Kugel eher in dem einen als in einem anderen Fach landet: Die Wahrscheinlichkeit ist für alle 36 Fächer gleich groß. Macht man ausreichend viele Spiele, wird in jedem Fach 1/36 der Kugeln landen.

Beim Roulette können Sie auf eine einzelne Zahl setzen, auf zwei Zahlen, drei, vier oder (in den USA) fünf, auf sechs, zwölf oder 18, die jeweils verschieden gruppiert werden können: *pair* oder *impair* (Gerade oder Ungerade), *rouge* oder *noir* (Rot oder Schwarz), *manque* oder *passe* (bis 18 oder darüber), oder auf *carrés* oder *orphelins*. Die »Bank« oder das »Haus«, also das Spielkasino, verspricht Ihnen Gewinne, die entsprechend des Anteils der Zahlen 1 bis 36 berechnet werden, auf den Sie gesetzt haben: Wer auf eine einzelne Zahl setzt, erhält das 36-fache des Einsatzes, wenn die Kugel im entsprechenden Fach landet, wer auf Rot setzt, bekommt das Doppelte, wenn er Glück hat. Das Roulette hat 36 Zahlen, weil 36 so leicht auf verschiedene Weise zu teilen ist, und so jeder Spieler nach seinen ganz persönlichen Vorstellungen von Schönheit und Symmetrie des Schicksals setzen kann.

Könnte man sonst nichts über das Roulette sagen, wären natürlich die Spielkasinos reine Wohltätigkeitseinrichtungen, die nichts tun, als das Geld der Befürworter von Rot und Ungerade auf die Liebhaber von Schwarz und Gerade umzuverteilen. Das kleine Extra, von dem bisher noch nicht die Rede war und das ihnen ihren großen Profit einbringt, ist die *Null,* die zu den 36 Zahlen des Roulettetellers kommt. Sie ist keine Zauberzahl, jeder, der Lust hat, kann sogar auf sie setzen. Aber ihre Existenz verschiebt das Gleichgewicht der Wahrscheinlichkeiten und des Profits oder Verlusts in feiner, aber entscheidender Weise. Setzen Sie auf eine einzelne Zahl, können Sie den 36-fachen Einsatz gewinnen, aber auf lange Sicht haben Sie nur in 1/37 der Fälle Glück. Sind Sie nicht so risikofreudig und setzen auf Rot oder Ungerade, winkt der doppelte Einsatz, Sie gewinnen aber nicht in der Hälfte der Fälle, sondern in der Hälfte der Fälle minus 1/74.

Wie kann nur jemand, der halbwegs bei Verstand ist, sein Geld bei einem Spiel setzen, bei dem die Chancen so ungerecht verteilt sind? Wer zahlt freiwillig eine Gebühr von 1/37 oder 2,703 Prozent (das macht gerade den Unterschied zwischen der Chance zu gewinnen und dem Gewinn aus)? Manche mögen das als eine faire Gebühr für eine Abendunterhaltung akzeptieren, die so etwas wie eine Wellnesskur für die Risikobereitschaft darstellt. Andere schauen sich die Sache genauer an, zerpflücken die Wahrscheinlichkeitstheorie, auf der das Spiel aufbaut – und richten gelegentlich ein Blutbad an (zum Beispiel, indem sie sich erschießen).

Joseph Jaggers war 43 Jahre alt und Ingenieur für Spinnmaschinen aus Lancashire. Er hatte wenig Sinn für Unsinn und war damit gegen die Verführungen des Glücksspiels bestens gefeit. Als er 1873 in Monte Carlo eintraf, hatte er keine Ahnung von Roulette, wusste aber alles über Spindeln. Als Laien nehmen wir an, dass der Rouletteteller, der sich so leise und glatt dreht, völlig korrekt arbeitet. Jaggers ganzes Berufsleben bestand aber in dem vergeblichen Kampf, Dinge dazu zu bringen, sich korrekt zu drehen. Es gibt jedoch keine Maschine auf der Welt, in der das leise summend und völlig perfekt vonstatten geht. Maschinen sind so wenig perfekt wie wir Menschen: Für ein geübtes Ohr rattern und wackeln sie deutlich.

Jaggers heuerte sechs Gehilfen an, die eine Woche lang an allen Roulettetischen des Kasinos die Nummern aufschrieben. Er ging dann mit den Ergebnissen in Klausur und fand, was er suchte: Einer der Teller hatte eine winzige Störung. Am nächsten Abend besuchte er dann das Kasino und setzte sein Spezialwissen beim Spiel ein. Nachdem das Kasino an diesem Abend an seinem Tisch schwere Verluste gemacht hatte, tauschte das Management die Teller aus. Aber Jaggers hatte genau aufgepasst. Als er am nächsten Tag plötzlich verlor, erinnerte er sich an einen winzigen Kratzer an »seinem« Teller, den er nicht mehr entdecken konnte. Er suchte nach ihm an den anderen Tischen und war bald wieder mit seiner defekten Spindel vereint. Er gewann insgesamt 325 000 Dollar, ging nach Lancashire zurück und spielte nie wieder – wobei man anmerken muss, dass er ja in Wirklichkeit überhaupt nicht richtig gespielt hatte.

Die Kugel *muss* irgendwo landen. In welchem Fach sie letztlich zur Ruhe kommt, ist das Resultat einer komplexen, aber mathematisch exakt bestimmten Folge von Stößen, die alle im Prinzip durch die Komponenten des jeweiligen Energie-, Impuls- und Drehimpulsaustauschs genau beschrieben werden können. Wir nennen das Ergebnis »Zufall«, »Chance« oder »Glück«, weil für uns die Stöße so komplex sind und so irrsinnig schnell aufeinanderfolgen, dass die Physik nur die Hände in den Schoß legen kann. Erst wenn alles vorbei ist und die Kugel zur Ruhe gefunden hat, können wir versuchen, den Ablauf zu verstehen. Könnten wir die Zeit zurückdrehen, wären die letzten ein, zwei Stöße vor dem Ende leichter vorherzusagen als die gesamte

Folge – vorausgesetzt, man könnte Geschwindigkeit und Drehmoment von Kugel und Teller jeweils exakt messen. Man hat vermutet, dass Charles Deville Wells, der Mann, der in Monte Carlo die Bank gesprengt hat, so vorgegangen ist.

Claude Shannon, Experte für Informationstheorie am MIT, hatte die Idee, dass ein Computer, der die Bahn einer Rakete berechnen kann, auch in der Lage sein müsste, den Rouletteteller zu bezwingen. Also baute er sich im Keller ein solches Gerät zusammen. Norman Packard und Doyne Farmer traten in seine Fußstapfen. Ihr 1980 in den Schuh eingebauter Computer, eine Glücksfee namens *Eudaemonic Pie*, versuchte die Bewegungsgleichungen der letzten Augenblicke zwischen dem Langsamwerden der Kugel und dem »*Rien ne va plus!*« zu lösen. Trotz seines winzigen 4k-Prozessors arbeitete das Gerät für die Kasinobetreiber von Las Vegas viel zu gut. Heute gilt es in Nevada als schweres Vergehen, eine Spielhölle mit einem Computer im Schuh zu betreten. Die Einfachheit des Roulettes und sein offenliegender Mechanismus stellen stets eine Versuchung dar, in dem großen Strom des Zufalls einen kleinen deterministischen Wirbel zu entdecken und auszunutzen.

All das geht jedoch am springenden Punkt beim Glücksspiel vorbei: das Ungleichgewicht der Chancen *generell* und im Allgemeinen zu akzeptieren, es aber im *Hier und Jetzt* im besonderen Fall nicht wahrhaben zu wollen. Wir wissen alle mit absoluter Sicherheit, dass das, was sich »gewöhnlich« ereignet, und das, was *uns* wirklich zustößt, zwei Paar Stiefel sind, die so weit auseinanderliegen wie Soziologie und Poesie. *Unsere* persönliche Geschichte hat einen Sinn, was *uns* zustößt, ist Schicksal und nicht bloßer Zufall. Wir fordern am Roulettetisch das Schicksal heraus, und wenn wir den roten Teppich zu den Kasinopforten hinaufschreiten, ziehen wir in die Schlacht.

Ich glaube, es hatten sich in etwa fünf Minuten gegen vierhundert Friedrichsdor in meinen Händen angesammelt. Nun hätte ich weggehen sollen; aber es war in mir eine seltsame Empfindung rege geworden, der Wunsch, gewissermaßen das Schicksal herauszufordern, ein Verlangen, ihm sozusagen einen Nasenstüber zu geben und die Zunge herauszustrecken.

Dostojewskis *Spieler* spielt in der fiktiven Stadt Roulettenburg – und damit in der Welt des Roulettes, die der russische Dichter bestens kannte. Er war – zusammen mit seiner immer unglücklicher werdenden Frau – in den Kasinos der deutschen Kurorte Wiesbaden, Bad Homburg und Baden-Baden ein regelmäßiger Gast, der voll Zuversicht ankam, schnell ein wenig gewann und dann auf verhängnisvolle Weise in den Abgrund der Verluste, der Schulden und des Elends stürzte. Pech im Spiel war für Dostojewski wie für viele Glücksspieler nur eine kleine Verirrung, ein kleiner, begrenzter Fehlschlag innerhalb eines ansonsten perfekt eingerichteten Systems, dessen Botschaft »Du bist ganz nah dran; noch eine kleine Änderung der Strategie, und alles läuft aufs Beste« lautet, und nicht etwa »Versuche nie, gegen die Bank zu gewinnen«.

Aus dem Weltraum sieht der Ozean wie eine glatte, blaue Schale aus. Vom Flugzeug aus erkennen wir seine unregelmäßige Oberfläche, die gehämmertem Blech ähnelt, und wenn wir mit unserem Floß auf stürmischer See dahintreiben, wissen wir nur, dass *diese* Welle auf uns zukommen und *jene* über uns zusammenschlagen wird. Aber selbst dann versuchen wir noch, in unserem Unglück Gesetzmäßigkeiten zu finden und aus lokal begrenzten Vorhersagen Gewinn zu schlagen. Auf lange Sicht gewinnt immer die Bank, aber warum sollen wir uns »auf lange Sicht« vertrösten lassen? Das Leben findet *jetzt* statt, warum sollen wir nicht nach den Abweichungen vom Trend greifen und sie nutzen?

Es gibt immer wieder Geschichten, die zu bestätigen scheinen, dass unsere global gesehen so glatte Erfahrung lokal Runzeln hat. William Nelson Darnborough, der glücklichste (wenn nicht gar der bekannteste) Sohn von Bloomington, Illinois, setzte in Monte Carlo auf die Fünf und gewann 1911 damit fünfmal hintereinander. Im August 1913 kam in Monte Carlo 26-mal hintereinander Schwarz, am Tisch 211 in Caesars Palace, Las Vegas, am 14. Juli 2000 sechsmal hintereinander die Sieben. Wären Sie bei dieser letzten Serie mit einem 2-Dollar-Jeton eingestiegen, hätten Ihren Gewinn immer wieder gesetzt und wären vor allem im richtigen Augenblick ausgestiegen, hätten Sie ein Vermögen von über 4 Milliarden Dollar nach Hause schleppen können – sofern es am Roulettetisch keine Obergrenzen für den Einsatz gegeben hätte.

Aber niemand hat sich von der Glückswelle zum Erfolg tragen lassen! Obwohl sich mehr und mehr Leute um den Tisch sammelten und trotz der gewaltigen Wirkung des Ereignisses auf die Gemüter, verlor das Kasino bei den sechs Spielen nur ganze 300 Dollar. Als in Monte Carlo die Kugel dauernd auf Schwarz fiel, *gewann* das Kasino sogar Millionen von Francs, weil die Spieler überzeugt waren, dass nach dem »Gesetz der großen Zahl« die Serie bald enden *müsse* – weit früher, als sie es dann tat. Ihrer Meinung nach war es einfach Zeit für Rot, damit das Gleichgewicht wiederhergestellt wurde. In der Psyche eines Spielers finden wir beides: die Überzeugung, dass das Unwahrscheinliche passieren muss – und die Weigerung, daran zu glauben, wenn es so weit ist.

Das verwirrende Geschehen »auf lange Sicht« zieht uns in seinen Bann. Wie der Ozean, auf dem wir aus dem Weltraum keine Störung erkennen, in Wirklichkeit Raum für Hurrikans hat und Regionen von Flauten aufweist, kann es auch bei einem Spiel, das ständig wiederholt wird, zu großen Abweichungen von den »normalerweise« erwarteten Resultaten kommen: Abweichungen, welche die Gesetze der Wahrscheinlichkeit in keiner Weise verletzen, sondern sogar selbst wieder besonderen Gesetzen unterliegen.

Nehmen wir die Serie von Schwarz in Monte Carlo. Angenommen, das Kasino ist so freundlich, uns einen Teller mit nur 36 Fächern zu borgen, der also keine Null enthält. Dann ist die Chance für Schwarz bei jedem Spiel 18/36, also genau 1/2. Wie groß ist nun die Wahrscheinlichkeit, zweimal hintereinander Schwarz zu erhalten? Wir können uns eine Liste aller Möglichkeiten von zwei aufeinanderfolgenden Spielen machen und kommen auf die vier Kombinationen Schwarz-Schwarz, Schwarz-Rot, Rot-Schwarz und Rot-Rot. Daraus schließen wir, dass die Wahrscheinlichkeit für zweimal Schwarz in Folge 1/4 ist.

Wir können die Resultate aufeinanderfolgender Spiele ganz allgemein mit einem Baum beschreiben, dessen Äste sich bei jedem Spiel in zwei Zweige gabeln: insgesamt zwei Äste beim ersten Spiel, vier beim zweiten und acht beim dritten. Nur eine dieser möglichen Zeitlinien geht jeweils über Schwarz, deshalb ist die Chance für immer wieder Schwarz bei zwei Spielen 1/4, bei drei 1/8 und bei vier 1/16.

Die Wahrscheinlichkeit, dass Schwarz 26-mal hintereinander folgt, ist daher 1/2, 26-mal mit sich selbst multipliziert, also ungefähr 1/67 000 000. Das klingt doch nach recht selten!

Aber denken wir daran, wie oft sich der Rouletteteller dreht! Sechs Tische, jede Minute ein Spiel, 12 Stunden am Tag, 360 Tage im Jahr: In einem einzigen Salon in Monte Carlo kann man das so seltene Ereignis immerhin alle 43 Jahre erwarten. Wenn wir an das Gesetz der großen Zahl glauben, sind in Monte Carlo in jedem Jahrhundert zwei solche Wunder fällig.

»Fällig sein« zählt zu den großen Trugschlüssen eines Spielers, die ihn in die Irre führen. Wir reden von »fällig sein«, weil wir selbst nichts dazu tun können. Das Problem unseres Lebens ist, dass wir es von Anfang an durchleben müssen, dass sich sein Sinn (oder Unsinn) aber nur vom Ende her enthüllt. Unsere ganze Erfahrung besteht daher daraus, vorläufige Schlüsse aufgrund unzureichender Indizien zu ziehen, sei es, dass wir Anzeichen deuten, sei es, dass wir Wahrscheinlichkeiten berechnen. Kürzlich durchgeführte Experimente mit einem Positronen-Emissions-Tomografen (PET) haben gezeigt, dass die Teile des Gehirns, die der Mustererkennung dienen, selbst dann wie die Vergnügungsmeile von Las Vegas aufleuchten, wenn man dem Testteilnehmer *sagt*, dass ihm ausschließlich zufällige Reize übermittelt werden. Wir erkennen Gesichter in den Wolken, hören Gesänge im Wind, der zwischen den Felsen weht, und entdecken in antiken Texten geheime Botschaften. Der Glaube, dass bestimmte Formen, Strukturen und Muster einen *Sinn* enthüllen, ist ein Geschenk, das wir aus dem Paradies mitgebracht haben.

Unser Problem ist aber, dass es durchaus Dinge geben kann, die zwar strukturiert aussehen, also so, als würden sie etwas bedeuten, die aber in Wirklichkeit inhaltslos und leer sind. Zerteilt man eine zufällige Buchstabenfolge in Blöcke mit der durchschnittlichen Länge unserer Wörter, erscheint sie sofort wie ein bedeutungsvoller Geheimkode. Buchstaben, die man nach einer willkürlichen Regel aus einem genügend dicken Buch ausgewählt hat, verkünden an irgendwelchen Stellen Botschaften, einfach wegen der Unzahl möglicher Kombinationen. Ein australischer Mathematiker hat zum Beispiel eine Reihe bekannter Namen – wie Indira Gandhi, Abraham Lincoln und John

Kennedy – mit dem gleichen Verfahren in *Moby Dick* gefunden, das man verwendet hat, um die Namen berühmter Rabbis oder israelischer Politiker in der Thora nachzuweisen.

Mit den Zahlen beim Roulette ist es ebenso: Auch wenn die Verteilung der Zahlen auf lange Sicht glatt ist, kann sie auf kurze Sicht beliebig raue Strukturen aufweisen, in denen wir mit etwas Mühe Muster entdecken. Wächst die Zahl der Spiele, nähert sich tatsächlich der *relative* Anteil von Rot und Schwarz immer mehr einem Verhältnis von 50 zu 50 an, wie es die Theorie voraussagt, der *absolute* Unterschied in der Anzahl von Rot und Schwarz wird aber größer. Lassen wir den Rouletteteller dreimal kreisen! Die Kugel landet doppelt so oft auf Rot wie auf Schwarz, aber der Unterschied beträgt nur ein Spiel. Spielen wir nun 10 000-mal, so wird das Verhältnis von Rot zu Schwarz ziemlich genau 50 zu 50 sein, aber schon eine Abweichung von nur 1 Prozent bedeutet eine absolute Differenz von Rot zu Schwarz von 100. Wie wir gesehen haben, sind diese 100 Fälle nun aber nicht gleichmäßig über die Gesamtzahl verteilt, sondern ergeben manchmal auch 26-mal hintereinander Schwarz. Spielt man also bis in alle Ewigkeit Roulette, kann man sicher sein, dass Rot oder Schwarz und eine bestimmte Zahl oder ihr Nachbar irgendwann häufiger oder weniger häufig vorkommt, als es der Wahrscheinlichkeit nach sein sollte – und das unabhängig davon, welche Grenze man setzt.

Sie könnten einwenden, das sei nur mathematische Kraftmeierei, die mit dem Vorschlaghammer des Gesetzes der großen Zahl die interessanten kleinen Unterschiede im Sumpf der Einheitlichkeit untergehen lässt. Aber die Feststellung gilt für *jedes* Spiel beim Roulette und *jeden* Wurf eines Würfels und sagt uns, dass weder die Roulettekugel noch der Würfel ein Gedächtnis hat oder sich zu etwas verpflichtet fühlt. Jedes Spiel ist immer wieder neu, es macht keinen Unterschied, ob es das erste bei der Eröffnung des Kasinos ist oder ob ihm schon Millionen vorausgegangen sind. Das Gesetz der Mittelwerte beherrscht das einzelne Spiel wie der Zar aller Reußen ein Dorf in Sibirien – absolut, aber auf Distanz: Russland ist groß, und der Zar ist weit.

Warum fällt es uns so schwer, das zu glauben? Weil wir die Wirkung des Gesetzes nicht direkt beobachten können, sondern nur die Einzelwerte sehen, die aber mit den sie beherrschenden, zum inneren Wesen des Spiels gehörenden Wahrscheinlichkeiten nur lose verknüpft sind. Die festgelegten Chancen beim Roulette oder bei einem bestimmten Pokerblatt spiegeln exakt die Wahrscheinlichkeit für den Ausgang des Spiels wider, aber sie sind für uns nicht alle gleich interessant. Der Straight Flush, den wir 1993 im Hinterzimmer von Henry's Kneipe in der Hand hatten, wiegt nicht nur alle 1 000 miesen Karten auf, die wir seither auf den Tisch legten, er löscht sie praktisch aus. Unsere Wahrnehmung ist also selektiv: Wir merken uns unsere Siege und verdrängen unsere Niederlagen. Das erklärt auch gut, warum sich oft ältere Menschen für glücklicher halten als junge. Beim Rückblick auf ihr Leben wählen sie aus – und redigieren auf perfekte Weise den Text ihrer Autobiografie.

Nehmen wir als Beispiel Craps! Dieses Spiel zeigt genau, wie sehr sich unsere persönliche Wahrnehmung des Kampfes mit dem Schicksal von den wirklichen Chancen unterscheidet. Das Spiel mit den zwei Würfeln ist vom Prinzip her anders als Roulette, weil die möglichen Augensummen *nicht* gleich häufig sind. Wie wir schon gesehen haben, gibt es 6 × 6 = 36 mögliche Kombinationen, aber nur eine führt zur Summe 2 oder 12, während zwei zur Summe 3 oder 11, drei zur Summe 4 oder 10, vier zur Summe 5 oder 9, fünf zur Summe 6 oder 8 und sechs zur Summe 7 führen.

Die Spielregeln und die Gewinnsätze sind natürlich diesen Wahrscheinlichkeiten angepasst: Beim ersten Würfeln können Sie mit dem häufigsten Ergebnis (7), aber auch mit 11 gewinnen und mit den seltenen Ergebnissen (2, 12, 3) verlieren. Bleiben Sie im Spiel, ist die Lage umgekehrt: Nachdem mit dem ersten Wurf Ihr »Point« festgelegt ist (er kann 4, 5, 6, 8, 9 oder 10 betragen), müssen Sie ihn erneut würfeln, ohne zuvor die häufigste Summe, also 7, zu erhalten. Es gibt Points, die leichter zu »machen« sind als andere. Es ist beispielsweise schwieriger, noch einmal 4 oder 10 zu würfeln. Sind Sie der »Shooter«, werden Sie sehen, wie dann die Zuschauer heftig auf »Don't pass«, also Ihre Niederlage setzen. 6 und 8 sind leichter zu würfeln, und das Publikum wird auf Ihrer Seite sein.

Gibt es bei Craps allgemein geltende Wahrscheinlichkeiten? Ist es ein guter Vorschlag, zu den Würfeln zu greifen und auf Risiko zu spielen? Um die verschiedenen Chancen zu berechnen, müssen wir den Begriff des Falls oder Ereignisses erweitern. So wie wir die Zahl der Kombinationen, die zur Summe 7 führen, addieren und ins Verhältnis zur Gesamtzahl der Kombinationen setzen, können wir auch die Zahl der Kombinationen zählen, die zu Ihrem Point führen, bevor Sie aussteigen müssen, und sie mit der Gesamtzahl der Möglichkeiten vergleichen.

Sie mögen sich fragen, warum wir das dürfen. Der Grund ist, dass die Kombinationen einander ausschließen und sich nicht überlappen. Das Paralleluniversum, in dem Sie zum ersten Mal gewürfelt und mit einem »Natural« (7 oder 11) ganz locker gewonnen haben, ist nicht das gleiche Universum, in dem Sie mit einem Point von 10 Ihren harten Weg zum Sieg gehen müssen. Wir können alles nur irgendwie Mögliche aufaddieren und damit die Wahrscheinlichkeit dessen berechnen, was wirklich passiert.

Wenn wir nun also alle Siegeschancen bei Craps zusammenzählen, stellt sich heraus, dass der Shooter nur in etwas mehr als 49 Prozent der Fälle vorn liegt. Das heißt, das Risiko, sich zu ruinieren, ist für den Spieler, der beim Würfeln gewinnen will, größer als für die reiche Witwe, die in Monte Carlo ihre Jetons auf Schwarz setzt. Der Shooter ist aber immer noch besser dran als ein Roulettespieler in Las Vegas, weil das amerikanische Roulette außer der Null auch noch die Doppelnull kennt und sich damit der Gewinn für das Kasino verdoppelt. Warum ist es dann so wünschenswert, Shooter zu sein? Vielleicht, weil man als Shooter im Kampf gegen das Schicksal aktiv sein kann, um mit Gesten und Ritualen gegen die Macht des Zufalls anzugehen und dem toten Zelluloseacetat der Würfel die Kraft des menschlichen Geistes einzuhauchen.

Ein Würfelpaar hat nur 36 Botschaften auf Lager – einige sind hochwillkommen, andere unerwünscht. Bei einem Kartenspiel wachsen die möglichen Botschaften schnell ins Unermessliche, was auch dem Spieler das Gefühl von maßloser Größe verleiht. Wenn Sie mit irgendeiner der 52 Karten beginnen, gibt es 51 Kandidaten für die nächste Karte, dann 50 für die übernächste und so fort. Für das gesamte Kartendeck gibt es also 52 × 51 × .... × 3 × 2 × 1 mögliche Reihenfolgen, eine Zahl, die man »52-Fakultät« nennt. Sie wird 52! geschrieben, hat 68 Stellen und ist größer als die Zahl der Sandkörner an irgendeinem Strand der Welt oder die Zahl der Wassermoleküle im Weltmeer. Ist das Kartendeck gut gemischt, ist die Wahrscheinlichkeit praktisch *null*, dass die Reihenfolge der Karten schon irgendwann einmal in der gesamten Geschichte des Kartenspiels vorkam.

»Gut gemischt« ist allerdings eine kompliziertere Angelegenheit, als die schlichten zwei Worte andeuten. Man könnte meinen, das Mischen eines Kartendecks sei in etwa das Gleiche, wie zu würfeln oder beim Roulette die Kugel einzuwerfen: eine einfache Möglichkeit, um den Zufall ins Spiel zu bringen und das Schlachtfeld für den Kampf mit dem Schicksal (oder dem Gegner) zu bereiten. Das Mischen der Karten beginnt aber nicht jedes Mal am gleichen Ausgangspunkt. Ein Roulettespiel ist vom vorherigen völlig unabhängig: Rot oder die 35 sind immer wieder gleich wahrscheinlich. Ein Kartendeck wird aber vor dem Mischen nicht auf »Null« gesetzt. Teilen Sie das Deck und mischen Sie es neu, so entfernen Sie sich bei jedem Mischen einen Schritt von der anfänglichen Reihenfolge der Karten, das Ergebnis hängt aber immer vom Anfangszustand ab. Hätten Sie es irgendwie hinbekommen, statt des schon einmal gemischten das ursprüngliche Deck ein zweites Mal zu mischen, wäre ein anderes Ergebnis herausgekommen – auch wenn Sie exakt die gleichen Bewegungen gemacht hätten.

Eine Kette zufallsbestimmter Ereignisse, bei denen jedes vom vorherigen abhängig ist, nennt man eine Irrfahrt oder einen »Random Walk«. Dazu ein Beispiel: Sie gehen mit der kleinen Lucy, einem Hund namens Rex und einem namenlosen Tennisball in den Park. In der Mitte der großen Wiese breiten Sie voll Sorgfalt die Picknickdecke aus. Kind und Hund sind putzmunter und rennen mit dem Ball los. Lucy kann den Ball immer nur 3 Meter weit werfen und ist noch nicht alt genug, um die Richtung bestimmen zu können. Rex war noch nicht in der Hundeschule und kann nicht apportieren: Er rennt nur dem Ball nach, legt sich auf ihn und bellt, bis Lucy kommt und ihm den Ball wieder wegnimmt. Wie weit ist Lucy von Ihnen entfernt, wenn Sie von Ihren Vorbereitungen aufschauen? Der

Abstand hängt sicher davon ab, wie oft sie den Ball geworfen hat. Auch wenn jedes Mal die Richtung rein zufällig ist, handelt es sich doch um eine Irrfahrt, die Schritt für Schritt zusammenhängt: Lucy kann nach drei Würfen nicht weiter als 9 Meter entfernt sein, der Ball kann aber auch nach fünf Würfen auf Ihrer schönen Decke in der Sahnetorte landen. Es ist sogar *sicher,* dass eine zweidimensionale Irrfahrt irgendwann wieder an den Startpunkt zurückführt. Wenn Sie wissen, wie weit Lucy werfen kann, können Sie berechnen, wie weit Lucy nach n Würfen von der Picknickdecke entfernt ist: Der durchschnittliche Abstand Lucys bei vielen, vielen Picknicks beträgt $\sqrt{n}$ mal die Weite eines Wurfs, also in unserem Fall bei drei Würfen gut 5 Meter.

Auf einen solchen sogenannten *stochastischen Prozess* stoßen wir immer, wenn zufällige Ereignisse einem weiteren Zufallsprozess ausgesetzt sind. Als stochastischen Prozess kann man beispielsweise die Gewinnaussichten an der Börse beschreiben: Der DAX kann im Laufe eines Börsentags nicht *jeden* Wert annehmen, die Schwankungen gehen vielmehr vom Eröffnungswert am Morgen aus. Und so ist es auch beim Mischen von Karten: Das Ergebnis des vorausgegangenen Mischens ist der Eingangswert für das neue Mischen. Wie oft muss man nun also ein Kartendeck mit einer bestimmten Reihenfolge mischen, damit das Resultat wirklich zufällig ist?

Zu den großen Namen der modernen Wahrscheinlichkeitstheorie zählt Persi Diaconis. Bevor er Professor für Mathematik und Statistik in Stanford wurde, arbeitete er als Magier. Er weiß also, wie weit entfernt von Zufälligkeit ein Kartendeck sein kann und wie nützlich dieses Wissen ist, wenn man erstaunliche Effekte erzielen will. (Das ist auch der Grund, warum Magier bei ihren Shows so oft nervös die Karten mischen.)

Diaconis und seine Mitarbeiter sahen im Mischen eines Kartendecks die Erweiterung eines Zufallsprozesses und bestimmten, wie oft man teilen und mischen muss, bis jede erkennbare Ordnung aus einem Deck verschwunden ist. Als Kriterium für Ordnung wählten sie die Anzahl von Kartenfolgen mit aufsteigender Rangordnung. Dazu hatten sie das Deck ganz zu Anfang von 1 bis 52 durchnummeriert und fragten nun, ob nach dem Mischen immer noch Karten geordnet vorkamen, ob also beispielsweise die 3 vor der 6 und die 6 vor der 9 lag. Sie gingen also den kleinen Spuren nach, mit denen jemand, der einen Geheimkode knacken will, die ursprüngliche Ordnung herausfinden würde. Überraschenderweise gibt es noch nach drei-, viermaligem Mischen ein paar solcher Ordnungsspuren: Lucy wäre bei ihrem Zufallslauf noch sehr nahe bei der Picknickdecke. Erst nach sechsmal Mischen fällt dann die Anzahl der Ordnungsspuren gegen Null, und erst nach siebenmal Mischen ist nach diesem empfindlichen Kriterium ein Kartendeck völlig zufällig zusammengesetzt. Wenn Sie also zu Hause Poker spielen und die Karten vom letzten Spiel nur einmal mischen, regiert nicht nur der Zufall, in Ihrem Full House spiegelt sich vielmehr die Geschichte aller vorherigen Spiele wider.

Gibt es denn in einem Kasino nirgends eine Gelegenheit, bei der die »Bank« auf ihren Gewinn verzichtet? Sind die Spielsüchtigen nur Wohltäter, die ihre letzten Cents spenden, um dem Kasinobesitzer zu Havannas und Champagner zu verhelfen? Nun ja: Es gibt da noch die Tische, an denen Blackjack gespielt wird! Dort *kann* Ihnen Ihr spielerisches Können einen kleinen Vorteil verschaffen, Sie müssen aber schon höllisch gut sein!

Beim Blackjack spielen Sie allein gegen den »Dealer«, der die Bank hält, also das Kasino vertritt. Sie nehmen Karten aus dem »Shoe« genannten Kartenbehälter und versuchen, möglichst dicht an 21 Punkte zu kommen. Sind es mehr, haben Sie verloren. Der Vorteil der Bank besteht einzig darin, dass der Spieler dem Risiko, mehr als 21 auf der Hand zu haben, zuerst ausgesetzt ist. Wie beim Russischen Roulette ist es besser, der Zweite zu sein.

Die Grundstrategie beim Blackjack gibt vor, wann man passen sollte, um zu hoffen, dass der Dealer entweder nicht so hoch kommt wie man selbst oder bei über 21 landet und verliert. Sie gibt außerdem vor, wann der Spieler um eine weitere Karte bitten sollte. Der Spieler hat hier freie Wahl, während die Bank strikten Regeln folgen muss. Deshalb nehmen gewiefte Spieler mit einer Hand von 12 bis 16 eine Karte, sofern die erste Karte des Dealers hoch ist, während sie verzichten, wenn diese niedrig ist. Sie verdoppeln ihren Einsatz (wenn das nach den jeweiligen Spielregeln erlaubt ist), wenn sie selbst

10, der Dealer aber weniger als 9 hat – und dergleichen mehr. Es gibt beim Blackjack unzählige hinlänglich bekannte Entscheidungsregeln, die erlauben, den Vorteil der Bank auf ein erträgliches Minimum zu reduzieren.

Wie kann ein Spieler aber den Vorteil der Bank in seinen eigenen verwandeln? Indem er die einzige Größe in Rechnung stellt, die sich im Verlauf des Spiels verändert: die Zahl der Karten, die noch im Shoe bereitliegen. Man kann davon ausgehen, dass die Kartendecks nach dem Mischen zufällig geordnet sind, aber, wie wir beim Roulette gesehen haben, kann der Zufall Struktur haben. Ein besonders scharfer Beobachter, der das Aufdecken der Karten verfolgt, kann beurteilen, ob noch ein überproportionaler Anteil hoher (10, Bilder, Ass) oder niedriger Karten im Shoe liegt. An diesem Punkt kann der Spieler die Standardstrategie ändern und an das Ungleichgewicht in den noch nicht aufgedeckten Karten anpassen. Der Dealer, der sich strikt an die festen Regeln der Bank halten muss, hat diese Möglichkeit nicht. Sind schon viele Karten gezogen, also nur noch wenige unaufgedeckt im Shoe, ist der gewiefte Beobachter für einen kurzen Moment der Bank überlegen und kann, wenn er dies durch hohe Einsätze untermauert, zu ein wenig Reichtum kommen.

Nachdem der Ingenieur Ed Thorp ein von ihm entwickeltes strategisches Computerprogramm, das auf den aufgedeckten Karten beruhte, nutzbringend angewandt hatte, erhielt er überall Kasinoverbot. Die Besitzer der Spielhöllen reagierten zudem wie erwartet auf diese Bedrohung der einen, absolut unveränderlichen Spielregel, dass nämlich der Zufall *immer* die Bank begünstigt. Die Kartenstapel, die zuvor aus nur einem Deck bestanden, wurden schnell auf zwei, vier oder acht Decks aufgestockt. Spieler müssen nun viele Stunden spielen und die Spuren von Hunderten von Karten verfolgen, bevor sie ihren kleinen Vorteil nutzen könnten. Trotzdem wäre ein Spieler, der sich die Spielempfehlungen der modifizierten Strategie einprägt und sich den Verlauf eines ganzen Spielabends auswendig merken kann, in der Lage, bei ein paar wenigen Spielen zu seinem Vorteil zu setzen, ohne dass dies den scharfäugigen Wachleuten auffallen würde. Aber jemand, der über solche Fähigkeiten verfügt, könnte es vermutlich anderswo weiter bringen als im Kasino.

Als Optimist könnten Sie nun sagen, dass wir in unserem wirklichen Leben nicht mit dem Vorteil eines Kasinos konfrontiert werden. Bei unseren realen Kämpfen mit dem Schicksal scheinen die angeblich ausgewogenen Chancen wirklich halbe-halbe zu sein. Das mag sein, aber die Wahrscheinlichkeitstheorie zeigt, dass für eine Wette nicht nur die Gewinnchancen eine Rolle spielen.

Nehmen wir an, ein paar Buddhisten eröffnen ein Spielkasino. Da sie niemanden übervorteilen wollen, bieten sie ein Spiel an, bei dem die Chancen völlig fair sind: Die Gäste dürfen mit einer Euromünze gegen die Bank spielen. Fällt sie auf Zahl, bekommen sie einen Euro dazu, fällt sie auf Adler (es sind deutsche Buddhisten), verlieren sie den Einsatz. Was wird im Laufe der Zeit passieren? Geht das Spiel in alle Ewigkeit weiter oder wird irgendwann einer der beiden Kontrahenten dem anderen den letzten Rock ausziehen?

Stellen Sie sich einfach den verzweifelten Moment vor, in dem der Spieler nur noch einen Euro hat. Würden Sie zustimmen, dass dann seine Chance, den völligen Ruin zu vermeiden, ziemlich klein ist? Jetzt stellen Sie sich vor, dass er mehr Spielkapital hat, während im gleichen Maß das Kapital der buddhistischen Gegner dahinschmilzt. Wann sind die Chancen und Risiken, ruiniert zu werden, für ihn und die Bank gleich? Genau: Wenn sie beide gleich viel Kapital aufs Spiel setzen können. Rechnet man das durch, kommt man zu zwei trostlosen Erkenntnissen: (1) Das Spiel endet notwendigerweise mit dem Ruin eines der Beteiligten, und (2) derjenige wird ruiniert, der mit weniger Kapital an den Start geht. Das Leben mag also fair erscheinen, aber das ist eine Täuschung. Ihre Chancen auf dieser Welt steigen und fallen proportional zum Umfang Ihrer Ersparnisse – die Bank gewinnt, weil sie die Bank ist.

Das erklärt auch, warum die Menschen, die in den besseren Spielkasinos wie zuhause wirken, so smart und geschniegelt aussehen, irgendwie so ... reich. Sie haben es dort am längsten ausgehalten, weil sie mit der dicksten Geldbörse angefangen haben. Einzig sie kennen das Geheimnis, wie man am Spieltisch zu einem kleinen Vermögen kommen kann: indem man mit einem großen anfängt.

Es gibt aber noch einen anderen Grund für das feine Tuch und die Diamantringe: die Angeberei der Spieler. Wer hoch setzt, kennt instinktiv die Mathematik des Ruins, zu dem die Spielleidenschaft führen kann: Je kleiner das Vermögen, umso schneller heißt es, sich aus der Stadt zu schleichen. Die beste Strategie ist daher, statt gegen die Bank gegen andere Spieler zu spielen und das eigene Kapital – sei es wirklich vorhanden oder nur vorgegaukelt – für sich arbeiten zu lassen.

Archie Karas ist ein Mann, der in Las Vegas ein gewisses Ansehen genießt. Er fing im Dezember 1992 im Kasino zu spielen an und konnte sechs Monate später eine beachtliche Erfolgsbilanz vorweisen: eine nach oben gehende Kurve, die in Spielerkreisen nur »The Run« hieß. Er begann im Mirage mit geborgten 10 000 Dollar und verdreifachte sein Grundkapital beim »Razz«-Spiel, einer Variante von »Stud-Poker« mit sieben Karten, bei der das schlechteste Blatt den größten Gewinn verspricht. Dann wechselte er zu »Pool«, einem Totospiel, und plünderte beim »Eightball« und beim Pokern einen Geschäftsmann, der hoch setzte, bis aufs Hemd aus. Sein Kapital wurde nun auf rund 3 Millionen Dollar geschätzt. Karas forderte dann einige der bekanntesten Pokerspieler der Welt heraus, es mit ihm aufzunehmen – jeder einzeln und mit enormen Einsätzen. Wieder gewann er. Zwischen diesen Kampfeinsätzen spielte er Craps an einem Tisch, der immer für ihn reserviert war. Dort war sein Glück zwar etwas weniger berauschend, aber am Ende seines Siegeszugs waren aus 50 Dollar Eigenkapital den Vermutungen nach 15 Millionen Dollar geworden.

Diese Siegessträhne ist bemerkenswert und zeigt sehr schön, was ein Spieler mit einem protzigen Auftreten erreichen kann. Karas spielte fast nie gegen die Bank. Die wichtigste Phase seines Kampfes war die Ausplünderung des Geschäftsmanns beim Pool, wo Karas vielleicht einen realistischeren Blick für die Chancen hatte als sein Gegner. Als Karas' Vermögen einmal die Millionengrenze überschritten hatte, konnte er hohe Summen setzen, um beim Poker die Gegner einzuschüchtern und selbst die gewieftesten, weltbesten Spieler durch das immense Risiko ins Leere laufen zu lassen, das ein Spiel mit so enormen Einsätzen darstellt. Die vielleicht schönste Parallele finden wir in der Geschichte von einem der Erfinder der Statistik, Sir William Petty – einem Mann, dem wir später noch einmal begegnen werden. Petty, der schrecklich kurzsichtig war, wurde 1662 von dem wutschnaubenden und feuerspeienden Erzpuritaner Sir Hierome Sanchy zum Duell gefordert, weil er ihn in einem Buch beleidigt hatte. Was tun? Wie das erschreckende Handicap ausgleichen? Als der Geforderte hatte Petty das Recht, Ort und Waffen zu wählen. Er entschied sich für einen dunklen Keller und gewaltige Zimmermannsäxte. Sir Hierome zog die Forderung zurück, was zeigt, dass neben Geld auch Witz und Köpfchen Teil des Kapitals sind, mit dem man wuchern kann.

John Law wurde 1671 als Sohn eines Goldschmieds in Edinburgh geboren, in einem Land, in dem es immer an Gold fehlte. Die Goldschmiede waren die Bankiers von Schottland und übten dieses Amt wie Pfandleiher aus. Der junge John konnte schon früh beobachten, dass Handel und Gewerbe durch den Mangel an Kapital beeinträchtigt wurden. Nach den ökonomischen Theorien der damaligen Zeit gründete sich der Wohlstand einer Nation entweder auf Gold oder auf eine positive Handelsbilanz. Schottland wies weder das eine noch das andere auf.

Als sein Vater starb, tat John, was jeder junge Schotte tat, der erbte: Er ging weg, reiste auf dem Kontinent und führte ein Leben, dessen einzige Konstante die Zügellosigkeit war. Wenn er in einer neuen Stadt ankam, bezog er die beste Wohnung, die zu haben war. Er war hervorragend gekleidet, groß, schlank, bleich und langnasig und wählte unter den Einheimischen die Frau zur Geliebten, die alle Tugenden – von der Schönheit über die gute Herkunft bis zur Tatsache, verfügbar zu sein – in sich vereinigte. Dann eröffnete er ein Glücksspiel, hielt normalerweise selbst die Bank und sackte das Geld von jedem ein, der gegen ihn antrat.

Die Kartenspiele waren zu Laws Zeiten mehr auf Glück als auf Können gegründet und boten dem Halter der Bank nur einen geringen Vorteil. Wie gelang es Law trotzdem, so viel zu gewinnen? Er machte es im Großen und Ganzen wie Karas. Sein Äußeres – die Kleidung, die Räume, die adlige Geliebte, seine eisige Ruhe – ließ ihn reich und gegen jedes Unglück immun erscheinen. Ein Teil seines Erfolgs beruhte auf seinen Fähigkeiten, der größte Teil verdankte sich aber seinem anscheinend grenzenlosen Vermögen. Seine Gegenspieler schluckten lieber einen großen Verlust, statt weiter mitzuhalten und das Risiko des völligen Ruins einzugehen.

Unterdessen hatte sich Schottland im ganz großen Maßstab ruiniert. Mit der Überzeugung, dass das Land ohne Gold nur auf einen Überschuss in der Handelsbilanz setzen konnte, hatte man alle Geldmittel in das Unternehmen gesteckt, eine Handelskolonie an der sumpfigen, moskitoverseuchten Küste des Landstrichs einzurichten, der heute Panama heißt. Das Projekt stand von Anfang an unter einem Unstern: Isoliert und von den stärkeren »Global Players« Spanien und England angegriffen, verfiel die kleine Unternehmung in wenigen Monaten, versank in Hunger und Fieber und wurde vom tropischen Dschungel wieder verschluckt. Und mit ihr der letzte Penny des Königreichs.

Law fragte sich, warum ein Staat nicht vorgehen konnte wie er selbst. Warum musste er zuerst Gold oder exotische Güter auf den Tisch legen, wenn er im großen Spiel der Nationalökonomie mitmachen und Erfolg haben wollte? Schließlich wird erst ausgezahlt, wenn das Spiel vorbei ist – und das Spiel der Nationalökonomie ist nie vorbei. Wertpapiere, *Anleihen*! Das sind die geeigneten Mittel für Staaten, um mitzumischen!

Als Law in Paris eintraf, wurde Frankreich gerade von einem Spieler regiert, Philippe d'Orléans, und die Finanzlage des an sich reichen Landes war völlig desolat. Wer Kapital hatte, hortete es, sodass nichts für Investitionen zur Verfügung stand. Law schlug eine geniale Lösung vor: Abgesichert durch Staatsanleihen sollte die »Banque Royale« Papiergeld ausgeben, das gegen Münzgeld eintauschbar war und mit dem man seine Steuern bezahlen konnte. Das Papiergeld wurde ein Riesenerfolg, sodass Law immer mehr nachdruckte und damit den neuen französischen Industriebetrieben den Zugang zum Platz an der großen Tafel eröffnete.

Wie wir von Archie Karas gelernt haben, wechselt jemand, der gerade eine Glückssträhne hat, am besten immer wieder sein Aktionsfeld. Auch Law sorgte für Abwechslung, indem er sich das Handelsmonopol mit der französischen Kolonie am Mississippi sicherte. Er kannte die Erfahrungen, die Schottland gemacht hatte, und war sich darüber im Klaren, dass er zuerst gewaltige Summen investieren musste, um dann später den zu erwartenden gigantischen Gewinn einfahren zu können. Er wusste aber auch, dass Frankreich in Stimmung für ein solches Projekt war. Die Banque Royale gab also Anteilscheine an der »Compagnie des Indes« aus, die nur Personen zeichnen konnten, die auch Anteile an der Bank besaßen. Das System, das ganz auf den Glauben an den Erfolg ausgerichtet war, brachte die Protzerei der Glücksspieler auf großer Skala ins Spiel. Law vereinigte die Kräfte der damals größten Nation der Welt und gab ihr neue Impulse.

Das Problem war, dass die Leute Law zu sehr glaubten und annahmen, die so knappen und heiß begehrten Anteilscheine an der Compagnie des Indes seien von unschätzbarem Wert. Überall im Land verkaufte man Schlösser, Felder und Viehherden, um nach Paris zu eilen und die Wunderpapiere zu ergattern. Ende 1719 betrug der Marktwert der Gesellschaft 12 Milliarden Livres, während ihr Gewinn gerade für eine Dividende von 5 Prozent auf das Nominalkapital von 1 Milliarde Livres reichte. Und trotz der schönen Bilder von friedlichen Indianern, die den Aufkäufern der Gesellschaft Pelze und Edelsteine überreichten, war Mississippi immer noch ein zurückgebliebenes Land voller Wälder und Sümpfe.

Law hatte versucht, mit einem Bluff zu gewinnen. Die Grundlagen seines Systems waren offensichtlich der Staatsschatz, der Reichtum Amerikas und seine schottisch geprägte Genialität in Finanzdingen. Das waren die aufgedeckten Karten im Spiel, die allen suggerierten, dass er ein unschlagbares Blatt hielt. Solange er für ständigen Zuwachs sorgen konnte, also Anteilscheine ausgab, die zu einem höheren als dem nominalen Wert gehandelt wurden, war er auf der Gewinnerstraße, konnte für den Abbau der Staatsverschuldung sorgen und das Räderwerk des Handels in Schwung halten. Indem die Franzosen aber alles flüssig machten, konnten sie ihm Paroli bieten: Sie wollten seine Karten sehen, und er musste, damit der Schwindel nicht aufflog, den Einsatz immer wieder erhöhen. Er war auf ein größeres Vermögen getroffen und verlor das Spiel.

Das Ende war schrecklich: Im Februar 1720 fuhr der Duc de Bourbon, der über Insider-Informationen verfügte, bei der Bank vor und ließ sich für sein Papiergeld eine Wagenladung Gold auszahlen. Schnell breitete sich Panik aus. Vor der Bank spielten sich verzweifelte Szenen ab. Herzoginnen kreischten voll Schmerz über ihre verlorenen Investitionen und bahnten sich mit ihrem Fächer einen Weg durch die Menge. Die Anteilscheine der Compagnie fielen in den Keller und zogen das Papiergeld der Bank ebenso mit wie den Staatsschatz. Berge von wertlosem Papiergeld wurden auf richterliche Anordnung öffentlich verbrannt, und die harte Währung verschwand aus dem Wirtschaftskreislauf. Law hatte Frankreich in eine Geldknappheit gestürzt, die der Schottlands glich.

Law musste einen Fehlschlag einstecken, aber die Protzerei der Spieler beherrscht immer noch die Finanzwelt. Warum hängen in jeder besseren Bank teure Kronleuchter? Warum arbeiten Börsenbroker in Türmen aus Glas und Marmor? Weil sie für uns *spielen*. Natürlich verlangen Investoren von ihren Vermögensberatern Selbstdisziplin, aber auf jeden Warren Buffett, der im Schnellimbiss vor einem Glas Milch und einem Thunfischsandwich sitzt, kommen vier Fondsmanager, die ihren Beaujolais Petrus 49 runterkippen und in Superhandys bellen. Immer noch ist der Glaube beherrschend, dass das Geld dorthin zieht, wo es seinesgleichen vorfindet: »Fortuna, die arge Hur', tut auf den Reichen nur«, sagt schon der Narr in *König Lear*.

Es gab in New York einmal einen Magier, dessen Show keinen Zweifel daran ließ, dass man sich auf der Straße besser auf kein Hütchenspiel einlassen sollte. Er hatte drei Spielkarten, deckte eine Dame auf, zeigte auf sie und schob die drei Karten wild hin und her, dann hob er die auf, von der wir *wussten*, dass es die Dame war – aber sie war es *nicht!* Sie war es nie gewesen. Er führte seinen Trick schnell und langsam vor, er zeigte ihn auch in Zeitlupe und mit Spielkarten, so groß wie ein Kühlschrank. Der Haken an der Sache war unscheinbar und unsichtbar. Jedes Mal rieben wir uns mit unseren ungeschickten Händen die Augen und beschlossen, das Leben künftig mit schärferem Blick zu beobachten.

Es gibt eine Demonstration der Wahrscheinlichkeitstheorie, die den gleichen Effekt hat und einen regelrecht wütend machen kann:

Niemand glaubt das Ergebnis, und alle sind sich sicher, dass Betrug im Spiel ist. Es geht um das Monty-Hall-Problem (bei uns auch unter der Bezeichnung »Das Ziegenproblem« bekannt), das nach dem TV-Showmaster von *Let's Make a Deal* benannt ist.

Sie sind aus dem Zuschauerraum auf die Bühne gerufen worden, wo Sie drei Türen vor Augen haben: Hinter einer steht ein dickes Auto, hinter den zwei anderen eine Ziege. Weil Sie die Unparteilichkeit des Schicksals kennen, zeigen Sie auf Tür 1. Nun öffnet der Showmaster Tür 3, und eine Ziege blickt Sie an. Jetzt sind Sie wieder dran: Sollten Sie bei Ihrer ersten Wahl, der Tür 1, bleiben oder besser zu Tür 2 wechseln? Ihr Gedankengang wird vielleicht der folgende sein: »Zu Anfang standen drei Türen zur Wahl, jetzt sind es nur noch zwei. Ich weiß nicht, was hinter ihnen ist, deshalb ist bei beiden die Chance 50 zu 50, dass es das Auto ist. Es gibt also keinen Grund, bei 1 zu bleiben, aber auch keinen, zu 2 zu wechseln.«

Die Wahrscheinlichkeitstheorie sieht das anders. Als Sie auf Tür 1 zeigten, war Ihre Chance 1/3, das Auto zu raten, während die Chance, eine Ziege zu erwischen, 2/3 betrug. Durch das Öffnen von Tür 3 hat der Showmaster an diesen ursprünglichen Wahrscheinlichkeiten nichts geändert, immer noch beträgt die Chance, dass das Auto hinter Tür 1 steht, 1/3 – was aber heißt, dass die Chance, dass es hinter 2 steht, 2/3 beträgt! Sie haben also die *doppelte* Chance, das Auto zu gewinnen, wenn Sie zu Tür 2 wechseln und sollten das tun (es sei denn, Sie hätten lieber eine Ziege). Das Ganze gilt übrigens unabhängig davon, welche Tür Sie zuerst gewählt haben.

Wenn es Ihre Vorstellung immer noch übersteigt, dass das Öffnen einer Tür die Chancen für eine andere verdoppelt, versuchen Sie sich den Vorgang so vorzustellen: *Ist* das Auto hinter Tür 1, was in einem von drei Fällen vorkommt, kann der Showmaster frei wählen, welche der anderen Türen er öffnet. Er enthüllt also keine Geheimnisse, indem er die eine oder die andere Tür öffnet. In 2/3 der Fälle, also doppelt so oft, hat er aber keine Wahl, denn er *muss* eine Tür mit einer Ziege dahinter öffnen – und indem er sie öffnet, sagt er damit: »Das Auto ist hinter der Tür, die ich nicht öffnen darf.« Sein Türöffnen verrät Ihnen also in zwei von drei Fällen etwas, in einem von drei Fällen nichts. Die konservative Strategie, die sich auf die Wahrscheinlichkeiten stützt, empfiehlt also, die Tür zu wechseln und nicht bei der ersten Wahl zu bleiben. Manchmal ist eben das Unbekannte weniger riskant als das, was wir schon wissen.

»Einmal hat mir in Atlantic City jemand eine Wette angeboten, die auf dem Monty-Hall-Problem beruhte.« Zia Mahmood ist einer der fähigsten Bridgespieler der Welt. Bei ihm paart sich ein verblüffender Sinn für die Karten mit einer intuitiven, draufgängerischen Spielweise. »Ich wusste, dass ich wechseln *musste*. Wir arbeiten beim Bridge mit dem gleichen Prinzip, das auf der Wahrscheinlichkeit beruht. Wir nennen es das ›Prinzip der eingeschränkten Wahlfreiheit‹, bei dem jemand, der von zwei Karten *irgendeine* spielt, damit verrät, dass er in zwei von drei Fällen keine Wahl hatte.«

Dass Menschen von etwas besessen sein können und den Wettstreit suchen, lässt sie an den lächerlichen 250 000 Varianten eines Pokerblatts mit fünf Karten schnell das Interesse verlieren. Zum Glück gibt es für alle, die es komplexer lieben, Bridge mit 635 013 559 600 verschiedenen Möglichkeiten für ein Blatt, die alle exakt gleich wahrscheinlich sind: *Alle* Pik zu bekommen, ist so wahrscheinlich wie das Blatt ♠ D 10 9 5 4 2 ♥ 4 ♦ B 10 9 2 ♣ 9 2. Die Chance dafür beträgt in beiden Fällen 1 zu 635 013 559 600. Allerdings sind einige Blätter weit interessanter als andere: »Alle Pik« ist ein Zeichen göttlicher Gnade, während das zweite Blatt nur einen weiteren Beweis für das gewöhnliche, lausige Pech darstellt.

Wir sind nun schon einen so langen Weg gemeinsam gegangen, dass Sie mit Recht fragen dürfen, wie man auf die Zahl 635 013 559 600 kommt. Nun, es gibt unter den 52 Karten 13 der Farbe Pik. Deshalb ist Ihre Chance, beim Ziehen der ersten Karte Pik zu erhalten, 13/52. Haben Sie wirklich Pik gezogen, sind unter den restlichen 51 Karten noch 12 Pik, deshalb ist die Chance, zweimal Pik zu ziehen, 13/52 x 12/51. Macht man auf diese Weise weiter, erhält man als Chance, *alle* Pik zu ziehen

$$\frac{13 \times 12 \times 11 \times 10 \times 9 \times 8 \times 7 \times 6 \times 5 \times 4 \times 3 \times 2 \times 1}{52 \times 51 \times 50 \times 49 \times 48 \times 47 \times 46 \times 45 \times 44 \times 43 \times 42 \times 41 \times 40}$$

was 1 zu 635 013 559 600 entspricht.

Viele der Abschätzungen beim Bridge verlaufen ähnlich mechanisch und entsprechen dem deduktiven Vorgehen, das Computer so perfekt beherrschen – und es gibt inzwischen tatsächlich Bridgecomputer, die hervorragend spielen. Zia ist jedoch davon überzeugt, dass es zwischen dem Menschen und einem Computer beim Wahrnehmen der Chancen noch einen wesentlichen Unterschied gibt, da die Ungewissheiten davon abhängen, wer mit am Tisch sitzt. »Es gibt Spieler, die sind Maschinen, andere sind wie Bullterrier, wieder andere wie sensible Künstler, und einige scheinen geisteskrank zu sein. Das heißt aber, dass es bei einer vorgegebenen Kartenverteilung keine Ideallösung gibt. Ich kann mit exakt dem gleichen Blatt heute dreimal Herz ausspielen und morgen gegen einen anderen Gegner dreimal Pik – und habe mich beide Male genau richtig entschieden.«

Die Hufschläge dahingaloppierender Pferde scheinen bei uns allen uralte Erinnerungen zu wecken und auch den Nüchternsten in die Zeit der alten Sagen und Rittergeschichten zurückzuversetzen. Pferde sind *authentisch* – Athleten, die weder ihre Transfersumme kennen noch von Sponsoren wissen. Sie streiken nicht und machen nicht durch verrückte Frisuren auf sich aufmerksam. Das siegreiche Pferd steht zitternd auf der Rennbahn, schweißbedeckt und mit hervortretenden Adern richtet es seinen Blick über unsere Köpfe hinweg auf einen Punkt am Horizont. Wir erblicken in ihm den siegreichen Helden in seiner Einsamkeit, das Wesen, das für uns das getan hat, was jenseits unserer Fähigkeiten liegt.

Als der junge Paul Mellon eingestand, dass er gern Rennpferde haben würde, schäumte sein Vater, der furchteinflößende Finanzminister unter Präsident Hoover: »Jeder verdammte Idiot weiß doch, dass ein Pferd schneller als das andere läuft!« Die *meisten* verdammten Idioten wissen auch, dass ein Pferd langsamer läuft, wenn man ihm mehr Gewicht auflädt, und dass es dann immer mehr zurückfällt, je länger das Rennen dauert. Stuten und junge Pferde sind naturgemäß leichter gebaut und spüren die Wirkung des Gewichts deutlicher als Hengste und alte Pferde. Was ein Pferd an einem bestimmten Tag zu leisten vermag, scheint gerade das Gegenteil von Zufall zu sein: Es ist die eindeutige Lösung einer Gleichung mit vielen Variablen, zu denen auch die Form des Tieres gehört (Welches Pferd hat wann wen geschlagen? – Dinge, die jeder ernsthafte Rennbahnbesucher auswendig herunterbeten kann). Weitere Variablen sind der Zustand der Rennbahn sowie der Rennverlauf und dessen Auswirkung auf Geschwindigkeit und Ausdauer. Wer wird das Rennen anführen und das Tempo vorgeben? Wer wird beim Finish zulegen? Ist der Jockey hell genug, um zu wissen, dass der Weg durch die Kurve innen kürzer ist als außen? Schließlich muss man auch noch das Verhalten der Buchmacher in Rechnung stellen: Sinken die Quoten für ein bestimmtes Pferd besonders schnell? Hat dieses Pferd einen Besitzer oder Trainer, der selbst wettet und hofft, heute groß abzusahnen? All das sind wichtige Komponenten der Wissenschaft, den Sieger eines Rennens vorherzusagen. Diese Vielfalt der Möglichkeiten lässt die Teilnehmer an Pferdewetten so süchtig werden. Ein Missgeschick beim Wetten lässt sich immer erklären: Ein schlechter Ausgang befriedigt den Intellekt so sehr wie ein guter. Natürlich ist da das schmerzliche Gefühl, Geld zu verlieren – aber es gibt auch immer den Trost, für den Verlust eine rationale Erklärung zu finden.

Über Jahre war die Wissenschaft der Pferdewetten ein wenig wie der Chemieunterricht am Gymnasium: Aus bestimmten Kombinationen entstand bei bestimmten Prozessen *manchmal* das Wunderpulver, aber man wusste nicht immer so genau, warum es funktioniert hatte. Bei den Rechnungen mussten so viele Variablen berücksichtigt werden, dass ein kleiner Fehler bei einer von ihnen das ganze Resultat über den Haufen werfen konnte. Erst als ein ehemaliger Mathematiklehrer namens Phil Bull seine Stoppuhr mit zu den Rennen brachte, begann *eine* Variable alle anderen in ihrer Bedeutung zu überragen: die Zeit. Ein Pferd, das ein bestimmtes Gewicht über eine bestimmte Distanz in einer kürzeren Zeit als andere Pferde in anderen Rennen befördert hatte, würde sie wahrscheinlich alle schlagen – unabhängig vom Platz bei früheren Rennen und dem, was der Trainer der Presse erzählt. Die Stoppuhr machte Bull für zwei Jahrzehnte zum Wettprofi und schenkte der Welt den ungewöhnlichen Anblick eines Mathelehrers mit dicker Zigarre und Rolls Royce. Schließlich fingen aber auch die Buchmacher an, Zeiten zu stoppen, und die Rennbahnen veröffentlichten offizielle Listen. Als dann noch die Regierung beschloss, dass so etwas Lukratives wie Pferdewetten mit einer Steuer belegt werden müsse, wechselte Bull ins Verlagsgeschäft, gründete »Timeform« und versorgte seine Wettkollegen mit den gleichen Rohdaten, die er selbst verwendete.

»Timeform« existiert immer noch in Bulls Heimatstadt Halifax. Der derzeitige Geschäftsführer, Jim McGrath, stieß als Teenager zu der Firma, nachdem er zuvor als Jockey Karriere hatte machen wollen. Dunkel gekleidet und ernst sieht er eher nach Priesterseminar als nach Pferdestall aus. Er bezeichnet seine eigenen Wetten als »ernsthaftes Hobby« und behauptet, rund 15 Prozent Profit aus seinem gesetzten Kapital herauszuschlagen – genug, um ihm einen Platz in der Liga der Rennpferdbesitzer zu sichern.

»Es ist sowohl eine Kunst als auch eine Wissenschaft«, erklärt McGrath. »Sie setzen Ihre Fähigkeiten ein, indem Sie die Form, den Boden, die Trainer und Jockeys beurteilen, um Pferde herauszufinden, in denen etwas steckt. Aber dann brauchen Sie Disziplin: ›Ich denke, dieses Pferd hat sehr gute Gewinnchancen, vielleicht drei zu eins, es wird aber mit elf zu vier gesetzt. Ist das verlockend? Soll ich auf das Pferd setzen oder besser nicht?‹ Jeder kann Sieger herauspicken: Spendiere Deiner Oma fünfzig Wetten, und bei ein paar von ihnen wird sie gewinnen. Schwieriger ist es, die Verlierer zu erraten. Nicht jeder hat so viel Charakterstärke, eine Wette auszulassen. Aber wenn Sie dazu nicht in der Lage sind, werden Sie auch nicht gewinnen.«

Die Wissenschaft des Ungewissen ist faszinierend, aber Faszination ist kein Grund, auf einen sicheren Tipp zu verzichten – wenn Sie denn einen wissen. 1948 wurden zum ersten Mal in Großbritannien Fotokameras eingesetzt, um den Zieleinlauf festzuhalten. Da die Fotos aber erst nach fünf Minuten entwickelt waren, wussten die Buchmacher und Spieler nicht, was sie in der Wartezeit machen sollten: Sie wetteten auf das Ergebnis des Fotos! Damit hatten all diese eifrigen wissenschaftlichen Experten zweimal die Möglichkeit, sich bei einem Kopf-an-Kopf-Rennen zu beweisen. Der Wettprofi Alex Bird sah hier große Möglichkeiten. Er stellte sich so dicht es ging an den Zieleinlauf, schloss ein Auge und schaute ausschließlich auf das ankommende Feld in Höhe des Ziels – im Gegensatz zu allen anderen Zuschauern, die sich im Nachhinein an das Rennen als an eine sich dramatisch entwickelnde Geschichte erinnerten, die sie durch die Tränen von Freude und Schmerz verfolgt hatten. Bird sah im entscheidenden Augenblick nur, was die Kamera sah: eine Pferdenase vor der anderen. Fünf Minuten lang war er in der Position eines Mannes, der schon die Zeitung von morgen in den Händen hielt. Diese fünf Minuten machten ihn steinreich.

Wenn Sie in London nicht so recht wissen, was Sie mit dem Herzog auf der Party oder mit dem Taxifahrer reden sollen und das Thema »Wetter« schon erschöpfend behandelt haben, können Sie es immer mit Pferdewetten versuchen. Die Börse ist dagegen ein schlüpfriges Terrain, das entweder als vulgär gilt oder als das Reich von Betrügern. In den USA ist es gerade umgekehrt: Wenn Sie erwähnen, dass Sie sich mit Wahrscheinlichkeitstheorie befassen, geht es zuerst einmal darum, welche Aktie man Ihrer Meinung nach kaufen muss. Wertpapiere und Pferde teilen das Interesse einer Wissenschaft, die noch im Entstehen ist: Es gibt für jedes Ereignis jede Menge Gründe, und irgendjemand – ein Experte oder einer mit einem heißen Tipp – weiß, welcher am wichtigsten ist.

»Als ich jung war«, sagte Sir Ernest Cassel, Bankier von König Edward VII., »hat man mich einen Spieler genannt. Als der Umfang meiner Unternehmungen größer wurde, galt ich als Spekulant. Jetzt bin ich ein Bankier. Und dabei habe ich immer das Gleiche getan.« Jemand, der ständig am Telefon zum Buchmacher hängt, ist ein süchtiger Spieler. Wer eine Standleitung zu seinem Broker geschaltet hat, ist ein engagierter Investor. Wir schreiben den Finanzmärkten einen gewissen Grad an Gediegenheit zu, da sie schließlich die nationale Wirtschaft und das Wohlergehen von uns allen widerspiegeln. Dann kann man aber auch sagen, dass das Roulette die ewigen Gesetze der Physik ausdrückt und Pferderennen die der Genetik. Es sind jedoch nicht diese hochachtbaren Gründe, die uns zum Spieler machen. Wir starren auf die Kugel, die Karten und den Börsenticker, weil sie uns ein zweifaches Vergnügen versprechen: Aufregung und grundloses Glück.

Die Erde, diese einsame Kugel im Weltraum, erhält von der Sonne jedes Jahr genug Energie, um ein Wirtschaftswachstum von 1,5 oder 2 Prozent zu erlauben. Mehr daraus zu machen, heißt, auf den Zufall zu hoffen: auf Rot zu setzen, wenn alle »Schwarz« rufen; zu wissen, dass das Kartendeck mehr hohe Karten enthält als üblich; auf den Rennstall zu setzen, der im Kommen ist. Das führt dazu, dass sich Broker und Investoren genauso verhalten wie die Glücksritter und Buchmacher von Las Vegas (nur etwas leiser). Die Charts-Analysten und andere Interpreten der Kursschwankungen gehen mit den Marktindikatoren so um wie die vom Fieber gepackten Spieler, die mit ihren kleinen Bleistiften das Roulette verfolgen: Sie lesen aus den Zahlenfolgen versteckte Muster heraus und meinen in ihnen die treibenden Kräfte verborgener Ursachen zu entdecken. Man wird immer Analysten finden, die einen der vielen komplexen Zufallsgeneratoren als die heimliche Ursache der Marktbewegungen sehen: Markov-Ketten, fraktale Kurven, Spin-Glas-Algorithmen, Simulierte Abkühlung, also all die Wege, auf denen die Natur dem Chaos durch zufällige Anstöße Ordnung einimpft. Die Anziehungskraft der Finanzmärkte auf diese Spezialisten für Strukturen und Muster besteht nicht nur in der Bezahlung für ihre schwarze Kunst, sondern hat ihren Grund auch darin, dass die zackigen Kurven der Marktindizes auf jeder Skala interessant erscheinen: von den langen Wellen, die den Geldzyklus bestimmen, bis zu dem hektischen Gezappel, mit dem sich Day-Trader herumschlagen. Welchen Algorithmus Sie auch wählen: Er passt immer bestens zu irgendeiner Zeitskala. Und wenn er passt, dann muss das einen Grund haben!

Das Problem für Charts-Analysten besteht darin, dass sie, anders als jeder Roulettespieler, keine Informationen über die infrage kommenden Wahrscheinlichkeiten haben. Trotz der gewaltigen Anstrengung von Generationen von Ökonomen gibt es nur die allerdürftigsten Erkenntnisse, wie sich Märkte »normalerweise« verhalten. Das bedeutet, dass die Analysten die Funktion erraten müssen, die das sich abzeichnende Muster erzeugt. Eine der schreckenerregenden Erkenntnisse der Mathematik ist aber, dass sich die Entstehung eines bestimmten Musters, das wir in einer endlich langen Datenreihe erkennen, komplexen Kombinationen von Funktionen oder einer Unzahl sich überlagernder Ursachen verdankt – oder dem purem Zufall. Unter diesen tausend möglichen Ursachen könnten auch welche sein, die den aktuellen Trend in die Zukunft fortsetzen, was dem

Analysten einen dicken Bonus bescheren würde. Andere führen aber zu großen, nicht vorhersagbaren Schwankungen, die kurz nach dem Zeitabschnitt beginnen, der analysiert wurde. Das hätte für den Analysten ein kurzes Gespräch mit seinem Chef zur Folge, nach dem er seine persönlichen Dinge in einer Pappschachtel mit nach Hause nehmen kann.

So wie es an der Börse Jäger gibt, die auf Muster aus sind, gibt es Spieler, die sich die Zahlen beim Roulette und die Karten beim Bridge zu merken versuchen. Sie alle glauben, dass es inmitten des Zufalls plötzliche Momente der Ordnung gibt, Bereiche einer sanften Strömung in den umgebenden Stromschnellen. Tatsächlich haben die Erfinder jener Mini-Computer im Schuh, mit denen das Roulette ausspioniert werden sollte, später in die Finanzmärkte gewechselt und mit denselben Methoden Schweizer Banken beraten, wie sie die kurzen Momente, in denen der Markt den verlässlichen Newtonschen Gesetzen folgt, herausfinden und ausnutzen könnten. Ihre Verträge untersagen ihnen, sich über den Erfolg oder Misserfolg ihrer Methode zu äußern – aber immerhin haben ihre Auftraggeber bis jetzt noch nicht *alles* Geld der Welt gehortet.

Nach der Angeberei der Spieler muss man unter Bankern nicht lange suchen. Im Börsengeschäft hat der Aggressivste die Nase vorn – nicht nur, weil er gewinnen *will*, sondern auch, weil er seinen Gegnern und Konkurrenten Angst vor dem Ruin einjagt. Firmenübernahmen und -beteiligungen können mit Begriffen wie »Synergieeffekte« oder »Streamlining« untermalt werden, aber die wahre Frage ist auch hier, wie viel Kapital die beteiligten »Player« auf den Tisch legen können. Auch Unternehmen haben oft den Größenwahn von Glücksrittern. Im Augenblick, als die Dotcom-Blase ihre größte Ausdehnung hatte, haben Startup-Firmen eine »Burn-Rate« definiert und untereinander gewetteifert, wie viel von dem Geld, das sie verwalteten, sie jeden Monat durchbrachten. In einem Spiel ohne Grenzen muss man spielen, als hätte man einen nimmermüden Goldesel.

Natürlich hat ein derartiger Wahnsinn einen verzerrenden Einfluss auf die Märkte, wo jede Vorhersage auf das Geschehen zurückwirkt. Glauben genügend Leute an Ihren Börsengang, sind Sie auf der Gewinnerseite, wobei allerdings der Wunsch der Massen allein den Favoriten noch nicht als Ersten durchs Ziel bringt. Es gibt noch einen weiteren großen Unterschied zwischen dem Investment auf den Finanzmärkten und anderen Formen von Glücksspielen: Es ist unbegrenzt in Zeit und Größe. Der Rouletteller bleibt stehen, der Automat schluckt oder spuckt Münzen aus, beim Poker wird gepasst oder erhöht – aber die Märkte kennen keine Pause. Klar, wenn Sie 1900 zum Beispiel 10 Dollar in den Dow investiert hätten, könnten Sie jetzt Donald Trump als Butler einstellen – vorausgesetzt, Sie hätten am 28. Oktober 1929 Ihre RCA-Papiere verkauft. Dazu kommt, dass Sie beim Blackjack und Roulette an einem Abend nicht mehr verlieren können, als Sie zu Beginn auf den Tisch gelegt haben. An der Börse bleiben aber Ihre Gewinne – zum Beispiel all diese beruhigenden Kursgewinne, die nur auf dem Papier stehen und Ihre Altersversorgung darstellen – im Spiel, und es besteht immer das Risiko eines Kurssturzes. Es ist, als ob Ihnen die Bank alles nehmen dürfte, was Sie haben, wenn der seltene Fall eintritt, dass die Kugel auf Null landet. Die meisten Finanzmärkte arbeiten so: Sie bieten tröpfchenweise kleine Gewinne als Ausgleich für den möglichen Verlust Ihres gesamten Vermögens und den Absturz ins Nichts.

Das Ganze zeigt, dass wir von Haus aus einen gestörten Blick auf Chancen und Risiken haben. Wir freuen uns darüber, dass unser Vermögen von Monat zu Monat wächst. Unsere Broker und Analysten werden jährlich bezahlt, sie sind darauf aus, mit dem mittleren Wachstum ihrer Branche zumindest mitzuhalten, denn davon hängt ihr Bonus ab. Landet die Kugel auf Null und löst sich das ganze Geld in Luft auf, werden die Broker und Analysten gefeuert, um von neuen Leuten ersetzt zu werden, die genauso denken. Und wenn wir nicht völlig verarmt sind, vergessen auch wir ganz schnell die Lektion aus unserem Verlust. Morgen ist ein neuer Tag, und wir haben das Undenkbare überlebt – oder wie die Helden Dostojewskis der Welt zumindest gezeigt, wie gute Verlierer aussehen.

Ob die Hedgefonds-Investoren viel rationaler denken als die alte Dame mit dem Visor (das ist diese ulkige Schirmmütze ohne Mütze) und dem einen Handschuh, die aus einem Plastikbecher ihren Lieblingsautomaten mit Cents füttert? Sie hat zumindest das Vergnügen, für das die meisten Spieler bezahlen: eine ständig gespannte Erwartung. Geld zu machen ist nur das Medium. Die Botschaft ist, vom Glück auserwählt zu sein und sich eine kleine Pause vom alltäglichen Hin-und-Her des Geldverdienens und -ausgebens zu gönnen. Die Kirchenschiffe füllen sich (zumindest in England) immer noch mit frommen Bingospielern, obwohl der Gewinn, den dort die Bank macht, einen guten Eindruck von der Allmacht Gottes vermittelt. Die Leute machen jede Woche ihre Kreuze auf dem Lottoschein, obwohl die Chance, den Jackpot in einem jener 6-aus-49-Spiele zu gewinnen, dutzende Male kleiner ist als die, vom Blitz erschlagen zu werden.

Seit es Glücksspiele gibt, werden sie als eine Sondersteuer für die Armen kritisiert. Das mag so sein, aber wir sollten uns überlegen, was ansonsten mit dem Geld geschehen könnte. 5 Euro pro Woche machen für das Budget einer Familie keinen großen Unterschied. Gibt man sie auf ein Sparkonto, werden daraus bei einem effektiven Jahreszins von 2 Prozent mit Zins und Zinseszins in fünfzig Jahren satte 20 518 Euro – ein schönes Polster für ein Jahr in Saus und Braus im Altenheim. Aber selbst die winzige Chance, ein richtiges Vermögen zu gewinnen, wirft enorme Zinsen und Zinseszinsen in Form von Träumen und Hoffnungen ab: Soll man sich zuerst den Ferrari kaufen und dann nach Tahiti auswandern? Soll man die Kinder mit Immobilien versorgen oder wie ein Trucker, der gewonnen hatte, einen Monat lang das Autobahnnetz mit einer Luxuslimousine abfahren und dabei den Ex-Kumpels locker durch das offene Dach zuwinken? Schaut man sich an, wie das Leben der Super-Glückspilze weiterging, könnte man meinen, dass die Lotterien vielleicht mehr für die leisten, die *nicht* gewinnen.

Wenn Sie sich sicher sind, dass ein plötzlicher Geldregen Sie nicht ruinieren wird, gibt es zwar keine Möglichkeiten, die Gewinnchancen zu verbessern, aber zumindest eine Strategie, die Gewinnsumme zu vergrößern, wenn Ihre Zahlen gezogen werden: Denken Sie in Zufallskategorien! Die Leute entdecken nicht nur überall Muster, sie können ihnen auch nur schwer widerstehen und kreuzen auf dem Lottoschein Diagonalen an oder wählen ein bestimmtes Datum, sodass es höchst wahrscheinlich ist, dass es *mehrere* Gewinner des Jackpots gibt, wenn unter den Gewinnzahlen die 19 oder die 20 ist. Wenn es Ihnen gelingt, den Spielerglauben an die Bedeutung bestimmter

Zahlen auszuschalten und sich dem Glauben an die Herrschaft des Zufalls anzuschließen, ist die Chance größer, dass die Gewinnzahlen Ihnen allein gehören.

Paradoxa sind wie Wortspiele eine niedere Form von Kunst, aber es gibt ein Paradoxon, das sehr schön zeigt, wie Sie – allein durch die Macht des Zufalls – gewinnen können, indem Sie verlieren. Es wird Parrondos Paradoxon genannt und wurde 1997 von einem Professor an der Universidad Complutense in Madrid in die Welt gesetzt. Angenommen, die Erleuchtung unserer buddhistischen Kasinobetreiber hat durch ihre Arbeit an Strahlkraft verloren, und sie bieten nun zwei Spiele an, die beide der Bank einen Vorteil verschaffen. Spiel A läuft wie das frühere Spiel mit der Münze, aber nun wird eine etwas fehlerhafte Münze eingesetzt, sodass die Gewinnchancen der Kunden ein wenig kleiner als 50 Prozent sind. Spiel B ist komplizierter und soll weniger routinierte Besucher an der Nase herumführen. Normalerweise bekommen Sie eine Münze, die Sie so sehr begünstigt, dass Ihre Gewinnchance volle 75 Prozent beträgt! Aber jedes Mal, wenn Ihr Kapital ein Vielfaches von drei ist, müssen Sie die »Schicksalsmünze« werfen, mit der Sie in 90 Prozent der Fälle verlieren. Auf lange Sicht gleicht dieser Nachteil Ihren Vorteil bei den »günstigen« Münzen bei weitem aus. Spiel B ist wie Spiel A eine Falle für Trottel.

Nun kommt aber etwas Paradoxes ins Spiel. Angenommen, Sie haben die Erlaubnis, in bestimmten Abständen oder auch per Zufall von Spiel A zu B und umgekehrt zu wechseln. Plötzlich wächst Ihr Kapital an! Warum? Weil Sie bei Spiel B oft gewinnen, aber hoch verlieren, während bei Spiel A nicht allzu viel passiert. Wenn Sie gelegentlich aus Spiel B aussteigen dürfen, wächst die Wahrscheinlichkeit, dem vernichtenden Schlag zu entgehen, der Sie trifft, wenn Ihr Kapital ein Vielfaches von drei ist. Man kann sich das ganz gut wie eine »Cornish Man-Engine« vorstellen, das ist eine Anlage, mit der im 19. Jahrhundert Bergleute in die Zinnminen ein- und ausfuhren. Die Anlage hatte zwei Leitern: eine, die fest an der Wand des Schachts befestigt war, und eine zweite, die von einer Dampfmaschine getrieben mit einem Hub von circa 2 Meter auf- und abging. Keine der Leitern für sich brachte die Benutzer irgendwie weiter. Wenn also ein

Bergmann auf einer von beiden stehen blieb, war er für immer in der Grube gefangen. Machte er aber von der festen Leiter aus den Schritt zur bewegten – ganz gleich, ob sie gerade am obersten oder untersten Punkt stand –, wurde er die 2 Meter nach oben oder unten befördert. Er musste dann wieder zur Standleiter wechseln, wieder zur bewegten und so fort. So konnte er schrittweise hinab zum Flöz oder hinauf an die Oberfläche gelangen. Parrondos Spiel B ist eine holpernde Maschine, die langsam nach oben führt und plötzlich nach unten. Sein Spiel A, bei dem sich fast nichts bewegt, entspricht der festen Leiter. Ein Bergarbeiter, der zwischen ihnen wechselt, wird mehr Zeit auf dem Weg nach oben als auf dem Weg nach unten verbringen – und zwar auch, wenn er per Zufall oder blind wechselt.

Es gibt schlaue Leute, die ständig versuchen, diesen Mechanismus für die Börse anzuwenden und zum Beispiel im richtigen Moment von Papieren mit hoher Volatilität zu sichern, festverzinslichen Anlagen oder Bargeld wechseln. Wie es aber aussieht, würden sie besser daran tun, heruntergekommene Buddhisten aufzuspüren.

In Puschkins *Pique Dame* spielen alle jungen Offiziere, und alle verlieren, weil es ihnen nur um das Vergnügen geht. Der Ingenieuroffizier Hermann ist jedoch »nicht in der Lage, das Notwendige zu opfern, in der Hoffnung, Überflüssiges zu gewinnen« und rührt keine Karten an, bis er die Geschichte von der alten Gräfin Anna Fedotovna hört. Sie hatte viele Jahre zuvor in Paris über eine geheimnisvolle Methode verfügt, sie aber nur eingesetzt, um sich und einmal auch einen Freund vor Spielschulden zu retten. Hermann will die Methode anwenden, um mit ihr auf sichere Weise reich zu werden, und versucht, sie der Gräfin abzupressen. Er bedroht sie mit der Pistole, worauf sie vor Schreck stirbt. In der Nacht nach der Beerdigung erscheint sie ihm im Traum und enthüllt das Geheimnis: »Setze am ersten Tag auf die Drei, am zweiten auf die Sieben und am dritten auf das Ass.« Hermann gewinnt und verdoppelt an den ersten beiden Tagen seinen Einsatz, aber am dritten wird anstelle des Ass die unglückselige Pik-Dame aufgedeckt, und als Hermanns ganzer Gewinn in den Taschen der Bank verschwindet, winkt ihm die tote Gräfin zu. Er verfällt dem Wahnsinn, während die anderen Offiziere ertragreiche Ehen eingehen. Für sie war das Glücksspiel nur das Vorspiel für wichtigere Dinge.

Ob Sie Ihr letztes Hemd auf ein Pferd setzen, Ihren Ruhestand auf die Allianz bauen wollen, Prämien bezahlen, um sich gegen ein Desaster zu wappnen, an einer Universität zu studieren beginnen oder Ihre ganze Energie auf dieses Buch verwenden: Geboren werden heißt, auf etwas setzen, und auch das ganze weitere Leben besteht aus Wetten. Jede Wette erinnert uns daran, dass wir meistens Schlüsse ziehen müssen, ohne ausreichende Informationen zu haben. Dabei dürfen wir nicht vergessen, dass alles mit einer von ferne winkenden Pik-Dame oder einem Blutsturz enden kann, selbst wenn wir uns noch so sicher sind. Die Lektionen, die uns der Spieltisch erteilt, werden erst wirksam, wenn wir den Sessel zurückschieben, durch das stille, düstere Kasino streifen und wieder in die reale Welt der Menschen mit ihren Gewohnheiten und Marotten, Fehlern und geheimnisvollen Verhaltensweisen eintauchen. In diesem Moment beginnt das wahre Glücksspiel.

Kapitel 5

Versicherungen

Es war ein Mann im Lande Uz, der hieß Hiob. Derselbe war
schlecht und recht, gottesfürchtig und mied das Böse.

Hiob I, I

Hätte sich Hiob eine Versicherung auszahlen lassen können, wäre
natürlich der ganze Clou seiner Geschichte dahin gewesen. Hiobs
Tröstungen waren praktisch und ganz modern: Alles, das Gute wie
das Böse, hat seine Ursache. Das Schlimme am echten Unglück besteht jedoch darin, dass es nicht zu Dingen gehört, die wir in der
Hand haben und beeinflussen können, sondern dass es im Reich des
Wahrscheinlichen und Unwahrscheinlichen zu Hause ist: Es passiert
einfach. Stellt sich heraus, dass Gott hinter der Angelegenheit steckt,
so wird er uns kaum einen Blick in seine Überlegungen erlauben – und
wenn er es täte, wäre er dann noch Gott?

Auch die größte Frömmigkeit schützt uns Menschen nicht vor
Krankheit, Feuer und Krieg. Wer könnte so sündenfrei leben, dass
alles Unglück an ihm vorübergeht und er nur Zufriedenheit und
Freude erfährt? Robert Frost hat es auf einen klaren Nenner gebracht: »Zu viele der Großen und Guten fallen tief, als dass man
Zweifel an der Macht des Zufalls haben könnte.« Wenn wir schon
unser eigenes, kleines Schicksal nicht unter Kontrolle haben und uns
der göttlichen Gnade anvertrauen, was bleibt dann noch? Viele, ja
die meisten Gesellschaften verstauen an diesem Punkt die große Idee
von einem Gott hinter den Schwellen des Tempels und greifen auf
die vielen kleinen irdischen Kunstgriffe des Aberglaubens und der
Rituale zurück.

Eine Kröte anzufassen, heilt Warzen; den Jackenknopf eines
Schornsteinfegers zu reiben, bringt Glück und Wohlstand. Wir weis-
sagen und zaubern durch Feuer, Haare, Hunde, Salz, Spiegel, Blei,
Kaffeesatz oder den Neumond. In Irland gilt der »Blaue Montag« als
Glückstag, in Schottland bringt er Unglück – bei uns entsteht an ihm

Ausschussware. Die alten Römer trieben den Aberglauben so sehr auf die Spitze, dass er sogar für das Staatswesen und das Nationalgefühl bestimmend wurde. So trat der Konsul Marcus Minucius Rufus sofort zurück, als bei seiner Proklamation im Forum eine Spitzmaus quiekte. Gaius Flaminius wurde nach seinem großen Sieg über die Insubrer aus dem Amt entfernt, weil er die Vorzeichen ignoriert hatte, nach denen er eigentlich eine Niederlage erleiden musste.

Je zufälliger und unvorhersagbarer unsere Zukunft ist, umso magischer sind die Vorkehrungen, die wir treffen. Seeleute wollen keine Frauen an Bord: Das hat ebenso schlimme Folgen, wie an Bord zu pfeifen. Kaum jemand wird an einem Freitag, dem 13., dreizehn Gäste einladen. Zerbricht ein Spiegel, bringen die folgenden sieben Jahre nur Unglück. Und alle schwören auf die Namen der Heiligen. Wer mit dem falschen Fuß zuerst aufsteht, hat Pech, und Schauspieler wünschen sich nie Glück, sondern Hals- und Beinbruch. Gehen Sie unter einer Leiter durch? Vermutlich nicht ohne ein kleines Gefühl von Trotz.

Verstand und Aberglaube sind jedoch keine völlig voneinander getrennten Königreiche, denn nicht alle überlieferten Anzeichen von Unglück verdanken sich bösen Omen oder Tabus. Einige sind kluge Vorausahnungen der Risiken, beispielsweise die Praxis vieler Stämme von Jägern und Sammlern, ein wenig von allen erjagten und gefundenen Schätzen zurückzulassen – von Bären bis zu Beeren. Das ist eine Art Versicherung: Sie zahlen eine Prämie für eine Umweltpolice, die ihnen über schlechte Zeiten hinweghelfen soll.

Die andere traditionelle Form der Versicherung ist eine große Kinderschar. »Wohl dem, der seinen Köcher derselben voll hat! Die werden nicht zu Schanden, wenn sie mit ihren Feinden handeln im Tor.« So beschönigt der Psalmist eine Praxis, die leider immer noch in seinem Land gang und gäbe ist, denn »handeln im Tor« hieß Händel anfangen und war der Anfang ernsthafter Konflikte. Jedes einzelne Kind stellt seine eigene Police dar, verteilt unser genetisches Risiko über Zeit und Raum und erhöht damit die Chance, dass unsere Linie alle Katastrophen überlebt. Die Somalis beurteilen und benennen Hungerkatastrophen danach, wie viele der Investitionen abgeschrieben werden müssen: »Verzichte auf das Baby« ist der erste

Grad, darauf folgen »Verzichte auf die Kinder«, »Verzichte auf dein Weib« und »Verzichte auf dein Vieh«. Die Logik und Kaltblütigkeit erinnert an den Rat, den ein Firmenberater einem maroden Unternehmen geben würde: Der zuletzt Eingestellte fliegt als erster, dann wird die Belegschaft reduziert, die Pleite auf die Rücken der Anleger verteilt, und zuletzt wird der Laden dichtgemacht.

In den USA werden von allen Versicherungen (die Lebensversicherungen nicht mit eingerechnet) jeden Tag im Schnitt 1 Milliarde Dollar gefordert. Die Versicherungen decken das ganze Feld menschlichen Unglücks ab: die alljährlichen Hurrikans im Golf von Mexiko, den schwankenden Boden Kaliforniens, die golfballgroßen Hagelkörner Nebraskas, die donnernden Buschbrände Arizonas, die New Yorker Schuldner, die Pleite gehen. Physischer, geistiger oder finanzieller Zusammenbruch, Explosionen, Erdbeben, Brand, Zerstörung und Verrottung – was auch immer: Sie werden irgendwo eine Versicherungsgesellschaft finden, die Sie davon überzeugen wird, dass diese Katastrophen häufiger sind, als Sie meinen.

Der Kern dieser Wetten ist äußerst merkwürdig: Man packt das ganze Unglück der Welt in kleine Päckchen ab, von denen Sie eines kaufen können. Nehmen Sie Ihre Brandversicherung: Der Theorie nach ist Ihre Prämie Ihr fairer Anteil an den gesamten versicherten Feuerschäden auf der Welt, die 2001 ungefähr 36 Milliarden Dollar betrugen. Diese Zahl ist wie alle globalen Zahlen so groß, dass wir uns darunter nichts vorstellen können. Versuchen wir es mit einem Vergleich: Die Summe entspricht dem Bruttoinlandsprodukt von Ecuador – auf einmal in Schutt und Asche gelegt!

Im Glanz dieses Feuerballs mag Ihre Prämie relativ klein erscheinen, insbesondere wenn Sie wissen, dass Sie mit ihr auch Ihren Anteil am Lohn Tausender fetter Manager und an den beeindruckenden Versicherungspalästen in allen Metropolen der Welt bezahlen. Wenn also das Verhältnis Ihrer Prämie zum Wert Ihres Hauses oder Ihrer Wohnung wirklich genau die Wahrscheinlichkeit widerspiegelt, dass Ihre gesamte Habe ein Raub der Flammen wird, ist die Welt als Ganzes gesehen vielleicht doch weniger gefährlich (oder gefährdet), als es scheint. Die offensichtliche Diskrepanz zwischen der Prämie und dem versicherten Wert spiegelt ein tiefes, altes und natürliches psychologisches Ungleichgewicht wider. Was Unglück betrifft, halten wir uns für anfälliger, als es die simple Statistik aussagt – einfach weil ein Unglück, das uns ereilt, von Haus aus schlimmer ist als dasselbe Unglück bei anderen: »Seht alle miteinander, ob ein Schmerz meinem Schmerz gleicht«, heißt es in der *Klage über Jerusalem*. Versetzt das Schicksal mir oder meinen Lieben einen Schlag, hat das nichts mehr mit Statistik zu tun, sondern wird zu einer einzigen Tragödie, die ich mir in all ihren Details nur allzu gut ausmalen kann. Es ist nicht länger Zufall – es ist Schicksal.

Aus dem Blickwinkel der Wahrscheinlichkeitstheorie ist eine Versicherung nichts anderes als die gerechte Verteilung der Risiken auf die Schultern vieler: Untragbares Leid wird auf kleine erträgliche Päckchen verteilt. Juristisch gesehen tritt eine Versicherung an die Stelle der Haftung der Gemeinschaft für die persönlichen Schäden ihrer Mitglieder. Emotional gesehen erscheint sie allerdings immer etwas komplizierter, was ein wenig das typisch Großsprecherische ihrer Agenten erklärt. In der Ausgabe der *Encyclopaedia Britannica* von 1911 schreiben die Autoren Charlton Lewis und Thomas Ingram:

Der direkte Beitrag einer Versicherung besteht nicht in sichtbaren Gütern, sondern in den nicht spürbaren und nicht messbaren Charakterkräften, auf denen die Zivilisation selbst sich gründet. Versicherungen haben mehr als alle Gaben der spontanen Mildtätigkeit dazu beigetragen, ein Gefühl menschlicher Brüderlichkeit und gemeinschaftlicher Interessen zu fördern. Sie haben mehr als jeder Zwang der Gesetze dazu verholfen, den Geist des Glücksspiels auszurotten. Es ist unmöglich, von unserer Zivilisation in ihrer vollen Stärke und fortschrittlichen Kraft überzeugt zu sein, ohne dieses Prinzip anzuerkennen, welches das Grundgesetz der praktischen Ökonomie – wer sich selbst am besten dient, dient auch der Menschheit am besten – mit den göttlichen Regeln der Religion vereint: »Einer trage des andern Last, so werdet ihr das Gesetz Christi erfüllen.«

Was entdecken wir in diesem Text, wenn wir über die sprachliche Tünche der Zeit Eduards VII. hinwegsehen und uns auf die soliden

Grundaussagen konzentrieren? Das 8., 9. und 10. Prinzip von Laplace und Bernoullis »Weichem Gesetz der großen Zahl«, das diese Prinzipien verbindet!

Wie bei den Beinahe-Zeitgenossen, der Familie Bach, gab es in der Familie Bernoulli eine seltene Häufung von Talenten und Genies: Zwölf machten bahnbrechende mathematische Entdeckungen und nicht weniger als fünf arbeiteten über Wahrscheinlichkeitstheorie. Gerahmt von Rüschen und Locken blickt uns Jakob Bernoulli aus seinem Porträt von 1687 selbstsicher, ja arrogant an. Es liegt aber auch etwas anderes in seinen flachen Augen und den herabhängenden Mundwinkeln eines »verdrießlichen, melancholischen Temperaments«, das ihm sein Biograf zuschreibt. Bernoulli verbrachte sein Leben als Professor in Basel. Nach seinem Tod zeigten die Aufzeichnungen im Nachlass, dass er sich zwanzig Jahre mit dem Problem der Ungewissheit – oder der Wahrscheinlichkeit *a posteriori* – herumgeschlagen hatte: Wie kann man die Wahrscheinlichkeit eines zukünftigen Ereignisses angeben, wenn man nur die vergangenen Ereignisse kennt? Für Pascal war die Wahrscheinlichkeitsrechnung ein Spiel *a priori*, bei dem man die Regeln, wenn nicht den Ausgang des Spiels, schon zuvor kannte. Das Werfen von Münzen und Aufdecken von Karten drückt einfache, von allem Anfang an existierende Axiome aus, die wir, die Spieler, wahrnehmen. Selbst im realen Leben kennt man die Gesetze, die es bestimmen, selten genug. Was ist aber, wenn wir auch in den meisten Naturwissenschaften die Gesetze nicht kennen? Wie und wann zeigen wiederholte Experimente oder Beobachtungen, die jeweils ihre ganz eigenen von den Umständen bestimmten Fehler haben, ob die Natur mit gezinkten Karten oder mit Falschgeld spielt?

Bernoullis Sorge passte in jenes Jahrhundert, in dessen naturwissenschaftlichem Denken ein erdbebenhafter Ruck stattfand: War zuvor die Wissenschaft auf Grundprinzipien und eine darauf aufbauende Kette logischer Deduktionen gegründet, so waren es nun Schlüsse auf der Grundlage von Beobachtungen. Pascals *a priori*-Vision der Wahrscheinlichkeiten war wie seine Theologie: Jenseits aller Phänomene war sie axiomatisch, ewig gültig und wahr – und daher auch letztlich steril.

Es war klar, dass die Wahrscheinlichkeitstheorie einen Weg finden musste, sich mit den Fakten auseinanderzusetzen und nicht nur Gesetze zu präsentieren. Es ging darum, das Wesen von allem herauszufinden, während und *nachdem* es geschieht. Der Glaube, die Wahrheit einfach durch wiederholte Beobachtungen herausfinden zu können, stößt allerdings auf eine Schwierigkeit, die so alt ist, dass sie schon vor über 2000 Jahren Heraklit dem Artemistempel in Ephesus hinterlassen hat: »Es ist unmöglich, zweimal in denselben Fluss hineinzusteigen.« Das Leben *ist* aber ein Fluss, der durch ständigen Wechsel charakterisiert ist. Die Tatsache, dass sich etwas ereignet hat, bietet keine Garantie, dass es wieder passieren wird. Der schottische Skeptiker David Hume hat darauf beharrt, dass der bisher verlässliche tägliche Sonnenaufgang nichts darüber aussagt, ob die Sonne auch morgen aufgeht. Die Natur arbeitet einfach nicht nach dem Prinzip des Captains in Lewis Carrolls *Jagd nach dem Schnark:* »Was ich dreimal euch sage, ist wahr.«

Die schönsten Axiome erlauben nicht, aus den Fakten Schlüsse zu ziehen. Eine Messung, so sorgfältig sie durchgeführt wurde, garantiert allein aus sich heraus noch nicht die Wahrheit. Befinden wir uns also in einer Sackgasse? Bernoullis *Ars conjectandi* (deutsch als *Wahrscheinlichkeitsrechnung* erschienen) zeigt uns einen Ausweg. Der erste Punkt ist, dass das Unwissen über ein bestimmtes Phänomen mit jeder neuen Beobachtung oder Messung abnimmt.

Diese Aussage ist heikler, als sie auf den ersten Blick erscheint. Bernoulli stellte fest, dass der Anteil der Beobachtungen, die *exakt* das Gesuchte wiedergeben, abnimmt, je mehr Beobachtungen wir machen. Wenn wir 1 000-mal auf eine Zielscheibe schießen, wird der Anteil der Treffer um das Schwarze herum immer größer, der der Volltreffer immer kleiner. Die wiederholte Beobachtung *verfeinert* unsere Einschätzungen, indem die Fehlergrenzen immer enger werden. Trifft man durch Zufall auf fünf Menschen, kann ein ausgeglichenes Mann-Frau-Verhältnis bestenfalls 3 zu 2 sein, die Fehlerspanne beträgt also 10 Prozent. Bei 1 000 Menschen kann die Fehlerspanne auf beispielsweise 490 zu 510 reduziert werden, was nur noch 1 Prozent entspricht.

Wie so oft in der Mathematik, stellt uns die gelungene Neuformulierung eines Problems plötzlich vor tiefgehende Fragen, was Wissen und Nichtwissen betrifft. Instinktiv fragen wir uns, was eine Verhältniszahl oder eine Wahrscheinlichkeit *wirklich* ist. Aber wie sorgfältig wir auch unsere Experimente vorbereiten: Wir wissen, dass wir durch die wiederholten Beobachtungen niemals die absolute Wahrheit erfahren. Wenn wir aber von der Frage »Was ist der wahre Wert?« zur Frage »Wie viel Abweichung von der Wahrheit kann ich ertragen?« übergehen, also von der göttlichen Wahrheit zu unserer menschlichen Fehlbarkeit, hat Bernoulli eine Antwort für uns. Hier ist sie:

$$P\left(\left|\frac{X}{N} - p\right| \leq \varepsilon\right) > cP\left(\left|\frac{X}{N} - p\right| > \varepsilon\right)$$

Diese Formel ist wie alle anderen eine Art Brühwürfel, das Ergebnis einer intensiven, fortwährenden Eindampfung einer größeren, diffuseren Gedankenmixtur. Wie der Brühwürfel kann sie sich als sehr nützlich erweisen, aber sie ist nicht dazu gedacht, roh verzehrt zu werden. Angenommen, Sie wollen eine unbekannte Verhältniszahl p bestimmen, etwa den Anteil aller Häuser, der in einem bestimmten Jahr abbrennt. Das Gesetz besagt, dass Sie eine Anzahl von Beobachtungen N vorgeben können, für die die Wahrscheinlichkeit P, dass die Differenz zwischen der Verhältniszahl, die Sie beobachten (X/N, denn X Häuser von N sind niedergebrannt), und p *innerhalb* einer willkürlich gewählten Fehlerspanne ε liegt, mehr als c-mal größer als die Wahrscheinlichkeit ist, dass die Differenz *außerhalb* dieser Spanne liegt. Dabei kann c so groß gewählt werden, wie Sie wollen.

Man nennt dies das »Weiche Gesetz der großen Zahl« (»weich«, da es auch noch ein strenger gefasstes Gesetz gibt). Es ist die Grundlage für alle sich wiederholenden Prozesse mit ungewisser Ursache und gibt an, dass man *jede* geforderte Genauigkeit mit einer endlichen Zahl von Beobachtungen erreichen kann. Es liefert darüber hinaus eine Rechenmethode, um die Zahl der zusätzlichen Beobachtungen zu bestimmen, mit denen man eine 10-, 100- oder 1 000-fache Genauigkeit erhält. Es ist jedoch unmöglich, eine *absolute* Genauigkeit zu erreichen. Das Ziel dieser Bemühungen hat Bernoulli mit »moralischer Gewissheit« bezeichnet, was natürlich nichts mit Sitte und Moral zu tun hat. Es geht vielmehr um eine geistige Gewissheit, eine Gewissheit in unserem Bewusstsein über die Wünsche und Präferenzen, oder darum, etwas mit der gleichen Sicherheit zu wissen wie alles andere.

Bernoulli war ein Zeitgenosse Newtons und arbeitete wie dieser an den Grundlagen der Infinitesimalrechnung. Man könnte sagen, dass Bernoullis Versuch, aus einer Vielzahl von Fällen die »moralische Gewissheit« zu bestimmen, der Suche nach einem »Grenzwert« in der Infinitesimalrechnung ähnelt. Will man zum Beispiel die Steigung einer Kurve an einem bestimmten Punkt wissen, so gibt es auf diese Frage *keine* exakte Antwort. Was man tun kann, ist eine Gerade von diesem Punkt zu einem eng benachbarten Punkt zu ziehen, deren Steigung zu bestimmen und dann zu beobachten, wie sich die Steigung ändert, wenn der benachbarte Punkt immer näher an den Originalpunkt rückt. Man kann jedes Maß an Genauigkeit erreichen, indem man den zweiten Punkt immer näher an den ersten rücken lässt.

Bernoulli interessierte sich nicht nur dafür, *dass* man die »moralische Gewissheit« bestimmen konnte, er wollte auch wissen, *wie viele* Fälle nötig sind, um ein vorgegebenes Maß an Gewissheit zu erreichen. Sein Gesetz gibt uns die Lösung an.

Wie im Reich der Wahrscheinlichkeit nicht selten, stehen wir wieder vor einer Urne mit einer Unzahl von weißen und schwarzen Kugeln, die diesmal in einem Verhältnis stehen, das wir nicht kennen. Wir befinden uns im Jahr 1700, deshalb können wir uns eine bauchige Urne aus Birnenholz mit etwas übertriebenen Griffen in Drachenform vorstellen, gefüllt mit Kugeln aus Holunder- und Walnussholz. Wie oft müssen wir eine Kugel entnehmen (und sie dann wieder unter die Kugeln in der Urne mischen), wenn wir das Verhältnis der schwarzen zu den weißen Kugeln herausfinden wollen? Vielleicht 100-mal? Aber wir könnten dann immer noch nicht ganz sicher sein. Wie oft müssen wir eine Kugel entnehmen, um zu 99,9 Prozent sicher zu sein? Bernoullis Antwort ist für etwas scheinbar so schwer Greifbares erstaunlich präzise: 25 550-mal. Für 99,99 Prozent Sicherheit? 31 258-mal. Und für 99,999 Prozent?

36 966-mal. Es ist nicht nur möglich, »moralische Gewissheit« mit einer endlichen Zahl von Kugeln zu erreichen, jede Steigerung der Genauigkeit erfordert auch immer weniger zusätzliche Proben. Was immer David Hume zu sagen hat: Wenn Sie siebzig Jahre oder gut 25 550 Tage alt sind, können Sie »moralisch gewiss« sein, dass am nächsten Morgen die Sonne aufgeht (wobei es allerdings nicht so gewiss ist, dass *Sie* es auch erleben).

Diese Entdeckung hat zwei gleich wichtige, aber gegensätzliche Folgen, die zum Teil davon abhängen, ob Sie 25 550 für eine große oder kleine Zahl halten. Wenn sie Ihnen klein erscheint, haben Sie die volle Bestätigung, dass es nötig ist, massenhaft Daten zu sammeln. Vor Bernoullis Theorem gab es keinen Grund, im Blick auf Sterbebücher, Steuerlisten oder das Verzeichnis der in London niedergebrannten Häuser mehr als bloße Neugier zu sehen. Es gab keinerlei Beweis, dass häufigere Beobachtungen zu mehr führen als zu ein paar genialen Vermutungen. Jetzt gab es aber den Heiligen Gral der »moralischen Gewissheit«, das Versprechen, mit ausreichend vielen Beobachtungen eine Wahrscheinlichkeit von 99,9 Prozent zu garantieren, wie sie auch der schärfste Verstand aus »ersten Prinzipien« nicht hätte ableiten können.

Erscheint Ihnen aber 25 550 als große Zahl, müssen Sie einen Blick auf das weite Feld der wissenschaftlichen Fronarbeit werfen, die unter der Herrschaft des »Weichen Gesetzes der großen Zahl« steht. Das Gesetz ist ein Datenfresser, man muss es füttern, damit es seine Gewissheiten ausspuckt. Denken Sie nur daran, welche Unzahl armer Schreibknechte, Inspektoren, Steuereinnehmer und Doktoranden das Beste ihres Lebens gegeben haben, um endlose Datenreihen zu erzeugen, mit denen man dem tyrannischen Gesetz das Maul stopfen konnte: Die Massen an Daten machten den Menschen zur Maschine, bevor noch von Massenproduktion die Rede war. Darüber hinaus mussten die Daten standardisiert werden, denn wenn zwei Daten in einer Reihe nicht direkt vergleichbar sind, hat der Term X/N in der Formel keine Bedeutung. Das Gesetz bricht zusammen, und wir müssen wieder mit Aristoteles und Hume das Geplänkel um die absolute Wahrheit aufnehmen. Dass wir bei so vielen wissenschaftlichen Behauptungen von »moralischer Gewissheit« reden können, gereicht der Demut und Geduld unserer Vorfahren zur Ehre – und nicht nur ihrer Genialität.

Diese Genialität wollen wir aber nicht vergessen. Auf jedem Weg durch das Dickicht der Wahrscheinlichkeitstheorie müssen wir für einen Augenblick haltmachen, um einen weiteren Aspekt der Genialität von Laplace zu würdigen. Sein Werk fasst die *a priori*-Gesetze der Häufigkeit, die Pascal entwickelt hatte, mit den *a posteriori*-Beobachtungen, die man bei Bernoulli vorausahnen konnte, in einer einzigen konsistenten Theorie zusammen: einem Rechenverfahren für Wahrscheinlichkeiten, das auf zehn »Prinzipien« beruht. Laplace ließ es aber nicht genug sein, die Theorie zu vereinheitlichen, er ging vielmehr weiter und bestimmte, wie auf Dauer das Werfen einer Münze ausgeht und wie sicher wir bei etwas sein können, was auf Beobachtungen beruht, gab aber auch an, wie wir auf diesen Grad der Sicherheit oder Unsicherheit *reagieren* sollten.

Laplaces Karriere in einem öffentlichen Amt endete nach nur sechs Wochen mit einem Desaster. Napoleon klagte, er habe »in die Verwaltung den Geist des Infinitesimalen gebracht«, aber Laplace behielt doch ein starkes Interesse für die geistig-moralische und politische Bedeutung der »wichtigsten Fragen des Lebens, bei welchen es sich in der Tat größtenteils nur um Wahrscheinlichkeiten handelt«. So bestimmt beispielsweise sein 5. Prinzip die absolute Wahrscheinlichkeit eines erwarteten Ereignisses im Verhältnis zu einem beobachteten. Ein Beispiel dafür ist die Wahrscheinlichkeit, beim nächsten Werfen einer manipulierten Münze Zahl zu erhalten, wenn man aus den vorherigen Würfen das ungleiche Verhältnis von Kopf zu Zahl kennt. Bei seiner Erklärung ging Laplace schnell vom Standardbeispiel der Münzen zu einem scharfsinnigen, praktischen Rat über: »So ist auch im gewöhnlichen Leben beständiges Glück ein Beweis von Geschicklichkeit, weswegen man glückliche Personen mit Vorliebe verwendet.«

Die Rechnungen Laplaces im Kapitel »Über die Hoffnung« in seinem *Philosophischen Versuch über die Wahrscheinlichkeit* brachten auch Ordnung in das Versicherungswesen. Er führte dazu ein entscheidendes Element in die Überlegungen ein, das zuvor in der formalen

Wahrscheinlichkeitstheorie gefehlt hatte: das natürliche menschliche Bedürfnis, etwas müsse einen ganz bestimmten Ausgang haben und keinen anderen. Damit bekam die Frage der Wahrscheinlichkeiten eine neue Dimension, die Laplace »mathematische Hoffnung« oder »mathematische Erwartung« nannte. Ein Ereignis hatte nun nicht nur eine ihm eigene innere Wahrscheinlichkeit, sondern auch einen bestimmten Wert – sei es einen Vorteil oder einen Nachteil – für den Beobachter. Die Art und Weise, wie die beiden Bedeutungsebenen aufeinander bezogen sind, beschreibt Laplace in drei Prinzipien und einer Schlussfolgerung, die wir uns näher anschauen wollen:

8. Prinzip: Wenn der Vorteil von mehreren Ereignissen abhängt, so erhält man denselben, indem man die Summe der Produkte bildet aus der Wahrscheinlichkeit jedes Ereignisses mit dem Gute, das an sein Eintreten geknüpft ist.

Das ist das Prinzip für das Glücksspiel, das wir aus Kapitel 4 kennen: Bietet Ihnen das Kasino zwei Jetons, wenn Sie beim ersten Versuch Kopf werfen, und vier Jetons, wenn es erst beim zweiten Versuch so weit ist, müssen Sie die Gewinnchancen mit dem jeweiligen Gewinn (dem »Gute«) multiplizieren und die Ergebnisse aufaddieren:

$$\left(\frac{1}{2} \times 2\right) + \left(\frac{1}{4} \times 4\right) = 2$$

Das heißt, wenn der Einsatz weniger als zwei Jetons beträgt, sollten Sie die Chance ergreifen. Ist der Preis höher, wissen Sie, dass Sie in einem richtigen Kasino sind.

Natürlich gilt die gleiche Arithmetik auch für die Verluste: »Mathematische Befürchtung« ist das genaue Gegenstück zur »mathematischen Hoffnung«. Wenn Sie also Ihrem Gefühl nach eine Chance von 1 zu 2 haben, 2 Millionen Dollar zu verlieren, und eine Chance von 1 zu 4, 4 Millionen Dollar zu verlieren, werden Sie gern (oder zumindest bereitwillig) eine Gesamtprämie von bis zu 2 Millionen Dollar zahlen, um sich gegen den gesamten möglichen Verlust zu versichern. Es ist diese Möglichkeit, individuelle Chancen zu einem Gesamtrisiko zu bündeln, die eine Versicherung größerer Unternehmungen erlaubt.

9. Prinzip: Für eine Reihe von wahrscheinlichen Ereignissen, von welchen die einen ein Gut, die anderen einen Verlust hervorbringen, findet man den sich ergebenden Vorteil, indem man die Summe der Produkte aus der Wahrscheinlichkeit jedes günstigen Ereignisses mit dem Gute, das es hervorbringt, bildet und davon die Summe der Produkte aus der Wahrscheinlichkeit jedes ungünstigen Ereignisses mit dem Verluste, der sich daran knüpft, subtrahiert. Wenn die zweite Summe die erste überwiegt, so wird aus dem Vorteil ein Verlust, und es verwandelt sich die Hoffnung in Befürchtung.

Das klingt doch schon sehr nach dem wahren Leben, in dem wir nicht nur wetten, wie ein Würfel oder eine Münze fällt, und wo Glück und Unglück nicht immer leicht voneinander zu trennen sind. Nur selten folgt Glück auf Glück so klar wie der Dankesbrief auf das Weihnachtsgeschenk. Wie wägen wir aber ab, ob im Mittel dieser oder jener Weg der bessere ist? Laplace meint hier, dass dabei die Reihenfolge so wenig eine Rolle spielt wie bei der Addition von Zahlen: $1 - 3 + 2 - 4$ ergibt die gleiche Summe wie $1 + 2 - 3 - 4$. Man kann daher jede noch so verwickelte Folge möglicher Ereignisse in positive und negative sortieren, wobei man ihre jeweilige Häufigkeit mit ihrem Potenzial an »Gut« oder »Verlust« multipliziert. Dann addiert man die positiven und negativen Häufchen auf und zieht Bilanz. Sie gibt darüber Auskunft, ob man dieser komplexen Zukunft mit Freude oder Verzweiflung entgegensehen sollte.

Auch dieses Verfahren zählt zu den wichtigen Grundlagen einer Versicherung, insbesondere, wenn es um die Absicherung eines Kredits geht. Ob eine Person oder Firma für die Bank ein gutes oder schlechtes Risiko darstellt, zeigt sich beim Sortieren der günstigen und ungünstigen Aspekte und der Berechnung ihrer Wahrscheinlichkeiten: »*Für* ihn spricht, dass er einen Rolls Royce fährt, *gegen* ihn, dass er ihm nicht gehört.« Wie die spektakulären Fehleinschätzungen großer Unternehmen in letzter Zeit zeigen, handelt es sich um ein Verfahren, bei dem jeder, der es durchrechnet, ein gutes Händchen haben muss. Wir werden immer wieder darauf stoßen: Jedes Mal, wenn die Wahrscheinlichkeitstheorie ihr gemütliches Arbeitszimmer voller Würfel und kugelgefüllter Urnen verlässt und sich in die Niederungen der menschlichen Angelegenheiten begibt, zeigt sich, wie sehr sie von den Fähigkeiten des Menschen abhängt: den Fähigkeiten, etwas zu beurteilen und zu entscheiden. Die Wahrscheinlichkeitstheorie mag ein noch so machtvolles System sein, sie bleibt doch nur ein Handwerkszeug und ist kein Automat.

Laplaces letztes Prinzip der »mathematischen Hoffnung« ist das schwierigste, aber auch tiefste:

10. Prinzip: Der relative Wert einer unendlich kleinen Summe ist gleich ihrem absoluten Werte dividiert durch das Gesamtvermögen der interessierten Person. Das setzt voraus, dass jeder Mensch irgendein Gut besitzt, dessen Wert niemals null angenommen werden kann. In der Tat legt auch derjenige, der nichts besitzt, dem Erträgnis der Arbeit und seinen Hoffnungen einen Wert bei, der zumindest dem zum Leben Allernötigsten gleich ist.

Hier wirken drei untereinander verbundene Komponenten zusammen. Die erste, der relative Wert, stellt den wesentlichen Unterschied in Rechnung, den das verfügbare Gesamtvermögen den jeweiligen Risiken aufprägt: J. P. Morgan konnte große Risiken eingehen, wenn er vom Bankrott bedrohte Eisenbahnlinien mit einem Federstrich aufkaufte, da der absolute Wert eines denkbaren Verlusts im Vergleich zu seinem Gesamtvermögen zu vernachlässigen war.

Typisch für Laplace ist die zweite Komponente des Prinzips: eine moralische Schlussfolgerung aus einer mathematischen Aussage. Nach diesem Prinzip ist der relative Wert des riskierten Betrags gleich dessen absolutem Wert, dividiert durch das Gesamtvermögen der betreffenden Person – also *Risiko / Vermögen*. Verringert sich also das Vermögen, steigt der relative Wert des riskierten Betrags. Und was ist, wenn Sie als Hartz-IV-Empfänger über keinerlei Vermögen verfügen? Der relative Wert Ihres riskierten Betrags wäre dann *Risiko / Null*, was aber mathematisch absurd ist, denn eine Größe durch Null zu dividieren macht keinen Sinn. Laplaces Interpretation war hingegen, dass *niemand ganz ohne Vermögen* ist. Selbst der Ärmste besitzt noch als »Gut« das »Erträgnis der Arbeit« – und seine Hoffnungen. So wird, durch einen Beweis der Unwahrheit des Gegenteils, der wesentliche Wert eines Menschen enthüllt.

Die dritte Komponente des 10. Prinzips folgt aus den beiden anderen: Die »mathematische Hoffnung« allein reicht nicht, um uns zu sagen, wie wir in ungewissen Situationen handeln sollten. Wir müssen die Berechnungen möglicher Gewinne und Verluste modifizieren, indem wir sie zu unserem momentanen Vermögen in Bezug setzen. Sind unsere Taschen voller Geld, können wir jedes Risiko eingehen. Sind wir aber in der Unterschicht angelangt, können wir keine Verluste mehr einstecken – und haben damit auch keine Chance mehr, Gewinne zu erzielen und wieder auf einen grünen Zweig zu kommen.

»Denn wer da hat, dem wird gegeben, dass er die Fülle habe; wer aber nicht hat, von dem wird auch das genommen, was er hat.« – So lautet im Matthäusevangelium die bittere und nur allzu bekannte Wahrheit über die Armut. Das Resultat der modifizierten Rechenvorschrift wird »moralische Hoffnung« genannt und entspricht der mathematischen Hoffnung im Lichte des relativen Risikowerts.

Bernoullis »moralische Gewissheit« drückt aus, inwieweit wir damit rechnen können, dass sich etwas ereignet. Laplaces »moralische Hoffnung« bestimmt die Folgen, wenn es *uns* zustößt. Sie erklärt, warum *unser* Desaster schlimmer ist als das der anderen: weil wir gezwungen sind, es relativ zu sehen, indem wir unsere glückliche Vergangenheit der zweifelhaften Zukunft gegenüberstellen. Das macht Versicherungen notwendig, denn nur indem wir uns einem großen, kollektiven Vermögen anschließen, können wir die »moralische Befürchtung« eines Unglücks auf ihren mathematischen Wert herunterdrücken.

Die tiefste Aussage des 10. Prinzips hätte auch Hiob begrüßt, als er versuchte, sich in die offenkundige Launenhaftigkeit Gottes zu fügen. Sie lautet: Leben kann nie gerecht sein. Da unsere Ressourcen nicht unendlich sind, führen selbst »gerechte« Risiken von 50 zu 50 zu Verlusten, die für unsere Seele immer größer sind als die Gewinne. Die Welt zeigt sich dem bloßen Beobachter auf völlig andere Weise als dem am Spiel Beteiligten: Die effektive Wahrscheinlichkeit eines Ereignisses ändert sich sofort, wenn wir selbst betroffen sind und unser Hab und Gut einem ungewissen Ausgang aussetzen. Kein Wunder, dass Damon Runyons seinen »Sam the Gonoph« sagen lässt: »Ich bin schon vor langer Zeit zu dem Schluss gekommen, dass die Chancen im Leben sechs zu fünf gegen uns stehen.«

Die erste Versicherung in der Menschheitsgeschichte kam noch ohne Geld aus. Für sie genügten die unveränderlichen Gesetze der Wahrscheinlichkeit. Es gibt eine 5000 Jahre alte Aufzeichnung chinesischer Kaufleute, nach der sie ihre Waren auf verschiedene Schiffe verteilten, sodass sich in jedem von ihnen nur ein Teil ihres Kapitals befand. Wenn man die Seidenballen auf fünf Boote verteilt im Frühjahrshochwasser den Gelben Fluss hinunter nach Xian brachte, um sie dort mit 100 Prozent Aufschlag zu verkaufen (eine nicht ungewöhnliche Gewinnspanne in jenen abenteuerlicheren Zeiten), konnte man den Verlust zweier Boote in den Stromschnellen oder durch Piraten verkraften und trotzdem noch einen guten Schnitt machen.

Die Versicherung von Schiffen entstand naturgemäß aus der Notwendigkeit, Handel zu treiben, der Ausweitung dieses Handels auf immer raffiniertere (und kostbarere) Güter und der Habgier der Räuber – alles langvertraute Tatsachen für die Menschen rings um das Mittelmeer. Demosthenes hat die alte griechische Form der Schiffsversicherung beschrieben, die wir heute mit dem schönen Namen *Bodmerei* bezeichnen. Dabei handelte es sich nicht um eine direkte Übertragung von Risiken, sondern eher um eine Art Kredit mit einer Bedingung: Der Versicherer setzte vor Beginn der Reise eine bestimmte Summe auf den Ertrag der Fahrt, die er mit einem beträchtlichen Zinsaufschlag zurückerhielt, wenn die Fahrt erfolgreich war. Ging das Schiff verloren, behielt der Kaufmann das Geld.

Diese Vereinbarung ist leicht zu beschreiben, aber schwierig auf den Begriff zu bringen: Es ist kein reiner Kredit, da der Geldgeber einen Teil des Risikos auf sich nimmt. Es wird auch keine Partnerschaft geschlossen, da das zurückzuzahlende Geld genau festgelegt ist. Es handelt sich auch nicht um eine reine Versicherung, da nicht speziell die Waren des Kaufmanns abgesichert sind. Am ehesten kann man es als einen jener heute modernen »Futures« bezeichnen, also eine Option auf den Endstand des Vermögens des Kaufmanns.

Als nach dem Mittelalter der Handel wieder erblühte, kamen zur Verwirrung über den genauen Charakter der Bodmerei noch religiöse

Bedenken. Der klassische Kontrakt stand eindeutig im Widerspruch zum christlichen (und muslimischen) Verbot des Wuchers, das heißt dem Verbot, für einen Kredit Zinsen zu nehmen, statt nur einen Anteil vom Gewinn zu erhalten. Darüber hinaus bestanden auch Bedenken, ob es sich nicht um eine Wette auf den Willen Gottes handeln könnte.

Und doch war ganz klar, dass man *irgendetwas* brauchte. Im 13. Jahrhundert trieben die Genueser Kaufleute Handel mit den Krimtataren und den Mauren in den Berberstaaten. Spanische Wolle wurde mit dem Schiff auf die Balearen gebracht, dann nach Italien, um dort gekardet, gesponnen und gefärbt, zu Stoffen verwebt und zu Kleidung verarbeitet zu werden. Dann ging der Weg zurück auf die Balearen und nach Spanien, wo die Kleidung verkauft wurde. Mit Handelsgütern wie Gewürzen, Seide, Porzellan, getrockneten Früchten, Edelsteinen und Kunstgegenständen waren einmalige Werte an einem einzigen, verwundbaren Punkt auf dem heimtückischen Meer konzentriert. Selbst ehrbare Kaufleute, also Männer, die mit deutlichem Eifer beteten und fasteten, Kapellen errichteten und Bischöfe zu Gast hatten, konnten vor dem Ruin stehen, wenn ein unerwarteter Sturm ihre Schiffe in die Tiefe riss. Es musste doch einen akzeptablen Weg geben, um das finanzielle Desaster abzuwenden, ohne die göttliche Vergeltung zu riskieren?

Zur großen Überraschung wurde das Problem nicht mithilfe der Wahrscheinlichkeitsrechnung gelöst, sondern durch die gute alte aristotelische Tradition des Zitierens wohlbekannter Texte, des Abwägens und präzisen Unterscheidens der Begriffe – Techniken, die erst später zum Teil von denen der Wahrscheinlichkeitsrechnung ersetzt werden sollten. Man betrat also genau das prächtige, aber brüchige Gebäude, dem Bacon so misstraut hatte. Die Gelehrten ackerten sich durch Justinians *Digesten* und gruben zwei Ideen aus, die einen modernen Versicherungsvertrag ermöglichten, wenn man sie kombinierte. Die erste war der *casus fortuitus,* das zufällige Unglück, das niemand vorhersehen konnte: Gott geht so geheimnisvolle Wege, dass das Gesetz zumindest einige als zufällig betrachten kann. Theologisch konnte man das infrage stellen, aber die *Digesten* waren immerhin unter einem christlichen Kaiser zusammengestellt und von den Agenten Gregors VII., des größten Papstes des Mittelalters, wiederentdeckt worden. So trafen sich kirchliche Autorität und irdische Notwendigkeit – und schon waren alle Bedenken ausgeräumt.

Das andere große Geschenk der *Digesten* war die Idee, dass jeder Vertrag oder Kontrakt ein Tauschgeschäft ist: Wir tauschen, kaufen oder verkaufen etwas, sonst hätten wir gar keinen Anlass, Verträge zu schließen. Fügt man nun diese Erkenntnis mit der aus dem *casus fortuitus* zusammen, entsteht wie aus dem Nichts etwas ganz Neues und sehr Brauchbares, mit dem man weit lukrativer handeln kann als mit Pfeffer aus Java oder türkischen Teppichen: das *Risiko*. Kann man Risiken kaufen und verkaufen, ändert sich der theologische Charakter einer Versicherung von Grund auf. Der Versicherer verborgt nun kein Geld, sondern verkauft (oder genauer: vermietet) seine Fähigkeit, Risiken tragen zu können. Der Kaufmann borgt sich kein Geld, sondern tauscht ein Risiko gegen Sicherheit. Ein solcher Vertrag ist keine Wette auf Gottes Willen, sondern eine einfache, wohlüberlegte Vorsorge gegen mögliches Unglück. Der Vertrag ähnelt der Zahlung einer Gebühr, um sein Gold im Safe eines Goldschmieds aufbewahren zu dürfen. Den *Digesten* zufolge ist das Risiko auch nicht immer gleich, sondern hängt von den Umständen ab, daher konnte der Wert der Police diesen angepasst werden: eine große Besonderheit in einer Welt, in der zum Beispiel alle Bäcker für einen Laib Brot den gleichen Preis zu nehmen hatten.

Die aristotelische Fiktion des Risikos als einer Ware erlaubte den Versicherungen, die anrüchigen Bezirke des Wuchers zu verlassen und in den soliden Bereich von Handel und Gewerbe überzuwechseln. Wie bedeutsam dieser Perspektivwechsel war, können wir daran sehen, dass auch später die Schiffsversicherungen kaum noch geändert werden mussten. Eine der ersten Erwähnungen einer solchen Versicherung im modernen Sinn stammt aus der Lombardei und ist mit 1182 datiert. 1255 nahm der Staat Venedig von den Kaufleuten Gebühren, also Prämien, um sie gegen Piraterie, Plünderung und Beschädigungen abzusichern. Der erste richtige Versicherungsvertrag ist ein Dokument aus Genua aus dem Jahr 1343. Kontrakte in England in italienischer Sprache datieren vom Beginn des 16. Jahrhunderts. Der erste Vertrag in Englisch galt der *Santa Crux* und ist von 1555.

Er hält fest: »Wir wollen, dass diese Versicherung so stark und gut sei, wie die am weitesten reichenden Versicherungsschriften, wie sie in der ›strete‹ von London oder in der ›burse‹ von Antwerpen zu verfertigen Brauch ist, oder in jeglichen anderen Formen, die noch mehr Wirkung zeigen.« Somit verglichen die Händler nicht nur Kontrakte von Land zu Land, sondern waren auch darauf bedacht, jegliche Unterschiede in der Deckung zu vermeiden. Schon damals galten also eindeutig die zwei wesentlichen Aspekte einer Versicherung in der Schifffahrt: Universalität und Uniformität.

Die »strete« von London, die 1555 erwähnt wurde, war die Lombard Street, deren Namen schon andeutet, dass sich in ihr die Niederlassungen der italienischen Adepten jener Finanz-Alchimie befunden hatten. Aber zurück ins Hier und Jetzt: An einem grauen, kühlen Tag entsteigt der stämmige »Underwriter« Giles Wigram der U-Bahnstation »Bank« und strebt an den Zentralen der großen Versicherungskonzerne vorbei dem unglaublichen Turm zu, in dem »Lloyd's of London« residiert.

»Unser Job erfordert nicht gerade eine Superintelligenz, sonst würde ich ihn nicht machen«, erklärt er. »Natürlich, es kann ganz schön kompliziert sein: Wir haben es mit Schiffen, Ladungen, Offshore-Einrichtungen und der Haftung bei Umweltschäden zu tun. Steht ein Hubschrauber auf einem Schiff, gehört er zur Schifffahrt, fliegt er dann weg, ist er ein Luftfahrtrisiko. Wenn Sie ein Feuerschiff an einen neuen Platz schleppen, ist das Schifffahrt, wird es neu verankert, nicht mehr. Wir versichern Risiken des Meeres wie das Sinken oder Stranden eines Schiffs, aber auch Gefahren auf See wie Feuer, über Bord gehende Ladung und Barraterie, also wenn zum Beispiel eine Mannschaft meutert und sich die Schiffsladung aneignet. Wir versichern gegen Krieg und Streik und Risiken wie Diebstahl, Rost und Schimmel. Aber auf das Wesentliche reduziert, mache ich nichts anderes als die Burschen von Edward Lloyd's Kaffeehaus vor über 200 Jahren: mit anderen Burschen reden, heikle Fragen stellen und ein Gefühl für das Risiko entwickeln.«

Giles vertritt ein Syndikat von »Names«, wobei es sich bis vor kurzem um Personen handelte, die mit ihrem Vermögen uneingeschränkt für übernommene Risiken hafteten – in der Sprache von Lloyd's »bis zu ihrem letzten Paar Manschettenknöpfe«. In ihrem Auftrag verhandelt der »Underwriter« mit den Brokern, die verschiedene Risiken vertreten: eine Ladung Turnschuhe für Taiwan, Offshore-Plattformen in der stürmischen Nordsee, Massenguttransporte durch die Malakkastraße, wo es von Piraten wimmelt. Ist man sich handelseinig, verpflichtet er sich mit einem Teil des Kapitals, das er vertritt, einen Teil des Risikos abzusichern, und unterschreibt – daher sein Titel »Underwriter« – den Vertrag, gibt die Prozentzahl der Deckung an und setzt den Stempel des Syndikats darauf. Giles ergänzt:

Es ist eine grundlegende Verteilung der Risiken, und es funktioniert in beide Richtungen: Wenn, was Gott verhüten möge, ein Supertanker auf rauer See Feuer fängt, möchte ich auf Teufel komm raus nicht das ganze Schiff versichert haben. Und wenn umgekehrt all meine »Names« gleichzeitig ihre letzten Manschettenknöpfe verlieren und das Syndikat Pleite geht, wäre Mr. Skopelitis oder wer auch immer nicht gerade glücklich, das gesamte Risiko bei uns versichert zu haben. Wir leben in einer Welt voll gefährlicher Risiken, aber wir verteilen und streuen sie weit.

Das Risiko wird in einer Reihe von Gesprächen unter vier Augen verteilt. Der Lloyd's-Turm sieht in seinem Inneren wie ein stillgelegter Flipperautomat aus. Die Broker flitzen mit ihren Päckchen voll Risiken in den Aufzügen von Stockwerk zu Stockwerk und halten an den Schreibtischen der Underwriter, die auf sie warten. Sie setzen sich, ziehen einen Vertrag aus der Tasche, erklären die wichtigsten Einzelheiten, bekommen die Unterschrift oder auch nicht und eilen weiter. Man hat bis jetzt noch kein elektronisches System erfunden, das Risiken effektiver streuen kann – möglicherweise, weil die Risiken bei der Schifffahrt zwar wie eine Ware gehandelt werden können, aber nie eine Massenware sein werden. Noch einmal Giles:

Die Sache ist, dass die Informationen über das spezielle Risiko wichtiger sind als die Aussagen der Statistik. Ich mag zwar die Gesamtwahrscheinlichkeit kennen, mit der ein Schiff in diesem Jahr sinken wird, ich weiß vielleicht sogar, wie viele in Liberia registrierte Öltanker im Oktober im Südchinesischen Meer untergegangen sind, aber das sagt mir immer noch nicht genug über den Vertragsentwurf, der mir auf den Tisch gelegt wird. Es gibt ein paar ausgekochte Burschen in diesem Business. Es ist zwar denkbar, dass man das Risiko unter allen möglichen Gesichtspunkten abschätzen kann, aber wenn zu den Kunden ein Mr. Sowieso gehört oder wenn die angegebene Ladung nicht so recht zur Fahrtroute passt, ist es ein Teufelsspiel – und dabei möchte ich nicht mitmachen. Es geht also nicht darum, welchem Risiko das gerade aktuelle ähnelt, sondern worin es sich unterscheidet. *Das* muss ich wissen.

Weil die Risiken jeweils so speziell sind, haben sich Schiffsversicherungen seit der Zeit, als sie noch eine Privatangelegenheit zwischen den Kaufleuten waren, so wenig geändert. Deshalb hatten auch die Kontrakte von Lloyd's über 200 Jahre die gleiche Form und wurden erst 1982 neu gefasst. Es ist auch der Grund für eine Besonderheit bei den Verhandlungen von Giles mit den über hundert Brokern, die jeden Tag an seinem Schreibtisch vorbeikommen: Die Parole ist *uberrimae fidei* – »auf äußerstes Vertrauen«. Für eine Transaktion auf dem Markt, die üblicherweise mit Gezänk und Geschrei verbunden ist, wird von den beiden Parteien etwas Ungewöhnliches erwartet, ja gefordert: *Alle* Fakten müssen auf den Tisch gelegt werden. Die Bauweise des Schiffs, unter welcher Flagge es fährt, wer der Besitzer ist, die Ware, deren Verpackung, Jahreszeit, Fahrtroute und die lokalen Verhältnisse: Alles muss der Broker nach bestem Wissen und Gewissen melden, weil alle Beteiligten in einem Geflecht von Wahrscheinlichkeiten mit großen Schwankungen und geringen Korrelationen zwischen den Ereignissen gefangen sind. 5000 Jahre Erfahrung haben zu nur einer Handvoll allgemeiner Regeln in der Schiffsversicherung geführt. Es sieht fast so aus, als wenn das Gesetz der großen Zahl bei der Berührung mit Seewasser in sich zusammenbricht.

Nach dem Essen ... machte ich einen Spaziergang durch die Stadt. In den Straßen herrschte ein einziges Gedränge von Menschen, Pferden und Fuhrwerken, die mit Hausrat bepackt waren und sich gegenseitig den Weg versperrten, zumal die Leute ihre Sachen immer wieder von einem Haus in ein anderes schaffen mussten. Im Augenblick war man dabei, die Cannon Street zu räumen, in die man am Morgen noch Sachen gebracht hatte, um alles in die Lombard Street oder noch weiter weg zu bringen.

... Wenn man das Gesicht in den Wind hielt, ging ein Funkenregen über einem nieder, an dem man sich verbrennen konnte ... Wir blieben, bis wir das Feuer in der Dunkelheit wie einen einzigen Flammenbogen sahen, der sich von einem zum anderen Ende der Brücke spannte, und einen weiteren, etwa eine Meile lang, der sich über dem Hügel der Stadt wölbte. Ich musste weinen, als ich dies sah. ...

Die Flammen des Großen Brandes vom September 1666 lodern in der klaren und einfühlsamen Prosa Samuel Pepys' wieder auf. Diese vier Tage des Desasters führten zur schlimmsten Zerstörung, die London zwischen Königin Baudicea und der V2 erlebte, und machten fast 180 Hektar Land dem Erdboden gleich, verschlangen 13 200 Häuser, 87 Kirchen (die St.-Paul's-Kathedrale eingeschlossen), 44 Zunftgebäude, das Zollhaus, die königliche Börse und Dutzende anderer öffentlicher Gebäude. Nur neun Menschen starben bei dem Brand, aber Hunderte erlitten Verletzungen und einen Schock.

Katastrophen, wie eine Feuersbrunst in einer Stadt, waren nichts Neues in einer Welt, die von Wachskerzen erleuchtet wurde und wo man das Essen auf offenen Herdstellen kochte. Die Obdachlosen errichteten auf den Feldern jenseits der Stadtmauern aus Stofffetzen und Holzresten Zelte und Verschläge. Wie es ein gütiger Herrscher tun sollte, versprach König Charles II. billiges Brot. Praktischerweise gestand ein Franzose, den Brand gelegt zu haben und wurde unverzüglich gehängt. Der Große Brand von London stach nur durch sein Ausmaß aus der Unzahl der Katastrophen der antiken und mittelalterlichen Welt heraus. Zu einem zutiefst modernen Ereignis machte ihn aber, dass Pepys' Zeitgenossen die Höhe des Schadens *exakt* bestimmen konnten. Es waren nicht »unsagbar viele tausend Gebäude«, sondern 13 200 zerstört, man beklagte nicht die »Vernichtung aller Kirchen«, sondern die von 87. Es handelte sich nicht um ein Schreckensszenario jenseits aller menschlichen Vorstellung, sondern um ein Ereignis, das man in Zahlen fassen konnte. In dieser sich ihres Vermögens bewussten Stadt, die durch und durch kommerziell und vollständig für die Besteuerung erfasst war, hatte man alles bis zum letzten Fenster und Herd verzeichnet – und so konnte man auch exakt angeben, was verloren gegangen war.

Es war aber auch dieses verbissene protestantische Selbstbewusstsein, das verhinderte, dass London als Europas größte Barockstadt wiedererstand. John Evelyn, Christopher Wrens Kollege im Komitee für den Wiederaufbau, hatte die Vision einer italienisch geprägten Hauptstadt mit Plätzen, Boulevards und einer Promenade längs der Themse. Um dies verwirklichen zu können, hätte man allerdings die Rechte der Grundbesitzer übergehen müssen, denen gegenüber sich die Regierung letzten Endes als machtlos erwies. John Ogilby wurde beauftragt, eine Karte des verwüsteten Gebiets im Maßstab von ungefähr 1 zu 1 100 zu zeichnen. Ironischerweise wurde auf diesem weltweit ersten genauen Plan einer Stadt vieles dargestellt, was es *nicht* mehr gab. Mit seiner Hilfe rekonstruierten die städtischen Behörden gewissenhaft den Verlauf der Straßen – einschließlich der dicht gedrängten Hausgrundrisse der von der Katastrophe getroffenen römisch-mittelalterlichen Metropole.

Der Wiederaufbau ging erstaunlich schnell voran. Die meisten Häuser waren innerhalb von vier, fünf Jahren errichtet. Die Kirchen dauerten etwas länger: Man kann sich kaum vorstellen, über welche Ausdauer Christopher Wren verfügen musste, um gleichzeitig mit 87 Kirchenvorständen die Silhouetten der Kirchtürme auszuhandeln. Ein Jahrzehnt gleichförmigen Aufbaus und sorgfältiger Regulierung folgte und brachte nach und nach in der einwohnerreichen Stadt das Brandrisiko unter die Herrschaft des Gesetzes der großen Zahl. Ein neuer Ausbruch von Feuer wurde nicht mehr als das Werk eines französischen Schurken oder strafenden Gottes angesehen, sondern aufgrund wissenschaftlicher Fakten als die Ausnahme, welche die Regel bestätigte.

Schon 1638, kurz vor Beginn des Bürgerkriegs, hatte London bei König Charles I. um das Recht nachgesucht, eine Brandversicherung anbieten zu dürfen. In den folgenden Tumulten im Königreich wurde die Idee dann aber wieder vergessen. Jetzt, nach dem Großen Brand, sah jeder die Notwendigkeit ein, und 1680 öffnete eine private Aktiengesellschaft »auf der rückwärtigen Seite der königlichen Börse« ihr Büro und bot an, Ziegelhäuser in London für eine Prämie von

2,5 Prozent der Jahresmiete zu versichern, Fachwerkhäuser für die doppelte Prämie. Man ging davon aus, dass die Miete 10 Prozent des Werts eines Gebäudes ausmachte. Den Anstoß zu diesen Vertragsbedingungen gab Nicholas Barbon, aus dessen Unternehmen wir die Zahlen zur Abschätzung der Risiken kennen, die er übernehmen konnte: In den vierzehn Jahren seit dem Großen Brand waren 750 Häuser in Flammen aufgegangen, deren Wert im Schnitt 200 Pfund betrug. Somit lag der mittlere jährliche Schaden in ganz London, versichert oder nicht, bei 10 714 Pfund, 5 Shilling und 8,5 Pence. Angenommen, Barbons Gesellschaft konnte ungefähr die halbe Stadt versichern, also 10 000 Häuser. Sie hätte damit jährlich etwas über 5 000 Pfund auszahlen müssen, rund 8 Prozent des Grundkapitals der Gesellschaft, eine Summe, die allein schon durch die Zinsen auf das Kapital gedeckt war. Für jedes versicherte Haus erhielt Barbon aber jährlich eine Prämie von etwa 10 Shilling bei Ziegelbauweise und 1 Pfund bei Fachwerk. Selbst wenn man nur von Ziegelhäusern ausgeht, flossen also jedes Jahr 5 000 Pfund in die Kassen der Gesellschaft, was ebenfalls für alle Schäden gereicht hätte. Die möglichen Verluste waren also doppelt abgesichert. Die Vertragsbedingungen boten einerseits völlige Sicherheit für die Hausbesitzer und andererseits einen fetten Profit für die Versicherung.

Profit! – Sie werden bemerkt haben, dass weder bei Bernoulli noch bei Laplace davon die Rede war. Der Theorie nach sollten Versicherungen Verluste breit streuen, aber nicht noch zu ihnen beitragen. Alle anderen wirtschaftlichen Unternehmungen haben in irgendeiner Weise mit der produktiven Seite des menschlichen Lebens zu tun, und ihre Profite leiten sich, wenn auch auf verschlungenen Pfaden, letztlich vom erzeugten Mehrwert ab, also dem Wertzuwachs aller Güter dieser Welt. Eine Versicherung ist dagegen einfach eine Verlagerung von Verantwortung, und wir müssen fragen, wo hier das produktive Element verborgen ist.

Man könnte sagen, dass Barbons großer Profit glücklicher Zufall war, weil keine großen Brände zu beklagen waren oder weil er mit seiner Kalkulation, die sich auf nur wenige Daten stützen konnte, eher auf der sicheren Seite sein wollte. Und man könnte sagen, dass die Investoren, die bei ihm Anlagen gezeichnet hatten, eine Belohnung verdienten. Allerdings ist ein Durchschnittsverlust nicht der *aktuelle* Verlust, es hätten durchaus Jahre kommen können, in denen mehr Gesellschaftskapital nötig gewesen wäre, um die Auszahlung der Schadenssummen zu sichern. Auf jeden Fall können wir feststellen, dass Barbons unübersehbarer Gewinn aus einer Versicherung, die in ihren Anfängen nur die praktische Anwendung der Wahrscheinlichkeitsrechnung war, jene komplexe, undurchschaubare Institution gemacht hat, wie wir sie heute kennen.

Schon nach kurzer Zeit erschienen zwei Konkurrenten auf dem Markt, die jeweils ein anderes Prinzip in die Praxis umsetzen wollten. Der erste war der Staat: Nach einem Jahr hatte sich die Stadt London angemaßt, eine Versicherung anzubieten, deren Prämien etwas unter denen von Barbon lagen. Die Gerichte entschieden aber schnell, dass die Stadt dazu kein Recht hätte, aber die Idee, dass unser Unglück eigentlich in die Verantwortung des Staates fällt (wie unsere Sicherheit, die Regelung der Arbeitsbedingungen, Gesundheits- und Altersversorgung), bestimmte weiterhin stark die Diskussion. In der Praxis wurden gegen die staatliche Initiative hauptsächlich Argumente vorgebracht, die auf die Inkompetenz und mangelhafte Vertrauenswürdigkeit von Regierungen verwiesen.

Der andere neue Rivale für Barbons »Fire Office« war die »Friendly Society«, die 1684 gegründet und zwölf Jahre später von der »Contributorship for Insuring Houses, Chambers, or Rooms from Loss by Fire by Amicable Contributions« abgelöst wurde, die auch heute noch existiert, wenn auch unter dem modischeren neo-lateinischen Namen »Aviva«. Sie basierte auf dem Prinzip der Gegenseitigkeit, das in seiner reinsten Bedeutung viel für sich hat: Es gibt keine Aktionäre, die scharf auf Profit sind, das zu deckende Risiko ist der Besitz der jeweiligen Mitglieder und nicht ein besonders gefährdeter Teil des Gemeinwesens insgesamt. So wie heute beispielsweise autofahrende Frauen ein geringeres Unfallrisiko als Männer haben und daher mit niedrigeren Versicherungsprämien rechnen dürfen, gibt es auch noch andere Gruppen wie Freimaurer, Quäker oder Abstinenzler, bei denen bestimmte Risiken aufgrund ihrer Lebensweise geringer sind als beim Durchschnitt der Bevölkerung. Wenn wir uns an die Terme der Bernoulli-Gleichung erinnern, so benötigen diese ausgewählten Gruppen ein kleineres N als eine zufällig ausgewählte Gruppe, um die Differenz $\left|\frac{X}{N} - p\right|$ auf ε zu begrenzen.

Die Verfechter profitorientierter Aktiengesellschaften wenden dagegen ein, dass Versicherungen auf Gegenseitigkeit keine schnellen Entschlüsse fassen können und immer der Gefahr ausgesetzt sind, zu wenig Kapital anzuhäufen. In der Tat wurden diese und andere Argumente vorgebracht, als sowohl das Fire Office wie die Friendly Society bei König James II. ein Monopol beantragten. Es war typisch für James, einen Entschluss zu präsentieren, der niemandem gerecht wurde: Die Gesellschaften sollten das Monopol in 3-monatigem Wechsel erhalten. Ein nachträglicher Einfall brachte zudem eine weitere, komplizierte Variable ins Spiel: Der König forderte vom Fire Office, die Anstrengungen Londons zur Brandbekämpfung zu finanzieren.

Diese Idee schien dem gesunden Menschenverstand zu entspringen: Jede Versicherung muss daran interessiert sein, möglichst wenig auszahlen zu müssen. Die Bezahlung von Feuerwehrleuten liegt daher im ureigensten Interesse einer Brandversicherung und stellt praktisch ihre eigene Versicherungspolice dar. Dadurch wird aber die Behandlung der ins Spiel kommenden Wahrscheinlichkeiten erheblich komplizierter: Aus dem Gesamtrisiko für Brände folgen nun zwei verschiedene, aber miteinander verknüpfte Risiken, nämlich das Risiko, dass ein Brand ausbricht, und die Chance, dass er gelöscht werden kann, bevor das gesamte versicherte Anwesen bis auf die Grundmauern niederbrennt. Für das Brandrisiko gibt es bestimmte Wahrscheinlichkeiten, die Höhe des jeweils denkbaren Schadens ist von Fall zu Fall verschieden und wird direkt in der Police berücksichtigt. Die Chance, den Brand zu löschen, ist variabel, die Kosten für die Feuerwehr liegen aber fest und werden aus den Erlösen der Gesellschaft finanziert. Dazu kommt, dass man die Verpflichtung, Brände zu löschen, schwerlich auf die versicherten Risiken einschränken kann. Es wäre in der größten Stadt der Welt ebenso dumm wie unmoralisch gewesen, zu warten, bis das Feuer von einem brennenden, aber nicht versicherten Gebäude auf ein versichertes Nachbargebäude überspringt, um dann erst die Pumpen anzuwerfen. Letzten Endes bezahlten die gegen Brand Versicherten nicht nur für den eigenen

Seelenfrieden, sondern auch für den der Nachbarn. Die Feuerwehr ging erst 1865 wieder in staatliche Verwaltung über.

Wenn wir zu den Prinzipien Laplaces zurückkehren, hatte die ziemlich spontane königliche Entscheidung, den Feuerversicherungen auch die Feuerwehr zu überlassen, höchst komplexe Auswirkungen, die alle in die Richtung gingen, die »moralische Befürchtung« anwachsen zu lassen. Ein einfaches Risiko mit Vorsorgemaßnahmen zu koppeln, führte dazu, die Unsicherheit zu vergrößern, weil zwar die Kosten für die Feuerwehr festlagen, aber der Gewinn, den sie brachten, unbekannt war. Indem das Fire Office eine vage Verantwortung auch für die nicht versicherten Häuser übernehmen musste, stiegen die Kosten, ohne dass das Risiko geringer wurde. Die einzige Möglichkeit, die Auswirkung dieser Ungewissheit in akzeptable mathematische Grenzen zu zwingen, lag – dem 10. Prinzip folgend – in der Erhöhung des Gesellschaftskapitals, was denn auch für die Versicherungen zwingend wurde.

Die Grundgleichungen einer Versicherung erlauben ein bestimmtes Maß an Kontrolle über drei Kennzahlen. Die erste ist das Verhältnis der beobachteten Fälle zur Größe der »moralischen Gewissheit«: Wie viele Fälle muss man kennen, um auf die Zukunft wetten zu können? Das legt nahe, dass eine größere Spezialisierung mehr Profit einbringen könnte. Die zweite Kennzahl ist das Verhältnis des tatsächlichen Schadens zur versicherten Summe: Wie viel kann man von der Ruine retten? Das bedeutet, dass Vorbeugemaßnahmen ihren Preis wert sind. Die dritte ist schließlich das Verhältnis des möglichen Verlusts zum Gesamtkapital: Wie schwer trifft ein Unglück die Finanzreserven? Das läuft darauf hinaus, dass viel Kapital immer besser ist als wenig. Die Manipulation dieser drei Kennzahlen hat das Gesicht der Versicherungen in den letzten 300 Jahren bestimmt, wobei der falsche Umgang mit ihnen oder gar ihr Missbrauch zu jeweils ganz besonderen Katastrophen geführt hat.

Der Erfolg der Brand- und Lebensversicherungen im 17. Jahrhundert führte sehr schnell zum Angebot vieler spezieller Policen, zu denen durch die wachsende Komplexität des Lebens in den folgenden zwei Jahrhunderten noch unzählige weitere kamen. In der Mitte und gegen Ende des 19. Jahrhunderts, der Blütezeit der Projektemacher und Firmengründer, konnte man laut *Brockhaus* eine »Lebens-, Kriegs-, Alters-, Kranken-, Invaliden-, Unfall-, Haftpflicht-, Transport-, Feuer-, Hagel-, Vieh-, Glas-, Maschinen-, Wasserleitungs-, Sturmschäden-, Einbruchsdiebstahls-, Kursverlust-, Kredit-, Hypotheken-, Unterschlagungs-, Streik- und Valorenversicherung« abschließen, und, ein berühmtes Beispiel, später auch eine Versicherung gegen die Beschädigung der Beine von Betty Grable, einem berühmten Pin-up-Girl. Jeder Zweig dieses Geschäfts erforderte besondere Experten und eigene Statistiken, um die Prämien richtig berechnen zu können. Kreditversicherungen oder Versicherungen, die einspringen, wenn man seinen vertraglichen Verpflichtungen nicht mehr nachkommen kann, wurden insbesondere in den USA zu einer eigenen Sparte, was der Grund dafür ist, dass so viele amerikanische Finanzgesellschaften das Wort *fidelity* – Treue, Glaubwürdigkeit – in ihrem Namen tragen. (Hierzulande firmieren unter »Fidelitas« schlagende Verbindungen, Karnevalsgesellschaften und Finanzierungsdienste.)

Das Grundproblem von Spezialversicherungen ist die äußerst kleine Zahl der Fälle. Wo die Spezialisierung von sich aus Profit einbringt, wie zum Beispiel die Versicherung von Eskimos gegen Hitzschlag oder von orthodoxen Juden gegen die Vergiftung durch Schellfisch, spielt das kleine N keine Rolle, aber was ist mit komplexen, wichtigen, teuren Schadensfällen, die nur selten vorkommen? Wie berechnet man dafür die Prämien?

Lloyd's musste aufgrund eines zu kleinen N eine bittere Pille schlucken, als die Gesellschaft zum ersten Mal ins Satelliten-Versicherungsgeschäft einstieg. Von den 1960er Jahren bis in die frühen 1980er gab es nur einen Kunden: die US-Regierung, die ihre Verpflichtungen gegenüber dem Intelsat-Konsortium für Satellitenkommunikation abdeckte. Jeder Raketenstart wurde von der NASA kontrolliert, und jeder Start war anders, was die Technologie, die Kosten und die Risiken betraf. Große Schwankungen, geringe Korrelation: Die Parallelen zur Schifffahrtsversicherung waren offensichtlich ... und Lloyd's übernahm den Job.

1984 strandeten die Satelliten *Westar VI* und der indonesische *Palapa B-2* in einer zu niedrigen Umlaufbahn, was einen Schaden von 180 Millionen Dollar zur Folge gehabt hätte. Bei diesem immensen Betrag kam es für das Syndikat billiger, für 5,5 Millionen Dollar einen Shuttleflug zu bezahlen, um die Satelliten zu bergen, zu reparieren und neu im All zu platzieren. Das Ganze fand unter dem uralten Bergungsrecht der Schiffsversicherer statt. Es hatte auch zur Folge, dass die frühen Tage der kommerziellen Raumfahrt durch ein höchst bizarres Bild geprägt wurden: Ein beleibter, rosiger Underwriter in Nadelstreifen stand mutterseelenallein im Kontrollzentrum von Houston in dem Heer von Burschen mit Bürstenhaarschnitt in ihren weißen, bügelfreien, kurzärmligen Hemden, in deren Brusttasche eine Batterie Stifte steckte.

Dabei waren Westar und Palapa nicht die einzigen Schäden: Zwischen 1965 und 1985 betrug der Gesamtverlust 883 Millionen Dollar, während die Prämien nur 585 Millionen Dollar einbrachten. Und dann kam 1986, das Jahr des Schreckens, in dem auf das *Challenger*-Unglück nacheinander Fehlstarts der *Delta*-, *Titan*-, *Ariane*- und *Atlas*-Raketen folgten. Die Versicherungsbranche hat aus diesem Desaster gelernt: N und X wuchsen mit jedem Raketenstart an. Nach ihren bitteren Erfahrungen können die Versicherer die Prämien für Raketenstarts inzwischen weit besser abschätzen und sich jetzt Sorgen über den Teil der Jobs machen, bei dem N weiterhin klein ist: Schäden durch den Sonnenwind, durch Weltraummüll und das Absinken auf niedrigere Umlaufbahnen.

Aus Spezialisierung erwächst Erfahrung, und Expertenwissen erlaubt Vorsorgemaßnahmen: Ein Unternehmen, das bei Katastrophen zahlen muss, hat sowohl den Anreiz als auch die Gelegenheit, sich gegen sie zu rüsten. Fire Office hatte schon die Verantwortung, Brände zu löschen, aber mit dem Beginn der industriellen Revolution begannen die Versicherungsgesellschaften im großen Rahmen, die Welt risikofreier zu machen.

Ein Dampfkessel unterscheidet sich von einer Bombe nur in wenigen winzigen Details der Konstruktion und des Betriebs, die man leicht übersehen kann. *Locomotion Nr. 1,* die erste funktionierende Lokomotive, explodierte und tötete den Lokomotivführer: nicht gerade ein gutes Omen für den Beginn eines neuen Zeitalters. Wurde der Dampf früher in Maschinen (wie beispielsweise Wasserpumpen) mit nur geringem Druck eingesetzt, fand er nun neue Anwendungen in Hochdruckkesseln. Das konnte verheerende Folgen haben, wenn die Kessel wie bei Lokomotiven besonders leicht sein mussten. Die bequeme Laissez-faire-Philosophie des frühen 19. Jahrhunderts machte das Reisen zu einer äußerst gefährlichen Angelegenheit, was so weit ging, dass ein Reverend Sydney Smith den Vorschlag machte, das Leben eines der unbedeutenderen Bischöfe bei einem Eisenbahnunglück zu opfern, um auf das Problem aufmerksam zu machen.

Da sich aber weder ein unbedeutender noch ein bedeutender Bischof meldete, blieb die Aufgabe, für die Sicherheit der Dampfkessel zu sorgen, an den Versicherungsgesellschaften hängen. Nun ging es um Geld, was eher zu einer Veränderung der sozialen Verhältnisse führte als die Opferung eines Geistlichen. Die Versicherer stellten Ingenieure an, die Dampfkessel prüften und genehmigten. Sie garantierten, dass die Nieten in Ordnung und die Rohre frei waren und kein tempobesessener Ingenieur das Sicherheitsventil heruntergedreht hatte. Ohne das Zertifikat der Prüfer konnte die Maschine nicht versichert werden, und ohne Versicherung konnte sie nicht in Betrieb gehen (und dabei Opfer fordern).

Das Prinzip der Zertifizierung verbreitete sich schnell auf das ganze neue, risikoreiche Gebiet, das mit der rasanten Expansion von Handel und Industrie entstanden war. Lloyd's begann, Schiffe einzustufen und schenkte der Welt den Begriff »1A« für »beste Qualität«. Samuel Plimsoll, der über den Versicherungsbetrug einiger skrupelloser Schiffsbesitzer empört war, erntete den Dank tausender Seefahrer, indem er »Plimsoll-Markierungen« an die Außenseiten des Schiffes malen ließ, um das Überladen zu vermeiden. Von ihm stammen auch die Schuhe mit Gummisohlen, die verhinderten, auf den neuen Stahldecks auszurutschen. Gebäude wurden, insbesondere nach den großen Bränden von Chicago und Boston in den 1870er Jahren, lieber nach den Versicherungsrichtlinien als nach den schlampigeren Kriterien der lokalen Behörden gebaut.

Die Bedeutung dieser Zertifizierung wandelte sich: Die Standards und Normen, die für alle Sachgüter galten und auch in die Gesetze eingingen, wurden nicht vom Staat oder vom Handel bestimmt, sondern immer mehr von den Versicherern. Im späten 19. Jahrhundert war in den USA selbst die Gültigkeit eines Anspruchs auf Land davon abhängig, ob es versichert werden konnte. Eine Versicherung war von einem Mittel zur Abwendung des Ruins zu einem Gütesiegel geworden.

Ein derartiges Geschäft war natürlich allzu attraktiv, als dass es in den Grenzen verblieben wäre, in denen es wirklich Sinn machte. Wenn eine Versicherung schon den Besitzanspruch auf ein Stück Land legalisieren, den Wert eines Hauses bestätigen und das Vertrauen wecken kann, dass man im Eisenbahnzug, mit dem man zur Arbeit fährt, nicht in Stücke gerissen wird, warum kann sie die gleiche Sicherheit nicht auch in die übrigen Bereiche des Lebens bringen? Der Verlust der gesamten Habe war in einer Welt ohne sozialem Netz und mit grauenhaften Arbeitsbedingungen eine schwere Bedrohung. Die ersten Gesellschaften auf Gegenseitigkeit, die Gilden und Zünfte des Mittelalters, hatten schon die Möglichkeit berücksichtigt, dass ein Mitglied wegen einer Krankheit oder eines Unfalls nicht mehr arbeiten konnte, und erkannt, dass etwas getan werden musste. Hutmacher wurden »verrückt wie ein Hutmacher« (ein Spruch, der einen ganz realen Hintergrund hat: Die Quecksilberlaugen bei der Hutmacherei führten oft zu schweren Erkrankungen), Schneider erblindeten. Das waren abschätzbare Risiken, die durch die Mitgliedsbeiträge gedeckt werden konnten, weil alle eine klare, wenn auch unmathematische Vorstellung davon hatten, wie häufig und wie teuer solche Erkrankungen waren.

Die industrielle Revolution änderte dies von Grund auf: Die Massenarbeit vergrößerte nicht nur die Gefahren bei der Arbeit, sondern hebelte auch das Prinzip der Gegenseitigkeit aus, indem nun die Arbeitskollegen nicht mehr zur Hilfe verpflichtet waren, diese Aufgabe aber auch nicht den Arbeitgebern übertragen wurde. Bergarbeiter bekamen keine Luft mehr, Baumwollspinner husteten sich die Lunge aus dem Leib – das Risiko war immer noch konkret vorhanden und quantifizierbar, aber niemand war verpflichtet, es zu decken.

Die Britische Regierung setzte sich erst 1880 im Employers' Liability Act mit Arbeitsunfällen und Berufskrankheiten auseinander, nachdem sie sich zunächst mit der religiösen Erziehung, den Trinkgewohnheiten und anderen Belastungen der Arbeiterklasse befasst hatte. Die Arbeitgeber, die letztlich gezwungen wurden, ein gewisses Maß an Verantwortung zu übernehmen, hatten schnell einen Weg gefunden, um sie weiterzuschieben: Die ersten Versicherungen gegen Unfall und Berufsunfähigkeit von Arbeitern entstanden.

Das Grundmuster dieser Art von Versicherung unterscheidet sich bei der Behandlung der Chancen und Risiken in einem kleinen, aber entscheidenden Punkt von allen bisherigen: Der Arbeitgeber, der die Versicherung abschließt, ist nicht wirklich die Person, die den Schaden erleidet. Die Frau an der Maschine verliert einen Finger, während der Fabrikbesitzer nur insofern etwas verliert, als der Staat die Schuld und die Kosten auf ihn abgewälzt hat. Er gibt seinerseits die Kosten in der Hoffnung weiter, dass die gut ausgebildeten Agenten der Versicherungsgesellschaft einen Weg finden, den Schadensausgleich und den Ärger mit dem Staat zu regeln. Der Finger – und das war ja der eigentliche Wertgegenstand – kann nur allzu leicht in dieser komplexen Maschinerie verschobener Verantwortlichkeiten ein zweites Mal verloren gehen.

Damit soll natürlich nicht gesagt werden, dass jeder Versicherungsagent ein Gauner ist. Nehmen wir zum Beispiel Vince Marinelli, der in Manhattan für eine große Unfallversicherung arbeitet. Geht man mit ihm durch die Straßen, sieht man plötzlich die Stadt mit anderen Augen. Anstelle des Stroms fremder Menschen zu ebener Erde treffen wir in dem Wald von Hochhäusern auf Freunde, die ihm von allen Baugerüsten zupfeifen und -rufen. Vince ist eine Berühmtheit, wenn er auch mit seinem Anzug eher einem Geistlichen gleicht. Obwohl er Angestellter einer Versicherung ist, kennen und lieben ihn alle in jedem Betrieb und an jedem Ort vom Südzipfel bis zum Norden Manhattans – weil er ein Lebensretter ist.

»Keine Versicherung, keine Arbeit. Ich kann einen Laden dicht machen, wenn ich es tun muss. Aber wer will das schon?« Zwei Wochen zuvor war Vince an der West Side in ein Bürogebäude mit einem eindrucksvollen Atrium von acht Stock Höhe gekommen. »Am Stahlgerüst waren die letzten Nieten und Schrauben gesetzt, und neue Firmen sollten an die Arbeit gehen, die mit dem Platz noch nicht vertraut waren. Also, ein Atrium mag ich überhaupt nicht. Wenn Sie in einem

Gebäude arbeiten, erwarten Sie doch kein Riesenloch im Boden? Also ging ich zum Generalunternehmer für den Bau des Kastens und sagte: ›Schau! Ich meine: Zieh ein Netz über das Loch. Okay?‹ Gott sei's gedankt: Er machte es. Und schon in der ersten Woche fielen drei Männer in das Netz. Wenn man hin und wieder so etwas tun kann, sind die Leute nicht mehr sauer, wenn man sie mit der Aufforderung nervt, ihre Schutzhelme aufzusetzen. Sie haben einfach kapiert, dass sich jemand um sie kümmert.« Im Mittelalter wäre Vince zumindest selig gesprochen worden, und man hätte ein Denkmal errichtet, das ihn mit seinen Attributen zeigt: dem Klemmbrett und dem Handy.

Dass die Versicherungen, wenn auch indirekt, die moralische Verantwortung für das Abwenden von Unglück übernommen haben, hat dazu geführt, sie nun bei allen Unglücken moralisch (und auch dem Gesetz nach) zur Verantwortung zu ziehen – zumindest in den USA. Das wurde nirgendwo deutlicher als bei den Erkrankungen durch Asbest in den letzten dreißig Jahren. Hunderttausende von Opfern forderten in den USA Schadensersatz für die Folgen von etwas, was überhaupt nicht als Risiko eingestuft worden war, als die Versicherung den entsprechenden Vertrag abgeschlossen hatte. Asbestlungen haben nichts mit dem Gesetz der großen Zahl zu tun, Schaden und Prämie sind völlig unabhängig voneinander.

»Ach, wenn uns erst erlosch der Gnade Licht, nichts geht dann recht, wir wollen, wollen nicht!«, heißt es in *Maß für Maß*. Auch die amerikanischen Konzerne wollten und wollten nicht, als sie im Bereich der Unfallversicherung zu arbeiten begannen oder sich mehr oder weniger widerwillig in dieses Geschäft hineinziehen ließen (das in Deutschland die Aufgabe der Berufsgenossenschaften ist). Sie hatten eigentlich gegen ihre eigenen Richtlinien gehandelt und fanden sich plötzlich dem Zwang zweier Grundsätze ausgesetzt, die in den USA in Fällen von Körperverletzung gern angeführt werden: (1) »Irgendjemand *ist* verantwortlich« und (2) »Such ihn dort, wo das Geld sitzt«. Diese Grundsätze haben natürlich nichts mehr mit den Wahrscheinlichkeitsgesetzen zu tun, sie sind unabwendbares Schicksal.

»Angenommen, man hat eine Folge unabhängiger Ereignisse $a_1, a_2, \ldots a_n$« ist ein Satz, auf den Aussagen über Wahrscheinlichkeiten ebenso aufbauen wie geometrische Beweise auf »Angenommen, man hat ein Dreieck *ABC*«. Wie bei den besten Zaubertricks und Bauernfängereien wird der Köder gleich zu Beginn ausgelegt (und geschluckt): »*unabhängige* Ereignisse«. Bedenken wir, wie schwer es allein schon ist, sich so etwas vorzustellen! Im wahren Leben scheint nichts voneinander unabhängig zu sein: Sie treffen die Frau Ihres Lebens, *weil* Sie auf die Weihnachtsfeier gehen; Ihr Nachbar hat seinen Job verloren, *weil* in Polen die Löhne niedriger sind; Ihre Tante fliegt nicht mehr, *weil* sie Angst vor Flugzeugentführern hat. Unternehmen, die wie Versicherungen mit Wahrscheinlichkeiten arbeiten, müssen zunächst einmal herausfinden, was abhängig und unabhängig ist. Wie die Geschlechtsbestimmung bei frisch geschlüpften Küken ist das ein Job, der sowohl Erfahrung als auch Instinkt erfordert.

Der Wunsch, Kapital freizumachen, eine ausgeglichene Bilanz zu erreichen und Verluste zu begrenzen, zwingt Versicherungen dazu, Risiken an andere weiterzugeben – so wie Buchmacher ihre Verbindlichkeiten »auslagern«, indem sie mit anderen Buchmachern wetten. So etwas kann sich zu einem Desaster auswachsen: In den 1980ern konnte man im Londoner Excess-of-Loss-Rückversicherungs-Business (im deutschen Versicherungschinesisch geht es um »Schadensexzedenten«) in der sogenannten »LMX-Spirale« (LMX = London Market eXcess) immer wieder die gleichen Risiken durch Lloyd's zirkulieren sehen, wobei sich die Syndikate, ohne es zu wissen, in Wirklichkeit selbst bezahlten, um sich gegen den eigenen Ruin abzusichern. Die Policen schienen unabhängige Risiken zu sein, verkörperten aber in Wirklichkeit das gleiche große Risiko, das nur in unterschiedlichen Verkleidungen auftrat: die Zahlungsunfähigkeit des gesamten Marktes. Wenn ein Syndikat einen Verlust verbuchen musste, für den seine Excess-of-Loss-Police eintrat, pendelte die Forderung zwischen den Syndikaten hin und her und erhielt bei jedem Pendelschlag wie die Kugel in einem Flipperautomaten einen neuen Kick, das heißt, sie wurde erhöht. Das Ganze machte viele »Names« mittellos und bereitete beinahe Lloyd's den Garaus.

Die einfachere Methode für eine Versicherung, ihre Risiken auszulagern, besteht in der Rückversicherung in einem der kühlen, ruhigen Seen voll Kapital, die am Alpenrand liegen: »Swiss Re« in

Zürich und die »Münchener Rückversicherung«. Obwohl auch die Rückversicherer einen Teil des Risikos wieder zurück in den Markt verlagern, ist bei ihnen im Wesentlichen doch das Ende der Fahnenstange erreicht. Ihr Haus, Ihr Auto, ja Ihr Leben ist letztlich bei einem dieser gigantischen Unternehmen versichert. Eine Rückversicherung hat keine Möglichkeit mehr, Risiken weiterzugeben, zu bündeln oder mit jemandem zu teilen. Was bleibt dann noch übrig? Die gleiche Technik, die schon die chinesischen Kaufleute vor 5000 Jahren bei ihren Transporten den Gelben Fluss hinunter angewandt hatten: Diversifikation.

Thomas Hess regiert in einem Riesenbüro im obersten Stockwerk von Swiss Re:

Okay, niemand will sich gegen etwas versichern, was nie eintreffen wird. Deshalb zahlen wir natürlich jedes Jahr eine Menge Geld aus. Wir müssen wissen, wann diese Schäden unabhängig voneinander sind und wann nicht, wann sie also kumulieren. Man kann zum Beispiel annehmen, dass die Versicherungen gegen Erdbeben in Japan von den PKW-Versicherungen in Deutschland unabhängig sind. Aber Erdbeben in Japan können durchaus mit PKW-Schäden in Japan kumulieren, etwa wenn eine Autobahn auf Stelzen zusammenbricht. Alles klar?

Es geht auch darum, dass einer mehr weiß als der andere: Wir wissen mehr über Risiken, deshalb müssen die Klienten sich damit nicht belasten und können ruhig schlafen. Wir können auch gut schlafen, weil wir Nein sagen, wenn uns ein Risiko nicht schmeckt. Ich sage Ihnen, ich fühle mich viel wohler, wenn ich ein Versicherungs-Portfolio verwalte, als wenn ich eine Fluggesellschaft managen müsste. Bei einer Fluggesellschaft sind alle Risiken gebündelt – und wenn sie diese Risiken nicht eingeht, ist sie aus dem Geschäft.

Die Gesellschaft von Thomas Hess wurde 1863, zwei Jahre nach dem Großbrand von Glarus gegründet. Wie der Große Brand von London den Engländern, hatte dieser Brand den Schweizern gezeigt, wie bedroht die heile Welt ihrer Güter war.

Wir sind schon lange im Geschäft, das ist wahr. Aber selbst mehr als ein Jahrhundert reicht noch nicht aus, um Risiken vergleichen zu können und sicher zu sein, wie wahrscheinlich sie sind. Die Schäden bei Katastrophen – Hurrikans, Erdbeben – werden immer größer. Aber liegt das daran, dass diese Phänomene stärker und häufiger werden, oder daran, dass in den betroffenen Gebieten mehr Menschen wohnen und sich mehr von ihnen versichern? Denken Sie daran, was alles seit 1920 in Florida gebaut worden ist – alles auf den üblichen Zugstraßen der Hurrikans. Und alles ist versichert. Es kann also sein, dass die Wahrscheinlichkeit für eine Katastrophe gleich bleibt, aber die Auswirkungen zunehmen.

Auch der beste Plan zur Diversifikation geht von den Risiken aus, wie wir sie aus den bisherigen Erfahrungen abschätzen können – aber was ist, wenn es eine Kraft gibt, die alle Risiken in dieselbe Richtung treibt?

Der Klimawandel ist eine Tatsache. Er wird ganz sicher Auswirkungen auf die Lebensbedingungen, die Wirtschaft und insbesondere die Landwirtschaft haben. Es geht nicht nur um die Absicherung gegen Wetterkatastrophen. Steigt die Temperatur, können sich auch die Rahmenbedingungen für die Krankenversicherungen und die Absicherungen von Krediten verändern. Ein globaler Wandel ist eben wirklich global. Die Folgen sind nicht unabhängig voneinander, daher können wir unter ihnen nicht vollständig diversifizieren. Aus diesem Grund ziehen wir auch Kontrakte mit einer Laufzeit von nur einem Jahr vor. Kann man ein Risiko nicht auf lange Zeit abschätzen, sollte man es auch nicht langfristig versichern.

Die Unabhängigkeit der Risiken ist eine Tatsache, die erst *a posteriori* aus den Beobachtungen festgestellt werden kann. Und manchmal bringt der Mensch plötzlich zusammen, was zuvor getrennt erschien. Früher galten Lebens-, Luftfahrt- und Gebäudeversicherungen als getrennte Sparten, zwischen denen es kaum Korrelationen gab. Selbst innerhalb eines Landes wurden die Risiken als getrennt betrachtet und diversifiziert, um das Gesamtportfolio eines Versicherers auszugleichen – bis zum Morgen des 11. September 2001, als alle drei zusammenfanden und zu jenem schrecklichen Resultat führten: zu mehr als 3 000 Toten und mit 45 Milliarden Dollar zum größten Versicherungsfall aller Zeiten. Die Annahmen der Versicherer hatten auf begrenzten Erfahrungen beruht. Als Totalschaden an einem Wolken-

kratzer galt lediglich der Brandschaden im Inneren von zehn Stock-
werken, also das, was schlimmstenfalls passieren kann, bevor die
Feuerwehrleute den Brand gelöscht haben. Die Prämien waren aufgrund dieser Annahmen berechnet worden, niemand dachte daran,
dass ein »Totalschaden« wirklich ein Totalschaden sein könnte.

Wir können leicht davon reden, dass irgendwelche Dinge einfach
passieren und dabei ihren eigenen Gesetzen gehorchen – solange wir
nicht selbst in das Geschehen verwickelt sind. Die Bedingungen ändern sich dann grundsätzlich, und es wäre richtiger, von unseren Vermutungen und Überzeugungen statt von verbrieften »Ereignissen«
zu reden und mit einem »Maß an Gewissheit« statt mit einem »Maß
an Wahrscheinlichkeit« zu rechnen. Wie der Manager von Swiss Re
sagt: »Die Wirklichkeit beruht nie nur auf Wahrscheinlichkeiten. Oft
ist sie Ausdruck des Möglichen und immer wieder auch etwas, was
wir uns nicht einmal vorstellen konnten.« Wendet man die Wahrscheinlichkeitstheorie auf die Welt der Menschen an, hört sie auf, die
Häufigkeit von Ereignissen zu untersuchen: Wir selbst sind in ihrem
Visier.

Kapitel 6

Kurven und Linien

Wo blieb das Leben, das im Leben uns entglitt?
Wo blieb die Weisheit, die uns in Beschlagenheit entglitt?
Wo die Beschlagenheit, die uns in Nachrichten entglitt?

T. S. Eliot, Chöre aus *The Rock,* I

Wir kennen alle diese Angst, wenn wir auf einem Stuhl sitzen, der entweder zu hart oder zu klein ist, auf die Diagnose des Experten im weißen Kittel warten und versuchen, die auf dem Kopf stehenden Ergebnisse der Untersuchung auf seinem Klemmbrett zu entziffern. Eine medizinische Diagnose, eine Prüfung in der Schule, eine Bewerbung auf einen Job: Hürden, die genommen werden müssen, bevor das Leben weitergeht. Dann hören wir die Zauberworte »Vollkommen normal!« und seufzen erleichtert auf.

Vollkommen normal? Diese Phrase ist ein moderner Allerweltsspruch, drückt aber, genau besehen, eine ziemlich merkwürdige Vorstellung aus. Was macht das Normale vollkommen? Kann etwas auch nur »ein wenig« normal sein? Bedeuten alle Formen von Normalität auch Vollkommenheit und Perfektion? Wären Sie auch erleichtert, wenn Ihre Gesundheit, Ihr Kind oder Ihre Berufsaussichten mit »vollkommen mittelmäßig« beschrieben würde? Und doch bedeuten »normal« und »mittelmäßig« mathematisch gesehen genau das Gleiche.

Normal: Das ist die Sicherheit, die Mitte. Im Normalen steckt nichts Außergewöhnliches. Es stellt auch das Muster oder Schema dar, von dem alles andere abgeleitet wird, den Standard, an dem wir messen, was gesund oder krank ist. Der einfachste statistische Ausdruck von Normalität ist der Mittelwert oder Durchschnitt. Wenn Sie die Größe aller Bewohner Ihrer Straße messen, die Zahlen aufaddieren und durch die Anzahl der Bewohner dividieren, erhalten Sie die »Normalgröße« Ihrer Nachbarn – wobei keiner von ihnen exakt so groß sein muss. Man kann das Normalmaß auch als den höchsten Punkt der Glockenkurve definieren, die wir schon kennen. Wir haben beim Würfeln gesehen, dass bei genügend vielen Versuchen Häufigkeiten ans Licht kommen, die zum innersten Wesen des Prozesses gehören. In der modernen Gesellschaft steht »Normalität« für bestimmte Erwartungen, die wir an eine Gruppe von Menschen haben: Dirndl und Lederhose sind »normal« für die Ureinwohner Bayerns. Da wir in der Regel »dazugehören« und »normal« sein wollen, sind diese Erwartungswerte zugleich ein Ziel, das wir ansteuern. Der Mensch ist zwar frei geboren, wird aber doch überall von Mittelwerten bestimmt.

Gesellschaftlich gesehen wird ein Mensch nach fünf *qualitativen* Merkmalen eingeordnet: Geschlecht, Nationalität, Hautfarbe, Beruf und Religion – wobei manchmal noch die sexuelle Orientierung oder die Klassenzugehörigkeit hinzugenommen wird. Fast alles andere können wir numerisch bestimmen, also *quantitativ*. Aus unseren quantitativen Beobachtungen, also unseren Messungen, die wir wiederholt und/oder kreuz und quer in einer Gruppe von Menschen durchführen, enthalten wir eine Verteilungskurve, wie die Statistiker das nennen. Die Kurve sagt uns, was »normal« ist, wobei das von Ort zu Ort verschieden sein kann und sich im Laufe der Zeit wandelt: Aus »Otto Normalverbraucher« wird »Erika Mustermann«. Ohne dass wir uns selbst geändert haben, entdecken wir plötzlich, dass wir nicht mehr dem Durchschnitt entsprechen – so wie der »normale« Bewohner Floridas als Latino geboren wird und als Jude stirbt. Nach der Volkszählung von 2001 waren in Großbritannien beispielsweise 40 Prozent der Mütter von allem Anfang an alleinerziehend, was ein völlig anderes Bild ergibt, als man es fünfzig Jahre zuvor hatte: Vater Angestellter, Mutter Hausfrau, zwei Kinder, alle weiß. Bei der gleichen Volkszählung kam übrigens auch heraus, dass 390 000 Bürger versichern, der »Jedi«-Religion anzugehören.

Man könnte meinen, dass man sich den sozialen Problemen nur numerisch annähern kann. Es gibt Sozialstatistiken, weil das der wissenschaftliche Weg ist, Probleme zu lösen. In der Tat ist das Eindringen statistischer Verfahren in den Bereich der (zwischen)menschlichen Angelegenheiten – also die Erfindung der Sozialwissenschaften – eher eine Entwicklung, die sich auf die Fähigkeiten der Menschen gründet: die Kraft, die im Selbstvertrauen steckt, die Lust an Ordnung und die Empfänglichkeit für Versprechen (die vielleicht nie eingelöst werden).

Die Grundidee der Aufklärung war, dass die Natur (die nun auch im Englischen mit einem großen Anfangsbuchstaben geschrieben wurde) in allem ausgewogen ist: vom entferntesten Stern bis zum kleinsten Gefühl – wie es Alexander Pope in seinem Werk *Vom Menschen* ausdrückt:

> Natur ist nichts als Kunst, die man nicht kennt;
> man unsichtbare Fügung »Zufall« nennt.
> In Dissonanz zugleich der Wohlklang ruht.
> Privates Übel: allgemeines Gut.
> Ist auch Vernunft des stolzen Irrtums Knecht,
> die Wahrheit bleibt: Was immer ist, ist recht.

Was wahr ist, kann nicht zufällig sein. Der Glaube an den Zufall galt als ein niederer Irrtum, dem die Frommen nicht erlagen, weil er die Vorsehung infrage gestellt hätte, und dem die Skeptiker nicht verfielen, weil er die Existenz der Vernunft abstritt. Ganz gleich, ob die Gesetze Gottes oder Newtons die Oberherrschaft hatten: Die Dinge *passierten* nicht einfach. Selbst David Hume, der gewöhnlich der Annahme von Grundprinzipien skeptisch gegenüberstand, stellt in seiner *Untersuchung über den menschlichen Verstand* fest: »Es wird allgemein zugestanden, dass nichts da ist ohne eine Ursache seines Daseins, und dass Zufall streng genommen nur ein Wort der Verneinung ist und keine wirkliche Kraft bezeichnet, die irgendwo in der Natur vorkäme.«

Wenn nun aber Natur und Vernunft nicht zufallsbestimmt sind, was bleibt dann den Menschen? Wenn die Bahnen der Sterne die Existenz einer machtvollen Ordnung widerspiegeln, warum herrscht dann in den menschlichen Angelegenheiten ein derartiges Durcheinander? »Man muss zuerst, ohne Ausnahme, alles aufnehmen, was eine Wissenschaft umfasst«, proklamierte Diderot in seiner *Encyclopédie*, »jeden Schritt sich selbst überlassen und ihm keine anderen Grenzen setzen, als sein Zweck ihm setzt.« Alle Barrieren, die gegen die Vernunft errichtet waren, mussten fallen, und Kunst und Wissenschaft sollten ihre Freiheit zurückerhalten.

Die Aufklärung überzog Vorstellungen, die unhaltbar erschienen, mit ihrem heiligem Zorn. Sie kämpfte gegen Aberglauben, Vorurteile, Traditionen – und insbesondere gegen die mittelalterliche Übung, nur Qualitäten gelten zu lassen. Als diese Schranken durchbrochen waren, hielt der natürliche Gang der Dinge mit der Ausgewogenheit und Harmonie, wie sie die Gesetze Newtons zeigen, auch im Reich der menschlichen Angelegenheiten Einzug: Man genoss nun gern den Schutz des Staates, wollte aber nicht, dass er sich einmischte; Gesetze sollten alles regeln, aber keinen Zwang darstellen; die Erziehung sollte den Geist anregen, die Vergnügungen der Wissenschaft zu erforschen und nicht mit dem Stock Latein einprügeln. Man fragte sich, ob das freie, ehrbare und doch vergnügsame Leben, das französische Autoren den Persern, Indern, Chinesen und ständig nur an Liebe denkenden Polynesiern zuschrieben, auch zu Hause ganz natürlich sein könnte. »Nein; sie wird kommen, sie wird gewiss kommen, die Zeit der Vollendung«, heißt es in Lessings *Erziehung des Menschengeschlechts*. Als das Unausweichliche wirklich näher kam, war sicherlich Frankreich der erste Platz, wo die Frage der menschlichen Natur aus einer Angelegenheit der philosophischen Spekulation zu einem Gegenstand der politischen Notwendigkeit wurde.

Einer, der das Unausweichliche mit der ungeduldigen Freude dessen kommen sah, der das Krähen des gallischen Hahns erwartete, war Marie-Jean-Antoine-Nicolas de Caritat, Marquis de Condorcet. Ein Vorbild an impulsiver, warmherziger Menschlichkeit mit einem Gesicht, das dem eines empfindsamen Boxers mit Perücke glich, hatte Condorcet dem Christentum abgesagt, aber dessen Kraft der Gefühle und Wunsch nach Gewissheit bewahrt. Er ließ sich auf kein Spezialgebiet festlegen und betrieb Mathematik, Juristerei, Literatur und Philosophie, befasste sich mit Biografien und dachte über soziale Verbesserungen nach.

Condorcet war sich sicher, dass es eine »moralische Physik«, eine Physik des Geistes geben müsse. Alles was fehlte, waren die entsprechenden Fakten. Er war sicher, dass dieses Defizit bald beseitigt würde, setzte aber auch auf die Hoffnung, die Teil seines Wesens war:

Diese Wissenschaften, die fast ganz ein Kind unserer Zeit sind, sich mit dem Menschen selbst befassen und das Glück der Menschheit als direktes Ziel haben, werden einen Fortschritt erleben, der nicht weniger gewiss ist als der der Naturwissenschaften. Und diese köstliche Idee, dass uns unsere Nachfahren an Weisheit und Erleuchtung überbieten werden, ist nicht länger bloße Illusion.

Condorcet hatte schon 1781 Laplace gelesen und sich seine Vorstellungen über die Wahrscheinlichkeit zu eigen gemacht. Er war besonders daran interessiert, diese Gesetze bei Strafverfahren vor Gericht anzuwenden, nachdem er von einer so tiefen Humanität durchdrungen war, dass er bei dem Gedanken litt, ein Unschuldiger könne verurteilt werden. In einem vom Zufall geprägten und völlig verkommenen Rechtssystem wie dem damaligen französischen konnte das allzu leicht passieren. Frankreich hatte keine alte Tradition der bürgerlichen Rechte, dafür aber einen Überschuss an mathematischen Genies. Vielleicht gab es ja ein Rechenverfahren, mit dem man ungerechte Urteile vermeiden konnte?

Condorcets Methode bestand darin, in Gerichtsverhandlungen Gleichungssysteme zu sehen, die für einen gerechten Ausgleich zwischen individueller Freiheit und staatlicher Autorität zu sorgen hatten. Er berechnete das maximal erträgliche Risiko für einen Angeklagten, unschuldig verurteilt zu werden, und versuchte, es auf einen Wert zu reduzieren, den jeder ohne Bedenken akzeptieren würde (zum Beispiel auf die Größe des Risikos, das man eingeht, wenn man das Schiff Calais – Dover nimmt). Auf dieses Höchstmaß an zulässigem Irrtum bezog er die Zahl der Richter und ihren jeweiligen »Grad an Aufklärung« und legte damit das Minimum an Pluralität fest, das im gewünschten Maß vor Justizirrtümern bewahren konnte. Condorcet schickte das Resultat seiner Überlegungen an Friedrich den Großen, den preußischen König, der vor der Französischen Revolution für einen liberalen Franzosen die einzige Hoffnung darstellte, seine Ideen in die Praxis umsetzen zu können.

Vier Jahre später überspülte die lang erwartete reinigende Sintflut Frankreich. Zunächst verlief alles so, wie ein Mann der Vernunft es sich wünschen konnte. Beim Schwur im Ballhaussaal legten sich die

Repräsentanten all derer, die weder von Adel noch Kleriker waren, darauf fest, so lange zusammenzubleiben, bis Frankreich eine Verfassung haben würde. Dieses erhabene Ereignis erinnerte so sehr an die Zeit der alten Römer, dass Jacques-Louis Davids erste Skizze für ein Gemälde zum Thema alle Beteiligten nackt zeigte.

Dann erhoben sich die Massen aber erneut. Diesmal um die Gefangenen in den Pariser Gefängnissen abzuschlachten, den Bischofspalast zu plündern und seine Bibliothek mit kostbaren mittelalterlichen Manuskripten in die Seine zu werfen. Die Reaktion der Revolutionsführer glich jener Kombination von Schuldgefühlen und Wut, wie sie allzu nachsichtige Eltern verspüren, nachdem die Kinder das Haus verwüstet haben. Die menschliche Natur braucht offenbar mehr als nur Freiheit, sie braucht auch Gesetze und Verantwortung.

Als die Republik der Tugend in die Schreckensherrschaft überging, fand sich auch Condorcet im Auf und Ab des gewundenen Pfades zwischen Hoffnung und Verzweiflung wieder. Zunächst gab ihm die Revolution noch die Möglichkeit, seine Ideen in die Praxis umzusetzen. Er schrieb Verfassungsentwürfe und Deklarationen an die Nationen dieser Erde und entwickelte Pläne für eine universelle Erziehung – und damit die Pläne, die heute das französische Erziehungssystem mit seiner École Normale bestimmen (wobei hier »normal« für »perfekt« steht und man die Idee verfolgte, diese »Normalität« *allen* zugutekommen zu lassen). Seine Position geriet jedoch bald ins Wanken: Seine naturgegebene Unabhängigkeit, seine moralische Strenge und sein standhafter Widerstand gegen Gewalt führten dazu, dass er immer mehr in Isolation geriet. Im Juli 1793 wurde er des Hochverrats angeklagt und für vogelfrei erklärt.

Aus einem Versteck heraus schickte Condorcet weiterhin hilfreiche Vorschläge an dasselbe Komitee für öffentliche Sicherheit, das ihn verurteilt hatte. Er schrieb ein Arithmetikbuch für die geplanten Einheitsschulen und skizzierte die Entwicklung der Menschheit in zehn Stufen von der Zeit der Dunkelheit und des Aberglaubens bis zum Zeitalter der Freiheit und Aufklärung, das gerade begann. Er sah eine weltweite wissenschaftliche Diskussion über »unsere Verräthereien, unsere blutige Verachtung gegen Menschen von anderer

Farbe oder von einem anderen Glauben, den frechen Uibermuth uns-
rer Anmaßungen, die tolle Bekehrsucht« voraus, die »jenes Gefühl
von Ehrfurcht und Wohlwollen« vernichtet hatten, »welches anfäng-
lich gezollt worden war«. Grundlage der Diskussion waren grafische
Darstellungen der unterschiedlichsten Fakten, deren Gesamtbeurtei-
lung zu allgemeinen Konsequenzen führen sollte. Alle Feinde würden
bald versöhnt sein, da die Menschheit sich immer mehr dem Grenzwert ihrer Fortentwicklung annäherte.

Da Condorcet in Sorge war, dass seine Anwesenheit seinen Freunden schaden könnte, floh er aus Paris, wobei er sich als Zimmermann
ausgab. Seine weichen Hände, der Band Horaz, den er bei sich führte,
und seine Behauptung, man könne ein Omelett nur mit einem Dut-
zend Eiern herstellen, verrieten ihn aber. Er wurde in einem Land-
gasthaus verhaftet und starb noch in derselben Nacht im Gefängnis.

Dieser frühe Statistiker und Meister der *Quantitäten* verriet sich
durch *Qualitäten*. Es gelang ihm nicht, in der Masse unterzutauchen
und zu überleben, weil er sich seiner Stellung nicht gewiss war. Er
hatte vergeblich versucht, »normal« zu erscheinen.

Unterdessen hatte sich auch die Rolle des Volkes gewandelt. Vom
Herrn der Revolution war es zu ihrem Opfer geworden. Unter dem
Druck des feindlichen Auslands unternahm die revolutionäre Re-
gierung einen unerwarteten Schritt: die Rekrutierung des ganzen
Landes, die *levée en masse*.

Innerhalb von sechs Monaten stand eine Dreiviertelmillion Männer
unter Waffen. Die Kellerräume, in denen Generationen von Franzosen diskret ihr kleines Geschäft verrichtet hatten, wurden aufgegra-
ben, um aus dem Erdreich Salpeter für Schießpulver zu gewinnen.
Selbst die kunstvollen Teppiche von Bayeux wurden zerschnitten, um
Planen für Transportwagen zu liefern. Die Teile konnten gerade noch
von einem zufällig vorbeikommenden Passanten gerettet werden, der
einen Blick für die Kostbarkeiten hatte.

Die nächsten 22 Jahre waren bis auf ganz kurze Intervalle von
Krieg bestimmt. Die Gefahr erforderte, im großen Maßstab zu handeln, was wiederum den Umgang mit mindestens sechsstelligen Zahlen nötig machte. Weitgehend ohne sich dessen bewusst zu sein, ver-

abschiedete sich Frankreich aufgrund der Umstände vom Zeitalter der Vernunft, um ins Zeitalter der Statistik einzutreten.

Auf dem Höhepunkt seiner Macht herrschte Napoleon über 83 Millionen Menschen und eine Armee, die für eine einzige Schlacht 190 000 Mann stellen konnte. Den Großteil dieser Herrschaft übte er selbst direkt aus, so schrieb oder diktierte er während seiner Zeit als Kaiser mehr als 80 000 Briefe und ordnete beispielsweise die Verbesserung der Pariser Wasserversorgung aus seinem Kommandozelt bei Tilsit an. Er glaubte auch der Wahrscheinlichkeitsrechnung mehr als der Vorsehung und befahl, am Petersdom in Rom Blitzableiter anzubringen. 300 junge Männer waren als *auditeurs* angestellt und hatten die Aufgabe, Informationen zu sammeln und ihm persönlich Bericht zu erstatten.

Als Artillerieoffizier verstand Napoleon etwas von Zahlen, und als Armeegeneral kannte er sich mit Versorgung und Nachschub aus. Fakten zogen ihn in den Bann, und Zahlen gaben ihm die Möglichkeit, über die Fakten zu bestimmen. »Wenn Sie ihn für etwas interessieren wollen«, sagte ein Zeitgenosse, »zitieren Sie eine Statistik.« Aus der Gleichheit in der Gesellschaft, wie sie von der Revolution im Namen der Brüderlichkeit erreicht werden sollte, war die Gleichförmigkeit der Verwaltung geworden, der Hebel, mit dem Napoleon (und jeder andere Herrscher) die Welt bewegen konnte.

Vielköpfig wie die Hydra, vielgestaltig und unzählbar – so lautete das abschätzige Urteil der Philosophen über die gedankenlose Masse der Menschen. Es ist bezeichnend, dass mit den gleichen Worten auch die ähnlich vielgestaltige und gefährliche Menge der Irrtümer und Fehler beschrieben wurde. Ganz anders sieht aus diesem Blickwinkel die Wahrheit aus: Sie ist einzigartig, individuell, unveränderlich und von unseren dunklen irdischen Kämpfen so weit entfernt wie ein heller Stern, der von einem kalten Himmel leuchtet.

Ein solcher Stern leuchtete 1572 im Sternbild Kassiopeia auf: eine Supernova, die drei Jahre lang mit ihrem ungewöhnlich strahlenden Licht das irdische Feld der Irrtümer erhellte. Eine Frage war, ob dieser neue Stern der Erde näher war als der Mond, eine Annahme, die sich aufdrängte, weil man davon ausging, dass die Fixsterne ewig und unveränderlich sind. Ein neues Licht am Himmel musste sich daher wie die Kometen und andere »unordentliche« Besucher auf einer »inneren« Bahn bewegen. Die Kontroverse nahm so große Formen an, dass sich auch Galilei beteiligte. Sein Beitrag kennzeichnete einen deutlichen Wandel des Standpunkts. War zuvor etwas unwahr und damit Sünde, wenn man dies deduktiv ableiten konnte, so wies Galilei nun darauf hin, dass es bei Beobachtungen »mittels eines und desselben Instrumentes, an einem und demselben Orte und durch einen und denselben Beobachter, welcher seine Beobachtung tausendemal hat wiederholen können, gleichwohl ein Schwanken um einige, ja häufig auch um viele [Bogen-]Minuten« geben könne, dass man also zu unterschiedlichen Ergebnissen kommen konnte. Wenn aber zwei zuverlässige Beobachter auf ein weit entferntes Objekt blicken, so ist das nicht viel anders, als wenn ein Beobachter zweimal hinschaut. Und wenn sich ein Beobachter irrt, so liegt sein Ergebnis mit gleicher Wahrscheinlichkeit über wie unter dem »wahren« Wert. Erzielen also zwei Gelehrte unterschiedliche Ergebnisse, ist das nicht unbedingt ein Zeichen dafür, dass einer von beiden ein Gauner oder Dummkopf ist. Ein kluger Mann wird sich *alle* Messungen anschauen und herauszufinden versuchen, wo sie sich häufen. Und je mehr Messungen es sind, umso wahrscheinlicher gruppieren sie sich um die vollkommene (aber unsichtbare) Wahrheit.

Der Wissenschaft war es nun erlaubt, auch über Irrtümer zur Wahrheit zu gelangen, oder, wie es schon Polonius in *Hamlet* sagt, »durch einen Umweg auf den Weg zu kommen« (und den »Wahrheitskarpfen« zu fangen). Es war wie ein Sprung von jenem steinernen Sockel, auf dem das mittelalterliche Denken die Vollkommenheit gestellt hatte – hinaus in den Strom, um dort mit den Fluten zu kämpfen und in die Mitte der Strömung zu gelangen.

Auch dem dänischen Astronomen Tycho Brahe war der neue Stern nicht entgangen. Seine Schrift *De nova stella* weckte den Großmut seines Königs, der ihm eine Insel in der Ostsee überließ und die Mittel zur Verfügung stellte, um das erste Spezialobservatorium seit den Zeiten des Ptolemäus zu gründen. Die Aufgabe bestand darin, Sterntafeln zu erstellen und solide Daten aufgrund sorgfältiger Beobachtungen zu sammeln, um mit ihnen die Abweichungen von der Theorie zu überprüfen.

Tycho hatte bei einem Duell wegen eines inzwischen längst vergessenen mathematischen Streits seine Nase verloren und trug eine silberne Attrappe. Es kann daher gut sein, dass in den eisigen Nächten an der Ostsee seine Beobachtungen von einer leichten nasalen Störung überlagert wurden – und das war nur einer von vielen Gründen für Fehler. War Galileis Antwort auf die Existenz von Fehlern, Beobachtungen zu kombinieren, fragte sich nun Tycho Brahe, *wie* das am besten geschehen könnte.

Er bestimmte den *Mittelwert* einer Sternposition auf eine kluge, wohl überlegte Weise, indem er zuerst aus verschiedenen Datensätzen die mittleren Abstände zu anderen Sternen bestimmte und dann aus diesen Mittelwerten ein Gesamtmittel für die benötigte Sternposition. Die Ergebnisse rechtfertigten das Verfahren: Brahes Messungen der Stellung des orangefarbenen Fixsterns Harmal im Sternbild des Widders, der in der Antike den Frühlingspunkt markierte, relativ zur Venus (und damit zur Sonne) innerhalb von sechs Jahren ergaben Werte, die bis zu 16'30" variierten, während der Mittelwert nur 15" von unseren modernen Rechnungen abweicht. Dieses Ergebnis war genauer, als man es zu Brahes Zeiten durch *eine* Beobachtung mit den besten Instrumenten hätte erhalten können.

Indem die Naturwissenschaften zu einer internationalen Disziplin wurden, verschob sich das Schwergewicht vom genialen Gelehrten zur *scientific community*. Die Astronomen und Geografen lernten, die vielen Beobachtungen und Messungen unterschiedlicher Forscher zu sammeln und zusammenzufassen. Eines der ersten großen Gemeinschaftsprojekte war die Koordination einer Vielzahl an Beobachtungen des Durchgangs der Venus vor der Sonne im Jahr 1761, der die Gelegenheit bot, aus den bekannten Verhältniszahlen im Sonnensystem eine absolute Größe zu bestimmen: den Abstand der Erde von der Sonne. Dazu musste weltweit simultan beobachtet und gemessen werden. Auf Bergen und an Küsten von Sibirien bis St. Helena standen die Gelehrten mit ihren Chronometern. Für einige war die lange Reise leider vergebens, weil Wolken das Ereignis verdeckten, aber es wurden genügend viele Resultate zusammengetragen, um eine statistische Untersuchung der feinen Abweichungen lohnend erscheinen zu lassen.

Leibniz, der große Mathematiker und Förderer der internationalen Wissenschaft, hatte sich mit dem Problem der Fehler auseinandergesetzt, die sich gegenseitig verstärken. Die astronomischen Messungen schienen das Gegenteil zu besagen: Die Fehler tendierten eher dazu, sich gegenseitig aufzuheben. Das legte nahe, *alle* Messungen, so weit sie auch vom vermuteten »wahren« Wert entfernt waren, für eine sachgerechte Einschätzung aufzuaddieren. Bestimmte Fehlerstrukturen schienen bei richtiger Behandlung sogar einen Wegweiser zum Versteck der Göttin der Wahrheit abzugeben. Das Problem war nur, *welche* Strukturen dazugehörten.

Wie wir gesehen haben, waren im 18. und beginnenden 19. Jahrhundert die Mathematiker ganz versessen darauf, Kurven durch Punkte zu legen und besonders wilde Zackenlinien durch einfach zu konstruierende, geläufige Funktionen anzunähern. Laplace und sein deutscher Zeitgenosse Gauß waren Meister in dieser Kunst, arbeiteten aber auch praktisch als Astronomen und waren darauf aus, die existierenden Tabellen und Tafeln zu verbessern und den Himmel von allen Mess- und Beobachtungsfehlern reinzuwaschen. Als Mathematiker wussten sie, wie schwierig es ist, eine Funktion zu finden, deren Graf durch vorgegebene Punkte einer Häufigkeitsverteilung geht. Als Astronomen hatten sie aber zumindest die klare Vorstellung, dass die Kurve symmetrisch zum Mittelwert sein sollte, da denkbare Abweichungen in gleichem Maße nach oben wie nach unten zu erwarten waren. Eine solche Verteilungskurve sollte ein Maximum haben, um das sich die Messungen umso enger häufen, je mehr es sind. Nach beiden Seiten sollte die Kurve möglichst schnell gegen null abfallen, da man annahm, dass nur wenige Messungen große Abweichungen vom häufigsten Wert zeigen. Laplace bastelte mit etlichen Bergsilhouetten, Höhenzügen, den Alpen und Vulkanen herum, fand aber, dass die Rechnungen zur Anpassung an die Daten zu komplex waren. Gauß begann ganz kühn mit der Kurve, die er haben wollte und die Tycho Brahes Methode bestätigen würde. Ist das arithmetische Mittel von sorgfältig durchgeführten Messungen auch der häufigste (und damit »wahre«) Wert, so ist die Frage, welche Kurve den Mittelwert zum häufigsten Wert *machen* und bei kleinster totaler Abweichung symmetrisch um den Mittelwert liegen würde.

Wie verhält sich die Schöpfung zum Zufall? Wir erinnern uns: Ihr Verhalten wird durch die de Moivresche Normalverteilung, die Glockenkurve, beschrieben, die angibt, wie sich die Antwort auf Ja-Nein-Fragen immer deutlicher herausschält, wenn man wieder und wieder fragt.

Die beste praktische Demonstration einer Normalverteilung ist der etwas exzentrische Flipperautomat, den der Engländer Francis Galton entworfen hat: das sogenannte »Galtonsche Brett«. Auf ihm sind in einem diagonalen Muster Nägel im gleichen Abstand eingeschlagen. Von oben in einen schmalen Trichter eingefüllte Schrotkugeln werden bei ihrem Fall nach unten durch die Nägel abgelenkt, bevor sie am Boden in einer Reihe von Fächern landen.

Angenommen, jede Schrotkugel steht für eine Messung, und jeder Nagel ist eine potenzielle Fehlerquelle. Beginnt man in der Mitte – was zum Beispiel der wahre Ort der Supernova in der Kassiopeia sein könnte –, fällt der »wahre« Wert nach unten und trifft auf den ersten Nagel: Tychos Nasenprothese. Von dort kann die Kugel nach links oder rechts abgelenkt werden, was bedeutet, dass die Messung zu groß oder zu klein ausfällt.

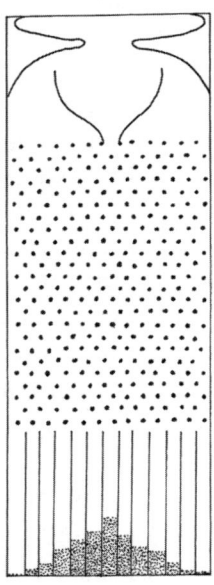

Dann trifft sie wieder auf einen Nagel: Es ist Tychos Assistent, der die Uhr kontrollieren sollte, aber übermüdet war und einen Pendelschlag übersehen hatte, wodurch die Kugel in der Eile etwas schräg eingeworfen wurde. Oder er war zu wach, hat zu früh gemessen und die Kugel, ohne es zu wollen, einen Tick nach links geschickt.

Klingt das nicht wohlvertraut? Sitzt nicht schon wieder der Fehlerteufel mit am Spieltisch? Ist es nicht wieder eine Binomialverteilung, für welche die Normalverteilung de Moivres eine leicht zu berechnende Näherung darstellt? Es ist in der Tat so: Wenn Sie ein Galtonsches Brett, wie es in jedem besseren naturhistorischen Museum zu finden ist, nachbauen und testen, werden Sie sehen, dass sich die Fächer am Boden in der Form einer perfekten Glockenkurve mit Schrotkugeln füllen, wobei der höchste Punkt genau in der Mitte unter dem Trichter liegt und ganz außen an den Flanken nur einige wenige Kugeln landen.

Die Normalverteilung von Messfehlern bietet den Wissenschaftlern zwei nützliche Möglichkeiten: den wahren Wert von etwas zu bestimmen, obwohl er nie *exakt* gemessen wird, und herauszufinden, ob sich die zahlreichen Beobachtungen und Messungen verhalten, wie man es erwartet – mit anderen Worten: ob die Fehler im normalen Rahmen sind.

Eine systematische Anordnung bietet den großen Vorteil, sofort deutlich zu machen, ob etwas fehlt. Gehorchen also die Fehler den Wahrscheinlichkeitsgesetzen, sticht es heraus, wenn sie sich ungewöhnlich verhalten. Beobachter machen immer Fehler, aber wenn es Fehler sind, die alle in eine Richtung gehen, also eine Tendenz haben, muss das einen Grund haben. Der Planet Neptun wurde zum Beispiel nicht deshalb entdeckt, weil eine neue Kugel über unseren Horizont aufstieg und den einsamen Himmelsbeobachter mit ihrer bläulichen Strahlung verzauberte, sondern weil die Fehler bei den Messungen der Umlaufbahn des Uranus *nicht* normalverteilt waren. Es gibt auch eine Wissenschaft, die auf Fehlern und Irrtümern aufbaut!

Wir sollten hier einen Moment innehalten und den gewaltigen geistigen Sprung bedenken, den Laplace und seine Zeitgenossen gemacht haben, einen Sprung, der in aller Stille geschah, aber doch so folgenreich war wie der Zug eines Trupps Soldaten durch eine nächtliche Stadt. Wir erinnern uns, dass de Moivre von Mechanismen sprach, in denen Wahrscheinlichkeiten deutlich werden. Glücksspiele laufen nach vorgegebenen Gesetzen ab, die ganz bestimmte Resultate erzeugen. Laplace war aber darauf aus, diese Gesetze aus den Resultaten zu bestimmen, also die »inversen Wahrscheinlichkeiten« herauszufinden. Die Verbindung zwischen Wahrscheinlichkeit und inverser Wahrscheinlichkeit ist höchst komplex und voller Tücken, die bis auf den heutigen Tag nicht alle gemeistert sind. Laplace ging jedoch, ohne lange zu fragen, vom einen zum anderen über, indem er die Astronomie als Vermittlerin nutzte: Da Newtons Mechanik die beobachteten Eigenschaften des Sonnensystems so perfekt erklären kann und weil so viele astronomische Phänomene sich in immer gleicher Weise wiederholen, schien auf diesem Gebiet die Frage der Priorität von Gesetz oder Messung irrelevant. In einem Universum, das wie ein Uhrwerk abläuft, gibt es kaum einen Unterschied zwischen der Aussage »Wenn der Minutenzeiger einmal umläuft, *bewirkt* dies, dass der Stundenzeiger um eine Stunde vorrückt« und »Weil der Stundenzeiger eine Stunde vorgerückt ist, *schließe* ich daraus, dass der Minutenzeiger einmal umgelaufen ist«. Mit solchen Feinheiten braucht man an *irdischere* Prozesse aber gar nicht erst heranzugehen. Die Sterne sind makellos, *wir* sind voller Fehler.

Adolphe Quetelet wurde 1796 in Gent geboren und war Bürger der Batavischen Republik, einem Staatsgebilde, das die Franzosen nach der Revolution erfunden hatten. Als Volljähriger wurde er Bürger des Königreichs der Vereinigten Niederlande, einer ähnlich willkürlichen Erfindung des Wiener Kongresses, also der Gegenrevolution, das für kurze Zeit ohne Erfolg Belgien mit Holland zu vereinigen suchte. Zu Quetelets frühesten Vorlieben gehörte die Kunst, aus praktischen Gründen begann er aber, Mathematik zu unterrichten und Meteorologie zu studieren. Schließlich wurde er Leiter des Königlichen Observatoriums in Brüssel. Bei einem Aufenthalt in Paris 1823 kaufte er Instrumente und studierte Techniken, die für das neue Observatorium nützlich sein konnten, unter anderem Laplaces Methode zur Reduktion von Messfehlern. Ihr gemeinsames Interesse war das

Wetter. Laplace hatte versucht, mithilfe der Normalverteilung aus den Messungen des Luftdrucks Schwankungen herauszufiltern, um festzustellen, ob es wie im Ozean auch in der Atmosphäre vom Mond verursachte Gezeiten gibt.

Die Meteorologie musste allerdings auf Quetelet noch etwas warten. 1830 wurde Belgien wieder von Revolution und Krieg überzogen, und selbst sein halb fertiges Observatorium wurde eine Zeit lang als Festung genutzt. Anstelle des Wetters nahm sich Quetelet daher die sozialen Verhältnisse und die Fülle von Rohdaten vor, die von den in der letzten Zeit erstarkten Staaten gesammelt worden waren: wie die Wetterdaten harte Fakten, deren Zustandekommen unbekannt war. Er begann ganz methodisch mit physikalischen Messungen: 5000 Brustumfangswerte schottischer Soldaten, die im *Edinburgh Medical Journal* veröffentlicht worden waren. Beim Anblick der nichtssagenden Inch-Werte machte er einen geistigen Sprung, der dem Galileis nahekam: Wenn *viele* Menschen *ein* Ding vermessen, ist es das Gleiche, wie wenn *ein* Mensch *viele* Messungen desselben Dings durchführt. Vielleicht ist es dann ja auch das Gleiche, viele Exemplare eines Dings zu messen, statt ein Ding viele Male zu messen? Statt sich also die Brustumfangswerte alle einzeln anzuschauen, interpretierte er sie als viele verschiedene Messungen des einen Dings »Brust des schottischen Soldaten«. Als er dann die Werte grafisch darstellte, zeigte sich, dass sie einer Normalverteilung um einen Wert von etwas unter 40 Inch, also 1 Meter, folgten. Plötzlich war ein Weg gefunden, menschliche Eigenschaften zu verallgemeinern und somit die philosophische Brücke zwischen der menschlichen Natur und der Masse zu schlagen. Als Individuen sind wir voller Varianten, wie eine Messung voller Fehler ist. Als Mitglieder der Gesellschaft sind wir dagegen Annäherungen an den Mittelwert.

Unsere ambivalenten Vorstellungen von »Normalität« stammen von Quetelet. Beim Blick auf den schnellwachsenden Berg öffentlich zugänglicher Daten fand er heraus, dass seine Kurve ihre geheimnisvolle Ordnung allem Möglichen aufdrückte: Geburten, Heiraten, Todesfällen, Verbrechen, verbrecherischen Methoden und den Methoden, sich umzubringen. Alles Menschliche schien sich wohl oder übel unter diese Kurve zwängen zu müssen, so wie es einst unter dem Schutzmantel der Madonna geborgen war.

Er fand heraus, dass die Zahl der Hochzeiten proportional zum Getreidepreis stieg, dass die beste Voraussetzung, von einem französischen Gericht freigesprochen zu werden, darin bestand, eine gebildete Frau über 30 zu sein, der ein Verbrechen gegen eine Person vorgeworfen wird und die freiwillig vor Gericht erscheint. Und er fand heraus, dass der Flieder in Brüssel mit größter Wahrscheinlichkeit erblüht, wenn die Summe der Quadrate der in Celsiusgraden angegebenen Tagesmitteltemperatur seit dem letzten Frost 4,264 Grad erreicht hat. Er glaubte an die Ordnung, die der Welt von den Durchschnittswerten aufgeprägt wird, und liebte sie, weil sie Klarheit in die überwältigende Vielfalt der Dinge bringt.

»Was wir als Anomalie bezeichnen, weicht in unseren Augen vom allgemeinen Gesetz nur ab, weil wir unfähig sind, genügend viele Dinge auf einmal wahrzunehmen.« Niemand hat uns zuvor in dieser Weise eine Beschreibung von uns selbst gegeben. Der Gedanke, dass wir bei aller individuellen Freiheit als Mitglieder eines Kollektivs einem höheren Gesetz unterstehen, dass also irgendwo in unserer Umgebung ein Zentrum der sozialen Schwerkraft liegen muss, das unerbittlich Spuren durch den Äther der Geschichte zieht, war so anregend wie beängstigend. Wie kann es sein, dass unser freier Wille, an den wir so gern glauben, derart illusionär ist? Weil wir einer Unzahl miteinander in Konflikt stehender Kräfte unterworfen sind: Gewohnheiten, Wünschen, sozialen Beziehungen und ökonomischen Umständen. Sie ziehen uns nach vorn und wieder zurück, die Tendenz geht aber immer zu den Werten hin, die für unsere Zeit und unsere Position normal sind. Wie für die Fehler bei Messungen gilt auch für uns, dass wir uns als Dickschädel an den äußersten Flanken der Normalität platzieren können, aber dort wenig Gleichgesinnte vorfinden werden und kaum Anhänger, die uns folgen.

Quetelet hatte sich zunächst mit Kunst beschäftigt, und es würde ihm nicht gerecht werden, das ästhetische Moment zu unterschlagen, das seinen Blick auf die Normalität bestimmte. Seit dem 18. Jahrhundert war die Kunstkritik zwischen zwei Haltungen hin- und hergerissen: der demütigen Verehrung der Antike und einer

Hoffnung, die Moderne könne mit ihren Kunstwerken die Antike überwinden. Jene perfekten Körper, die in Athen und Rom ausgegraben wurden, galten als Wunderwerke, waren aber auch eine Herausforderung. Quetelet fand für die Aufhebung dieser Gegensätze die Lösung: Die antiken Gestalten waren perfekt, weil sie das Platonische Ideal darstellten – Menschen ohne Abweichung von der Normalität:

Ich habe mich bemüht, die Proportionen der Modelle zu vergleichen, die nach Ansicht der Künstler von Paris, Rom, Belgien und anderswo her das Höchstmaß an Grazie in sich vereinen. Und ich war überrascht, dass sich die Meinungen in den verschiedenen Orten in dem nur wenig unterschieden, was sie als schön bezeichnen.

Nach Quetelet liegt die Schönheit also nicht im Auge des Betrachters, sondern ist ein inneres Merkmal der *Normalität*. Sie ist das einzige soziale Phänomen, für das in allen Ländern die gleichen Maßstäbe gelten. Was das betrifft, ist Quetelet noch heute aktuell: Der Body Mass Index, das Verhältnis von Größe zu Gewicht als der universelle Standard für Fettleibigkeit, ist seine Erfindung.

Nach und nach verstehen wir, wo die Idee des »vollkommen Normalen« mit der Gleichsetzung normal = vollkommen herkommt. Quetelets Verherrlichung der Normalität ging sogar noch weiter:

Ein Individuum, das in sich (in seiner eigenen Person) zu einer bestimmten Zeit alle Qualitäten des Durchschnittsmenschen vereint, würde zugleich alles Große, Schöne und Außergewöhnliche repräsentieren. ... In dieser Weise ist es ein großer Mann, ein großer Dichter, ein großer Künstler. Weil diese Person der beste Repräsentant seines Zeitalters ist, wird sie zum größten Genie erklärt.

Hier spricht das heroische Zeitalter des Bürgertums mit dem Abschied von jenem einsamen Monster der Romantik, das auf seinem Felsen auf den Einschlag des Blitzes wartet. Der wahre Held verkörpert den Geist von allen, er meidet Extreme, versucht einen Konsens herzustellen (und trägt möglicherweise eine Kassenbrille, hat einen Knirps dabei und dämmert nach dem Dinner in seinem Lehnstuhl dahin, während seine Tochter auf dem Klavier dilettiert). Ein Bürger zu sein, heißt natürlich auch selbstzufrieden und ängstlich zu sein:

Quetelet, der dabei war, als die Revolutionäre sein Observatorium zerstörten, hatte guten Grund, alles Extreme zu fürchten.

In Quetelet sehen wir das Musterbeispiel eines Eurokraten: einen Liberalen, der an die eigenen inneren Kräfte der Gesellschaft glaubt und in erster Linie daran interessiert ist, per Gesetzgebung lokale Verwerfungen einzuebnen und Unordnung und sozialen Aufruhr zu verhindern. Die individuelle Freiheit ist zwar wünschenswert, darf aber nicht so weit gehen, die Gesetze der »sozialen Physik« zu missachten und das »goldene« Mittelmaß abzulehnen, das schon in der Antike als erstrebenswertes Ziel galt.

Zugleich glaubte Quetelet auch fest daran, alles perfektionieren zu können: Wohlstand und Zivilisation führen dazu, die Verteilungskurve der Gesellschaft immer enger in Richtung auf den Mittelwert zusammenzupressen. Die furchterregenden irrationalen Extreme löschen sich gegenseitig aus, und schließlich verkörpern wir alle den »Menschen der Mitte«, den Massen- oder Durchschnittsmenschen, der unser kollektives Wesen verkörpert, und werden zu dem von Quetelet propagierten großen Dichter mit dem für das Hier und Jetzt idealen Körper.

Anders als viele Utopisten seiner Zeit dachte Quetelet nicht, dass sein neuer Tag von selbst aufgehen würde. Die Geschichte ist nicht der unentrinnbare Hegelsche Prozess, in dem sich die Idee mühevoll verwirklicht. Sie ist vielmehr eine zutiefst menschliche Wissenschaft, in der unser Selbstbewusstsein seine Wirkung entfaltet. Alles was man brauchte, waren mehr Fakten. Quetelets große Botschaft an die Menschheit war: Sammelt Daten! Lernt Euch selbst kennen! Und »übrigens bitte ich wohl zu beachten, dass ich dieses Werk für nichts weiter als für die Skizze eines großen Gemäldes betrachtet wissen will, dessen Rahmen nur durch eine unsägliche Anstrengung und die umfassendsten Untersuchungen ausgefüllt werden kann«.

Quetelet konnte seine zwei großen Erkenntnisse – die statistische Stabilität und die Normalverteilung gesellschaftlicher Phänomene – nicht beweisen, obwohl er sein ganzes Leben leidenschaftlich Daten sammelte, Tabellen erstellte und sie durchforstete. Aber gerade das verschaffte seinen Ideen eine so große Verbreitung: die Leichtigkeit, mit denen sie angewandt werden konnten, um alles Mögliche zu erklären, und die Bequemlichkeit, die in dem Wissen steckt, dass niemand die gewonnenen Erklärungen je falsifizieren kann.

Mit Selbstbewusstsein gesegnet, wie wir sind, müssten wir uns naturgemäß immer wieder fragen: »Hallo, wie geht es uns heute? Was läuft?« Die ersten Texte der Menschheitsgeschichte, die man entziffern konnte, sind in »Linear B« verfasst und beantworten diese Fragen: Es sind Verzeichnisse und Listen von Zahlungen. Später zählte Moses die »Kinder Israels« (das 4. Buch Mose heißt auf Latein »Numeri«), und die *Ilias* die Schiffe der Achaier.

Von Kaiser Augustus ging »ein Gebot« aus, »dass alle Welt geschätzt würde«. Das *Domesday Book,* das englische Grundbuch aus dem 11. Jahrhundert, verzeichnet jedes Schwein im britischen Königreich. Das sorgfältige Sammeln genauer Daten ist in keiner Weise eine Erfindung der Moderne. Man könnte fast sagen, dass das wesentliche Merkmal des »dunklen« Mittelalters war, keine Listen geführt zu haben.

Es gibt allerdings einen großen Unterschied zwischen Aufzählen und Schlussfolgern, dem Anlegen einer Liste und ihrer Interpretation: Etwas ist, »weil es *bekannt* ist, nicht *erkannt*«. Die doppelte Buchführung ermöglichte es den Kaufleuten der Renaissance, den Gang ihrer Geschäfte kontrollieren zu können, indem sie jederzeit den Stand ihres Vermögens zur Hand hatten. Man stellte die momentane Bilanz von Soll und Haben auf, »als ob« der Handel in diesem Moment abgeschlossen würde. Erst 1662 wurden auch soziale Daten in dieser Weise behandelt. Es war der schon erwähnte Textilkaufmann John Graunt, der in diesem Jahr in London seine *Natural and Political Observations upon the Bills of Mortality* veröffentlichte (deutsch mit dem schönen barocken Titel *Natürliche und politische Anmerckungen über die Todten-Zettul der stadt London: fürnemlich ihre regierung, religion, gewerbe, vermehrung, lufft, kranckheiten, und besondere veraenderungen betreffend*). Im gleichen Jahrzehnt, als im Werk von Pascal die Wahrscheinlichkeit auftauchte, wurde das Paralleluniversum der Statistik geboren.

Die wöchentlichen Sterberegister von London waren eine Reaktion auf die Bedrohung der Stadt durch die Pest. Die Daten wurden von den Pfarreien gesammelt und enthielten Angaben über die Zahl der getauften Kinder, die Zahl der Todesfälle und die Todesursachen, soweit sie die Behörden feststellen konnten. Die Verwendung der Sterberegister als Datenquelle war nicht unproblematisch: Sie verzeichneten nur Mitglieder der Church of England und nur Begräbnisse auf den Friedhöfen der Pfarreien. Trotz der eindrucksvollen Zahl von Todesarten – vom Platzen bis zur Lethargie – war deren Klassifizierung schlecht bezahlten und unausgebildeten *searchers* vorbehalten, deren diagnostische Fähigkeiten unter denen der zeitgenössischen Ärzte lagen.

Graunts erstes und einfachstes Ziel war die Bestimmung der Einwohnerzahl seiner Stadt, um aus der Sterblichkeitsrate darauf zu schließen, wie viel Leben in ihr steckte. Er begann seine Abschätzung mit 12 000 beurkundeten Taufen pro Jahr und nahm dann an, dass jede Frau im gebärfähigen Alter alle zwei Jahre ein Kind zur Welt brachte. Damit gab es also 24 000 Frauen dieser Kategorie und nach Graunts Schätzung doppelt so viele verheiratete Frauen insgesamt, also 48 000 Familien. Er vermutete, dass zu jeder Familie mit Kindern, Dienern und Untermietern acht Personen gehörten, daher hatte nach dieser Rechnung London ungefähr 384 000 Einwohner.

»Schätzte«, »nahm an«, »vermutete«: Solche Begriffe sind nie weit entfernt, wenn man Sozialstatistiken aufstellt. Schon von Anfang an suchte man nach Wegen, die Fehler zu reduzieren. Graunt setzte dabei auf zwei ganz moderne Techniken: die Erhebung von Stichproben und die Bestätigung durch unabhängige Daten. Er wählte als Stichproben drei repräsentative Pfarreien aus und zählte dort die Familien und die Zahl der Familien pro Verstorbenen. Das Ergebnis, bei drei Toten in elf Familien 11/3, multiplizierte er mit der Gesamtzahl der Toten in den Sterberegistern und erhielt so für die gesamte Stadt 47 666 Familien. Die Zahl stimmt erstaunlich gut mit der zuvor gewonnenen überein. Er warf auch einen Blick auf den Stadtplan und zählte die Familien in einem Quadrat von 100 Yard Länge in dem Bereich Londons, der am gleichmäßigsten bebaut war, nämlich dem innerhalb der Stadtmauern. Er multiplizierte seine 54 Familien pro Quadrat mit den 220 Quadraten innerhalb der Mauern und kam so auf 11 880 Familien. Dann entnahm er den Sterberegistern, dass ein Viertel aller Verstorbenen Londons innerhalb der Stadtmauern gelebt hatte, womit sich für die Gesamtzahl der Familien 11 880 x 4 = 47 520 ergab. Auch diese Zahl stimmt mit den vorherigen gut überein, sodass das Ergebnis dreimal abgesichert ist. Graunt hatte einen brauchbaren Weg zur Begrenzung der Fehler gefunden, indem er mit seinem »Cross-Check« die Daten kreuz und quer überprüfte.

Graunt verlor alles beim Großen Brand von London, ging bankrott, wurde katholisch und starb – und das alles in schneller Folge. Vor seinem Tod hinterließ er uns aber zwei wichtige Informationen, auf die seither die Traumschlösser der Industrie und der Spekulation aufgebaut sind: die Sterbetafel und eine seltsame Diskrepanz bei den Geburten.

Nun platzen Kinder selten und sterben kaum an Lethargie, während alte Menschen weniger unter Keuchhusten und Krämpfen leiden und von ihren Eltern auch nicht mehr zu fest zugedeckt und erstickt werden. Graunt ordnete diese Todesarten den entsprechenden Altersgruppen zu und nahm an, dass das Risiko für die Krankheiten von Erwachsenen das ganze Leben über konstant blieb. Er erhielt unter diesen Annahmen eine Tabelle der Überlebenden einer zufällig ausgesuchten Gruppe von 100 Londonern im Alter von 0 bis 76 Jahren. Von den 64 Sechsjährigen, die übrig geblieben waren und in den engen Straßen Ball spielten oder zur Schule trödelten (nur 64 von 100 wurden sechs Jahre alt!), heirateten 40 mit 16 in ihrer halbfertigen, von Wren erbauten Kirche. 25 ließen dort ihr erstes Kind taufen (wenn es nicht zuvor im Bett erstickt war), und 16 führten auf der Höhe ihres Lebens das Geschäft, das sie von den Eltern geerbt hatten. Sechs von ihnen trafen sich mit 56 Jahren gelegentlich bei Festen oder bei Wahlen ihrer Zunft. Drei blieben mit 66 übrig, die nicht unbedingt die besten Freunde waren und sich nun über die Jugend beklagten. Ein einziger im Alter von 76 saß lethargisch am Kamin und mümmelte seinen Haferschleim.

Graunts andere erstaunliche Beobachtung war, dass über alle Jahre hinweg etwa 1/13 mehr Jungen als Mädchen geboren wurden. Hier schien sich etwas entgegen der Annahme zu ereignen, beim Kinderkriegen sei es wie beim Werfen einer Münze. Graunt versuchte daher jenseits der Daten nach Gründen:

So dass obgleich mehr Männer als Weiber eines gewaltsamen Todes sterben, das ist, mehr im Kriege erschlagen werden, durch Unglücksfälle umkommen, auf der See ertrincken und durch den Hencker hingerichtet werden; über dieses auch mehr Männer neue *Colonien* zu bewohnen gehen und in weit entlegene Länder reisen; und letztlich mehr Männer als Weiber unverheyrathet bleiben; zum Exempel die Mitglieder der *Collegien* und Lehrlinge über achtzehn (Jahr) etc. dennoch besagter dreyzehende Theil Überschuss die Sache in solchen Stand setzet, dass jedes Weib einen Ehemann hat ohne dass die *Polygamia* darff zugelassen werden.

Mit anderen Worten: Es ist Gott in seiner Güte, der die Geburtenraten so regelt, dass die Christen nicht wie die Muslime leben müssen. Dieses auf der Vorsehung beruhende Argument galt für mehr als hundert Jahre. In ihm drückt sich eine interessante Abweichung von den früheren Vorstellungen persönlicher Erfahrungen mit dem Göttlichen aus: Es gab nun ein Beispiel, bei dem man Gottes Wirken nur erkennen konnte, wenn man massenhaft Daten sammelte und auswertete.

Graunts glücklicherer Freund, Sir William Petty, zeigte, welche Macht von Daten ausgehen kann, wenn man sie wohlüberlegt einsetzt. Er war mit 14 als Steward auf ein Schiff gegeben worden, musste es aber in Caen verlassen, nachdem er sich das Bein gebrochen hatte. Ihm wurde schnell geholfen, weil man ihn brauchen konnte: Er sprach Latein und Griechisch und wurde mit 29 Professor der Anatomie. Einige Berühmtheit erlangte er, als er den »halb gehenkten« Nan Green wieder zum Leben erweckte. Bekannt wurde er auch durch sein Patent auf ein Verfahren, Kopien von Briefen herzustellen.

Nachdem Cromwell Irland erobert hatte, überwachte Petty als Experte die Aufteilung des Landes. Er erwies sich wirklich als Experte, denn bei seiner Rückkehr besaß er mehr als 20 000 Hektar irischen Bodens. Petty hatte erkannt, wie nützlich Rechnungen wie die Graunts für den Staat sein konnten. Mit Sterbetafeln konnte zum Beispiel berechnet werden, gegen welche feste Geldsumme man eine lebenslange regelmäßige Rente aufrechnen konnte oder in welchem Verhältnis die Miete eines Gebäudes zu seinem Verkaufswert stand.

Zu Zeiten, als fast der gesamte Reichtum des Königreichs in Grundbesitz bestand, war das eine wichtige Angelegenheit. Petty schlug König Charles II. vor, eine zentrale Statistikbehörde einzurichten, die all diese lebenswichtigen Daten sammeln und analysieren sollte, um das Steuersystem zu rationalisieren und dem Staat regelmäßige Einnahmen zu verschaffen, ohne die Bürger zu sehr zu belasten. Der Monarch lächelte still vor sich hin, nickte mit dem Kopf ... und das war es.

Die Herrscher des 17. Jahrhunderts, die fast ständig in Kriege verwickelt waren, mussten auf die Schnelle große Summen lockermachen, und der Verkauf lebenslanger Leibrenten gegen eine einmalige große Summe Geldes erschien ein attraktives Glücksspiel zu sein. Der Käufer einer solchen Rente wettete sozusagen gegen den eigenen frühen Tod. Wenn also eine schlaue Regierung über die entsprechenden Daten verfügte, konnte sie eine längere Laufzeit versprechen, als nach den Sterbetafeln zu erwarten war, und damit auf den instinktiven Glauben des Käufers setzen, dass alle sterben, wenn sie die durchschnittliche Lebenserwartung erreicht haben – ausgenommen er selbst. Die mathematischen Verfahren, die als Grundlage für die Altersversorgung, die soziale Absicherung und für Lebensversicherungen dienen, begannen also mit einem Versuch, dem Staat – wie einer Spielbank – einen Extragewinn zu verschaffen.

Jeder, der Sozialdaten kennt und sie für sich behält, ist im Vorteil. Die Rechnungen mit Daten der Bevölkerungs- und Sozialstatistik fielen daher wie die Linsen bei Aschenputtel in zwei gleichermaßen geheime Töpfchen: das der Topmanager der Lebensversicherungen und das der Ministerien klammer Königreiche. Während des gesamten 18. Jahrhunderts war die Bevölkerungsstatistik mit den Geburts- und Sterbezahlen ein Staatsgeheimnis. Die herrschende politische Theorie war der Merkantilismus, eine Form von hoch entwickeltem Geiz, nach dem das Land mit dem meisten Gold und der größten Bevölkerung am Ende das Spiel gewinnt. Ein praktisch denkender Herrscher deckte daher die Zahl seiner Untertanen so wenig auf, wie ein Pokerspieler seine Gegner einladen würde, einen Blick in seine Karten zu werfen.

Das ständige Problem war, verlässliche Rohdaten zu finden. Über lange Jahre wurden die meisten wissenschaftlichen Untersuchungen zur Sterblichkeit auf der Grundlage von Daten der schlesischen Stadt Breslau (heute Wrocław) durchgeführt, wo die protestantischen Pastoren angewiesen worden waren, genaue und vollständige Informationen zu sammeln. Preußen, ein Land, das sich damals über Europa mit der unheimlichen Geschwindigkeit von Bakterien in einer Petrischale ausbreitete, förderte Volkszählungen und deren interne Interpretation, verhinderte aber die Veröffentlichung der Ergebnisse. Es waren preußische Professoren, denen bei der Arbeit mit diesen Daten zuerst der Begriff »Statistik« einfiel. Sie verstanden darunter die Kennzahlen des Staates, die Zeichen seines Wohlergehens. Preußen kannte und nummerierte jede Scheune und jeden Hühnerstall auf seinem Staatsgebiet, hielt die Daten aber wie die Meldungen eines Quartiermeisters der Armee unter Verschluss und machte sie nur wenigen Privilegierten zugänglich.

Es gab jedoch auch begeisterte Amateure, die Daten sammelten und Zählungen durchführten. In den 1740er Jahren führte der preußische Pastor Johann Peter Süßmilch das Werk Graunts fort, indem er Berge von Daten über Geburten, Todesfälle und Hochzeiten aus ganz Deutschland zusammentrug. Er fand heraus, dass Gott die sündigen Stadtbewohner ganz eindeutig mit höheren Todesraten bestrafte. Und er fand heraus, dass man soziale Mechanismen in einer Gesellschaft schon im ersten Ansatz herausfinden konnte, wenn die Menge der Daten genügend groß war. So schien zum Beispiel der Zusammenhang zwischen Ackerfläche und Einwohnerzahl periodischen Schwankungen zu unterliegen: Mehr verfügbares Land erlaubte es den Bauern, früher zu heiraten und einen Haushalt zu gründen. Das führte zu mehr Kindern und damit mehr zukünftigen Bauern und weniger verfügbarem Land. Für eine ökonomische Theorie mag das allzu primitiv erscheinen – Adam Smith entwickelte weit interessantere Ideen, die einzig seinem Kopf entsprangen –, aber der springende Punkt war, dass Süßmilch seine Erkenntnisse aus *Fakten* gewann und nicht als Resultat der Vernunft.

Fakten waren höchst interessant geworden – nicht nur für Minister, sondern für alle Deutschen. In vielen Städten wurden jede Woche alle möglichen Listen und Zahlen veröffentlicht, die von irgendwelchen Leuten gesammelt worden waren. Johann Bernoulli – ein weiterer Vertreter dieser Familie – bereiste zum Beispiel Preußen und beschrieb die Sammlung Alter Meister eines Prinzen einfach durch die Angabe der Bildmaße.

Man konnte bald von einem Zeitalter der Statistik sprechen – in einem ebenso verschwommenen wie Hoffnung machenden Sinn, wie man später vom Atom-, Jet- oder Informationszeitalter sprechen sollte. Masse, Mechanismus und Zahl ersetzten Natur, Vernunft und Sphärenharmonie als die Leitideen der Zeit. Als Quetelet den möglichen Einfluss seiner »moralischen« oder »sozialen Physik« skizzierte, wirkte das, wie wenn aus einer gut durchgeschüttelten Champagnerflasche der Korken fliegt: Der Geist schäumte über und überschwemmte den gesamten Kontinent.

Die Idee der Simultaneität – viele andere tun etwas *gerade in diesem Augenblick* – erlebte ihren Siegeszug mit dem Ausbau des Eisenbahnnetzes, der es notwendig machte, eine einheitliche Zeit einzuführen. In den Fabriken machten untereinander austauschbare Teile nicht nur eine Massenproduktion möglich, sondern änderten auch das Wesen der Produkte (Musketen, Spinnrahmen, Schiffsausrüstungen): Aus handgefertigten Gegenständen für das Hier und Jetzt wurden zusammengesetzte Geräte, die überall und zu jeder Zeit verwendet werden konnten. Das Gold, das zuvor ganz real im Umlauf war, wurde nun durch abstrakte Zahlen ersetzt, die in den weltweiten Fluss der Kredite geworfen wurden. Der formlose, transportable und nimmermüde Dampf machte es der Industrie möglich, ihren Standort in den tiefen Schluchten der Flüsse zu verlassen und ihn irgendwo neu zu wählen. Der Maschinenbau, also die Herstellung von Maschinen, die andere Maschinen erzeugen, führte absolute Standards für Gleichmäßigkeit, Winkelabweichung und Durchmesser von Werkstücken ein, um letztlich die Arbeiter mit ihren geschickten Händen, scharfen Augen und dem geübten Umgang mit dem Material durch Maschinen ersetzen zu können.

Selbst der Charakter der Zahlen wandelte sich: Das Dezimalsystem legte es nahe, Verhältniszahlen in Prozent anzugeben und ihnen damit den Anschein absoluter Werte zu verleihen. Man berechnete nun nicht mehr »ein Verhältnis von 1 zu 3« oder »sechs Groschen pro Taler« oder »dasselbe nochmal«, sondern sprach von 33 Prozent, 12,5 Prozent und 100 Prozent und suggerierte damit, es lägen Musterbeispiele eines einheitlich formulierten universellen Gesetzes vor.

Von Quetelet angeregt gründeten britische Gelehrte die Royal Statistical Society. Sie standen damit aber vor einem Dilemma: War die Statistik als neue Disziplin eine eigene Wissenschaft oder nur eine Hilfsmethode, die anderen Wissenschaften diente? Mit der ihnen eigenen Vorsicht und Scheu vor dem ganz großen Wurf entschieden sich die Gelehrten für das bescheidenere Ziel und wählten als ihr Emblem eine Weizengarbe mit dem entsprechenden Motto *aliis exterendum*: »Lasst es andere ausdreschen.« Der erste Fragebogen der Society, *On the Effect of Education on the Habits of the People*, stellte zu Beginn die Frage: »Was sind die Auswirkungen der Erziehung auf die Gewohnheiten der Menschen?« Die Techniken der Society sollten glücklicherweise schnell über dieses schlichte Stadium hinauswachsen.

Die Statistik eröffnete den Historikern und Philosophen neue Möglichkeiten, soziale und gesellschaftliche Prozesse zu verstehen. Alexis de Tocqueville beschreibt in *Der alte Staat und die Revolution, Über die Demokratie in Amerika* und seinen Reisebeschreibungen von England und Irland die wesentlichen Unterschiede der Bräuche und Erwartungen von Franzosen, Amerikanern und Engländern immer noch, ohne auch nur eine Statistik anzuführen. Als er dann zum ersten Mal André-Michel Guerrys *Essai sur la statistique morale de la France* mit all den schönen, umfassenden Berichten über Unratbeseitigung, Selbstmorde und Verbrechen gelesen hatte, erklärte er, sich gern freiwillig lebenslang ins Gefängnis werfen zu lassen, wenn es nicht gegen die Ehre wäre, sofern er dort derart hervorragende Tabellen studieren dürfe.

Der zugleich extremste und einfallsreichste Anhänger des neuen Blicks auf die Geschichte war Henry Thomas Buckle, ein Meteorit, der seine Bahn durch den Himmel des Ruhmes zog und heute völlig vergessen ist. Er war als Kind sehr kränklich und wurde von seiner Mutter, die er abgöttisch liebte, in allem verwöhnt. Als er volljährig wurde, konnte er bereits sieben Sprachen fließend sprechen, besaß eine Bibliothek mit 22 000 Bänden und verfügte über ein breites, wenn auch noch lückenhaftes Wissen – und zwei kleine Laster: Zigarren und Schach.

Buckle hatte keine Angst vor dem ganz großen Wurf, und so war sein eigener auch nicht gerade bescheiden: Der freie Wille, Gott und die Macht des Staates sind allesamt reine Fiktion! Die Haupteinflüsse, ja die einzigen Einflüsse auf die Entwicklung der Menschheit sind das Klima, die Ernährung, die Bodenverhältnisse und der »generelle Aspekt der Natur«, wobei der Letztere notwendig war, um die Vorstellungskraft, poetische Gefühle und dergleichen zu erklären. All die rassischen oder nationalen Unterschiede, die wir bei den Menschen feststellen, sind direkte Folgen dieser mechanischen Einflüsse.

Ist der Mensch nur Produkt seiner Umwelt, muss er natürlich alles über diese Umwelt wissen, um alles über sich selbst und die Menschheit zu erfahren. Dabei bewiesen die Statistiken ihren großen Nutzen und Wert:

Sie gründen sich auf Sammlungen fast unzähliger Tatsachen, die sich über viele Länder ausdehnen und in der klarsten aller Formen, in der Form arithmetischer Tabellen gegossen sind; und endlich sind sie von Männern zusammengestellt, die, meistens bloße Staatsdiener, keine besondere Theorie zu behaupten und kein Interesse daran hatten, die Wahrheit der Berichte, die ihnen aufgetragen waren, zu entstellen.

Wo immer sich in Statistiken Uniformität abzeichnete, sei es in physikalischen oder »moralischen« Bereichen, waren soziale Gesetze am Werk, und es gab nichts, was die Kirche oder die Krone daran ändern konnte:

Der Hauptfeind dieser Bewegung und folglich der Hauptfeind der Civilisation ist der bevormundende Geist; darunter verstehe ich die Vorstellung, die menschliche Gesellschaft könne nicht gedeihen, wenn ihre Angelegenheiten nicht auf Schritt und Tritt vom Staat und von der Kirche bewacht und behütet würden, wo dann der Staat die Menschen lehre, was sie zu thun, die Kirche, was sie zu glauben haben.

Von Buckles *Geschichte der Civilisation in England* erschienen zwei Bände: eine Einleitung und ein praktischer Versuch, die Methode auf

Schottland und Spanien anzuwenden, die nach Buckles Kriterien am einfachsten zu beschreiben waren, weil sich dort so wenig Erwähnenswertes ereignet hatte. In einem dritten Band sollten Deutschland und die Vereinigten Staaten beschrieben werden, bevor es dann an den eigentlichen und im Titel angekündigten Gegenstand gehen sollte. Hier griff aber das Schicksal mit harter Hand ein: Buckles Mutter starb 1859, was ihn dazu brachte, doch noch einmal über die Unsterblichkeit der Seele nachzudenken. Verzweifelt und unfähig, weiterzuarbeiten, fuhr er ins Heilige Land und erlag in Damaskus einem Fieber. Der Legende nach redete er im Delirium (wie viele Autoren angesichts des Endes) nur von Einem: »Mein Buch! Ich habe mein Buch nicht fertiggeschrieben!«

Er hätte sich nicht zu sorgen brauchen. Wie Quetelets Theorien waren auch die von Buckle zu vielversprechend, um nicht von anderen vervollständigt und zu Ende geführt zu werden. Als Spekulationen mit offenem Ausgang wurden sie überall auf der Welt bekannt. In Amerika war der junge Henry Adams sicher, dass nun eine wirkliche *Wissenschaft* der Geschichte begonnen hatte. Strindberg hat seinen *Meister Olof* auf Buckle gegründet. Junge Rumänen sahen in Buckles Werk einen Entwurf für die Entwicklung ihres Landes. Dostojewski ermahnte sich selbst in seinen Notizbüchern, Buckle wieder und wieder zu lesen. In jedem Wort des Großinquisitors in den *Brüdern Karamasow* kann man die Stimme jenes »bevormundenden Geistes« hören, den Buckle beschrieb und hasste.

Dostojewski leistet mit seiner charakteristischen Gegnerschaft gegen alles aber auch hartnäckigen Widerstand gegen die Folgen einer statistisch bestimmten Welt. Der namenlose Protagonist in seinen *Aufzeichnungen aus einem Kellerloch* spottet über die Anstrengungen des 19. Jahrhunderts, einen »Kristallpalast« der Gewissheit über allem und jedem zu errichten:

Das ist doch fast dasselbe, wie ... nun, wie nach Buckle behaupten, der Mensch werde durch die Kultur weicher, folglich weniger blutdürstig und immer unfähiger zum Kriege. Nach der Logik, glaube ich, kommt er zu dieser Schlussfolgerung. Der Mensch aber hat solch eine Vorliebe für das System und die abstrakte Schlussfolgerung, dass er bereit ist, die Wahr-

heit absichtlich zu entstellen, bereit, mit den Augen nicht zu sehen, mit den Ohren nicht zu hören, nur damit die Logik Recht behalte.

Dostojewski wird in seinen Notizbüchern noch deutlicher, wenn er fragt, warum die Statistiker, Experten und Menschenfreunde, die alles Gute im Leben durchnummerieren, immer das Wichtigste vergessen: unseren freien Willen, unsere Launen (so wild sie auch seien) und unsere Fantasie. Das seien schließlich die größten Schätze.

Da Statistik eine philosophische Haltung war, bevor sie zur numerischen Technik wurde, waren auch die ersten Einwände gegen sie philosophischer Natur. Viele deutsche Denkerschulen lehnten es ab, wie uns Buckles Ideen zu einsamen Atomen machen. Gut, es mag ja historische Gesetze geben, aber diese Gesetze gelten kollektiven Gebilden wie unserer Kultur, Klasse, Gesellschaft und Nation – oder Rasse. Man kann hier schon erkennen, in welcher Weise sich diese Ideen im 20. Jahrhundert entfalten würden.

Die Romanautoren gehörten zwei Gruppen an. Die einen versuchten, Realismus zu erreichen, indem sie Typen beschrieben, die sich aus den Statistiken herausschälten. So scheint Balzac mit jedem neuen Roman die Liste der Unterklassen Frankreichs weiter abgearbeitet zu haben. Die anderen Dichter widersetzten sich den strikten Folgen von Uniformität und Determinismus. Tolstois Behauptung, jede unglückliche Familie sei auf ihre ganz besondere Weise unglücklich, legte Protest gegen die Anmaßungen der Statistik ein. Dickens *verabscheute* Statistiker und war als Städter überzeugt, dass jede Straße und jedes Haus einzigartig ist. Sein Angriff auf die Tyrannei der sozialen Gesetze wird in *Harte Zeiten* am unverhohlensten deutlich, wo die arme Sissy unter dem gnadenlosen Druck von Mr. Gradgrind Statistik pauken muss: »Was ich wünsche, sind Tatsachen ... Halten Sie sich an Tatsachen!« Gradgrind bekommt seine Quittung, als sich herausstellt, dass sein Sohn Tom ein Dieb ist. Der Junge sieht aber allzu gern das Schicksal mit den Augen der Statistiker: »So viele Leute sind in Vertrauensstellungen, und von so vielen werden so viele unehrlich. Hundertmal hab ich von dir gehört, das sei ein Gesetz. Was kann ich für ein Gesetz?«

Selbst einige Deterministen wandten sich gegen die Vorstellung, dass die meisten wichtigen Tatsachen von Zahlen bestimmt werden. Auguste Comte, der Mitbegründer des Positivismus, der ansonsten voller Überzeugung an die sozialen Gesetze glaubte, lehnte die totale Quantifizierung als unmöglich ab: Er vergab Quetelet, den er als »irgendeinen belgischen Weisen« verspottete, schon deshalb nicht, weil er seinen Begriff »soziale Physik« aufgegriffen und für jene numerische »Travestie« verwendet hatte. Aus Rache erfand er den Begriff »Soziologie«, der ihm als zu eklig erschien, als dass jemand ihn stehlen würde.

Sind wir Individuen oder handeln wir nur kollektiv? Sind Erfahrungen determiniert oder frei? Sind die Gesetze unserer Erfahrung unveränderlich oder nicht? Können wir das Leben quantifizieren, ohne dabei sein Wesen zu verraten? Es gab reichlich viele Querelen über die philosophischen und moralischen Folgerungen aus Quetelets Werk, bevor man sich wieder etwas genauer mit den Zahlen befasste. Als man es tat, entdeckte man, dass alles weit weniger abgesichert war, als es die Theorie behauptet hatte. Gegen Ende des 19. Jahrhunderts untersuchte Wilhelm Lexis das Datenmaterial erneut und verglich die Zahlen von Geburten, Selbstmorden und Verbrechen mit den entsprechenden Wahrscheinlichkeitswerten. Genauer gesagt, entwickelte Lexis ein Modell zu den vorgegebenen statistischen Werten: eine Urne mit Kugeln, die entweder unbezeichnet oder mit »Junge«, »Verzweiflung« oder »Mord« beschrieben waren – ganz im Verhältnis ihres Vorkommens in den Beobachtungen. Dann berechnete er die Wahrscheinlichkeit, durch das Entnehmen von Kugeln zu den beobachteten Zahlen zu kommen, er verglich also die reale Erfahrung mit der Idealvorstellung, die nach Quetelet hinter allen wirklichen Phänomenen steht. Bei den Geburten stimmten Modell und Wirklichkeit perfekt überein, was beweist, dass das Verhältnis von männlichen zu weiblichen Geburten wirklich durch unabhängige Zufallsprozesse bestimmt wird. Darüber hinaus gab es allerdings nur bei den Selbstmorden in Dänemark in den Jahren 1861 bis 1886 eine gewisse Übereinstimmung. Die anderen Phänomene waren offensichtlich zu veränderlich, um allein mit diesem Modell beschrieben werden zu können.

Lexis definierte einen »Dispersionsindex« Q, der ein beobachtetes Phänomen mit dem Wert aus dem Wahrscheinlichkeitsmodell vergleicht. Bei $Q = 1$ stimmen die Zahlen überein, und die reale Welt verhält sich wie eine Münze, die man wirft: Alle Ereignisse sind unabhängig und zufällig. Ist Q kleiner als 1, wird die Welt von einem im Hintergrund wirkenden Gesetz bestimmt, und die Dinge geschehen aus gutem Grund. Buckle konnte sich die Hände reiben. Ist aber Q größer als 1, wie es Lexis bei den meisten Sozialstatistiken feststellte, herrschen die Schwankungen vor: Zumindest eine beträchtliche Untergruppe ändert sich signifikant, ohne dass man es vorhersagen kann. Eine Gesellschaft erscheint nur deshalb stabil und determiniert, weil die Zeitreihe, die wir betrachtet haben, zu kurz war.

Wann beschränkt sich das Interesse darauf, nur einen *Blick* auf die Gesellschaft zu werfen? Wenn Kinder an Cholera sterben und alte Frauen an Grippe? Wenn sich Familien in von Ratten verseuchten Räumen drängen, in die man nur gelangt, indem man durch Dreck watet? Wer wollte nicht die Gesellschaft *ändern*? Im 19. Jahrhundert standen viele große Ideen in Konkurrenz zueinander, es war aber insbesondere in England auch eine Zeit großer praktischer Anstrengungen. Für die Frauen und Männer, die sich in ihrer Umgebung umsahen und einen Drang zum Handeln verspürten, waren die Zahlen der Sozialstatistik nicht nur Objekte, über die man nachgrübeln konnte, sondern ein mächtiges Mittel, um die Dinge voranzutreiben.

Erinnern wir uns an den Brustumfang der Schotten. In dem Originalartikel im *Edinburgh Medical Journal* ging es gar nicht um die wunderbare Ebenmäßigkeit »des« schottischen Soldaten, sondern um die beunruhigenden Unterschiede zwischen den wackeren Burschen vom Land aus Kircudbrightshire und den verhärmten Arbeitern und Bergleuten von Lanark, das nur ganze 40 Meilen entfernt liegt. Das waren im Übrigen auch nicht die einzigen derartigen Daten, die in Schottland gesammelt worden waren. 1791 hat ein Gutsherr in den Highlands, Sir John Sinclair, die erste nationale Studie begonnen, die jemals angelegt wurde, den *Statistical Account of Scotland*.

Sinclair hatte während einer Reise auf den Kontinent in den 1780er Jahren ohne eine Spur von schlechtem Gewissen den Begriff

»Statistik« von den Deutschen gestohlen. Er war der Ansicht, von ihm besseren Gebrauch machen zu können:

In Deutschland versteht man unter »Statistik« eine Untersuchung zum Zweck, die politische Macht des Landes zu stärken oder Fragen zu beantworten, die den Staat betreffen. Die Idee, die ich hingegen mit dem Begriff verbinde, ist eine Untersuchung des Zustands eines Landes, um das *größtmögliche Glück* abzusichern, dessen sich die Einwohner erfreuen, und um die Mittel zu seiner weiteren Fortentwicklung zu sichern.

Der Ausdruck »größtmögliches Glück« stammt von Jeremy Bentham. Wie er versuchte Sinclair herauszufinden, wie man die gesellschaftlichen Verhältnisse verbessern konnte, indem man bestimmte Fakten unter die Lupe nahm und aus ihnen Schlüsse zog. Er wollte das Leben in den Highlands erträglicher machen, einer Region, wo die äußerste Armut mit großer Geduld ertragen wurde, und begann für dieses Ziel Daten zu sammeln.

Er folgte der Praxis, die zu den deutschen Sterbetafeln geführt hatte und besorgte sich seine Daten bei den einheimischen Pfarrern, wobei er keinerlei Respekt vor ihren Soutanen hatte, wenn man seinem Wunsch nach vollständigen Informationen im Weg stand. Seine letzten Mahnbriefe schrieb er in Rot und ließ die Empfänger ihre eigenen Schlüsse aus der »drakonischen Farbe der Tinte« ziehen.

Sinclair hatte Erfolg: Alle 938 Pfarreien schickten ihre Zahlen, wozu neben der Einwohnerzahl die Klasse der Einwohner, Daten über Landwirtschaft, Arbeit, Fabriken, Handel und Getreidepreis, die Sterberaten und noch etliche weitere Details gehörten. Den wahren Sieg errang Sinclair aber durch die Maßnahmen, die er – bewaffnet mit seinen 21 Bänden unwiderlegbarer Erkenntnisse – der Regierung abringen konnte. So wurden eine Landwirtschaftsbehörde gegründet, die Steuern auf Kohle gesenkt, die törichten Abgaben für das Mahlen von Getreide abgeschafft, die Lehrergehälter erhöht, die Schafzucht gefördert und die Familien schottischer Geistlicher mit einer königlichen Spende von 2 000 Pfund bedacht. Dass ein einzelner Bürger eine derart vollständige statistische Erfassung durchführen konnte, gab darüber hinaus den Anstoß, auch den Rest von England zu erfassen und die gewonnenen Daten nicht als Geheiminformationen über die staatliche Macht zu hüten, sondern allen zur Verfügung zu stellen und als Basis für die Gesetzgebung anzubieten.

Mit dem Beginn der industriellen Revolution wurde es noch dringender, die treibenden Kräfte des sozialen Geschehens zu erforschen. Warum war die Lebenserwartung in Rutland doppelt so hoch wie in Manchester? Warum war die Sterberate im Londoner Eastend doppelt so hoch wie im Westen der Stadt? Warum stank es in dem Fluss, an dessen Ufer das Parlament des mächtigsten Landes der Welt lag, so entsetzlich, dass man mit Karbol getränkte Tücher in die Fenster hängen musste? Zur Beantwortung dieser praktischen Fragen benötigte man bestimmte Fakten – und so wurde England in den 1830er Jahren zum weltgrößten Faktenproduzenten.

Die statistischen Berichte von Parlamentsausschüssen, königlichen Kommissionen und Gemeinden wurden alle veröffentlicht und fanden weite Verbreitung. Sie machten das frühe viktorianische England zu einem Land, das mehr über sich wusste als je zuvor (und oft danach). Douglas Jerrold, der in dieser Zeit lebte, berichtete, dass sich 1833 niemand über die Armut Gedanken machte, während 1839 niemand an etwas anderes dachte. Der unermüdliche Edwin Chadwick, Sekretär des »Ministeriums des Pauperismus«, wie es bei Marx heißt, drängte die lokalen Behörden zu standardisierten Antworten auf seine Fragen und zu auf Zahlen gestützten Berichten über die Auswirkungen der Maßnahmen zur Verbesserung der öffentlichen Hygiene auf die Gesundheit der Bevölkerung. Dank dieser Meldungen konnte er der Regierung Vorschläge machen, die unwiderlegbar schienen, da sie auf Fakten beruhten. So stellte er beispielsweise fest: »Die jährlichen Verluste an Menschenleben durch Schmutz und schlechte Durchlüftung sind größer als die durch Todesfälle und Verwundungen in welchem Krieg auch immer, in den England in der Neuzeit verstrickt war.«

Die Berichte waren ein Anfang, das eigentliche Ziel war aber, zu handeln. John Snow gab ein beeindruckendes Beispiel von den Schlussfolgerungen, die man aus einer Statistik ziehen kann, als er einen der schlimmsten Choleraausbrüche in London analysierte. Während zweier Septemberwochen im Jahr 1854 waren in Soho 500 Menschen an der Seuche gestorben, die alle innerhalb einer

Quadratmeile gewohnt hatten. Snow standen 83 Sterbeurkunden zur Verfügung, um die Wohnungen der Toten in einem Plan des Stadtviertels zu markieren. Diese zweidimensionale Verteilung zeigte eine deutliche Häufung um die Wasserpumpe Ecke Broad und Cambridge Street.

Snow ging mit seiner Karte zum Board of Guardians der Pfarrei und bewegte die Verantwortlichen dazu, den Pumpenschwengel zu ersetzen: Die Epidemie hörte auf. Es wurde aber nicht nur Leben gerettet, sondern man erkannte auch den Zusammenhang von Cholera und verschmutztem Wasser. Zuvor hatte man geglaubt, die Krankheit würde durch üble Gerüche übertragen. An der Stelle der Wasserpumpe steht inzwischen das John-Snow-Gasthaus, wo man dank der Anstrengungen derer, die aufgrund von Statistiken handelten, heute ohne Gefahr (unter anderem auch) Wasser trinken kann.

Die bestimmende Kraft, die von den Aussagen einer Statistik ausgehen kann, wird besonders deutlich im Werk von Florence Nightingale sichtbar: »Es ist ein Verbrechen, unter den Grenadieren, der Artillerie und den Garden eine Todesrate von 17, 19 und 20 auf 1 000 zu haben, während es im zivilen Leben nur 11 sind. Das wäre, wie wenn man 1 100 Männer auf den Salisbury Plain bringen und dort *erschießen* würde.«

Eine Zeit lang sprachen die Zahlen dafür, dass die gesamte britische Armee auf der Krim innerhalb eines Jahres tot sein würde. Die Arbeit, die Nightingale leistete, um diesen entsetzlichen Trend zu wenden, war nur der Anfang. Der Widerstand im Kriegsministerium, dessen Chef, Lord Panmure, als »der Bison« bekannt war, erwies sich als so hartnäckig, dass alle Lektionen, die der Krieg erteilt hatte, vergessen schienen. Worte, und seien sie noch so bissig und zornig vorgebracht, können mit Worten niedergemacht werden, oder man weicht ihnen aus oder verharmlost alles. Mit Zahlen kann man so nicht umspringen, denn sie bringen die Dinge unwiderlegbar auf den Punkt.

Florence Nightingale wusste, wie man Zahlen aufbereiten musste, damit sie sich im Gedächtnis einprägten. Mit ihren Grafiken, die aussahen wie Hahnenkämme oder Fledermäuse und mit düsteren »Linien der Sterblichkeit« setzte sie auch ohne ihre persönliche Anwesenheit Zeichen und überzeugte die Öffentlichkeit, den Monarchen und sogar ihre Gegner, die erkennen mussten, dass jeder Streit mit ihr vergeblich sein würde.

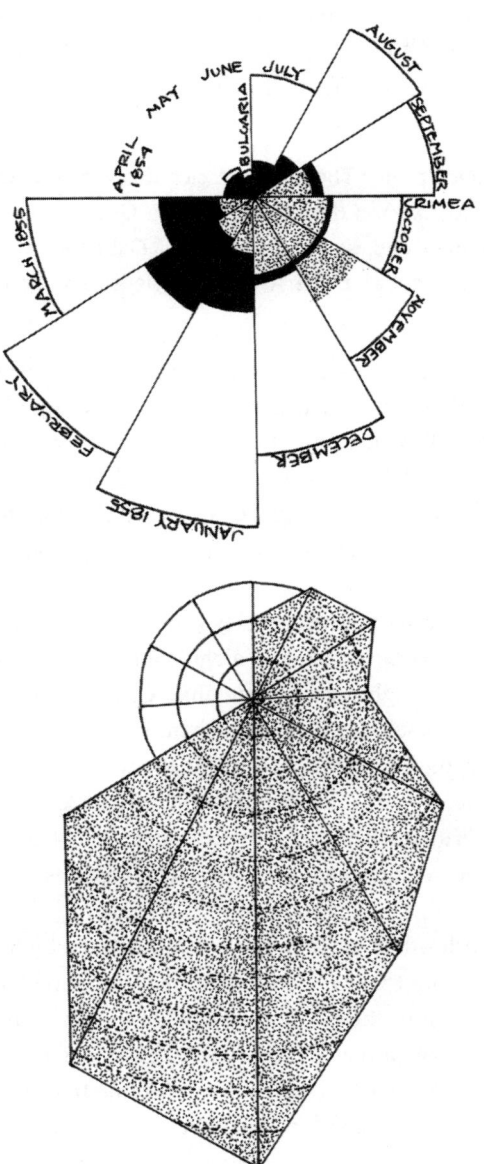

Florence Nightingale bezeichnete sich selbst als »leidenschaftliche Statistikerin«. Als Kind ihrer Zeit und weil sie eine Frau war, konnte sie zunächst der Welt nur auf Distanz begegnen, deshalb wurde sie schon von früh an von numerischen Informationen als Zugang zur Realität angezogen. Ihre Religion, eine seltsame Mischung aus Unitarismus und Quetelet, öffnete ihr die Augen für die Möglichkeiten der Statistik:

Die wahre Grundlage der Theologie ist, sich des Wesens Gottes zu versichern. Die Statistik kann dazu beitragen, die Gesetze des sozialen Bereichs zu erkennen und sie zu formulieren. Dabei werden bestimmte Aspekte Gottes offenbar. Daher ist das Studieren von Statistiken Gottesdienst.

Nicht bei jedem ging das Interesse an Statistik so weit, aber von Nightingales missionarischem Eifer, ihrem unbedingten Willen, die Werke Gottes in Tabellen und Diagrammen wiederzufinden und auf dieser Basis zu handeln, als wäre sie in ein geistliches Amt berufen, kann man eine Linie bis in die Gegenwart ziehen und erklären, warum Zahlen heutzutage im öffentlichen Leben eine so große Bedeutung haben.

Die Reformer des 19. Jahrhunderts waren auf der Suche nach Abweichungen und Veränderungen, nicht nach Mittelmaß und Kontinuität. Florence Nightingale hatte ihre Grafiken gezeichnet, um alarmierende Unterschiede herauszuheben. Eine Darstellung, auf der die Sterberaten in einem Monat um 80 Prozent fallen, erklärt sich von selbst – wie der gelbe Fleck auf der Krawatte klar auf ein Problem mit dem Frühstücksei hindeutet. Andere Probleme, vor allem, wenn es um die Armut geht, sind weit schwerer aus Statistiken herauszulesen.

Charles Booth (nicht zu verwechseln mit dem Gründer der Heilsarmee, William Booth) war zum einen der Chef einer bedeutenden Liverpooler Reederei, zum anderen ein Mann mit einem großen Herzen für die Armen der Stadt. Sie wurden seiner Ansicht nach in zweifacher Weise im Stich gelassen: Es gab keine Institution, die versucht hätte, die wahre Zahl der Armen herauszufinden, und niemand kümmerte sich so richtig um ihre Lebensumstände – außer, dass man sie dem Rest der Welt als abschreckendes moralisches Beispiel vorhielt. Als er 1885 in einem Bericht las, dass 25 Prozent der Londoner Bevölkerung in äußerster Armut lebte, dachte er zunächst, die Autoren hätten stark übertrieben. Es gab aber keine genaueren Zahlen, deshalb ging Booth sogleich ans Werk und stellte auf eigene Kosten eine systematische Untersuchung an, die schließlich in drei Auflagen mit zuletzt 17 Bänden unter dem Titel *Life and Labour of the People in London* erschien.

Seine Methoden waren so präzise wie umfassend und zielten auf die Wohnverhältnisse, die Arbeitsverhältnisse und die Religion der Bevölkerung. Er und seine Mitarbeiter befragten alle Besucher der städtischen Schulen über ihre Familien und begleiteten Polizisten auf ihren Runden. Booth wohnte selbst eine Zeit lang mit armen Familien in den schmutzigsten Höhlen zusammen, um die genauen Lebensumstände besser kennen zu lernen: »Familien kamen und gingen ... Sie leben im Dreck, trinken gern, sie sind zugleich träge, verschlagen und unstet« – »*shiftless, shifty and shifting*«, wie es poetisch im englischen Original heißt.

Nachdem er das Datenmaterial in alle Richtungen durchforstet hatte, legte er eine Einkommensskala fest, die von A (»Gelegenheitsarbeiter, Straßenhändler, Faulenzer, Kriminelle und Halbkriminelle«) bis H (»obere Mittelklasse, Klasse mit Personal«) reichte. Booth kam auf die Idee, einen vollständigen Stadtplan zu zeichnen, auf dem jede Londoner Straße gemäß ihrem Status farbig gekennzeichnet war: vom »üblen« Schwarz von Wapping über Blau, Purpurrot und Rot in der Mitte bis zum prächtigen Gelb von Mayfair und Belgravia – heute würden wir auf dem Plan von Berlin die schwarzen Viertel der Unterschicht von Neukölln im Kontrast zum strahlenden Gold der Villengegenden von Dahlem sehen.

Es gab aber noch »schwarze Schatten«, wie es Booth ausdrückte, und das war sein Verhängnis. Sein Anstand und seine Herzensgüte ließen es nicht zu, einfach aufzuhören, wenn eine weitere Untersuchung mit genaueren Resultaten es ihm womöglich erlauben würde, die Verhältnisse besser zu verstehen. Das Problem war aber, dass es keine richtige Wissenschaft gab, die jenseits der offensichtlichen Diskrepanzen die Varianz der sozialen Daten erklären konnte.

Die interessanten Probleme, die aktive Menschen wie Booth anzogen, hatten nichts mit »normalen« Verhältnissen zu tun. Es fehlte eine Theorie, die aus der Mitte der Normalverteilung hinaus zu ihren Rändern führte.

Die Kombination aus einem Verstand, der weit über dem Durchschnitt liegt, Energie, Neugier und einem beträchtlichen Vermögen können Erstaunliches zustande bringen. Francis Galton hatte die intellektuelle und physische Kraft, wie sie die besten Viktorianer kennzeichnete. Porträts zeigen ihn mit hoher Stirn und Backenbart, rosig, wohlgenährt und voll Wachsamkeit: sozusagen die sportliche Ausführung seines Cousins Charles Darwin. Er hätte als Modell für den typischen sporttreibenden Landpfarrer von der Sorte dienen können, die unter der Soutane Reitstiefel und Sporen trug.

Das Bild ist nicht zufällig gewählt: Galton war in seiner Jugend von der Idee besessen, etwas ganz großes Gutes zu tun. Rastlos und unzufrieden brach er auf, um Südwestafrika zu erforschen. Er fragte sich, wie er mit den prächtigen Empfängen umgehen solle, die er bei den lokalen Königen im Ovamboland erwartete, und verfiel auf die Idee, in Afrika mit einem roten Jagdrock auf einem Ochsen einzureiten. Sein *Bericht eines Forschers im tropischen Südafrika* und seine *Art of Travel* (mit dem Untertitel *Shifts and Contrivances in Wild Countries*) raten späteren Expeditionsreisenden, eine faltbare Badewanne mitzuführen und vor größeren Märschen in jeden Schuh ein Ei zu schlagen.

Der Leser lässt sich von der Buntheit seines viktorianischen Enthusiasmus so bereitwillig hinreißen, dass er darüber leicht die Schärfe vergessen könnte, mit der Galtons Verstand die Hauptaufgaben anging. Er beschäftigte sich zunächst mit dem Wetter und überredete allein mit Hartnäckigkeit und guten Worten alle Wetterstationen Europas, das Wetter im Dezember 1861 nach gleichen Regeln in Tabellen aufzuzeichnen. Er liebte die bildliche Darstellung der Daten und erfand dazu Symbole, die zugleich Wind, Temperatur und Luftdruck angaben. Ganz nebenbei erfand er auch noch die Isobaren, die uns heute noch von der Wetterkarte vertraut sind. Dann stellte er Fotos »typischer« Krimineller zusammen und hinterließ uns die Methode, Menschen mit ihren Fingerabdrücken zu identifizieren. Mit einem Schnellverfahren schätzte er die Verteilung der Körpergröße afrikanischer Stammesangehöriger, indem er sie in einer Reihe aufstellte und mit Quartilen (das sind beispielsweise die 50 Prozent der Daten um den Mittelwert und die jeweils 25 Prozent der größeren und kleineren Werte) durchnummmerierte – eine Methode, die man heutzutage beim Ranking von Fondsmanagern anwendet. Mit einer Art Datenhandschuh mit fünf Eingängen konnte er ständig heimlich fünf Größen bestimmen, wenn er um die Welt zog. So stellte er durch direkte Zählungen in den Straßen fest, wie sehr die Gaunerhaftigkeit in den europäischen Nationen und die Schönheit der britischen Frauen variierten.

Das klingt nach der Besessenheit eines Amateurs, die auch wieder vergeht, aber das Band, das die Untersuchungen verknüpft, ist das Ordnungsprinzip, das er anwandte: Galton verband das Auge des Naturfreunds, der jeden vom Dach fallenden Spatz wahrnimmt, mit der Überzeugung des Wissenschaftlers, dass eine Klassifizierung die Wahrheit aufdecken kann. Alles was er brauchte, war ein Ordnungsprinzip, das allgemein genug war, um das weite Feld seiner Interessen abzudecken. Er fand es in Quetelets Kurve:

Ich kenne kaum etwas, das die Vorstellung so sehr beeindruckt, wie die wundervolle Form der kosmischen Ordnung, die im »Gesetz der Fehlerhäufigkeit« ausgedrückt wird. Die alten Griechen hätten dieses Gesetz personifiziert und einem Gott zugeordnet, wenn sie es gekannt hätten. Es herrscht mit Ernst und vollständiger Zurückhaltung inmitten der wildesten Konfusion. Je größer die Menge ist und je größer die Anarchie erscheint, umso perfekter ist seine Herrschaft. Es ist das oberste Gesetz der Unvernunft.

Das Gesetz erlaubte es ihm zum Beispiel, den weit verbreiteten Glauben an die Wirksamkeit von Gebeten auf die Probe zu stellen. Statt die Diskussion auf die übliche Weise zu führen, dachte er sich eine Untersuchung aus, die so einfach wie schlüssig war. Zum Gottesdienst der Church of England gehört ein Gebet für die Gesundheit und das lange Leben des Monarchen, in das die gesamte Gemeinde einstimmt. Hatte das Gebet eine Wirkung, mussten eigentlich die Könige und Königinnen, auf deren Leben sich das Bittgebet konzentrierte, länger leben als der Durchschnitt wohlhabender und gut genährter Briten dieser Tage. Leider war alles ganz anders. Die Monarchen lebten *weniger* lang als die anderen Adeligen, sie lebten sogar so viel kürzer, dass man annehmen musste, das Gebet habe die *gegenteilige* Wirkung.

Für zwei Eigenschaften der Normalverteilung konnte sich Francis Galton ganz besonders begeistern. Die Stabilität des Mittelwerts gehörte nicht dazu, er liebte vielmehr die Form der Verteilung, also wie jedes Element seinen ordentlichen Platz längs der Kurve fand, und er liebte die Möglichkeit, aus einer Stichprobe auf die Eigenschaften der Gesamtheit zu schließen. Entgegen Quetelets Behauptungen war klar geworden, dass wir aus einer Statistik nicht alles über jeden erfahren würden. Schlüsse auf die gesamte Gesellschaft würden immer auf der Annahme beruhen, dass die zufällig verfügbaren Daten in irgendeiner Weise das Ganze widerspiegeln.

Die Vererbungswissenschaft war eine weitere Leidenschaft Galtons. Er war in seinem tiefsten Herzen ein begnadeter Experimentator und wollte den Vererbungsforschern und anderen Naturwissenschaftlern die gleichen Möglichkeiten wie den Astronomen und Physikern geben, ihre Forschungsresultate zu beurteilen. Die Naturforscher füllten lange Listen und lieferten Beschreibungen. Das Auftauchen Darwins und die Wiederentdeckung der Ergebnisse Mendels legten aber nahe, dass es Gesetze gibt, die in der lebendigen Welt ihre Spuren in gleicher Weise hinterlassen wie die Gesetze Newtons am Himmel.

Er wollte wissen, wie es zu einem Galton, Darwin oder Wedgwood kommen konnte. Warum waren gerade diese Familien wie Sterne über den Landstrichen ländlicher Dunkelheit aufgegangen? Warum unterschieden sie sich von den gedankenlosen Massen? Und warum gab es so wenige von ihnen? Galton stellte Stammbäume prominenter Familien zusammen und ging der Spur nach, die von einer herausragenden Generation zu einem einzigen bemerkenswerten Urgroßvater zurückführte und in einem wenig bedeutenden Urenkel endete: »Vom Hemdsärmel zum Hemdsärmel in drei Generationen.« Er prägte den Begriff »Eugenik« oder »Eugenetik« und glaubte an sie als an eine Wissenschaft, die den perfekten Menschen schaffen wollte – allerdings nicht in der grauenhaft kalten Form, in der sie im 20. Jahrhundert betrieben wurde. Galton setzte immer auf Veränderungen – sofern sie in die Richtung des Besseren gingen. Er teilte auf keinen Fall Quetelets Ansicht, der Mensch, der dem Mittelwert am besten entspricht, sei die perfekte Verkörperung des Wahren, Schönen und Guten: »Einige radikale Demokraten könnten selbstzufrieden auf eine Menge mittelmäßiger Menschen blicken, aber für die meisten anderen sind sie gerade das Gegenteil von attraktiv.«

Mendels Genetik und Darwins Auslese gaben abstrakte Erklärungen dafür ab, wie sich die Eigenschaften des Menschen weitervererben und wie die Umweltbedingungen diese oder jene Eigenschaft fördern oder unterdrücken. Aber offensichtlich waren sehr viele Generationen nötig, um das feststellen zu können und die Theorie zu testen. Galton wollte aber seine Ergebnisse *sofort* in Händen halten. Wenn er also die intellektuelle Entwicklung des britischen »Mannes der Wissenschaft« nicht experimentell erforschen konnte (wie er es versucht hatte), musste er ein Erbmerkmal wählen, das zum einen leichter zu quantifizieren war und sich zum anderen schneller manifestieren würde. Er wechselte daher von Geistes- zu Erbsengrößen, sortierte 490 der Hülsenfrüchte nach Gewicht in sieben Kategorien und verschickte sie zur Aufzucht an sieben Freunde, wo sie abgeschirmt von gegenseitigen Einflüssen waren. Aus den Erbsen wurden Pflanzen, die wiederum Erbsen trugen, Erbsen, die Galtons Freunde ihm mit dem Vermerk zurückschickten, von welchen Eltern sie jeweils abstammten. Galton wog sie und fand heraus, dass ihr Gewicht wie das der Urpflanzen um einen Mittelwert normalverteilt war: die Nachkommen schwererer Erbsen um einen größeren Mittelwert, die von leichteren um einen kleineren.

Das war an sich noch keine große Überraschung. Galton hatte schon herausgefunden, dass beim Öffnen eines der Fächer am Boden seines Bretts die Schrotkugeln wieder eine Normalverteilung bilden, wenn man sie durch ein zweites Brett schickt. Mathematisch gesehen kann man viele kleine Normalverteilungen aufaddieren, um eine große zu bekommen. Genau diese Eigenschaft führte Galton zu der Frage, was das Besondere an der Glockenkurve ist: Könnte eine Normalverteilung von Beobachtungsdaten nicht entstehen, wenn sich viele kleine Ursachen untrennbar überlagern?

Aber Galtons neue Erbsen waren nicht nur normalverteilt, sie boten auch eine Überraschung: Das mittlere Gewicht einer Kinderschar war nicht gleich dem Gewicht der Eltern, sondern tendierte ein wenig in Richtung des Mittelgewichts der gesamten Generation der Urerbsen. Schwere Erbsen haben schwere Nachkommen, die aber ein klein wenig leichter sind als die Eltern. Umgekehrt haben leichte Erbsen leichte Nachkommen, die aber im Vergleich zu den Eltern ein wenig »normaler«, also schwerer ausfallen. Galton nannte dies »Regression zum Mittelwert«. Damit kann man zwar nicht erklären, warum die Kinder von Hippies als Erwachsene Republikaner wählen, es lässt das Phänomen aber etwas weniger überraschend erscheinen.

Galton war von seinem Erbsenexperiment so beeindruckt, dass er sich nun die Größe von 928 Erwachsenen beschaffte, deren Eltern noch lebten und bereit waren, sich auch messen zu lassen. Die Ergebnisse sind in dem folgenden Schaubild zusammengefasst, das mehr Informationen enthielt, als je zuvor eine Darstellung von Messergebnissen. Es zeigt die normalverteilten Größen der Eltern, wobei jeweils aus Vater und Mutter der Mittelwert genommen wurde. Dann zeigt es die normalverteilten Größen der Kinder, die Zahl der Kinder verschiedener Größe in Abhängigkeit von der Größe der Eltern, die Regressionslinien und konzentrische Ovale (von denen hier eines wiedergegeben ist) der ersten »bivarianten Verteilung«, also der Verteilung einer Größe in Abhängigkeit von einer anderen, die ebenfalls normalverteilt ist.

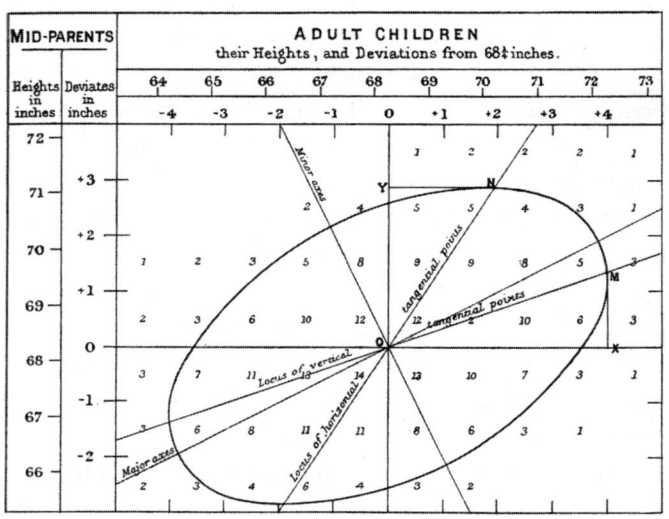

Die Entdeckung des »Erbsenzählers« Galton bildete die Grundlage der modernen Statistik und widerlegte die Vorstellung, dass den Zahlen soziale Gesetze zugrunde liegen. Die Definitionen einer Population, der Regression und der Varianz bezogen sich alle aufeinander und waren Teil eines Ganzen: einer kollektiven Qualität. All diese Größen sind innere Eigenschaften der Daten und sagen uns: »Wir geben einen authentischen Aspekt von etwas wieder.« Wie ein Adjektiv beschreiben sie das kollektive Objekt. Es macht Sinn, Größen zu messen – Menschen zu fragen, an welche Zahl sie gewöhnlich als erste denken, macht keinen. Es ist wenig sinnvoll, nach einem tieferen Gesetz zu suchen, das erklären könnte, warum es normalverteilte Eigenschaften gibt: Eigenschaft eines Dings zu sein heißt, mit ihm korreliert zu sein.

Nun sind nicht alle Größen normalverteilt, und gerade viele, die mit dem Menschen verbunden sind, haben »schiefe« Verteilungen. So sind die meisten von uns gesünder als der Durchschnitt, wenn wir die Zahl der Krankenhaustage pro Jahr als Maß für Gesundheit heranziehen. Andererseits sind die meisten Menschen ärmer als der Durchschnitt. Wenn Bill Gates bei der Heilsarmee sein Süppchen essen würde, hätten die anderen Gäste wenig Trost bei dem Gedanken, dass nun das mittlere Vermögen aller Esser im Raum ein paar Milliarden Dollar beträgt. Galton wusste, dass die Statistik jenseits der Phänomene suchen muss, die zum Fehlergesetz beitragen. Er wusste auch, dass ihm die Mathematik fehlte, um die Statistik auf diesen Weg zu führen. Wie Moses sah er das Land der Verheißung vor sich, war aber nicht dazu bestimmt, es jemals zu betreten.

Sehen wir Galton als Moses, so war Josua ein junger Mann namens Karl Pearson. War Galton der letzte der großen Gentlemangelehrten, die als Amateurforscher die Natur untersuchten, so gehörte Pearson zur aufstrebenden Klasse der Berufsakademiker: energisch, ehrgeizig und stets bereit, sein »Territorium« zu verteidigen. Er hatte in den 1870er Jahren in Deutschland studiert und seinen Taufnamen Charles zu Ehren von Marx in Karl geändert. In sozialistischen Debattierklubs, die er für junge Leute gegründet hatte, konnten Männer und Frauen ohne Aufsicht bei Tee und Plätzchen über Gott und die Welt reden. Er schrieb eine Doktorarbeit in Politikwissenschaft, wobei er unter Wissenschaft das verstand, was seinerzeit in deutschen Universitäten dafür galt: jene Disziplin, die seither die Welt mit Laborarbeit, einheitlichen Methoden, sorgfältigen Messungen, klaren Aufzeichnungen der Rohdaten und durchschaubaren Analysemethoden unterworfen hat. Diese Art von Wissenschaft korrigierte nicht nur vorhandene Daten, wie es noch Galilei und Brahe getan hatten, sondern suchte nach Möglichkeiten, Messungen zu vergleichen und aufeinander zu beziehen. »Korrelation« war das Zauberwort, das Galton ganz nebenbei definiert hatte: Es galt eine Kurve zu finden, die zwei oder mehr Datensätze am besten annäherte, und abzuschätzen, wie weit die Werte von der Kurve entfernt waren. Damit konnte ein Wissenschaftler bestimmen, wie zuverlässig seine Annahmen waren, und seine Ergebnisse konnten allgemeine Gültigkeit beanspruchen.

Pearson, Professor für Mathematik am University College, London, begann seine Untersuchungen mit der Analyse einer reichlich seltsamen Datensammlung: den Kopfdimensionen neapolitanischer Krabben, die seinem Kollegen W.F.R. Weldon ein Rätsel aufgegeben hatten. Mit analytischen Methoden aus der Mechanik löste er das Problem, indem er zwei Normalverteilungen überlagerte. Das deutete an, dass hier eine Population in dem Augenblick beobachtet wurde, als sie sich in zwei Formen auseinanderentwickelte. Leider waren seine Daten möglicherweise fehlerhaft, weil er nicht genügend berücksichtigt hatte, dass sich Krabben gegenseitig anknabbern.

Pearson versuchte dann, aus einer einzigen Differenzialgleichung fünf »Typen« oder Familien symmetrischer, aber auch asymmetrischer Verteilungen zu berechnen. Die Normalverteilung war nach seiner Zählung Typ V. Trat sie auf, konnte man »vermuten, dass etwas auf stabile Verhältnisse zuläuft und Produktion und Destruktion gerecht um den Mittelwert verteilt sind«. Junge Erbsenpflanzen, die von außergewöhnlichen Eltern abstammen, mögen vielleicht durch ihre langweilige Einheitlichkeit enttäuschen, aber unter den Nachkommen von Durchschnittseltern finden sich immer auch außergewöhnliche Exemplare: Das Leben geht von Generation zu Generation weiter – immer wieder aufwühlend, aber im Ganzen stabil. Andere Verteilungstypen kennzeichneten Daten, die von »den Ärmsten der Armen bis zu Cricketergebnissen« reichten, von Schulmädchen aus

St. Louis über den Luftdruck, bayerische Schädel, Immobilienschätzungen, Scheidungen und Butterblumen bis zur Sterblichkeit.

Man könnte meinen, dass Galton mit seiner unstillbaren Freude an allem Messbaren überglücklich war: ein »kämpferischer Quäker«, der die Komplexität der Welt in Formeln zwängte, mit denen sich möglicherweise die innere Dynamik der Evolution und Vererbung entschlüsseln ließ. Liest man aber Galtons Briefe an Pearson, scheint er eher ein Mann gewesen zu sein, der einen mächtigen Flaschengeist beschworen hatte, der nun beunruhigende Absichten zeigte: »Ihre Darstellungen sind sehr interessant, aber haben Sie auch die logische Grundlage für Ihre Formeln und die Rechtfertigung für ihre Anwendung so klar herausgearbeitet?« Galton wusste, dass er nicht über die nötige Mathematik verfügte, um mit Pearson über seine Formel streiten zu können, aber er war beunruhigt darüber, dass sich eine Kurve, die durch die Funktion

$$y = \frac{a}{\sqrt{2\pi\mu_2}} \left[\frac{\sqrt{(2\mu\beta)}\beta^\beta \, e^{-\beta}}{\Gamma\,(\beta + 1)} \right] \left(1 + \frac{\mu_3}{2\mu_2^2} x \right)^{\beta-1} e^{-(2\mu_2/\mu_3)x}$$

ausgedrückt wurde, nur schwer mit der Wirklichkeit einer Gruppe von Ovambokriegern in Übereinstimmung bringen ließ, die sich höchst wachsam, aber immerhin zur Zusammenarbeit bereit, zu Quartilen gruppierte. Weldon, der Mann mit den Krabben, war ebenfalls beunruhigt: »Die Lage scheint derzeit so zu sein, dass Pearson, den ich nicht gerade für einen klaren Denker halte, wenn er ohne Symbole schreibt, implizit geglaubt werden muss, wenn er sich hinter einer Tabelle mit Γ-Funktionen versteckt, was immer die bedeuten könnten.«

Es gibt hier zwei wichtige Punkte: einen kulturellen und einen philosophischen. Der erste hat mit dem traurigen Ruf der Statistik zu tun, jenem trockenen und leeren Gefühl in der Magengrube, wenn die Sprache auf dieses Thema kommt – sei es bei der Arbeit oder im Gespräch nach Feierabend. Jeder Zeitungsleser konnte Galtons Essays verstehen, aber Pearson hat die Statistik in ein mathematisches Dickicht verschleppt, in dem sie seither versteckt ist. Er war *Wissenschaftler* und schrieb für Wissenschaftler, was aber hieß, dass das letzte Kriterium der Wissenschaft, der Grad ihrer Gewissheit, zu etwas wurde, das wir Laien nur noch glauben können. Nachdem inzwischen die Rechnungen noch unzugänglicher in der Software vergraben sind, mit der statistische Analysen durchgeführt werden, ähneln sie mehr und mehr dem Spruch eines Orakels, den nur ihre Anhänger zu interpretieren in der Lage sind, während uns Laien nichts bleibt, als zu staunen und ratlos mit den Schultern zu zucken.

Der philosophische Punkt betrifft jene Gewissheit. Wir wollen einmal den totalen Skeptizismus kurz beiseitelassen und davon ausgehen, dass es die Sterne *wirklich* gibt – oder zumindest etwas, was ihnen sehr ähnlich ist. Dass wir unvermeidlich Fehler machen, wenn wir ihre Positionen bestimmen, gestehen wir gern ein, denn wir sind Menschen, also machen wir Fehler. Auch dass diese Fehler bestimmte statistische Eigenschaften haben, ist eine Annahme über die Wirklichkeit, die wohl jeder akzeptiert. Pearson ging jedoch weiter: Für ihn waren Messungen keine Versuche, um Gewissheit über einen Gegenstand zu erlangen, sondern Ergebnisse eines Zufallsprozesses. Messungen anzustellen ist demnach wie das Werfen eines Würfels von unbekannter Form mit sehr vielen Seiten. Die Streuung der Messungen auf unseren Darstellungen hat so wenig tieferen Sinn wie die Aufzeichnung der Folge von Rot und Schwarz während zweier Monate in Monte Carlo. Erst wenn wir unsere Verteilungskurve durch die streuenden Werte gezeichnet haben und geprüft haben, wie gut sie die Messungen annähert, können wir mit der eigentlichen Wissenschaft beginnen und den Mittelwert bestimmen, die Symmetrie der Kurve abschätzen, die Standardabweichung ausrechnen und die weit außerhalb liegenden Punkte diskutieren. Diese *Parameter,* ein Begriff, mit dem wir heute locker herumwerfen, bestimmen die Eigenschaften einer Kurve, mit der wir die ausgewählten Messpunkte einer zufälligen Variablen angenähert haben. Sie drücken die inneren Eigenschaften eines realen Gegenstands aus. *Das* ist die Wirklichkeit, *das* ist die Wahrheit. Was immer da draußen existiert, sei es ein neuer Stern in der Kassiopeia, sei es die Intelligenz Ihres Kindes, ist nur eine Annäherung: die individuelle Manifestation eines zufallsbestimmten kollektiven Prozesses. Diese Sicht der Dinge mag ziemlich mathematisch sein, denn schließlich ist der springende Punkt bei den Wahrscheinlichkeiten und der Statistik der strenge Umgang mit der Ungewissheit, aber sie macht aus dem Weg, der aus diesem eisigen Reich der Strenge zur Realität zurückführt, eine lange und gefährliche Expedition.

Florence Nightingale hat sich einmal an ihren großen Freund Benjamin Jowett, Master of Balliol, gewandt, um ihn zur Gründung einer statistischen Fakultät in Oxford anzuregen, aber es kam nicht dazu. Erst Pearson konnte dank einer beträchtlichen Zuwendung Galtons das Department of Eugenics am Londoner University College und die erste große Zeitschrift für Statistik, *Biometrika*, gründen. Er kämpfte verbissen um die Anerkennung der Statistik als einer gesonderten Disziplin, die, natürlich, unter seinem Banner stehen sollte. Wer seine Bahnen allzu unabhängig zog, wurde in der Regel ins dunkle Abseits verbannt. Pearson stellte Scharen von Assistenten an, die Kurven zeichnen mussten, das Maß der Annäherung berechneten und massenweise Parameter bestimmten. Dazu verwendeten sie neue mechanische Hilfen wie den *Millionaire*, eine Rechenmaschine von der Größe einer Nähmaschine, die, wie ihr Name andeutet, Zahleneingaben mit bis zu sieben Stellen verarbeiten konnte. Viele der Assistenten waren Frauen, und in der Tat gehörte zu den Besonderheiten der statistischen Wissenschaft, dass sie Frauen einen geheimen Zugang zur Festung der Akademiker bot, wo sie dann später bedeutende Karrieren machen konnten. Unter Pearson war die Statistik nicht länger nur eine philosophische Mode, eine nützliche Methode, ein Werkzeug für Beobachter und Praktiker oder ein Seitenzweig der Mathematik, sie erlangte vielmehr einen Zweck in sich selbst und verfügte über ein richtiges Department mit Professoren. So finden wir auch heute überall auf der Welt die Statistik in Universitäten und Unternehmen, Kliniken und Regierungsbehörden vor. Und das erscheint uns heute ... vollkommen normal.

Kapitel 7

Heilkunst

Non est vivere, sed valere vita est. –
Leben heißt nicht am Leben sein, sondern gesund sein.

Martial, Epigramme, 6. Buch, 70

Schaut man zu, wie die Kugeln durch das Galtonsche Brett rieseln, ist man verblüfft, wie aus Chaos Ordnung entsteht und sich aus den zufälligen Stößen gegen die Nägel eine die Sinne so befriedigende Kurve wie die Normalverteilung ergibt. Die Freude ist aber nur groß, solange alle Kugeln anonym sind. Was ist, wenn eine von ihnen *Ihren* Namen trägt? Warum sollten Sie sich dann Gedanken darüber machen, wie sich Ihr gefährlicher Weg mit den Wegen der anderen vereinigt, um insgesamt ein hübsches, ordentliches Bild zu ergeben? Sie wollen nur wissen, in welchem Fach *Sie* landen!

Das war schon immer das Dilemma der Medizin. In Malraux' *Königsweg* kommt der Held zu dem Schluss: »Es gibt keinen ... Tod ... Es gibt nur ... *mich* ... *mich* ... , *der sterben wird.*« Wenn der Körper, unser ältester und engster Gefährte, anfängt zu verfallen, ist das Problem nicht mehr abstrakt, sondern plötzlich sehr konkret: *Mir* tut alles weh, *ich* bin schlaff, *ich* habe Angst, mit *mir* stimmt etwas nicht, Sie müssen doch irgendetwas für *mich* tun können! Die Antwort des Arztes ist vielleicht auch auf Sie persönlich zugeschnitten, aber die Wissenschaft, auf der sie aufbaut, hat nicht mit einzelnen Individuen zu tun: Sie macht Aussagen über Kollektive und gibt Wahrscheinlichkeiten an. Der Standarddialog beim Arzt – »Welche Chancen habe ich, Herr Doktor?« »Ich würde sagen, so um die 60 Prozent« – bedeutet eigentlich etwas anderes, als der Patient denkt. Es müsste richtiger heißen: »Ihre Chancen, diese Krise zu überstehen, betragen 60 Prozent«, oder noch genauer: »Ich erinnere mich an eine Studie, nach der von 1 000 Patienten, die ungefähr so beieinander waren wie Sie und sich in ungefähr der gleichen Lage befanden, 400 starben.«

Die Medizin wurde lange in Ehren gehalten, weil sie das Schicksal abwenden konnte. Äskulap galt als Sohn des Apoll, weil nur jemand, der mit den Göttern in Berührung war, mit gutem Recht in Krankheiten eingreifen konnte, die zuvor das Feld der Gebete und Opfer waren. Die Ärzte des Mittelalters ähnelten Priestern, die ihr Wissen aus den antiken Texten gewannen und mit Deduktion und Vergleich arbeiteten. Bis weit ins 18. Jahrhundert gehörten an den medizinischen Akademien Europas die Werke eines Galen, Avicenna oder Hippokrates zu den »heiligen« Schriften. Obwohl die Anatomen schon längst gezeigt hatten, dass das Herz eine Pumpe ist, lernten die Studenten noch immer, dass es sich um eine Art Brennofen handelte. Um 1750 standen nur zwei wirkungsvolle Heilmittel zur Verfügung: Chinarinde gegen Malaria und Quecksilber gegen Syphilis. Es gab eine einzige chirurgische Maßnahme, die etwas taugte: das Herausschneiden von Blasensteinen. Und nur eine wirksame Verschreibung beruhte auf Beobachtungen: die Impfung mit Kuhpockenserum gegen Pocken. Davon abgesehen und trotz einer langen Tradition der beschreibenden Anatomie, die bis auf Leonardo da Vinci zurückgeht, bestand alles aus fluktuierenden Körpersäften, Duftkugeln zur Abwehr der Pest, Ausbrennen, Aderlass, Klistieren und Quacksalberei. Es ist in der Tat eine Frage wert, ob es in der Zeit vor 1880 besser war, zu einem Arzt zu gehen, oder ob dadurch die Überlebenschancen nicht eher gemindert wurden.

Der Medizin fehlten die entscheidenden Experimente, die den anderen Wissenschaften den Fortschritt gebracht hatten. Walter Reeds Moskito, Pasteurs tollwutkrankes Kind und Flemings Gärtnerstiefel überzeugen einfach nicht so endgültig wie die Messungen, die Galilei auf seinem Turm anstellte. Unser Körper hat zu wenig Möglichkeiten, um mitzuteilen, was nicht in Ordnung ist, und es gibt für ein bestimmtes Symptom jede Menge möglicher Ursachen – man denke nur, wie sehr die Medizin auch heute noch bei undefinierbaren, aber hartnäckigen Virusinfektionen vor einem Rätsel steht. Wenn jedes Symptom auf genau eine Ursache verweisen würde, könnte man deduktiv vorgehen. Das wäre eine einfache Angelegenheit, was auch erklärt, warum die Werke der deduktiven Theoretiker so lange geschätzt wurden, obwohl die vorliegenden Fakten ihnen widersprachen.

Als Quetelets Werk erschien, versprach seine neue statistische Methode schnelle Fortschritte in der Medizin. 1828 machte Pierre Louis eine quantitative Studie des Effekts von Aderlässen bei Lungenentzündung und stellte fest, dass diese Therapie gänzlich nutzlos war. Damit ersparte er zahllosen geschwächten Patienten die Qual durch Messer oder Blutegel. Die Modewelle der auf Zahlen gestützten Medizin ebbte jedoch aus zweierlei Gründen bald ab: Die eng umgrenzten Studien rechtfertigten kaum weitreichende Schlüsse, und es gab aus Kreisen der Mediziner erbitterten Widerstand.

Man ist versucht, dies nur für die Reaktion einer Elite zu halten, die ängstlich ihre Einkünfte verteidigte, es gab aber auch ernsthaftere Einsprüche, die wirklich interessant waren. So war Risueño d'Amador der Ansicht, dass die Statistik die intuitive Verbindung zwischen Arzt und Patient unterbrechen würde, das »Gespür«, das es erlaubt, die einzigartige Wechselwirkung zwischen Mensch und Krankheit zu verstehen. Eine Krankheit als ein kollektives Phänomen zu sehen, kann sogar die Chancen *reduzieren,* den vor dem Arzt stehenden Patienten zu heilen: dann, wenn er nicht dem Normalfall entspricht. Für Claude Bernard stand der Entwicklung der Medizin zu einer exakten Wissenschaft die Statistik geradezu im Wege. Die Medizin war danach einfach eine junge Wissenschaft, die im Laufe der Zeit die Gewissheit der Physik erlangen würde, und »auch in der Physiologie darf man nie Durchschnittsbeschreibungen von Versuchen geben, denn die wahren Zusammenhänge der Vorgänge verschwinden in einem solchen Durchschnitt«.

Das Problem tauchte auf, weil man kollektive Schlüsse ziehen musste, obwohl die Art der Abweichungen vom Normalwert wichtiger war als dieser selbst. Die Statistik war zwar in der Lage, deutliche Korrelationen nachzuweisen – wie zum Beispiel in John Snows Plan der Cholera und Florence Nightingales »Fledermaus«-Darstellungen –, sie hatte aber weder die Macht, die nötigen Handlungsanweisungen zu geben, noch die Methoden, um Störfaktoren zu isolieren. Es gab zudem kaum Hoffnung, eine strenge Theorie des Ungewissen entwickeln zu können.

Mit den gleichen Problemen hatte man noch in einem ganz anderen Arbeitsgebiet zu kämpfen: in der Landwirtschaft. Im 13. Jahrhundert,

als die Magister in den medizinischen Akademien von Oxford in
ihren roten Roben noch erklärten, alle Krankheiten würden aus der
unausgewogenen Mischung der heißen, kalten, feuchten und trockenen Elemente im Körper entstehen, hielt der Dozent Walter of
Henley ein paar Häuser weiter die schlammige Straße hinunter eine
Vorlesung über das Management eines Gutshofes:

Wechsle jährlich am Michaelitag das Saatgut, denn du wirst einen größeren Ertrag mit Saatgut haben, das bei jemand anderem gewonnen wurde,
als mit deinem eigenen. Wirst du es auch merken? Pflüge zwei Stück Land
an einem Tag und säe in eines das gekaufte Saatgut und in das andere dein
eigenes Saatgut. Bei der Ernte wirst du merken, dass ich die Wahrheit
gesagt habe.

Das »Wirst du es auch merken?« geht wie ein Refrain durch das Werk
Walter of Henleys, der versuchte, jedes Problem mit einem Experiment anzugehen, über das er genau Buch führte: Säe gleichzeitig zwei
Felder ein, beobachte über das Jahr hinweg, verfolge die Gesamtkosten – und »du wirst merken, dass ich die Wahrheit gesagt habe«.

Francis Bacon setzte diese experimentelle Tradition fort und
untersuchte, wie gut Samen angingen, die er in verschiedene eklige
Lösungen gegeben hatte. Die Samen, die mit Urin getränkt waren,
gingen besser an als die unbehandelten oder die in Wein getunkten.
Heute wissen wir mehr und können gut begründen, welche Rolle
Harn- und Stickstoff spielen, aber Bacons Experiment ließ schon
ohne dieses Grundwissen die Entscheidung zu, was zu tun war.

Die Agronomie des 18. Jahrhunderts näherte sich immer mehr unserer wissenschaftlichen Methode an. Arthur Youngs *Course of Experimental Agriculture* von 1770 bestand nicht nur darauf, jede neue
Technik auf getrennten Parzellen mit den alten Techniken zu vergleichen, sondern auch darauf, diese Versuche mehrmals und auf einigen
verschiedenen Feldern durchzuführen, um die Auswirkungen der Bodenqualität und -feuchte berücksichtigen zu können. Er bestimmte den
Wert seiner Ernte bis auf den letzten Penny und testete das Ergebnis
noch am selben Tag, indem er auf den Markt ging und sie verkaufte.
Young lehnte vor allem bloße Hypothesen ab: sich »für eine bevor-
zugte Methode entscheiden, Experimente so machen, dass man über

die Methode urteilen kann«, war die Devise. Jeder Schritt zu mehr Exaktheit und Strenge machte die Agronomie wissenschaftlicher. Ein Forscher von heute würde in den medizinischen Laboratorien von 1820 wenig wiedererkennen, aber er würde sich bei der Besichtigung einer Versuchsfarm aus der gleichen Zeit ganz zu Hause fühlen.

Wann immer man ein kollektives Experiment plant, wann immer Forscher Daten sammeln und aufbereiten, wann immer Behörden, Ämter, Pharmakonzerne oder Kliniken zu der Erkenntnis kommen, ein Ergebnis sei »statistisch relevant«, taucht der blinzelnde, bärtige, Pfeife rauchende Geist von Ronald Aylmer Fisher auf.

In Fisher vereinigten sich große Fähigkeiten mit mächtigen Hassgefühlen, kollegiale Wärme mit ungezügeltem Temperament und ein breites Interesse mit pingeliger Genauigkeit. Seine Augen waren so schlecht, dass es ihm seine Lehrer ermöglichten, nur so wenig lesen und schreiben zu müssen wie unbedingt nötig. Er lernte Mathematik nicht von der Tafel oder aus Schulbüchern, sondern im Gespräch und indem er eine präzise Vorstellungskraft entwickelte. Das gab ihm ein unglaubliches Talent, sich im Inneren ein Bild von den Verhältnissen zu machen: Eine Punktwolke im achtdimensionalen Raum war für ihn intuitiv so deutlich wie Punkte auf einem Blatt Papier. Er studierte in Cambridge Mathematik, aber immer im Hinblick auf ihre Anwendung in der Astronomie, Biologie und Genetik.

Akademische Intrigen sind so ermüdend und endlos wie die Kämpfe exotischer Bergstämme – außer sie führen dazu, dass etwas Überraschendes wie ein Gedicht oder eine Theorie entsteht. 1917 veröffentlichte Karl Pearson ohne vorherige Warnung eine Arbeit, in der er Fishers gerade entstehende Ansätze der Wahrscheinlichkeitstheorie kritisiert und behauptet, es handle sich im Wesentlichen nur wieder um Laplaces inverse Wahrscheinlichkeit. Der widerborstige Fisher fühlte sich brüskiert und absichtlich missverstanden. Als zwei Jahre später Pearson Fisher eine Assistentenstelle anbot, schlug er sie aus und wurde stattdessen Statistikexperte an der Rothamsted Agricultural Experimental Station. Fisher, der in der Nachfolge Galtons die genetische Variation statistisch untersucht hatte, war wieder auf dem Land angekommen.

Er fand weite, gut bestellte Felder vor, in deren Mitte ein paar solide Ziegelbauten standen. In einem der Gebäude gab es einen Raum voller in Leder gebundener Folianten: neunzig Jahre Aufzeichnungen der täglichen Regenmenge, Temperatur, Bodenbedingungen, Zugabe von Düngern und Erntemengen. Die Eigentümer von Rothamsted, eine Familie, die durch die Erfindung von künstlichem Guano reich geworden war, hatten verstanden, wie wichtig solche Daten waren, wenn man die Vielfalt der Entwicklungsmöglichkeiten untersuchen wollte.

Fisher stürzte sich in diese mehrdimensionale Welt, wo jeder der Faktoren für sich allein seine Bedeutung hatte, aber auch mit den anderen korreliert war. Er ließ dann vor seinem inneren Auge diesen Film ablaufen, der acht Dimensionen wie zwei aussehen ließ, und lernte, wie man eine Variable nach der anderen – Wetterzyklen, Raubbau am Boden, Regressionen zum Mittelwert, jährliche Regenmengen – isolieren konnte, indem man die Störungen, also das statistische Rauschen wegfilterte, sodass nur das interessierende Signal übrig blieb. Er war sogar in der Lage, ein Phänomen zu erklären, das bislang ein Rätsel geblieben war: Ab 1876 gab es einen Rückgang der Ernteerträge, der sich 1880 beschleunigte, plötzlich 1901 geringer wurde und danach wieder stärker. Warum? Weil die Education Acts von 1876 und 1880 die Teilnahme am Schulunterricht obligatorisch machten und daher die kleinen Jungen ausfielen, die sich zuvor ihr Taschengeld mit dem Jäten von Unkraut verdient hatten. 1901 kam der energische Rektor einer örtlichen Mädchenschule auf die Idee, Jäten sei für seine Schülerinnen eine gesunde Beschäftigung im Freien – um bald eines Besseren belehrt zu werden.

Seine Fortschritte bei der Analyse realer Daten brachten Fisher dazu, einen Blick auf die Anlage der Experimente selbst zu werfen. Seit den Tagen von Young wurde ständig darüber debattiert, wie man Feldstudien anlegen sollte. Angenommen, wir wollen den Superphosphatdünger B – ein etwas freundlicherer Ausdruck für Vogelkacke – im Vergleich mit einem Kontrollpräparat A testen. Eine Aufteilung des Versuchsfelds in wechselnde Streifen A|B|A|B wäre sicher ein vernünftiger Vorschlag. Wenn dann die B-Streifen einen besseren Ertrag bringen als die A-Streifen, könnten wir mit gutem

Gewissen unseren Freunden zu Superphosphat raten. Was ist aber, wenn von links nach rechts über das gesamte Feld die Bodenqualität abnimmt? Jeder B-Streifen wäre dann von Haus aus etwas weniger ertragreich als der links benachbarte A-Streifen. Wenn wir das auf-addieren, sehen wir einen Effekt, den unser Dünger gar nicht hat. Eine bekannte Lösung dieses Problems bietet das »Lateinische Qua-drat«, ein ausgetüfteltes Anagramm, in dem viele kleine Parzellen mit unterschiedlicher Düngung so über das ganze Feld verteilt sind, dass nie zwei gleiche Parzellen aneinandergrenzen:

A	B	C	D	E
C	D	E	A	B
E	A	B	C	D
B	C	D	E	A
D	E	A	B	C

In Fishers Augen konnte jedoch ein sich wiederholendes System noch so ausgefeilt und ausbalanciert sein: Fehler, die es schwer machen, natürliche Variationen aus den Daten herauszufiltern, sind unver-meidbar. Kennt man aber die natürlichen Variationen nicht, hat man keine Möglichkeit, die Wirksamkeit der Eingriffe in die Natur zu beurteilen. Welche Verwünschung der Daten durch die böse Fee kann man andererseits leicht beheben? Fehler, die der Fehlerkurve gehorchen. Und wie kann man sichergehen, dass die zusätzlichen Va-riationen einen Effekt wiedergeben und nicht nur Fehler darstellen? Durch willkürliche Anordnung oder *Randomisierung*. Fisher stellte eine Regel auf, die von der Wissenschaft auch akzeptiert wurde: Die einzige Möglichkeit, um den Untersuchungsgegenstand völlig un-voreingenommen und von Fehlern unbeeinflusst zu »bearbeiten«, besteht im Würfeln oder im Werfen einer Münze.

Fishers Regel wurde mit einem bemerkenswerten Nicht-Experi-ment des Neuseeländers A.W. Hudson getestet, der Kartoffeln anpflanzte und sie auf sechs verschiedene Weisen nach einem systematischen Muster oder per Zufall virtuell »behandelte«. Obwohl mit den Kartoffeln rein gar nichts passierte, war die Variation bei den systematisch »behandelten« Kartoffeln kleiner als bei denen, über die nur der Zufall bestimmte. Selbst wenn es nur natürliche Variationen gibt, können Beobachtungen oder Messungen den falschen Anschein von Ordnung erwecken, allein schon, wenn sie regelmäßig durchgeführt werden. Fisher wurde voll bestätigt.

In seinem neuen Reich kleiner, randomisierter Parzellen sah er eine Gelegenheit, mehrere Experimente gleichzeitig durchführen zu können, um Variationen von verschiedenen Seiten her zu untersuchen. Will man die Superphosphatdüngung im Vergleich zum Anbau ohne Düngung untersuchen, muss man nur *einen* Vergleich anstellen, untersucht man aber Superphosphat und Harnstoff parallel zum Fall ohne Düngung, gibt es jeweils zweierlei Vergleichsmöglichkeiten: mit dem Fall ohne Düngung, aber auch mit der Kombination aus Superphosphat und Harnstoff, von der man die Wirkung der anderen Düngung abzieht. Diese »Varianzanalyse« war eines der größten Geschenke, das Fisher der Wissenschaft hinterlassen hat: Er lieferte die Mathematik dafür, Experimente anzulegen, die mehrere Fragestellungen zugleich beantworten können. Ähnliche Techniken erlauben es dem Experimentator, unvermeidliche natürliche Variationen – wie Alter, Geschlecht und Körpergewicht – zu isolieren und die Ergebnisse auf sie zu beziehen.

Kleine Parzellen sind kleine Stichproben, und Fisher hätte nicht die Grundsteine für die moderne naturwissenschaftliche Methode legen können, wäre da nicht schon das Werk eines Spezialisten gewesen, der von seinem Beruf her mit kleinen Stichproben zurechtkommen musste: William Gossett, der seine Abhandlungen unter dem typisch bescheidenen Pseudonym »Student« veröffentlichte, war bei der Guinness-Brauerei angestellt, einem Unternehmen, das sehr genau die Qualität der Braugerste in jedem Anbaugebiet kennen musste, das sie unter Vertrag hatte. Guinness-Vertreter besuchten die Felder und zupften hier und dort eine Ähre ab, es fehlte aber eine Methode, um von diesen Stichproben auf die Qualität der gesamten Ernte zu schließen.

Der mächtige Karl Pearson hatte sich nie um kleine Stichproben gekümmert: Er hatte seine »Fabrik«, in der Tausende von Beobachtungen durchgenudelt wurden, und die Assistenten Kurven so lange zurechtbogen, bis sie zu den Daten passten. Er sah keinen realen Unterschied zwischen der Gesamtpopulation und einer Stichprobe. »Student« musste hingegen allein arbeiten, und wenn er immer das ganze Getreidefeld getestet hätte, wären sämtliche Pubs in der Poolbeg Street in Dublin auf dem Trocknen gesessen. So erfand er die »Student-*t*-Verteilung«, die nur auf der Grundlage der Stichprobengröße beschreibt, mit welcher Wahrscheinlichkeit die Kennzahlen der Stichprobe (Mittel, Varianz) von denen der Gesamtpopulation abweichen. Dieses Verfahren war das Einzige, was Fisher brauchte. Er begann mit der Student-*t*-Verteilung, randomisierte die ursprünglichen Daten und unterwarf sie einer Varianzanalyse. So lieferte er, worauf die Wissenschaft lange gewartet hatte: eine Methode, welche die Effekte aus dem Zusammenwirken verschiedener Ursachen verständlich machte – wobei er nicht nur angeben konnte, *dass* etwas einen Effekt hervorbrachte, sondern auch, *wie groß* er war. Alle modernen angewandten Wissenschaften – von der Physik bis zur Psychologie – verwenden Begriffe wie »Population« und »Varianz«, weil sie ihre statistischen Verfahren von Fisher gelernt haben – einem Genetiker.

Fisher war ein zäher Mann und forderte auch den Forschern Zähigkeit ab. Seine Methode verlangt, mit der *Nullhypothese* zu beginnen, die besagt, dass sich der beobachtete Effekt einzig dem Zufall verdankt. Mit dem Polizeibeamten am Tatort könnte man sagen: »Weitergehen! Hier gibt es nichts zu sehen. Alles reiner Zufall!« Der nächste Schritt besteht darin, die Messungen statistisch zu untersuchen und zu bestimmen, wie die Verteilung aussehen müsste, wenn die Nullhypothese stimmt. Wir definieren, welcher Wert für diese Statistik interessant ist, das heißt wann wir von einem »Effekt« sprechen, und bestimmen die Wahrscheinlichkeit, dass dieser Wert (oder ein noch extremerer) aus bloßem Zufall auftritt – also im Fall, dass *die Nullhypothese wahr ist*. Diese Wahrscheinlichkeit, die *p*-Wert genannt wird, ist ein Maß für die statistische Signifikanz. Wenn also beispielsweise Omas Hausmittel unser Fieber um 5 Grad senkt, während die natürliche Schwankung der Körpertemperatur 3 Grad beträgt, ist die Wahrscheinlichkeit, dass der Effekt nur ein Produkt des Zufalls ist, geringer als ein kleiner p-Wert. Das besagt dann, dass mehr im Spiel ist als Alkohol und rote Lebensmittelfarbe.

Für Fisher stellte sich die Frage der Signifikanz am Ende einer Kette von Schlussfolgerungen. Dort angelangt, muss sich zeigen, ob die Nullhypothese falsch ist und es eine wirkliche Ursache für den Effekt gibt – oder ob eine messbar ungewöhnliche Koinzidenz vorliegt. Es ist so, wie wenn Groucho von den »Marx Brothers« den Puls misst: »Entweder ist der Mann tot oder meine Uhr ist stehen geblieben.«

Weit weg von der reinen Landluft von Rothamsted zeigte sich jedoch, dass Fishers Methoden nicht so ohne weiteres von Gerste auf den Menschen übertragen werden konnten. Von allem Anfang an waren es die beiden großen Themen »Stichproben« und »Ethik«, die sich schon beim Lanarkshire-Milchexperiment von 1930 als problematisch erwiesen hatten. Sie erinnern sich vielleicht daran, dass Lanark der Bezirk war, in dem der Brustumfang der Arbeiter besonders klein war – und die Lage hatte sich inzwischen auch nicht sehr verbessert. Ein paar gut genährte Bauernkinder teilten das Klassenzimmer in der Schule mit ausgemergelten Söhnen und Töchtern von Arbeitern der Kohlebergwerke und arbeitslosen Wollspinnern.

An dem Experiment nahmen 20 000 Kinder teil, von denen 5 000 täglich knapp einen halben Liter frische Milch bekamen und 5 000 die gleiche Menge pasteurisierte Milch, während die restlichen 10 000 leer ausgingen. Die Auswahl wurde per Zufall bestimmt, aber die Lehrer konnten von der Auswahl abweichen, wenn sie den Eindruck hatten, dass in einer Gruppe zu viele gut oder schlecht ernährte Jungen und Mädchen waren. Offensichtlich machten die Lehrer genau das, was Sie und ich machen würden, denn die Endergebnisse zeigten, dass die Kinder »ohne Milch« in ihrer Entwicklung dem Gewicht nach drei Monate voraus waren, der Größe nach sogar vier Monate. Also *verzögerte* Milch die Entwicklung, oder es gab eine messbare Koinzidenz, oder ...

Ein erfolgreicherer Test war der Einsatz von Streptomycin gegen

Tuberkulose, der 1948 von Austin Bradford Hill durchgeführt wurde. Diesmal wurde der Versuch völlig randomisiert: Patienten beiderlei Geschlechts wurden per Zufall in die Kategorien »Bettruhe plus Streptomycin« und »nur Bettruhe« eingeteilt. Weder die Patienten noch die Ärzte noch der Koordinator des Experiments wussten, wer zu welcher Kategorie gehörte. Die Ergebnisse waren beeindruckend: Nur vier der 55 mit Streptomycin behandelten Patienten starben, dagegen 14 der 52 unbehandelten. Das bestätigte nicht nur die Wirkung von Streptomycin, sondern auch die Tauglichkeit der Testmethode.

Warum hielt sich Hill an die Regeln, während die Lehrer von Lanarkshire sie sehr locker auslegten? Einige meinten, es habe zu wenig Streptomycin zur Verfügung gestanden, auf jeden Fall nicht genug, um alle Patienten zu versorgen – warum sollte man dann nicht die Gelegenheit nutzen und aus der Not eine Tugend machen, sprich ein wissenschaftliches Experiment durchführen? Andere hatten den Eindruck, dass die Kriegserfahrung mit der Idee vertrauter gemacht hatte, den Tod im Namen eines höheren Gutes auf sich zu nehmen. Man konnte aber auch sagen, dass das neue Mittel eine Herausforderung darstellte, der sich die Medizin zu stellen hatte. Ein Napf Milch mag eine Hilfe für die Unglücklichen sein, aber die Aussicht, die großen Seuchen zu besiegen, bei denen der Tod immer seine schreckliche Ernte gehalten hatte, machte die kleine Zahl der Patienten, die als Kontrollpersonen bei dem Test starben, zu ahnungslosen Helden unserer Zeit.

Hill ist bekannt dafür, später den Zusammenhang zwischen Rauchen und Lungenkrebs gezeigt zu haben. Fisher hat diese Ergebnisse nie akzeptiert – und das nicht nur, weil er gern Pfeife rauchte. Er glaubte nicht, dass die Korrelation wirklich einen kausalen Zusammenhang bewies, und zog randomisierte Daten den Rohdaten vor, die zur Verfügung standen. Fisher pochte immer auf Strenge, aber die Forschung wollte seine Techniken benutzen, ohne sich seinen Einschränkungen zu unterwerfen.

Heute sind randomisierte Doppelblindversuche für die Medizin, was der große Pfadfinderschwur fürs Leben ist: etwas, was jeder zumindest anstreben sollte. Sie sind die Grundlage aller Veröffentlichungen in den besseren medizinischen Zeitschriften und zählen zu den

Grundvoraussetzungen aller Anträge auf die staatliche Zulassung neuer Medikamente. Es gab aber immer Schwierigkeiten, Fishers strenge Richtlinien in Einklang mit den Anforderungen einer global agierenden Industrie zu bringen.

Die einfachste Frage ist immer noch die wichtigste: Konnte durch den Versuch eine Wirkung bewiesen werden oder nicht? Der klassische Ausdruck für die statistische Signifikanz ist Fishers p-Wert, der, wie wir gesehen haben, etwas beschreibt, was ein wenig gegen unsere Intuition ist: *Angenommen*, der Zufall allein ist für das Ergebnis verantwortlich. Wie groß ist dann die Wahrscheinlichkeit einer Korrelation, die *mindestens so groß* ist wie die beobachtete? Als Forscher, der viele Experimente durchführte, wählte Fisher der Einfachheit halber zur Markierung der Grenze zwischen signifikant und nicht signifikant willkürlich den Wert $p = 0,05$. Mit anderen Worten: Wenn durch bloßen Zufall eine Korrelation nur in 5 Prozent der Fälle auftritt, können wir einen Schritt weitergehen und darauf vertrauen, dass entweder die getestete Behandlung wirklich wirksam ist – oder dass eine Koinzidenz vorliegt, die normalerweise nicht häufiger als in einem von 20 Versuchen vorkommt. Die Wahl von 5 Prozent als Grenzmarke machte es auch etwas leichter, mit den Tabellen der Student-t-Verteilung zu arbeiten. In Zeiten, als es noch keine Computer gab, war alles ein Pluspunkt, was Zeit mit Bleistift und Rechenschieber sparte.

Beschreibt ein Forscher seine Ergebnisse als »statistisch signifikant«, so bezieht sich das auf diesen Standard und nichts anderes. Es gibt aber leider Probleme mit den p-Werten. Das wichtigste ist, dass wir oft versucht sind, sie misszuverstehen. Wir sind naturgemäß weniger daran interessiert, ob ein Ergebnis durch bloßen Zufall zustande kam, sondern wollen wissen, ob es durch unser Medikament bewirkt wurde, das wir testen. Es ist daher ein ganz natürlicher und häufiger Fehler, das Resultat umzudrehen und den Grad der Signifikanz falsch zu interpretieren: Aus einer Wahrscheinlichkeit von 5 Prozent, dieses Resultat *unter der Annahme von bloßem Zufall* zu erhalten, wird ein *5-Prozent-Anteil von Zufall* am Zustandekommen des Resultats (oder umgekehrt: 95 Prozent des Resultats werden von unserem Medikament verursacht). Diese beiden Aussagen sind nicht das Gleiche: Die Wahrscheinlichkeit, dass ich einen Schirm trage, wenn ich annehme, es regne, ist nicht gleich der Wahrscheinlichkeit, dass es regnet, wenn ich annehme, einen Schirm zu tragen. Trotzdem kann man selbst Experten sagen hören, ihre Resultate würden einen Kausalzusammenhang »mit 95 Prozent Wahrscheinlichkeit« beweisen. Dieser Fehler ist so naheliegend und weit verbreitet wie der falsche Gebrauch von »vielversprechend«, hat aber weit ernstere Folgen.

Ein weiteres Problem ist, dass in einer Welt, in der ständig mehr als 100 000 klinische Tests laufen, diese fast beiläufig akzeptierten 5 Prozent Wahrscheinlichkeit als Nachweis einer Koinzidenz eine erhebliche Bedeutung erlangt haben. Aber würden Sie sich mit einem Risiko von 5 Prozent für den Absturz des Flugzeugs abfinden, in das Sie steigen wollen? Sicher nicht, aber die Forscher akzeptieren, dass bei ihren Experimenten ein solcher Anteil in Kauf genommen wird. Hier ein Beispiel: Nach einer Analyse von 33 klinischen Tests der Todesrate nach Schlaganfällen, an denen insgesamt 1 066 Patienten teilnahmen, wurde durch die getestete Behandlung die mittlere Sterblichkeit von 17,3 Prozent (Wert für die Kontrollgruppe) auf 12 Prozent (Wert für die behandelte Gruppe) reduziert. Beeindruckt Sie eine derartige Abnahme um 25 Prozent? Wollen Sie wissen, worin die Behandlung bestand?

Sie bestand darin, zu würfeln! In einer Studie, über die das *British Medical Journal* berichtete, wurden die Teilnehmer eines Statistikkurses gebeten, zu würfeln, wobei jeder Wurf einem bestimmten Patienten der Tests zugeordnet wurde. Die verschiedenen Gruppen würfelten entsprechend der jeweiligen Teilnehmerzahl am Test. Die Regeln waren einfach: Eine Sechs bedeutete, dass der Patient sterben würde. Wie erwartet ergab sich insgesamt eine Todesrate von 1/6 oder 16,7 Prozent. Aber in zwei von 44 Testreihen (1/22 – wieder die Zahl, die man für einen p-Wert von 5 Prozent erwartet) sprachen die Patienten signifikant auf die »Behandlung« an. Viele der kleineren Tests lagen weit genug von den erwarteten Wahrscheinlichkeiten entfernt, sodass sie zu einem signifikanten Ergebnis beitrugen, wenn man sie zusammenfasste. Eine darauf folgende Simulation mit den wirklichen Todesraten einer Kontrollgruppe (also Patienten, die nicht behandelt wurden) aus einer Studie von Enddarmkrebs zeigte denselben Effekt: Von 100 künstlich erzeugten randomisierten Testreihen zeigten vier statistisch signifikant positive Ergebnisse, eine sogar eine Abnahme von 40 Prozent mit einem p-Wert von 0,003! Sie können sich vorstellen, wie man eine solche Studie in den Medien präsentiert hätte: »Medizinstatistik beweist Krebswunder.«

Der Zufall spielt also auch in den strengsten Tests seine gewohnte Rolle – und während Fisher bereit wäre, eine kleine Möglichkeit vorgetäuschter Signifikanz zuzulassen, würden Sie sich das wohl kaum als Basis Ihrer eigenen Krebsbehandlung gefallen lassen. Wenn Sie den Zufall ganz eliminieren wollen, brauchen Sie zweierlei: große Stichproben und Wiederholungen – wobei sich zeigt, dass große Stichproben wichtiger sind.

Die Meta-Analyse – das Zusammenziehen vieler unterschiedlicher Experimente und ihrer Resultate – wird inzwischen immer häufiger in der medizinischen Statistik verwendet, aber ihre Zuverlässigkeit hängt von der Qualität der Originaldaten ab. Die Hoffnung besteht darin, dass bei der Kombination von genügend vielen Studien ein paar wenige fehlerhafte Datensätze in der großen Masse untergehen. Der Begriff »genügend« ist aber nicht eindeutig definiert, obwohl er entscheidend ist. 1991 wurden die Ergebnisse einer Meta-Analyse veröffentlicht, laut der die Injektion von Magnesium beim Verdacht eines Herzanfalls äußerst günstige Wirkungen hat: eine Reduktion des Sterblichkeitsrisikos um 55 Prozent bei einem p-Wert von unter 0,001. Die Analyse beruhte auf sieben einzelnen Tests mit insgesamt 1 301 Patienten. Dann kam aber ISIS-4, ein riesiger Megatest mit 58 050 Patienten, bei dem praktisch kein Unterschied zwischen 29 011 Patienten mit Magnesiumbehandlung und 29 039 ohne gefunden wurde. Die Ergebnisse lagen so weit auseinander, weil in Tests mit 100 Patienten oder weniger schon ein zusätzlicher Todesfall in der Kontrollgruppe die Wirksamkeit der Behandlung künstlich in die Höhe treibt, während es im Fall einer Kontrollgruppe ohne Toten so gut wie unmöglich ist, überhaupt Vergleiche anzustellen. Nur in einer großen Stichprobe hat der Zufall freie Bahn, seinen Einfluss voll auszuspielen.

Mit der statistischen Signifikanz gibt es noch ein weiteres Problem, wenn wir etwas untersuchen wollen, was von Haus aus sehr selten auftritt. Da die Signifikanz eine Frage von Verhältniszahlen ist, kann ein hoher Prozentsatz bei einer kleinen Population ebenso signifikant erscheinen wie bei einer großen Population. Die Tuberkulose war eine Seuche, die auf der gesamten Erde wütete. Auch das Rauchen war einmal fast weltweit verbreitet. Heute jagen die Forscher aber nach scheueren Exemplaren: Störungen, die sich nur selten zeigen und sich manchmal kaum vom Hintergrund abheben.

Stephen Senn erzählt in *Dicing with Death – Chance, Risk, and Health* die Geschichte des kombinierten Impfstoffs gegen Masern, Mumps und Röteln, die zeigt, dass Situationen, die auf den ersten Blick gleich sind, völlig unterschiedliche Eingriffe erfordern, die wiederum völlig unterschiedliche Folgen haben. Dass Röteln während der Schwangerschaft das Kind schädigen können, fand ein australischer Augenspezialist heraus, als er nebenbei ein Gespräch zwischen zwei Müttern in seinem Wartezimmer anhörte, deren Babys beide grauen Star hatten. Eine daraufhin angestellte statistische Studie zeigte eine starke Korrelation zwischen Röteln (für sich betrachtet eine eher harmlose Erkrankung) und einer ganzen Palette von Geburtsfehlern. Ein Programm zur Impfung gegen Röteln schien also eine gute Idee zu sein. Ähnliche Rechnungen von Risiko und Nutzen ergaben, dass auch eine frühe Impfung gegen Mumps und Masern für die Volksgesundheit einen großen Fortschritt bringen würde. In der Mitte der 1990er Jahre startete daher die Regierung Großbritanniens ein Programm, um Kinder mit einem zweistufigen kombinierten Impfstoff gegen Masern, Mumps und Röteln (MMR) zu immunisieren.

1998 wurde von Andrew Wakefield und anderen ein Artikel in *The Lancet* veröffentlicht, der den Fall von zwölf kleinen Kindern darstellte, die unter einer Kombination von Verdauungsproblemen und Entwicklungsstörungen litten, wie sie bei Autismus typisch sind. In acht der zwölf Fälle sagten die Eltern aus, dass die Symptome ungefähr in der Zeit der MMR-Impfungen zum ersten Mal aufgetreten waren. Wakefields Team fragte sich, ob angesichts dieser hohen Korrelation möglicherweise eine kausale Verbindung zwischen Impfung und Erkrankung bestand. Die Reaktion auf den Artikel erfolgte sofort, war landesweit und extrem: Die hypothetische Annahme der

Autoren wurde von den Medien als gesicherte Erkenntnis verbreitet, worauf das Vertrauen der Öffentlichkeit zu dem Impfstoff schlagartig fiel und in der Folge die Fälle von Masern wieder zunahmen.

Dem Anschein nach bestanden zwischen der Autismusstudie und der Entdeckung des Zusammenhangs von Röteln und Geburtsfehlern Parallelen: Die Eltern gingen zu einem Facharzt, weil ihre Kinder eine seltene Krankheit hatten. Alle erinnerten sich an etwas Gemeinsames in der Vergangenheit. Dieses Zusammentreffen konnte Ausdruck einer kausalen Verbindung zwischen beidem sein.

Nun sind aber Röteln während der Schwangerschaft relativ selten, und das Auftreten von mit Röteln gekoppeltem grauem Star lag deutlich über der jährlichen Rate, die man gewöhnlich erwartete. Die MMR-Impfung war dagegen eine Massenaktion, und es war fast unmöglich, ein Kind zu finden, das in den Jahren, auf die sich die *Lancet*-Studie bezog, *nicht* geimpft worden war. Dazu kommt, dass Autismus nicht nur selten ist, sondern auch sehr schwer als eine bestimmte Störung zu definieren ist. Um herauszufinden, ob die Einführung der MMR-Impfungen zu einer Spitze im Auftreten von Autismus geführt hatte, wäre ein großer, statistisch gut abgesicherter Grundbestand von Autismusfällen nötig gewesen, eine Forderung, die nicht leicht zu erfüllen ist.

Spätere Untersuchungen einer möglichen kausalen Verbindung zwischen MMR und Autismus ergaben keinen zeitlichen Zusammenhang – weder im Jahr, als die Impfungen begannen, noch während der Zeit, als bei den Kindern die Entwicklungsstörungen einsetzten. 2004 distanzierten sich dann zehn der Autoren der *Lancet*-Studie ausdrücklich von den Schlüssen, die andere aus ihr gezogen hatten. Es war vielleicht das erste Mal in der Geschichte, dass Naturwissenschaftler nicht die eigenen Aussagen zurücknahmen, sondern das, was andere aus ihnen gemacht hatten.

Eine starke Korrelation ist einfach noch kein Beweis für einen Kausalzusammenhang: Ist ein Effekt von Natur aus selten und die vermeintliche Ursache sehr häufig, wird die Wahrscheinlichkeit für eine Korrelation statistisch signifikant. Wenn Sie Menschen mit einem Gipsbein fragen, ob sie am Morgen gefrühstückt haben, ist die Korrelation auch sehr hoch! Das Problem seltener Ereignisse ist immer noch ungelöst und wird umso mehr Kummer bereiten, je spezieller die Krankheiten sind, die wir untersuchen wollen. Fisher konnte einfach eine neue Parzelle mit Weizen bepflanzen, aber die Mediziner können nicht einfach genügend viele Patienten mit einer seltenen Krankheit zusammensuchen, um eine verlässliche Stichprobe zu haben.

Das Wort »Kontrolle« kann im Zusammenhang mit medizinischen Tests leicht missverstanden werden. Hören wir von einem »kontrollierten Experiment«, nehmen wir natürlich an, dass irgendwie alle wilden Variablen in den Griff gebracht werden. Dabei ist mit »kontrolliert« nur gemeint, dass es bei dem Experiment eine Kontrollgruppe gibt, die mit Placebos abgespeist wird, während man den Rest mit dem echten Mittel behandelt. Die Kontrollgruppe entspricht auf dem Bauernhof Brachland oder einem Weizenfeld, das ohne Dünger auskommen muss. Jede Deutung eines Experiments geht von der Kontrollgruppe aus, ohne sie sind alle Erklärungen Luftschlösser. Die richtige Kontrollgruppe zu bilden, ist aber sehr schwer. Wenn wir die Signifikanz bestimmen, kann ein negatives Ergebnis bei der Kontrollgruppe den gleichen Effekt haben, wie ein positives bei der behandelten Gruppe.

Zunächst ein offensichtliches Problem: Eine Kontrollgruppe sollte im Wesentlichen der behandelten Gruppe gleichen. Es ist keine gute Lösung, Kehlkopf- mit Zungenkrebs oder Schizophrenie mit Depressionen zu vergleichen. Ist eine Krankheit sehr selten oder schwer zu definieren, sind, was Stichprobengröße, Zufallseffekte und Störfaktoren betrifft, bei der Kontrollgruppe die gleichen Schwierigkeiten zu erwarten wie bei der Gruppe der Behandelten. Die Struktur der Kontrollgruppe macht den Vergleich verschiedener Tests untereinander auf vielfältige Weise schwierig: Gibt es einen Grund, warum die Kehlkopfkrebs-Kontrollgruppe in China eine höhere Todesrate aufweist als die in Indien, oder ist das bloßer Zufall, den man aus den Daten eliminieren sollte? Oder gibt es verborgene Gründe wie vielleicht das Trinken von zu heißem Tee oder die Verwendung von Topfkratzern aus Bambus?

Dazu kommt das Problem, wie man es anstellen kann, auch die

Kontrollgruppe in dem Glauben zu lassen, behandelt zu werden. In den 1960er Jahren wurde bei einigen Tests von Operationen tatsächlich auch der Brustkorb der Kontrollpatienten geöffnet und sofort wieder zugenäht – eine Prozedur, wie sie heute wohl von keiner Ethikkommission mehr erlaubt werden würde. Wie kann man eine Chemo- oder Strahlentherapie simulieren? Soll man dem Patienten heimlich Enthaarungscreme auf den Kopf schmieren? Patienten sind schließlich keine Dummköpfe, insbesondere heute im Zeitalter der Internet-Medizin: Sie wissen viel über ihren Zustand und sind natürlich ängstlich darauf bedacht, herauszufinden, ob sie wirklich behandelt werden. Stellt die Kontrollgruppe das Fundament einer Studie dar, so müssen wir auch bedenken, dass es den einen oder anderen Untergrund gibt, auf dem man nur schwer ein sicheres Gebäude errichten kann.

Das Wort »placebo« ist ein Versprechen: »Ich werde gefallen.« Dieses Versprechen ist nicht leicht einzulösen. Damit ein Doppelblindversuch von Erfolg gekrönt wird, muss das Placebo sowohl den Patienten als auch dem Arzt, der es verabreicht, »gefallen«. Beide müssen glauben, dass es das »echte« Mittel ist, es darf sich also äußerlich von ihm in keiner Weise unterscheiden. Man hat viel Arbeit in die Entwicklung von Placebos gesteckt, die zwar keine der Wirkungen zeigen, wie man sie bei dem zu testenden Mittel vermutet oder erhofft, wohl aber die Nebenwirkungen, die bei der Behandlung auftreten.

Placebos können aber auch zu sehr gefallen: Es gibt Patienten, die von Placebo-Alkohol betrunken werden und von Placebo-Kaffee wacher (wenn auch nicht reizbarer). Placebo-Morphin dämpft Schmerzen besser als Placebo-Darvon. Das gleiche Placebo kann die Luftwege von Asthmapatienten verengen oder erweitern, je nachdem, wie es vom Arzt angepriesen wird. Rote süße Pillen stimulieren, blaue machen depressiv. Placebos mit bekannten Markennamen wirken besser als nachgemachte No-Name-Produkte. Und höhere Dosen sind gewöhnlich effektiver.

Der Placeboeffekt ist gut dokumentiert, was aber noch nicht heißt, dass man mit ihm leicht umgehen kann. Geht es einem Patienten der Kontrollgruppe besser, so muss das nicht am Placebo liegen: Einigen geht es einfach aufgrund des natürlichen Krankheitsverlaufs besser oder aufgrund der schon erwähnten Regression zum Mittelwert. Im Grunde braucht man eine Kontrolle der Kontrollgruppe, also eine weitere Kontrollgruppe, der man nicht einmal *versuchen* will, zu gefallen. Wie könnte man dafür Teilnehmer gewinnen? »Würden Sie gern bei einer medizinischen Studie mitmachen, bei der wir rein gar nichts für Sie tun?« Könnte diese fröhliche Frage das Wohlbefinden des Patienten beeinflussen? Wir sind gerade dabei, uns in dem Netz zu verheddern, das wir knüpfen.

Es kann wichtig sein, den Placeboeffekt zu quantifizieren, insbesondere auf dem Gebiet der subjektiven Empfindungen wie Schmerz und Depression. Eine bei der amerikanischen Food and Drug Administration eingereichte Meta-Analyse aller Wirksamkeitstests der sechs am häufigsten verschriebenen Antidepressiva, die zwischen 1987 und 1999 zugelassen wurden, ergab, dass bei den behandelten Patienten die Stimmung auf der 50-Punkte-Skala für Depressionen im Schnitt nur um zwei Punkte besser wurde als mit einem Placebo. Mit anderen Worten: Die Wirksamkeit des Placebos betrug 80 Prozent der Wirksamkeit des Mittels. Obwohl also Antidepressiva einen *statistisch* signifikanten Effekt zeigten, war dieser *klinisch* gesehen vernachlässigbar, wenn man annimmt, dass man die Wirkung des Mittels zum Placeboeffekt addieren kann.

Kann man das jedoch nicht, muss man ein Experiment durchführen, das die Wirkungen voneinander isoliert. Ein Doppelblindversuch führt hier nicht weiter, da man eine vierfache Einteilung der Patienten braucht: (1) Patienten, die behandelt werden und das wissen, (2) Patienten, die ein Placebo bekommen, aber glauben, sie bekommen das Medikament, (3) Patienten, die ein Placebo bekommen und das wissen, und (4) Patienten, die behandelt werden, aber glauben, sie bekommen ein Placebo. Damit sollte man die Wirksamkeit des Mittels von der des Placebos isolieren können, aber statt *eines* Vergleichs muss man nun *sechs* durchführen, die alle mit den üblichen Problemen der Signifikanz, der Stichprobengröße und der dem Zufall geschuldeten Varianz aufwarten. Es würde eine groß angelegte und komplexe Testreihe werden, aber ohne sie bleibt immer der Verdacht bestehen, dass die meisten Antidepressiva nicht viel mehr sind als sehr teure, aber pharmakologisch zweifelhafte rosa Pillen.

In den USA ist diese ganze Diskussion inzwischen akademisch geworden, weil es nahezu ausgeschlossen ist, das notwendige Einverständnis für einen klassischen, randomisierten Placebotest zu bekommen. Niemand wird unterschreiben, wenn das Risiko besteht, nicht mit dem allerneuesten Mittel behandelt zu werden. Stattdessen macht man Überkreuztests, bei denen man einer der randomisierten Gruppen das Medikament gibt, und dann, wenn es wirkungsvoll erscheint, der anderen Gruppe auch. Damit ist das ethische Problem gelöst, jemandem die bestmögliche Behandlung vorzuenthalten, aber es wird weit schwieriger, einen deutlichen Unterschied zwischen den Ergebnissen der beiden Tests herauszuarbeiten. Jeder Mediziner lernt: »Zuallererst gilt: Füge keinen Schmerz zu!« – aber was ist, wenn das bedeutet, dass man überhaupt nichts Gutes tun kann?

1766 veröffentlichte Jean Astruc, der bei einigen Herrschern seiner Zeit Leibarzt gewesen war, ein langes, hoch gelehrtes Traktat über die Hebammenkunst, das mit der Anmerkung beginnt, er sei nie bei einer Geburt dabeigewesen (die eigene ausgenommen, wie man annehmen darf).

Über lange Zeit konnte eine solche Mischung aus Prüderie, Vorurteil und alten Traditionen die Tatsache verdecken, dass sich bei jeder Rechnung, die sich mit der Gesundheit des Menschen befasst, die Existenz zweier Geschlechter als Störfaktor erweist. In vielerlei Hinsicht gleichen sich Mann und Frau, und man kann tatsächlich sehen, wie sich mit den Rollen im Leben auch die Krankheitsraten annähern – und zwar zum Guten (weniger Männer sterben an Krankheiten, die sie sich bei der Industriearbeit holen) wie zum Bösen (mehr Frauen sterben an Lungenkrebs). Darüber hinaus gibt es aber signifikante Unterschiede zwischen den Geschlechtern, die von den offenkundigen Unterschieden der Fortpflanzungsorgane und des Hormonhaushalts bis zu bestimmten Formen von Depression, der unterschiedlichen Lebenserwartung und der unterschiedlichen Reaktion auf Schmerzmittel reichen.

Was können Experimentatoren tun, wenn mit Störfaktoren zu rechnen ist? Wenn möglich, sollten sie sie isolieren! Weisen klinische Daten offensichtliche Unterschiede auf, kann man Studien anlegen, um diese Unterschiede mit derselben Genauigkeit zu quantifizieren wie alle anderen. Es verbleibt jedoch ein Problem: Was ist mit den Unterschieden, die nicht offen zutage treten? Wie wir gesehen haben, können Signifikanz oder Insignifikanz klinischer Tests von einem einzigen Prozentpunkt abhängen. Was ist nun, wenn die Reaktionen von Frauen und Männern in einer Gruppe wirklich voneinander abweichen? Wäre es gerechtfertigt, einfach den Mittelwert der Resultate zu nehmen? Man kann kaum behaupten, dass ein Eimer kochendes Wasser in einer Badewanne voller Eiswürfel das Gleiche ist wie lauwarmes Badewasser!

Es ist nicht nur die Frage des kleinen Unterschieds zwischen Hans und Erika Mustermann: In einem Zeitalter der massenhaften Bewegungen ganzer Völker sind sich Staaten mit einer großen Zahl von Immigranten aus aller Herren Länder der Auswirkung genetischer Variationen besonders deutlich bewusst – von der Laktose-Unverträglichkeit bis zur Sichelzellenanämie. Der National Institutes of Health Revitalization Act von 1993 fordert, dass klinische Tests »in einer Art geplant und durchgeführt werden, die eine ausreichend abgesicherte Analyse erlaubt, ob die im Test untersuchten Variablen Frauen oder Mitglieder von Minderheiten anders als andere Testteilnehmer beeinflussen«.

Das erscheint nur fair, aber das Gesetz sagt weniger genau, wie man das Ziel erreichen könnte – und das mit gutem Grund. Ein Test wird so geplant, dass er eine gewisse »Power« oder Teststärke hat, eine hohe Wahrscheinlichkeit, einen »echten« Effekt zu zeigen und nicht als ein Werk des Zufalls zu missdeuten. Wie das Verhältnis des Signals zum Rauschen hängt die Power entscheidend von der Größe des Kollektivs ab. Eine Erhöhung der Teilnehmerzahl erhöht auch die Wahrscheinlichkeit, dass sich zufällige Variationen herausmitteln. Leider ist dieser Prozess nicht linear: Will man die Zufallseffekte auf die Hälfte reduzieren, braucht man das 4-fache an Beobachtungen, bei einer Reduktion auf 3/4 das 16-fache und bei 7/8 das 64-fache. Die Mindestzahl der Teilnehmer an einer Studie wird zum einen dadurch bestimmt, wie groß der Effekt mindestens sein muss, den der Experimentator zu entdecken hofft, zum anderen durch die Beobachtungs- und Messfehler und die Power des Tests. Diese Faktoren sind untereinander verknüpft, und wenn die Zahl der Teilnehmer sinkt, wirken sie alle zusammen und verringern die Verlässlichkeit der Ergebnisse.

Will man die unterschiedliche Reaktion von Frauen und Männern auf eine bestimmte Behandlung untersuchen, muss man sich zunächst die Reaktion der Frauen allein ansehen, dann die der Männer und dann beide vergleichen. Spielt also das Geschlecht keine Rolle, und es werden 1 000 Patienten gebraucht, um die gewünschte Power zu erhalten, sind nun 2 000 Patienten nötig, um für Männer und Frauen getrennt die gleiche Power zu erhalten. Will man dann diese Studien *vergleichen,* arbeitet man mit den Ergebnissen der ersten Experimente, die bereits von einer Reihe Fehler beeinträchtigt sind. Soll der Vergleich die gleiche Power wie der erste Test haben, braucht man also 4 000 Patienten. Sollen noch zwei weitere Kriterien wie etwa Alter und Einkommen berücksichtigt werden, muss die Stichprobe schon 64 000 Patienten umfassen. Spiegelt eine Gruppe den relativen Anteil der Schwarzen an der Bevölkerung (10 Prozent) wider, muss man die Anfangsstichprobe zehnmal größer machen, um etwas Signifikantes über Schwarze allein aussagen zu können. Es ist leicht, die nötige Zahl der Teilnehmer zu berechnen, aber so viele aufzutreiben, könnte sich als unmöglich erweisen.

In der Medizin wollen wir alle völlige Gewissheit, doch dazu müssen wir auf strenge Kriterien setzen, die einen hohen Preis an Komplexität und Umfang eines Experiments fordern. Die Zahl der Teilnehmer, die eine verlässliche Studie garantiert, mag jenseits der Kapazität jeder Einrichtung liegen. Letzten Endes kommen wir an einen Punkt, an dem die Gesellschaft den Forschern trauen muss, die richtigen Variablen in den richtigen Studien zu isolieren. Auf das medizinische Gespür für den einzelnen Fall werden wir also trotz allem nicht verzichten können.

Fisher hat nie den Hippokratischen Eid abgelegt. Die Lebewesen, deren Vorankommen er förderte oder bremste, waren nur Pflanzen. Seine Standards waren rein mathematisch, und er sah seine vornehmste Aufgabe darin, auch das Ungewisse präzise zu bestimmen. Fishers Methoden auf die Medizin zu übertragen, konfrontiert die

klinischen Forscher jedoch ständig mit ethischen Fragen. Mit der
»Randomisierung« will man die einfachen Zufallsfehler voll zum
Zug kommen lassen und alle subjektiven Faktoren ausscheiden, die
aus unseren Vorurteilen erwachsen. Der springende Punkt der Ethik
ist, die Fehler gerade mithilfe von menschlichen Vorurteilen ausmer-
zen zu wollen. Beides passt überhaupt nicht gut zusammen.

Würden Sie einem dem Tode nahen AIDS-Patienten ein noch nicht
getestetes, aber vielversprechendes Medikament verweigern, weil Sie
ein kontrolliertes medizinisches Experiment durchführen wollen?
Würden Sie, nur um die Gültigkeit Ihrer Ergebnisse zu bestätigen,
einen Test mit einem Hormonersatzpräparat fortsetzen, obwohl statistisch signifikante Tests auf eine Erhöhung des Risikos von Brustkrebs hindeuten? Jede dieser Fragen versetzt Sie wieder in die Klassenzimmer in Lanarkshire, wo Sie mit dem Milchkrug stehen und
zwischen der schönen rosigen Sandy und dem armen blassen Robert
wählen müssen.

In der Praxis wird irgendjemand anderes für Sie die Auswahl
treffen. Fast alle klinischen Tests müssen heute zuvor von Ethik-
kommissionen gebilligt werden, in denen oft Laien und Experten zusammenarbeiten. Diese Gremien sind immer mehr überlastet und oft
nicht ausreichend gut besetzt, um die Studien einschätzen zu können,
über die sie zu entscheiden haben. Natürlich müssen ethische Entscheidungen immer über den wissenschaftlichen stehen, aber das
wirft die Frage auf, ob es *ethisch* gerechtfertigt ist, Patienten einer
schlecht angelegten Testreihe mit unzureichender statistischer Power
auszusetzen, die keine definitiven Ergebnisse erwarten lässt. Obwohl
die Deklaration von Helsinki von 1964 für alle Kommissionen ver-
bindlich ist, die über Forschungsprojekte entscheiden, hat jedes Land
seine eigenen Maßstäbe. Es ist wie mit der Zulassung von Schiffen:
Manche Reeder lassen ihre undichten Tanker unter der Flagge eines
Landes laufen, das niedrigere Sicherheitsstandards hat, und ähnlich
machen es Forscher, die ihre dubiosen klinischen Tests dort durchführen, wo die Gesetze lockerer sind oder ihre Einhaltung kaum
überwacht wird.

Es ist klar, wohin das führt: Die ethische Komponente ist selbst
zu einer Variablen geworden. Wenn man, wie das heute oft der Fall

ist, bei einer Studie hofft, Stichproben von vielen Institutionen in verschiedenen Ländern vereinigen zu können, kann die Vereinbarung, wie man die Auswertung und Begutachtung harmonisiert, fast so wichtig sein wie die Anlage des Experiments selbst. Das erfordert so viel Zeit und Geld, dass es inzwischen eine »internationale Begutachtung von multizentrischen Tests von Gutachtergremien gibt, um die internationalen Vereinbarungen festzulegen, die für die Begutachtung von multizentrischen Tests gelten«. Alles klar? Dieses Satzmonster zeigt zumindest, dass es so etwas wie ein konzeptuelles Palindrom gibt.

Die medizinische Forschung fordert von allen, die an ihr beteiligt sind, ein reichliches Maß an Selbstaufopferung: viele Jahre Studium, endlose Stunden in übelriechenden Gebäuden, komplexe statistische Analysen – und hinter allem brütet die Nullhypothese vor sich hin, eine Form von Selbstkränkung, die weit schwerer zu ertragen ist, als das jüdische Speisegesetz – Kashrut – einzuhalten oder während des Ramadan einen Monat lang tagsüber zu fasten

Nach Fisher gibt ein Experiment der Wirklichkeit die Chance, die Nullhypothese zu widerlegen. Wie beim Versteckspiel geht es darum, »es« zu finden oder sich von »ihm« finden zu lassen – vorausgesetzt, »es« existiert überhaupt. Existiert es nicht, hat die Nullhypothese gewonnen, und Sie sitzen mutterseelenallein in Ihrem Arbeitszimmer, formulieren das negative Ergebnis, dokumentieren Ihre Methode, räumen Ihren Schreibtisch auf und schicken Ihren Artikel an eine Fachzeitschrift.

Das Ganze ist kein Fehlschlag, denn es ist auch ein wertvolles Ergebnis, wenn sich die Nullhypothese als richtig herausstellt. Sofern Ihr Test einer strengen Prüfung standhält, kann die getestete Behandlung auf den Müllhaufen der Geschichte geworfen werden: Heute werden Fieberpatienten nicht mehr zur Ader gelassen, nachdem die Tests mit den Blutegeln, die Dr. Broussais gegen Fieber vorgeschlagen hatte, negativ ausgegangen sind. Aber ein negatives Resultat muss wie ein positives statistisch abgesichert sein: Es gibt einen großen Unterschied zwischen »Wir haben nichts *gefunden*« und »Es *gibt* absolut nichts«. Ein Effekt kann so deutlich sein, dass er selbst in einer Studie mit zu geringer Power deutlich wird. Tritt er nicht in Erscheinung, heißt das aber nicht, dass die Nullhypothese stimmt. Es ist eben nur ein kleiner Schritt von der Ungewissheit über die Doppeldeutigkeit zur Konfusion.

Laut William Cochran, einem Statistiker von Harvard, beginnen Experimentatoren ihre Beratungen immer mit »Ich möchte ein Experiment machen, um zu *zeigen, dass* ...«. Wir Menschen sind Kinder der Hoffnung – mit einer Tendenz, das Positive zu erhoffen. Auch Forscher hoffen, und unter jedem Laborkittel schlägt ein menschliches Herz. Beeinflusst eine solche Sehnsucht nach dem Positiven das Ergebnis medizinischer Tests? *Statistisch* gesehen ist das wirklich der Fall. Auf vielen Gebieten der Medizin zeigen die veröffentlichten Arbeiten ein leichtes Übergewicht an positiven Ergebnissen (eine Tatsache, die man »Verfälschung durch Publikation« nennt), einfach weil »nichts Neues« keine Nachricht ist.

Alles was die Qualität eines Tests beeinflusst – Stichprobengröße, Randomisierung, Anlage als Doppelblindversuch, Auswahl der Placebos, statistische Power –, weist statistisch gesehen in die gleiche Richtung: Je weniger perfekt eine Studie ist, umso wahrscheinlicher ist ein positives Ergebnis. Man kann nicht bei jedem Test 58 050 Patienten einbeziehen wie bei ISIS-4, nicht jedes Gutachtergremium besteht auf einer perfekten Methodik – und jede Aufweichung der strengen Regeln erhöht das Risiko, etwas zu sehen, was gar nicht da ist. Verfälschungen müssen keine Absicht sein oder allzumenschliche Irrtümer (wie das Bedürfnis des Forschers, etwas Positives mitteilen zu können), sie gehören vielmehr zum Wesen jedes experimentellen Prozesses. Man stellt sich ein positives Resultat gern als etwas vor, das man mit größter Anstrengung unter dem Berg des Zufalls ausgegraben hat, der es zudeckt. Aber echter Zufall ist weit schwerer zu demonstrieren. Wenn es darum geht, die Nullhypothese zu bestätigen oder zu widerlegen, ist der Forscher selbst das verborgene »es«, das es ausfindig zu machen gilt.

In den Briefkästen der Ärzte, die ja immer scharf darauf sind, neue Behandlungsmethoden in die Hände zu bekommen, stapeln sich die Hochglanzanzeigen neuer Medikamente. Ein viel beschäftigter Allgemeinarzt hat nicht die Zeit, die Fachzeitschriften mit der vagen Chance zu durchforsten, das zu finden, was er braucht. Er beginnt also seine Suche auf den Beipackzetteln der Gratisproben. Die Anerkennung durch die Gesundheitsbehörden gibt ihm die Garantie, dass er nicht auf Quacksalber oder Wunderheiler hereinfällt, aber er ist dafür verantwortlich, auch das Kleingedruckte zu lesen und zu entscheiden, ob das Produkt sicher, wirksam und für seine Patienten das Richtige ist.

Richard Franklin hat in Mathematik und Medizin promoviert und ist Präsident einer Firma, die medizinische Informationen beschafft. Er weiß daher aufs Genaueste, in welcher Situation sich heute ein Arzt befindet:

Er wird lesen, dass sich das Medikament bei einem placebokontrollierten klinischen Doppelblindversuch bei der Behandlung einer bestimmten Krankheit als *wirksam* erwiesen hat. Handelt es sich um eine tödliche Krankheit, nimmt er an, dass Patienten, die das Medikament genommen haben, nicht starben oder dass zumindest weniger Patienten starben. Wenn wir die Zeit haben, den Aufbau eines klinischen Tests zu studieren, entdecken wir, dass irgendwo der Begriff »wirksam« definiert wird – in diesem Fall vielleicht so, dass sich eine Wunde um 30 Prozent verkleinert hat. Die Definition von »wirksam« ist aber von den Umständen abhängig und bezieht sich auf die kleinste Wirkung, die gerade noch kommerziellen Erfolg verspricht.

In vielen Fällen findet das, was ein Laie unter einem wirklichen klinischen Test eines neuen Medikaments versteht, erst statt, nachdem das Medikament längst zugelassen, auf dem Markt eingeführt und von Ärzten verschrieben wurde. Im Laufe der Zeit werden ausreichend viele Daten gesammelt, um von Erfolgen bei bestimmten Indikationen berichten zu können, selbst wenn das Medikament für seinen eigentlich angepriesenen Zweck nichts taugt. Das berühmteste Beispiel ist Viagra, das zuerst als Medikament zur Senkung von zu hohem Blutdruck getestet wurde.

Zahlen können so mehrdeutig sein wie Worte. Angenommen, Sie sind Arzt und man hat Ihnen für Ihre Klinik vier Verfahren zur

Krebsfrüherkennung angeboten. Sie haben die Antworten auf Ihrem Fragenkatalog vorliegen und müssen nur noch jedes Angebot mit einer Skala von 0 (»nicht zu empfehlen«) bis 10 (»unbedingt zu empfehlen«) bewerten:

Verfahren A reduziert die Sterblichkeitsrate um 34 Prozent.

Verfahren B führt zu einer Verringerung der absoluten Zahl der Sterbefälle um 0,06 Prozent.

Verfahren C erhöht die Überlebensrate der Patienten von 99,82 auf 99,88 Prozent.

Verfahren D ergibt, dass 1 Todesfall vermieden wird, wenn 1 592 Patienten untersucht werden.

Verfahren A schaut doch ziemlich toll aus, oder? Ärzte und Klinikverwalter, denen man diese Auswahl vorgelegt hatte, waren auch dieser Meinung und bewerteten das Verfahren mit 7,9 und damit weit besser als alle Konkurrenten. Tatsache ist aber, dass alle Aussagen genau das gleiche Verfahren beschreiben!

Das gleiche Missverständnis bei der Beschaffung medizinischer Geräte fand man an Kliniken in Großbritannien, bei Ärzten an einem Lehrkrankenhaus in Kanada, in den USA und in Europa und bei Apothekern in den USA. Alle fielen auf die relative Verminderung der Prozentzahl der Sterblichkeitsrate herein. Wir leben in einer Welt der Prozente, da sie aber ein relatives und kein absolutes Maß sind, tragen sie immer schon einen Keim von Konfusion in sich. Man sollte nie vergessen, »Verglichen womit? Bezogen worauf?« zu fragen.

Gerd Gigerenzer hat in seinem Buch *Das Einmaleins der Skepsis – Über den richtigen Umgang mit Zahlen und Risiken* Ärzten in einem deutschen Lehrkrankenhaus eine einfache Frage gestellt: Sie müssen mit Frauen zwischen 40 und 50, die keine Symptome aufweisen, ein Mammografie-Screening durchführen. Sie wissen, dass die Gesamtwahrscheinlichkeit für Brustkrebs bei einer Frau in diesem Alter 0,8 Prozent beträgt. *Hat* eine Frau Brustkrebs, ist die Wahrscheinlichkeit eines positiven Mammogramms 90 Prozent, aber auch wenn sie *keinen* Brustkrebs hat, ist diese Wahrscheinlichkeit nicht Null, sondern beträgt 7 Prozent. Ihre Patientin, Ursula K., wird positiv getestet. Wie groß ist die Wahrscheinlichkeit, dass sie wirklich Brustkrebs hat?

Die Ärzte waren völlig durcheinander: Ein Drittel von ihnen entschied sich für 90 Prozent, ein Sechstel für 1 Prozent. Es wäre also für Ursula K. an dem Tag, als sie sich ihre Ergebnisse abholte, ein Riesenunterschied gewesen, wer gerade Dienst gehabt hätte.

Nach Gigerenzer liegt das Problem nicht bei den Ärzten, sondern in der Verwendung von Prozentzahlen. Wir wollen die Aufgabe noch einmal stellen, aber nun mit absoluten Zahlen: Von 1 000 Frauen der besagten Altersgruppe haben 8 Brustkrebs. Werden diese 8 gescreent, haben 7 einen positiven Befund. Screent man die anderen 992 Frauen *ohne* Brustkrebs, haben trotzdem 69 oder 70 einen positiven Befund, der aber falsch ist. Ursula K. ist eine der 7 + 70 = 77 Frauen mit positivem Befund. Wie groß ist die Wahrscheinlichkeit, dass sie wirklich Brustkrebs hat?

Als das Problem so dargestellt wurde, fand immerhin die Hälfte der Ärzte die richtige Antwort: Ursulas Risiko, wirklich Krebs zu haben, ist kleiner als 1 zu 10. Es ist eben weit einfacher, 7 mit 77 zu vergleichen, als

$$\frac{0{,}008 \times 0{,}9}{(0{,}008 \times 0{,}9) + (0{,}992 \times 0{,}07)}$$

zu berechnen. Die andere Hälfte der Ärzte lag immer noch falsch: Zwei gaben an, Ursula K. habe mit 80 Prozent Wahrscheinlichkeit Krebs. Ein Teil des Problems ist eben doch der Arzt.

Wir haben bis jetzt immer nur über die Rohdaten von Patienten und ihren Krankheiten gesprochen, aber in einem modernen Gesundheitssystem sind auch die Ärzte das Objekt statistischer Untersuchungen. Die Ausgaben für das Gesundheitssystem haben in den USA 1,5 Billionen Dollar und in der Bundesrepublik 234 Milliarden Euro (2002) erreicht. Jeder Amerikaner wendet im Schnitt jährlich 5 267 Dollar auf, also 14 Prozent des Bruttoinlandsprodukts pro Kopf, um seinen Tod hinauszuzögern, jeder Bundesbürger knapp 11 Prozent. Das staatliche Gesundheitssystem Großbritanniens besteht nun fünfzig Jahre und ist der drittgrößte Arbeitgeber der Welt – nach der chinesischen Armee und der indischen Eisenbahn – und wird von einer besorgten Wählerschaft abwechselnd gerühmt und verdammt.

Wie kann man den Erfolg solcher Unternehmen abschätzen? Jedes Leben endet irgendwann: Die Medizin gewinnt Schlachten, verliert aber den Krieg. Wie kann man das »Verhüten eines unnötigen Todesfalls« definieren? Wie die Existenz an sich hat auch die Gesundheitsfürsorge kein ultimatives Ziel. Ihre Geldgeber müssen jedoch die Bewegungen in dem riesigen, kollektiven Gesundheitsapparat erfassen und regulieren – und benötigen dazu statistische Methoden.

Die Variablen, die am häufigsten herangezogen werden, um die Qualität der ärztlichen Fürsorge zu definieren, sind zumindest in den USA und Großbritannien, von denen hier die Rede ist, eine üble Mischung aus praktischen und politischen Kriterien. Die Menschen wollen schnell behandelt werden, deshalb sind die »Zeit bis zu einer Diagnose« und die »Wartezeit auf eine Operation« Größen, die man minimieren will. Die Leute wollen in ein gutes Krankenhaus gehen, deshalb ist die Veröffentlichung von Sterberaten wichtig. Diese Raten müssen aber auf die Risiken bezogen werden, sonst würden Einrichtungen mit aufwändigen Intensivstationen eine Sterberate wie ein levantinisches Pesthaus aufweisen. Der Staat will so wenig wie möglich für Routinebehandlungen ausgeben, und komplexere Behandlungen sind teuer. Es ist wie ein ständiger klinischer Test, wobei das Geld das Medikament ist. Wo es am besten wirkt, wird die Dosis erhöht. Herrscht die Nullhypothese vor, kann sich die Gesellschaft das Geld sparen. Das Problem ist nur, dass *dieser* Test weder randomisiert noch ein Doppelblindversuch ist. Die Ärzte und Klinikverwalter sind sich der Kriterien und der Folgen für den zukünftigen Geldfluss sehr wohl bewusst. Es ist wie bei einem Überkreuzexperiment, bei dem die Patienten der Kontrollgruppe die folgende Botschaft erhalten: »Sie bekommen jetzt ein Placebo, aber wenn Sie die richtigen Symptome zeigen, werden Sie mit dem echten Medikament behandelt.« Gerade die Daten, die solchen Überlegungen zugrunde liegen, erlauben alle möglichen Manipulationen, ja sie reizen förmlich dazu.

Bei diesen bemerkenswerten Verhältnissen ist es überraschend, wie wenige Institutionen bei krummen Geschäften erwischt wurden, aber die Beispiele, die ans Tageslicht kamen, sind beunruhigend genug. So haben in Großbritannien Kliniken die Wartezeit auf eine Operation reduziert, indem sie herausfanden, wann die Patienten Urlaub beantragt hatten. Sie vereinbarten dann kurzfristige Termine, bei denen klar war, dass die Patienten sie nicht wahrnehmen konnten. Sie heuerten zusätzliches Personal an und setzten alle Routinebehandlungen in der einen Woche ab, von der sie wussten, dass in ihr die Wartezeiten erhoben würden. In den USA hat das »Diagnosis-Related Group«-Erstattungssystem von Medicare/Medicaid, das in etwa unserer Abrechnung nach Fallpauschalen entspricht, zum sogenannten »DRG-Schwindel« geführt, bei dem die Krankheitsfälle in eine kompliziertere, einträglichere Klasse »hochgestuft« werden. Kliniken, die darauf bedacht sind, niedrige risikobezogene Sterblichkeitsraten aufzuweisen, schicken die hoffnungslosen Fälle nach Hause und stufen neue Patienten in eine höhere Risikostufe ein. In einem New Yorker Krankenhaus stieg der Anteil der präoperativen Patienten, die unter COPD (chronisch obstruktive Lungenerkrankung) eingestuft wurden, in zwei Jahren von 2 auf 50 Prozent. Wenn man bei einer Bypass-Operation eines Hochrisiko-Patienten auch noch ein wenig an der Herzklappe herumschnippelt, fällt der ganze Vorgang aus der Sterblichkeitsrate für Bypass-Operationen heraus und wandert in die Kategorie »Sonstiges«, die niemand interessiert.

Natürlich gab es in den stolzen Zeiten, als sich die Gesundheitsfürsorge noch selbst regulierte, weit beängstigendere Vorkommnisse. Der springende Punkt ist, dass die Verführung sehr groß ist, nicht nur an den Patienten, sondern auch an den Zahlen herumzudoktern, wenn die Zuweisung der Geldmittel von der Statistik abhängig ist. Ein »Ranking« der Kliniken verlangt darüber hinaus von uns etwas ab, was uns allen sehr schwer fällt: anzuerkennen, dass bei *jedem* Ranking die Hälfte *schlechter* als der Durchschnitt ist. Wie würde es Ihnen gehen, wenn Sie erfahren, dass der Arzt, der Sie aufschneiden soll, irgendwo bei der 47-Prozentmarke liegt? Wird das Ihr Vertrauensverhältnis festigen?

Nach Jeremy Bentham ist die Aufgabe der Gesellschaft, für die größte Zahl von Menschen das größtmögliche Glück (Wohlstand, Wohlergehen, Wohltaten) zu erreichen, eine Aufgabe, die nur schwer zu erfüllen ist. Die »Wohltaten« der medizinischen Forschung, die auf Experimenten und Statistiken aufbauen, bestehen darin, jeder Krankheit eine passende Heilmethode zuzuordnen. Dieses Modell funktionierte gut, als noch die »großen« tyrannischen Krankheiten das Regiment führten, jene konstanten Bedrohungen, die das Mittelfeld der Normalverteilung der Sterbefälle füllten. Inzwischen sind Pocken und Kinderlähmung fast verschwunden, die Tuberkulose ist unter Kontrolle, die Masern sind im Griff. Wir sind mehr und mehr mit Krankheiten konfrontiert, die unter einem Namen eine Vielzahl von Varianten vereinigen. Krebs gehört dazu und Massenkrankheiten wie Fettleibigkeit, Diabetes oder Herzerkrankungen, die in der Mehrzahl durch unser eigenes Verhalten ausgelöst werden. Das Problem bei diesen Krankheiten ist nicht, eine Heilmethode zu finden – wann immer es eine Wunderkur geben sollte, ist es fleißige Körperbetätigung –, sondern sich auf sie einzulassen.

Ein Mittel gegen die Krankheiten der Überflussgesellschaft, das leichter zu schlucken ist, stellt die Polypille dar, die 2003 von Nicholas Wald und Malcolm Law vom Wolfson Institute of Preventative Medicine vorgeschlagen wurde. Sie kombiniert Aspirin und Folsäure mit Mitteln zur Senkung des Cholesterinspiegels und des Blutdrucks und würde an alle über 55 in der Hoffnung ausgegeben werden, dass sich die Heilwirkungen multiplizieren. Angenommen, sie verringert das Risiko einer Herzattacke um 88 Prozent und das eines Schlaganfalls um 80 Prozent. Die Lebenserwartung würde sich dann bei geringen Kosten um elf Jahre verlängern.

Die Polypille würde allerdings Nebenwirkungen haben, die bei manchen Menschen zu Problemen führen könnten. Deshalb stellt sich wieder die Frage, ob man an die Gesamtheit der Patienten denken soll oder an *jeden* von ihnen *einzeln*. Ein staatlicher Gesundheitsdienst, der sich mit der Gesamtbevölkerung befasst, würde vermutlich die Polypille bevorzugen, aber amerikanische Forscher haben herausgefunden, dass die Dosis variabel sein müsste, da die Menschen auf die Bestandteile verschieden ansprechen. Damit hätte man schon mindestens 100 verschiedene Polypillen. Es scheint, dass wir doch auf unseren Hometrainer steigen müssen und uns der dornige Weg der Selbstkasteiung nicht erspart bleibt.

»Die Patienten entsprechen nur selten dem Bild im Lehrbuch. Wie behandelt man sie als Individuen?« Timothy Gilligan von der Harvard Medical School ist sowohl Forscher als auch praktizierender Chirurg. Sein Leben spielt sich also auf der Grenzlinie zwischen dem Allgemeinen und dem Besonderen ab. »Bei der Chemo- und Strahlentherapie sind beispielsweise die veröffentlichten Forschungsergebnisse so pauschal, dass sie für den speziellen Fall wenig Aussagekraft haben. Wir versuchen, genetische Abweichungen bei der Verarbeitung bestimmter Medikamente im Körper oder die Einflüsse des sozialen Umfelds einzubeziehen, wenn es darum geht, ob jemand eine komplizierte Therapie erfolgreich durchstehen kann. Schon die individuellen Unterschiede können oft die ganze Spanne der Ergebnisse zwischen glänzendem Erfolg und völligem Fehlschlag erklären.«

Gilligan hofft, dass uns bessere Kenntnisse des menschlichen Genoms dahin bringen, für jeden Patienten eine eigene Behandlung zu finden, die speziell auf seine genetische Disposition zugeschnitten ist. »Die verschiedenen Krebsarten sind genetisch bedingte Krankheiten, und wir sollten letztlich dazu kommen, jeden Krebs als die Folge bestimmter Genmutationen zu definieren. Heute haben wir 100 Patienten mit Lungenkrebs, von dem wir *wissen*, dass er eine Vielzahl von Krankheiten umfasst. Sie werden alle in einen Topf geworfen. Einige sprechen auf Chemotherapie an, andere nicht. Einer der Gründe dafür ist vermutlich der spezielle Charakter des jeweiligen Krebses, seine genetische Komponente. Wenn wir das verstehen, können wir die Behandlung darauf zuschneiden.« Im Augenblick macht allerdings die Komplexität der Art und Weise, wie der menschliche Körper die Genome in Proteine umsetzt, diese Hoffnung noch zu einem fernen Traum.

Eine verbesserte statistische Auswertung kann jedoch zumindest die Prognose präziser machen. Hat der Patient bisher nur erfahren, dass die Hälfte der Patienten mit seiner Krankheit innerhalb eines Jahres gestorben ist, und wurde damit vor das Rätsel gestellt, zu welcher Hälfte er gehört, können ausgefeiltere Computeranalysen eine ganze Reihe weiterer Variablen einbeziehen, die seine Krankheit mitbestimmen und damit eine mehr auf ihn zugeschnittene Abschätzung ermöglichen. Gilligan führt dazu aus: »Sie sind ein Individuum mit *diesem* Lungenkrebs, mit *dieser* Tumorgröße, mit Metastasen an ganz bestimmten Plätzen. Dann ist noch wichtig, wie fit Sie gerade sind. Wenn wir den Computer mit diesen Werten füttern, können wir nicht nur ganz allgemein sagen, was es mit Lungenkrebs auf sich hat, sondern wie es bei *Ihnen* ist. Auch Sie bekommen natürlich letztlich nur eine Prozentzahl genannt, also beispielsweise, dass Sie mit 75 Prozent Wahrscheinlichkeit noch mindestens ein Jahr leben. Und wir können Ihnen immer noch nicht sagen, ob Sie zu den 75 Prozent gehören, die überleben, oder zu den 25 Prozent Todgeweihten. Wir sind von Aussagen mit 100 und 0 Prozent Heilungschancen noch weit entfernt. Geht es aber zum Beispiel um die höchst unangenehme Chemotherapie, können wir leichter entscheiden, wer sich ihr aussetzen sollte, wenn bei einer Gruppe die Heilungschancen 90 Prozent betragen, bei der anderen aber nur 10 Prozent.«

Mit der Entschlüsselung des menschlichen Genoms entwirren sich auch viele unserer Vorstellungen von ihm. Die erste, die wir offenbar aufgeben müssen, ist die eines universellen Genoms, bei dem jede Mutation eine potenzielle Krankheit darstellt. Mit der Verbesserung der Methoden zur Untersuchung der DNA (was die Auflösung und was das Verhältnis des Signals zum Rauschen betrifft) tauchen bei ganz »normalen« Menschen immer mehr Variationen auf, und zwar nicht nur in den Bereichen zwischen den funktionalen Abschnitten, die offensichtlich keine sinnvolle Funktion haben, sondern auch in der Lage und bei der Zahl der Kopien der funktionalen Gene. Wie solche Variationen die Anfälligkeit für Krankheiten, Unterschiede in der Entwicklung oder die Reaktion auf Medikamente beeinflussen, wird ein immer tieferes Rätsel. So gibt es also nicht *den* Tod, sondern »*Ich* muss sterben«, und ganz ähnlich gibt es nicht *die* Krankheit, sondern »*Ich* bin krank«. Es gibt dann auch nicht *die* Behandlung, sondern, wenn überhaupt, eine Behandlung speziell für *mich*.

Wie stehen wir nun da? Noch weit von der Unsterblichkeit entfernt, leben wir immerhin länger und werden besser medizinisch versorgt als in einer Zeit, die noch gar nicht so viele Jahre zurückliegt und in der ein Kind auf Krücken noch »Kinderlähmung« bedeutete und nicht einen Sportunfall. Unser Wissen ist lückenhaft und voller Fehler, wir wissen aber viel über die Natur dieser Fehler – vieles nur ungefähr, aber wir erfahren immer mehr über die Irrtümer, denen wir immer wieder erliegen, und die Fehler, die immer wieder auftreten. Wenn wir stets daran denken, dass die Schlüsse, die wir aus Daten ziehen, von Haus aus nur wahrscheinlicher Natur sind und voneinander so unabhängig wie die Teile eines Calderschen Mobiles, können wir zu besseren Ärzten (und besseren Patienten) werden. Dass unser Wissen immer ungewiss sein wird, ist kein größerer Grund zur Verzweiflung als die Unvermeidlichkeit des Todes. Die medizinische Forschung folgt weiter der Aufgabe, die ihr Fisher vor Zeiten gestellt hat: »Wir haben die Pflicht, unsere Schlussfolgerungen verständlich zu formulieren, zusammenzufassen und zu veröffentlichen. Wir müssen dabei das Recht der *anderen* freien Geister achten, sie zu benützen und *ihre eigenen* Entscheidungen zu treffen.«

Kapitel 8

Rechtspflege

Das Gesetz ist einzig und allein gemacht zur Ausbeutung derer,
die es nicht verstehen.

Peachum in *Bertolt Brecht, Dreigroschenoper*, 3. Akt

Gegen 1760 vor Christus, ungefähr ein Jahrhundert nach dem Aufbruch Abrahams, seiner Familie und seines Volks, machte sich Hammurapi daran, seine Herrschaft in Mesopotamien, dem heutigen Irak, zu festigen. Er hatte erkannt, dass es zwangsläufig zu Verrat und Chaos führte, wenn jede der von Lehmmauern umgebenen Städte unter dem Schutz ihres eigenen »kleinen« Gottes und Vasallenkönigs stand. Als Ausdruck seiner Macht erließ er ein Gesetz, das für alle galt, und ordnete an, dass auf jedem Marktplatz eine 2 Meter hohe schwarze Basaltstele aufgestellt wurde, die dicht mit Keilschriftzeichen bedeckt war, dem *Codex Hammurapi*.

Der *Codex* ist die Quelle für »Auge um Auge, Zahn um Zahn«, regelte aber auch, wer beim Verkauf untauglicher Sklaven die Verantwortung trug und wie weit Ärzte bei Kunstfehlern hafteten. Vieles am *Codex* erscheint erstaunlich modern: Er forderte für alle Transaktionen und Erbfälle Kontrakte, ein bestimmtes Verfahren und Zeugen. Die Händler mussten Quittungen für alle bei ihnen hinterlegten Waren ausstellen. Frauen konnten ihre Männer mit der Botschaft »Du passt nicht zu mir« in die nahegelegene Wüste schicken und, wenn sie ansonsten ohne Fehl und Tadel waren, mit der gesamten Mitgift ihrer Wege gehen. Andererseits verzeichnet der *Codex* auch Strafen wie das Abhacken der Hände, Verbrennen, Ertränken und Pfählen, wie sie für eine Gesellschaft typisch waren, die über keine effektive Polizei verfügte und in der die Abschreckung vor Kapitalverbrechen mehr auf der tief im Menschen verankerten Furcht vor Schmerz beruhte als auf der Gewissheit, erwischt zu werden.

Das englische *law* für Gesetz bedeutet etymologisch gesehen »das, was naheliegt«, also den unveränderlichen Standard, an dem die bloß zufälligen Handlungen gemessen werden. Das vergangene Geschehen ist in Vergessenheit versunken, und mit ihm seine Motive, die ja vielleicht nicht einmal die seinerzeit Beteiligten gekannt haben. Wenn nun vor Gericht Beweise vorgelegt werden, muss sich ihre Glaubwürdigkeit im Licht der Gesetze erweisen, und dann müssen sie mit allen Zweifeln und Widersprüchen unter einen Hut gebracht und in das Urteil gepackt werden. Um diese Aufgabe zu erfüllen, muss man zwei Fragen beantworten, die mit Wahrscheinlichkeiten zu tun haben: »Ist es wahrscheinlich, dass die vorliegenden Fakten stimmen?« Und wenn sie stimmen: »Ist unsere Hypothese, mit der wir sie erklären wollen, die wahrscheinlichste?«

Auf diese Fragen gibt die schwarze Stele keine Antwort. Es sind zutiefst menschliche Fragen. Das Streben nach einer Antwort verdanken wir unserer Fähigkeit, sprechen, Zeugnis ablegen und Beweise führen zu können. Der erste Gerichtsfall, über den Aufzeichnungen existieren, stammt aus der 6. Dynastie des Alten Reichs der Ägypter. Es gibt Dinge, die alle Zeiten überdauern – und so befasst er sich mit der Anfechtung eines Testaments. Das Gericht forderte den Angeklagten Sebek-hotep auf, drei ehrbare Zeugen beizubringen, die bei den Göttern beschwören sollen, dass seine Darstellung der Angelegenheit der Wahrheit entspricht und das vorgelegte Dokument echt ist. Wir treffen hier auf die ersten Spuren der Elemente, die für einen Prozess entscheidend geblieben sind: Zeugenaussagen, Zahlen, Ehrbarkeit und Eid.

Diese Dinge zogen die Aufmerksamkeit der Gesetzesmacher aller Zeiten auf sich. Das 5. Buch Mose fordert: »Es soll kein einzelner Zeuge wider jemand auftreten über irgendeine Missetat oder Sünde, es sei welcherlei Sünde es sei, die man tun kann, sondern in dem Mund zweier oder dreier Zeugen soll die Sache bestehen.« Die Römer glaubten einem reichen Zeugen mehr als einem armen (weil es weniger wahrscheinlich war, dass der reiche sich bestechen ließ) und sprachen jeden schuldig, der verleumderische Gedichte schrieb. Das jüdische Gesetz verbot Würfelspielern und Taubenliebhabern, als Zeugen aufzutreten, schloss aber auch alle Geständnisse aus, weil es unwahrscheinlich war, dass sie auf erlaubtem Weg gewonnen wurden. Die Leute neigen dazu, an das Gerede anderer zu glauben, deshalb gab es schon sehr früh Gesetze gegen Aussagen »vom Hörensagen«. Auch die Regel, dass der Ankläger seine Behauptung beweisen muss, und dass dieser Beweis in Strafsachen jenseits aller vernünftigen Zweifel glaubhaft sein müsse, ist schon sehr früh zu finden. »Du hast ihn mit dem Schwert in der Hand gefunden, von Blut triefend, während sich der Ermordete krümmt«, sagt der Talmud, »aber wenn das alles ist, hast du nichts gesehen.«

Wie versuchte man, die Wahrheit herauszufinden? Durch die Argumente einer Beweisführung. Wenn Sie sich wundern, dass Gerichtsverhandlungen mit all ihren Wiederholungen, Unterbrechungen, Exkursen und Einwänden mündlich geführt werden, sollten Sie bedenken, dass die Gesetze direkt auf Regeln und Bräuche zurückzuführen sind, die ihre Wurzel in der Antike haben. Das Leben im klassischen Athen bestand in unendlicher Konversation. Das Reden und Diskutieren bahnte sich wie ein Fluss seinen Weg durch die Stadt: Glatt und locker wurde es in den Symposien nach dem Essen gepflegt, hart und kraftvoll vor Gericht, kompliziert und anspruchsvoll in den Akademien. Alle Gespräche hatten eine unerlässliche Quelle: die Neugier. Und sie hatten ein Ziel: Ideen an Argumenten und Gegenargumenten zu messen. Die Methoden waren die gleichen, wenn Sokrates und seine Schüler im Schatten der Kolonnaden über das Gute debattierten und wenn der alte Mann selbst vor Gericht stand und zum Tode verurteilt werden sollte.

Die Rhetorik im Gerichtssaal hat einen schlechten Ruf, aber sie ist lediglich eine heruntergekommene Form der Rhetorik, die von den alten Griechen als die Wissenschaft der öffentlichen Beweisführung definiert wurde. Aristoteles, der in allem ein Freund der Ordnung war, veröffentlichte seine *Rhetorik,* bevor er sein logisches Meisterwerk, die *Analytik,* begonnen hatte. Für ihn war die logische Argumentation praktische Rhetorik im Kleinformat. »Alle Menschen sind sterblich« ist wie »Alle berufsmäßigen Bettler schimpfen zurück« nicht nur eine Behauptung, die Sätze haben vielmehr die Form einer ersten vorläufigen Annahme. Das A und O der juristischen Beweisführung ist wie in der deduktiven Logik, die Akteure im Hier und Jetzt mit einem vorläufigen Urteil oder Gesetz zu verbinden: »Sokrates ist sterblich«, »Teddy ist ein berufsmäßiger Bettler«. Die

Syllogismen, also die Schlüsse vom Allgemeinen auf das Besondere, die wir im Kapitel 1 diskutiert haben, sind in Wirklichkeit Gerüste für Rechtsfälle, die nur darauf warten, mit dem Fleisch der Fakten und Namen umkleidet zu werden.

Für eine Darstellung der Überzeugungskunst ist die *Rhetorik* harte Kost, aber wer sich durchkämpft, wird mit der ersten expliziten Untersuchung des Wahrscheinlichen belohnt, das für Aristoteles sowohl das *Plausible* als auch das *Häufige* war, das, was »gewöhnlich« geschieht. Man kann auf der Basis von Wahrscheinlichkeiten aus schon gemachten Erfahrungen Schlüsse ziehen (»Er ist rot angelaufen, und sein Puls jagt. Wahrscheinlich hat er Fieber«) oder aus der Vergangenheit auf die Zukunft schließen (»Sie hatte immer etwas an meiner Kleidung auszusetzen, so wird es wahrscheinlich auch morgen sein«) oder aus dem Seltenen auf das Häufige schließen (»Er beging den Mord, ohne weiter nachzudenken, es ist daher wahrscheinlich, dass er auch in der zweiten Reihe parken wird«).

Argumente, die sich auf Wahrscheinlichkeiten stützen, erscheinen uns zwar schwächer als die der deduktiven Logik, erweisen sich aber oft als die besseren Beweise, da sie von einem *Gegenbeispiel* nicht unbedingt widerlegt werden. Daher sagt Aristoteles in der *Rhetorik*, dass der Richter »sein Urteil nicht nur von der Notwendigkeit ausgehend sprechen muss, sondern auch von der Wahrscheinlichkeit aus; das bedeutet es nämlich, *nach bestem Wissen zu urteilen*«.

Offensichtlich kann diese Art von Wahrscheinlichkeit leicht missbraucht werden. So könnte ein schwächlicher Mann sagen: »Es ist unwahrscheinlich, dass ich den Mord begangen habe.« Ein kräftiger Mann könnte dazu aber sagen: »Es ist unwahrscheinlich, dass ich, den man so schnell verdächtigen würde, den Mord begangen habe.« Oder wir folgen dem Dichter Agathon, der in der *Ästhetik* sagt: »Vielleicht nennt eben dieses man Wahrscheinlichkeit. Dass man erleben muss viel Unwahrscheinliches.« Deshalb können Wahrscheinlichkeitsaussagen in der Justiz alles vollbringen, was auch logische Argumente leisten, nur können sie nicht von sich heraus, also ohne Hilfe von außen bestehen. Syllogismen erklären sich von selbst, aber die Verwendung von Häufigkeiten und Wahrscheinlichkeiten bedeutet, dass der Schluss nicht in den Worten des Sprechers zu finden ist, sondern

im Verständnis des Hörers. Aus diesem Grund sind Wahrscheinlichkeiten in der Justiz der Rhetorik zuzuordnen.

Was »gewöhnlich passiert«, kann leicht zu dem werden, »was Leute
wie *wir* gewöhnlich tun«. Die Gleichnisse Jesu verwenden die Wahrscheinlichkeit im ersten Sinn: Gute Väter vergeben gewöhnlich ihren
Söhnen, gute »Arbeiter im Weinberg« machen gewöhnlich das Beste
aus den Umständen. Die Widersacher Jesu verwenden sie dagegen
im zweiten Sinn: Wir sitzen gewöhnlich nicht mit Sündern an einem
Tisch, wir heilen gewöhnlich nicht am Sabbat. Als Pontius Pilatus
»Was ist Wahrheit?« fragte, hielt er Gericht und mochte – um diesem griechisch erzogenen Beamten gerecht zu werden – wohl darauf
hingewiesen haben, wie schwierig es ist, sich widersprechende Wahrscheinlichkeitsaussagen auf einen Nenner zu bringen, wenn sie auf
verschiedenen Voraussetzungen beruhen.

Bei den Römern erhielt die von allen geteilte Definition dessen, was
»gewöhnlich« passiert, zusätzliches Gewicht durch das allgemeine
Fundament der wichtigsten Gesetze und die Liebe, die Kenner und
Genießer für das rhetorische Schauspiel aufbrachten. Die Gesetzes-
tafeln waren kurz und bündig, reich an Anspielungen und rhyth-
misch gestaltet, sie waren quasi die Nationalhymne der Republik.
Schulkinder mussten die Texte auswendig lernen. Jeder Politiker,
der Ruhm ernten wollte, musste nicht nur einen militärischen Sieg
gegen die Barbaren erringen, sondern auch erfolgreich als Verteidiger
und Ankläger sein. Die Vorstellungen fanden im offenen Forum als
Gerichtsspektakel vor einem Publikum statt, das so leidenschaftlich
und fachkundig war, wie wir es heute noch in den Opernhäusern und
Fußballstadien finden. Als einmal Cicero eine Rede mit dem schnellen Flickflack eines doppelten Trochäus geschlossen hatte, brach das
ganze Gericht in rasenden Beifall aus.

All das – die Brillanz, die Freiheit der Gerichte, die von allen ge-
teilten Vorstellungen – beruhte wesentlich auf zwei Grundvoraussetzungen der Zivilisation: der Muße und dem Selbstbewusstsein der
Bürger. Als 527 Justinian Kaiser wurde, war weder von dem einen
noch von dem anderen viel zu sehen. Rom war in der Hand der
Ostgoten, Pest und Unruhen tobten in den Resten des Imperiums.

Es war nicht die Zeit, sich auf das zu stützen, was »gewöhnlich« passierte.

Justinian war wie Napoleon ein entschlossener und rücksichtsloser Vertreter des Zentralismus, und um seine Macht zu festigen, sammelte er alle Gesetze und hielt sie schriftlich fest. Sein *Corpus Iuris Civilis* mit den *Institutionen* und *Digesten,* dem *Codex* und den *Novellen* ersetzte alles vorher geltende Recht, machte jede andere Meinung unerheblich und wurde zum Grundstein der gesamten westlichen Rechtstradition. Wir verdanken Justinian unser Rechtssystem mit dem schwerfälligen Jonglieren zwischen Fall- und Statutenrecht, ewigen Prinzipien und zeitlich wie räumlich begrenzten Ausnahmen, mit dem Schwert und der Waage.

Als die Zeiten immer finsterer wurden, verloren sogar die einfachsten Gesetze schnell an Bedeutung. In den Jahrhunderten des Chaos, in denen aus einem Wortgefecht schnell Mord und Totschlag wurde, war man nicht darauf aus, Beweise zu finden oder juristisch zu argumentieren. Nur Gott konnte Beweise liefern – auf der Stelle und in Form eines Wunders. Gottesurteile offenbarten sich im Kampf, bei der Folter, beim »versuchsweisen« Ertränken, dem unversehrten Gehen auf rotglühenden Pflugscharen oder dem Schlucken einer heiligen Oblate, die einem Lügner im Hals stecken blieb. Jede Seite konnte Eideshelfer beibringen, deren Zahl und Auftreten die Macht der Worte unterstrich. In England wurde ein Rechtsstreit zuerst von den lokalen Herrschern geregelt. Der Angeklagte stand damit nicht vor neutralen Richtern wie heute, sondern ganz im Gegenteil vor Leuten, die alles über ihn und den Hintergrund des Falles wussten. Sie waren weniger auf demokratische Integrität bedacht, sondern hatten den Wunsch, eine Entscheidung zu fällen, die das Dorf zufriedenstellte. Die Urteile waren daher oft Ausdruck von Unrecht, aber mit Unrecht rechnete man seinerzeit immer: Als Simon de Montfort den Kreuzzug gegen die Albigenser führte, erschlug er jeden, der sich ihm in den Weg stellte – sei er Ketzer oder treuer Katholik gewesen –, weil er Gott vertraute, der schließlich die Heimgegangenen nach ihrem Verdienst in den Himmel oder die Hölle schicken würde.

Justinians *Digesten* wurden in jenem explosiven 11. Jahrhundert wiederentdeckt, das uns die Universitäten, Kathedralen und großen Städte geschenkt hat. Sie galten wie die erhaltenen Werke des Aristoteles als das Vermächtnis einer längst versunkenen Zeit und mussten – wie alle heiligen Texte – mit Hochachtung behandelt und genauestens befolgt werden. Die Universität Bologna, die früheste Rechtsakademie, wurde ausschließlich zum Studium der *Digesten* gegründet. Azo, einer ihrer ersten Professoren, stellte fest, dass nicht alle Beweise des Justinianischen Gesetzeswerks vollständig waren. Was sollte man mit Beweisen anfangen, die *nicht* dem hohen Anspruch standhielten, der nötig war, um das Gericht zu überzeugen? Was war zu tun, wenn jemand nur die Aussage *eines* Zeugen vorweisen konnte oder ein zwar glaubwürdiges, aber nicht bezeugtes Dokument? Azo sprach dann von »Halb-Beweisen« und behauptete, dass zwei halbe einen ganzen Beweis ergeben. Seine Nachfolger entwickelten eine völlig neue Gesetzesarithmetik, um Fälle auf Wahrscheinlichkeitsaussagen aufzubauen: auf Verdacht, verschiedene Arten von Vorurteil, Indizien, Argumente, Belege und Mutmaßungen.

Jeder Baustein dieser neuen Konstruktion wurde aus dem römischen Erbe abgeleitet, aber ihr Geist – die Raffiniertheit, die inflationäre Zunahme der Begriffe und ihre Künstlichkeit – war ganz mittelalterlich. Korallenbänke aus Interpretationen überwucherten den blanken Fels der Gesetze. Durch ihren Einfluss wurden die Fragen der Häufigkeit und Glaubwürdigkeit nicht mehr rhetorisch, sondern durch die Auslegung von Texten geklärt: Nicht mehr die Zuhörer im Forum entschieden, ob eine Interpretation glaubhaft war, sondern erfahrene Experten mit einem akademischen Grad. Justinian wollte der Welt ein Gesetz geben – ohne es zu wollen, hat er ihr auch die Juristen geschenkt.

Ein Gesetz ist der Ausdruck ewiger Wahrheit, aber um die Fakten einer sich ändernden Welt in dem alten Gerüst der Statuten zu verankern, musste man alles, was sich ereignete, mit Begriffen aus einer Welt formulieren, die es real nie gegeben hatte. Das war die Doktrin der *fictio iuris,* der Rechtsfiktion, welche die Akteure in modernen Rechtsfällen ihre Rollen im Namen und in der Kostümierung längst verblichener Charaktere spielen lässt. In England waren vor dem Gesetz alle Enten *beasts*, alle Zivilverfahren hatten einen Vergewaltigungsfall in Middlesex als Muster, und alle Eigentumsdelikte drehten sich um die Rechte von John Doe und Richard Roe – mit ihren Allerweltsnamen fiktive Männer, denen fiktive Grundherren fiktiv Land verpachtet hatten. Aus einigen Zivilsachen wurden sogar Strafsachen: Um einen Prozess vor dem obersten Gericht, dem Royal Court, führen zu können, musste ein Ankläger im 14. Jahrhundert angeben, dass der Winzer, von dem er schlechten Wein gekauft hatte, diesen – nach einer englischen Rechtsfiktion – »entgegen dem königlichen Frieden, und zwar mit Pfeil und Bogen« mit Wasser versetzt hatte. Aus der Panscherei des Winzers wurde so Landfriedensbruch.

Eine Fiktion wurde jedoch zum Rettungsanker des britischen und amerikanischen Rechtssystems: das »Common Law«, das auf ungeschriebenen, aber über allem stehenden Traditionen beruht, nämlich dem, was schon immer passierte und uns nun im Glanz alter Urteile aufscheint. Im Common Law kann es nichts Neues geben, aber es gibt dennoch ständig etwas Neues in ihm zu finden, weil sich die Welt verändert und die Richter den Dingen intensiver auf den Grund gehen. Das auf dem *Codex* basierende Recht musste unvermeidlich in eine Sackgasse der Widersprüche geraten, aber das Common Law bot ein Netzwerk von Nebenstraßen, die gemächlich um jedes Hindernis herumführten.

Unter Justinian konnte man noch nach dem *Codex* urteilen, aber inzwischen waren *Codex* und Wirklichkeit zu weit voneinander entfernt. Im Mittelalter konnte man den Blick auf die Autoritäten richten, aber inzwischen gab es auf jeder Seite so viele Meinungen, dass sie sich gegenseitig aufhoben. In der Zeit von Rabelais war aus der Konfusion Absurdität geworden: Sein Richter Bridlegoose in *Gargantua und Pantagruel* behauptet, dass die einzige perfekte, unparteiische Methode, einen Fall zu entscheiden, das Würfeln sei.

Rabelais, Sohn eines Advokaten, studierte Medizin, hatte aber wie Fermat auch eine Ausbildung als Jurist. Cardanos Vater war Anwalt, der von Pascal Richter. Einige Vertreter der Familie Bernoulli waren Juristen, bevor sie den Verlockungen der Mathematik erlagen. Die Schöpfer der Wahrscheinlichkeitstheorie hatten eine klare Vorstellung davon, auf wie ärgerliche Weise sich das Gesetz gegenüber der Vernunft als widerspenstig erweist. Sie hofften jetzt, die neue Methode, die mit so großem Erfolg einen Streit beim Würfeln schlichten konnte, auf die Justiz ausdehnen zu können.

Auch Leibniz war ein Mathematiker, der anfangs Jura studiert hatte. Als er die Bezeichnungen der Grundzustände der Wahrscheinlichkeit erfand, die wir heute noch benutzen – 1 für das ganz Gewisse, 0 für das Unmögliche und die Werte zwischen 1 und 0 für das mehr oder weniger Wahrscheinliche –, war seine Absicht, damit die Wahrheit vor dem Gesetz zu messen. Die kontinuierlichen Abstufungen bildeten also eine verfeinerte Version von Azos Arithmetik der Halb-Beweise. Leibniz war sich sicher, dass man nicht nur numerische Werte für die Wahrscheinlichkeit einer wahren oder unwahren Aussage anzugeben vermochte, sondern diese Werte auch miteinander kombinieren und Schlussfolgerungen berechnen, also mechanisch »das Maß an Wahrscheinlichkeit, den Stand der Beweise, Vermutungen, Annahmen und Indizien« abschätzen konnte. Aber Leibniz war nicht auf Bernoulli gefasst, der mit der kritischen Frage kam, welche Art von Rechtsfällen er sich denn denken könne, bei denen man aus Fakten die zugehörigen Wahrscheinlichkeiten ableiten kann, so wie Sterbetafeln die durchschnittliche Lebenserwartung anzeigen. Leibniz erreichte nichts. Sein Plan, einen Justizrechner zu konstruieren, ging denselben Weg wie sein Versuch, Protestanten und Katholiken zu versöhnen.

Bernoullis Einwand erwies sich als richtig: Statistik und Wahrscheinlichkeiten sind nicht dasselbe. Selbst absolut genaue und unvoreingenommene Aufzeichnungen über Verbrechen besagen nichts über *diesen* Angeklagten in *diesem* bestimmten Fall. Das war im Übrigen nicht der einzige Einwand gegen die Verwendung der Wahrscheinlichkeitsrechnung in der Justiz. Man kann zwar immer wieder Kugeln aus einer Urne ziehen, man kann aber keinen Mord wiederholen, um die Tragkraft der Beweise festzustellen. Und wer würde schon einen Verdächtigen 25 550-mal verhören, damit sich mit 99,99 Prozent Wahrscheinlichkeit ein Verdacht bestätigt? Angenommen, zwei Zeugen erzählen unabhängig voneinander die gleiche Geschichte, sind aber beide nur zur Hälfte glaubwürdig. Muss man dann die Wahrscheinlichkeiten multiplizieren, da ja die Aussagen unabhängig voneinander sind? Das Ergebnis wäre absurd, denn aus zwei Halb-Beweisen würde ein Viertel-Beweis werden! Das sieht nicht gerade wie ein Weg aus, Gerichtsurteile von ihrer Mehrdeutigkeit zu befreien.

Das tiefere Problem ist, dass juristische Wahrscheinlichkeiten von Meinungen abhängen, etwa von unserer Einschätzung, wie wahr ein Schluss einzuschätzen ist, der sich auf ein Beweisstück gründet, dessen Beweiskraft von Haus aus ungewiss ist. Die klassische Wahrscheinlichkeit hat mit Dingen zu tun, die juristische mit Gedanken. Für das juristische Schlussfolgern wäre ein Rechenverfahren für *persönliche* Wahrscheinlichkeiten nötig, eine Methode, um die Spur einer Meinung zu verfolgen, wenn sie das Gravitationsfeld neuer und unerwarteter Fakten durchläuft.

Die Lösung des Problems fand man 1763 in Papieren aus dem Nachlass des kurz zuvor verstorbenen Presbyterianer-Reverends Thomas Bayes, der in dem stillen englischen Badestädtchen Turnbridge Wells gelebt hatte. Bayes war Fellow der Royal Society gewesen und als guter Amateurmathematiker bekannt, hatte sich aber zu Lebzeiten keinen großen Namen gemacht. Er hinterließ seine Aufzeichnungen seinem Freund Richard Price, der in ihnen ausgezeichnete Munition gegen die Ansichten des Skeptizisten David Hume fand. Hume sagte, wie wir uns erinnern, dass man aus dem immer wieder beobachteten Sonnenaufgang nicht schließen kann, wie wahrscheinlich es ist, dass die Sonne auch am nächsten Tag wieder aufgeht. *An Essay Towards Solving a Problem in the Doctrine of Chances*, die Schrift, die Price unter Bayes' Papieren gefunden hatte, lieferte genau das: eine Methode, um den Wahrscheinlichkeitswert eines Ereignisses zu bestimmen, das in der Vergangenheit schon oft stattgefunden hat.

Bayes' *Essay* nimmt in Kreisen von Wahrscheinlichkeitstheoretikern den gleichen Platz ein wie das *Kapital* bei den Ökonomen und *Finnegans Wake* in der Literatur: Alle beziehen sich auf das Werk, aber keiner hat es gelesen. Was wir heute »Bayessches Theorem« nennen, kann man am einfachsten mit einem Diagramm erklären. Angenommen, Sie wollen die Wahrscheinlichkeit von *A* wissen, wenn

auch *B* stattfindet. In der heute üblichen Notation der Wahrschein-
lichkeitstheoretiker sieht das so aus: Sie sind an *P(A|B)* interessiert.

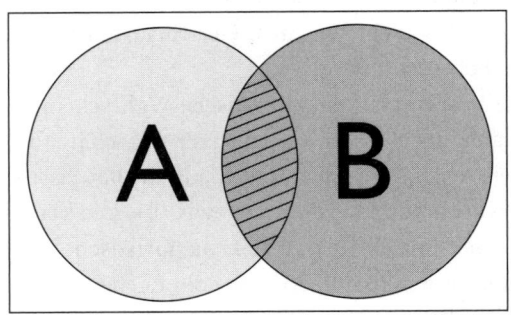

Wie der Blick auf das Diagramm zeigt, wird die Wahrscheinlichkeit
sowohl von *A* als auch von *B*, also *P(AB)*, durch die gemeinsame
Fläche in der Mitte repräsentiert. Es gilt darüber hinaus, dass *P(AB)*
gleich *P(BA)* ist: Es ist Wochenende und sonnig – es ist sonnig und
Wochenende. Wir können auch sehen, dass die Wahrscheinlichkeit
für das Auftreten von *A*, während *B* auftritt (die sogenannte bedingte
Wahrscheinlichkeit), gleich dem Verhältnis von *AB* zu *B* ist. Als Gleichung formuliert gilt also:

$$P(A\,|\,B) = \frac{P(AB)}{P(B)}$$

Jetzt sind wir so weit, eine kleine Manipulation vornehmen zu können. Wie immer in der Algebra ist fast alles erlaubt, solange man
damit beide Seiten der Gleichung beglückt. Wir beginnen mit unserer
doppelten Beschreibung der zentralen Fläche unseres Diagramms:

$$P(AB) = P(BA)$$

Dann multiplizieren wir beide Seiten der Gleichung mit 1, drücken
aber 1 listigerweise verschieden aus:

$$P(AB) \times \frac{P(B)}{P(B)} = P(BA) \times \frac{P(A)}{P(A)}$$

was das Gleiche ist wie

$$\frac{P(AB)}{P(B)} \times P(B) = \frac{P(BA)}{P(A)} \times P(A)$$

Aber warten Sie! Der erste Term auf jeder Seite ist ja auch die Definition unserer bedingten Wahrscheinlichkeit. Durch Einsetzen ergibt sich

$$P\,(A|B) \times P(B) = P(B|A) \times P(A)$$

Nach der Division durch $P(B)$ erhalten wir

$$P\,(A|B) = \frac{P\,(B|A) \times P(A)}{P\,(B)}$$

Wohin führt uns das? Gehen wir im Kreis? Wie so oft scheinen wir völlig willkürlich mit Termen herumzujonglieren, dabei stehen wir schon kurz vor einer überraschenden Erkenntnis. Es muss nur noch ein letztes Kunststück vollbracht werden. Werfen wir einen Blick zurück auf das Feld B im Diagramm. Es ist zwar nicht sehr witzig, aber wir könnten B auch als die Summe seiner Teile definieren, als alles, was *sowohl A als auch B* ist, also $P(BA)$, plus alles, was B und *nicht A* ist: $P(B\overline{A})$. Mit der Definition der bedingten Wahrscheinlichkeit können wir die Gleichung dann erweitern und erhalten:

$$P(B) = \{P(B|A) \times P\,(A)\} + \{P\,(B|\overline{A}) \times P\,(\overline{A})\}$$

Diese Gleichung zeigt nun deutlich, dass die gesamte Wahrscheinlichkeit für B eine gewichtete Kombination der Wahrscheinlichkeit von B ist, wenn auch A auftritt (mit der Wahrscheinlichkeit von A multipliziert), plus der Wahrscheinlichkeit von B, wenn A *nicht* auftritt (mit der Wahrscheinlichkeit von *Nicht-A* multipliziert). Casanovas Chancen, die Gräfin zu verführen, hängen davon ab, wie sehr sie von seinem Charme beeindruckt ist, *multipliziert* mit der Wahrscheinlichkeit, dass er seinen Charme spielen lässt, *plus,* wie stark sie von Flegelhaftigkeit abgestoßen wird, *multipliziert* mit der Wahrscheinlichkeit, dass er sich als Flegel aufführt.

Nun setzen wir diese erweiterte Version von $P(B)$ in unsere Gleichung ein:

$$P(A|B) = \frac{P(B|A) \times P\,(A)}{\{P(B|A) \times P\,(A)\} + \{P\,(B|\overline{A}) \times P\,(\overline{A})\}}$$

Oder:

$$P\,(A|B) = P\,(A) \times \frac{P(B|A)}{\{P(B|A) \times P\,(A)\} + \{P\,(B|\overline{A}) \times P\,(\overline{A})\}}$$

Was haben wir nun vor Augen außer einem Gestrüpp von Klammern? Unglaublich, aber wahr: Die Gleichung beschreibt die Wirkung von Erfahrungen auf eine Meinung oder Hypothese.

Nennen wir unsere Hypothese *A* und die Erfahrungen *B*. Die Gleichung besagt dann, dass die Wahrheit unserer Hypothese nach den neuen Erfahrungen (der linke Term unserer Gleichung) gleich der früheren Wahrscheinlichkeit (der erste Term auf der rechten Seite) *multipliziert* mit einem »Lernfaktor« (das restliche Dickicht auf der rechten Seite) ist. Können wir den ursprünglichen Zustand unserer Meinungen durch eine Wahrscheinlichkeit definieren und die Wahrscheinlichkeit für die neuen Erfahrungen (bei gegebener Hypothese) abschätzen, so haben wir jetzt die Möglichkeit, unseren Vernunftgründen für den Glauben an Schuld oder Unschuld nachzuspüren, wenn eine neue Tatsache auftaucht.

Wie kann das in der Praxis funktionieren? Die Leiche der alten Frau wird in ihrer Wohnung gefunden – grauenhaft zugerichtet. Wir wissen, dass sich der Student Raskolnikow mit ihr gestritten hat. Irgendwie ging es um Geld. Andererseits war sie eine Pfandleiherin und hatte daher vermutlich viele Feinde unter ihren armen Nachbarn, die alle verzweifelt waren und in ihrer Schuld standen – darunter viele zweifellos raue Männer mit Berufen, bei denen sie hart zufassen mussten. Der junge Mann sitzt auf der Anklagebank. Er erscheint uns eher bedauernswert als furchteinflößend. Seine Hände sind nicht allzu sauber, aber weich. Vielleicht hat er es getan, vielleicht auch nicht. Unsere Meinung ist gespalten: Beides ist gleich wahrscheinlich.

Dann untersucht die Spurensicherung die Axt und findet auf ihr Fingerabdrücke, die denen Raskolnikows gleichen. Aber sind es wirklich seine? Der Experte, ein Mann voller Skrupel, kann es nicht sagen. Seine Statistiken können nur bestätigen, dass solche Abdrücke per Zufall nur einmal unter 1 000 Fällen übereinstimmen.

Jetzt setzen wir unsere Wahrscheinlichkeiten in die Bayessche

Formel ein. $P(A|B)$ ist unsere neue Hypothese der Schuld des Verdächtigen, nachdem wir von den Fingerabdrücken wissen. $P(A)$ ist unsere vorherige Vermutung seiner Schuld (0,5). $P(B|A)$ ist die Wahrscheinlichkeit, dass die Fingerabdrücke übereinstimmen, falls er schuldig ist (1), $P(B|\bar{A})$ die, falls er unschuldig ist (0,001), $P(\bar{A})$ ist unsere vorherige Vermutung seiner Unschuld (0,5). Alles zusammengenommen erhalten wir:

$$P\,(A|B) = (0,5) \times \frac{1}{\{1 \times 0,5\} + \{0,001 \times 0,5\}} = 0,999$$

Die eisernen Tore schließen sich, und die abgehärmte Gestalt folgt der Kette der Verurteilten auf den Weg nach Sibirien.

Und der Sonnenaufgang? Bayes' Theorem besagt, dass Sie ganz beruhigt zu Bett gehen können: Die Sonne *wird* morgen aufgehen.

Aus den Zeiten von Bayes wird die Geschichte eines Richters erzählt, der den endlos redenden Mann im Zeugenstand warnte: »Ich muss Sie bitten, keine *überflüssigen* Lügen zu erzählen. Die Lügen, die mit Ihrem Verteidiger abgesprochen sind, waren nötig, um diesen betrügerischen Fall zu unterstützen – weitere Unwahrheiten sind nur ein unnötige Ablenkung.«

Nikolaus Bernoulli hatte den Eindruck, dass es mit der Welt besser bestellt sein könnte, wenn wir über eine Statistik der Wahrheitsliebe der Menschen verfügen würden. Sicher ist es hilfreich, mit einer Abschätzung zu beginnen. Der Gauner X und der Dummkopf Y kennen sich nicht, und es gibt auch kein Anzeichen, dass sie gemeinsame Sache machen. Sie werden nacheinander in den Zeugenstand gerufen und behaupten beide unabhängig voneinander, die Aussage S sei wahr. X ist so verschlagen, dass man ihm seine Behauptung kaum abnimmt. Er erscheint uns nur in einem Drittel der Fälle ehrlich zu sein und erhält daher die Glaubwürdigkeitsnote 0,3. Y ist so schwer von Begriff, dass er ein wenig glaubwürdiger wirkt, sagen wir, er bekommt die Note 0,4. Die Aussage S ist – wenn sie eine *Lüge* ist – nur eine von etwa fünf überflüssigen Lügen, die jeder der beiden auftischen könnte. Wir müssen also die Wahrscheinlichkeit, dass sie diese eine bestimmte Lüge erzählen, mit 1/5 multiplizieren. Wie beeinflussen nun die beiden Aussagen unsere Meinung, ob S wahr oder gelogen ist? Unsere Vermutungen sind mal so, mal so. Die beiden sind schwache Zeugen, aber die Aussagen decken sich, aber andererseits ....

Bayes kann uns helfen, die zweifelhaften Zeugenaussagen zu bewerten. Der ehrenwerte Sir Richard Eggleston, einer der prominentesten Juristen Australiens, setzte unsere Zahlen in das Bayessche Theorem ein und zeigte, wie die zwei wenig glaubwürdigen Zeugen unsere Haltung gegenüber der Aussage beeinflussen, die sie beide unter Eid gemacht haben:

$$\frac{P(S|X_S Y_S)}{P(\bar{S}|X_S Y_S)} = \frac{P(S)}{P(\bar{S})} \times \frac{P(X_S Y_S|S)}{P(X_S Y_S|\bar{S})} = \frac{P(S)}{P(\bar{S})} \times \frac{0,3 \times 0,4}{0,7 \times 0,2 \times 0,6 \times 0,2} = \frac{P(S)}{P(\bar{S})} \times 7,14$$

Seine Gleichung sieht einschüchternd aus, sie zeigt aber, dass die Behauptung S nach der Aussage der *beiden* Zeugen mehr als siebenmal glaubwürdiger ist als zuvor. Auch ein Gauner kann von Nutzen sein, und ein Dummkopf ist manchmal eine große Hilfe, wenn Not am Mann ist.

Zahlen in ein Räderwerk zu füttern und dann die Kurbel zu drehen, scheint eine ziemlich willkürliche Annäherung an das heikle Problem des Glaubens und Urteilens zu sein, zumal einige der Zahlen recht beliebig aussehen. Kann man überhaupt für Schuld oder Unschuld Wahrscheinlichkeiten angeben? Dürfen wir Glaubwürdigkeitsraten verteilen? Wie kann man so etwas rechtfertigen?

Von allem Anfang an gab es laute Stimmen gegen die Rechtmäßigkeit derartiger »inverser Wahrscheinlichkeiten«. Bayes selbst sprach von Erwartungswerten, als wäre die Erfahrung Teil eines Spiels, bei dem man gewettet hat. Aber welcher Buchmacher setzt die erste Quote fest? Woher nehmen wir einen Anfangswert, der dann durch neue Erkenntnisse modifiziert wird? Laplace lieferte eine großartig klingende Rechtfertigung, das »Prinzip vom unzureichenden Grund«: Gibt es keine Möglichkeit, den Anfangswert für die jeweilige Wahrscheinlichkeit zweier Ereignisse zu bestimmen, darf man sie gleichsetzen. Das ist für viele Ketzerei: Fisher führte einen Tanz wie Rumpelstilzchen auf, und von Mises' Lächeln wurde noch verkniffener und frostiger.

Das Gegenargument, das von der sogenannten subjektivistischen Schule vorgebracht wurde, gewann seine Durchschlagskraft, indem es die Strenge opferte. Die Frage war: Was messen wir hier wirklich? Die Antwort: Grade von Unwissen. Unsere Erkenntnisse vermindern nach und nach unser Unwissen, das geht aber nur durch wiederholte Erfahrungen und wiederholte Nachbesserung unserer Hypothesen – einen Vorgang, den die Bayesianer »Nachjustieren« nennen. Was ist aber, wenn wir keine Erkenntnisse haben? Was kann den Stand des Unwissens dann besser beschreiben, als die Unfähigkeit, sich für eine der beiden Hypothesen zu entscheiden? *Natürlich* geben wir ihnen das gleiche Gewicht, weil wir schließlich nichts über sie wissen. Wir testen weder die inneren Qualitäten von Dingen noch die Wiederholbarkeit eines Experiments, sondern die Logik unserer Behauptungen und die Konsistenz unserer Erwartungen.

Gesetze können unklar, inkonsistent und unvollständig sein, ungewiss sind aber nur Fakten. Wir haben Leiturteile (und natürlich die Gesetzgebung), um Gesetze zu verbessern, und können am Justizpalast herumflicken und ihn dort abstützen, wo seine Erbauer gespart haben oder wo der Holzwurm im Gebälk nagt. Um die *Fakten* im juristischen Streit besser verstehen zu können, sollten wir auf die Wahrscheinlichkeitstheorie setzen, die aber bisher vor Gericht wenig Erfolg hatte. Schließlich studieren die wenigsten Leute Jura, weil sie sich mit Arithmetik herumschlagen wollen: hinreißende Plädoyers und das Aufblitzen forensischer Schlussfolgerungen bilden die Glanzlichter im Gerichtssaal. Formale Wahrscheinlichkeitsrechnungen werden den Gutachtern überlassen, deren Expertisen uns allzu oft vor neue Rätsel stellen.

Beim Dreyfus-Prozess im Jahr 1894 wurden Gutachter aufgeboten, um zu beweisen, dass die Handschrift der verräterischen Dokumente deshalb überhaupt nicht wie die von Dreyfus aussah, weil er sich besondere Mühe gegeben habe, sie als Fälschung erscheinen zu lassen. Die Gutachter trugen vor, dass in den Dokumenten und in Dreyfus' sonstiger Korrespondenz die Wortlängen eine ähnliche Verteilung hatten. Sie wiesen auf vier grafologische »Koinzidenzen« hin und gaben ihnen einen Wahrscheinlichkeitswert von 0,2. Daraus berechneten sie die Wahrscheinlichkeit für das Auftreten dieser vier

Koinzidenzen aus bloßem Zufall und kamen auf 0,0016. Und an dieser Stelle machten sie einen ganz elementaren Fehler: 0,0016 ist die Wahrscheinlichkeit, vier Koinzidenzen bei *vier Versuchen* zu finden, in Wirklichkeit hatten sie aber vier an *dreizehn* Stellen gefunden: Die Wahrscheinlichkeit dafür hatte den recht hohen Wert 0,7. Sowohl Dreyfus' Anwalt als auch der Staatsanwalt gaben zu, nicht ein Wort der mathematischen Ausführungen verstanden zu haben, aber alle waren von der puren Unverständlichkeit zutiefst beeindruckt. Dreyfus wurde auf die Teufelsinsel Cayenne verbannt. Obwohl sich viele für seine Freilassung einsetzten, verbrachte er dort vier elende Jahre, bis er rehabilitiert wurde.

Das Lehrbuchbeispiel für falsch angewandte Wahrscheinlichkeitstheorie bleibt der Prozess gegen das Ehepaar Collins, ein scheinbar einfacher Fall von Raubüberfall in Los Angeles 1964. Juanita Brooks kam vom Einkaufen nach Hause. Die Einkäufe lagen in einem Einkaufswagen, der Geldbeutel obenauf. Als sie die Straße hinter ihrem Haus hinaufging, hielt sie an, um einen leeren Karton aufzuheben und wurde plötzlich von jemandem umgestoßen, den sie weder kommen gesehen noch gehört hatte. Obwohl sie wegen ihres Sturzes wie betäubt war, konnte sie doch aussagen, dass eine junge Frau von ungefähr 65 Kilo wegrannte. Ihrer Beschreibung nach war die Haarfarbe »zwischen dunkel- und hellblond«, die Kleidung »irgendetwas Dunkles«. Als sie sich aufgerappelt hatte, entdeckte sie, dass ihr Geldbeutel mit 40 Dollar verschwunden war.

John Bass wohnte am anderen Ende der Straße und goss gerade seinen Rasen, als er Lärm hörte. Er sah eine Frau mit einem blonden Pferdeschwanz davonrennen und in ein gelbes Auto springen, das nach seiner Aussage von einem Schwarzen mit Schnurr- und Kinnbart gefahren wurde.

Später am Tag wurden Malcolm Ricardo Collins und seine Frau Janet Collins wegen Straßenraub festgenommen. Sie arbeitete als Hausmädchen in San Pedro und hatte einen blonden Pferdeschwanz, er war schwarz und trug einen Schnurrbart und einen Kinnbart. Das Paar hatte ein gelbes Auto und war knapp bei Kasse. Das Alibi der beiden war weit davon entfernt, wasserdicht zu sein.

Trotzdem hatten die Fahnder ein großes Problem, die beiden zu überführen. Weder Frau Brooks noch Herr Bass hatten die Frau genau gesehen, die den Geldbeutel wegnahm. Herr Bass erkannte Malcolm Collins bei einer Gegenüberstellung nicht wieder, und es gab auch Erkenntnisse, dass Janet Collins an diesem Tag helle Kleidung getragen hatte und nicht »irgendetwas Dunkles«.

In dieser Sackgasse holten sich die Fahnder einen Mathematik-dozenten vom örtlichen College, der erklärte, er könne mithilfe der Wahrscheinlichkeitsrechnung die Identität der Täter beweisen, indem er die Wahrscheinlichkeiten der einzelnen Beobachtungen multiplizierte. Die Fahnder begannen mit einer Tabelle mit den folgenden Beobachtungen der Zeugen:

Merkmal	Wahrscheinlichkeit
A. Teilweise gelbes Auto	1/10
B. Mann mit Schnurrbart	1/4
C. Mädchen mit Pferdeschwanz	1/10
D. Mädchen mit blondem Haar	1/3
E. Schwarzer mit Bart	1/10
F. Gemischtrassiges Paar in einem Auto	1/1000

Sie fragen sich mit Recht, wie sie auf diese Zahlen kamen. Konnte irgendjemand mit gutem Gewissen sagen, dass genau dieser Anteil einer Population von Autos, Trägern oder Nichtträgern von Schnurr-bärten oder Mädchen mit Pferdeschwanz möglicherweise an diesem Morgen durch San Pedro gekommen war? Und ganz nebenbei: Galt die Bezeichnung »Gemischtrassiges Paar in einem Auto« der Unter-scheidung von gemischt- und gleichrassigen Paaren (jeweils in einem Auto) oder von gemischtrassigen Paaren in einem Auto und auf dem Gehsteig? Keine dieser Fragen wurde diskutiert.

Sind die Prämissen schon faul, kann man von den Schlüssen, die darauf aufbauen, nichts Gutes erwarten. Und so kam es denn auch. Die Anklage wertete A bis F als unabhängige Kriterien. Aber kann man denn wirklich annehmen, dass die Kriterien »Mann mit Schnurrbart« und »Schwarzer mit Bart« voneinander unabhängig sind? Die Anklage blieb dabei und multiplizierte nun ganz munter alle Wahrscheinlichkeiten – mit dem Ergebnis einer Chance von nur 1 zu 12 Millionen, dass alle Kriterien rein aus Zufall zusammentreffen.

Selbst wenn man davon ausgeht, dass die einzelnen Wahrscheinlichkeiten stimmen, und dass die Kriterien voneinander unabhängig sind, wäre die Anklage auf schwankendem Boden gestanden. Heißt es, dass man weitere 12 Millionen Paare überprüfen muss, bis man wieder eine Kombination mit genau diesen Eigenschaften findet? Nicht ganz. Werfen wir einen genaueren Blick auf das Problem: Wir wollen die Wahrscheinlichkeit herausfinden, in einer Population unter zufällig ausgesuchten Paaren zwei zu finden, die genau diese Eigenschaften haben. Wir wollen also die Wahrscheinlichkeit wissen, mit der ein Zufallsereignis *mindestens zweimal* eintritt.

Klingt das nicht irgendwie vertraut? Wir sind wieder beim Würfelspiel de Mérés gelandet! Hätte man Pascal auf wunderbare Weise im Gericht von Los Angeles zum Leben erwecken können, wäre seine Aussage äußerst wertvoll gewesen. Er hätte darauf hinweisen können, dass Los Angeles eine große Stadt ist: Wenn eine Population, aus der man die Paare auswählt, die Grenze von 4 Millionen überschreitet, ist die Wahrscheinlichkeit, dass zwei dieser »1 zu 12 Millionen«-Fälle vorkommen, ungefähr 1 zu 3! Sie können es leicht mit dem Potenzgesetz nachrechnen, das wir in Kapitel 2 kennen gelernt haben.

Um die Ungerechtigkeit vollzumachen, unterlief der Anklage noch einer der grundlegendsten und häufigsten Fehler bei der Wahrscheinlichkeitsrechnung, der aus gutem Grund als *Prosecutor's Fallacy* oder *Missverständnis des Staatsanwalts* bezeichnet wird. Es handelt sich dabei um den Sprung von der Wahrscheinlichkeit eines zufälligen Zusammentreffens zur Wahrscheinlichkeit, dass etwas nicht der Fall ist. Nachdem die Anklage zuerst »berechnet« hatte, dass die Chance für die Existenz eines anderen Paares mit den gleichen Kriterien wie bei den Collins' 1 zu 12 Millionen betrug, war nun davon die Rede, dass die Wahrscheinlichkeit 1 zu 12 Millionen betrug, dass sie *nicht* die Täter waren – genauer gesagt, setzte der Staatsanwalt in seinem Schlussplädoyer die Wahrscheinlichkeit ihrer Unschuld sogar auf 1 zu 1 Milliarde herunter. Warum handelt es sich hier um ein Missverständnis? Lassen Sie es uns vereinfachen und davon ausgehen, dass die einzigen Kriterien zur Identifizierung des Täters »schwarz« und »männlich« sind. Die Chance für ein zufälliges Zusammentreffen dieser Kriterien beträgt in den USA etwa 1 zu 20. Folgt daraus, dass jeder schwarze, männliche Angeklagte zu 19/20 schuldig ist? Offensichtlich nicht – aber warum nicht? Weil es nach der Statistik unzählige Möglichkeiten gibt, unschuldig zu sein, aber nur eine, schuldig zu sein. Unser Rechtssystem geht zunächst von der Unschuld des Angeklagten aus – nicht nur weil Vespasian ein entsprechendes Dekret erlassen hat, sondern der zugrunde liegenden Wahrscheinlichkeiten wegen.

Selbst die Gutwilligsten können in jene Falle des »Missverständnisses des Staatsanwalts« tappen, weil sie auf die Art, wie die Wahrscheinlichkeiten präsentiert werden, hereinfallen. Wir wollen es mit einer anderen Formulierung der Geschichte versuchen und dabei relative Angaben vermeiden: »Von 20 Amerikanern ist einer sowohl schwarz als auch männlich. 200 Passanten kamen an jenem Tag am Tatort vorbei, darunter also circa 10 schwarze Männer. Gibt es daher keine anderen Indizien, beträgt die Wahrscheinlichkeit, dass der Angeklagte auch der Täter ist, 1 zu 10.« In diesem Fall hätten die Erkenntnisse der Wahrscheinlichkeitstheorie den Ermittlern also nicht weitergeholfen. Juristen und Ärzte verstehen Prozentzahlen besser als Verhältniszahlen und sind daher weit eher bereit, ohne weitere Nachfragen den Ansichten des Anklägers zu folgen, wenn er behauptet, dass die Chance für eine Übereinstimmung der DNA 0,1 Prozent beträgt, als wenn er von »einem von 1 000 Fällen« spricht.

Die Jury im Fall Collins wurde von den Zahlen überrollt und stimmte auf schuldig. Das Urteil wurde dann bei der Revision kassiert, und der Fall wird heute überall bei der Ausbildung der Juristen als Paradebeispiel dafür zitiert, welche Fehler man vermeiden sollte. Aber es handelt sich um beharrliche Fehler, die wieder zum Fenster hereinkommen, wenn man sie zur Tür hinausgeworfen hat.

Gegen Ende 1999 wurde Sally Clark, eine englische Anwältin, angeklagt, ihre zwei kleinen Söhne umgebracht zu haben. Der elf Wochen alte Christopher war 1996 gestorben. Die Ärzte hatten seinerzeit an einen Lungeninfekt geglaubt. Etwas mehr als ein Jahr später starb dann ganz plötzlich zu Hause der acht Wochen alte Harry. Die medizinischen Befunde, die vor Gericht präsentiert wurden, waren komplex, verwirrend, manchmal widersprüchlich und insgesamt nicht schlüssig. Es wurden Spuren an der Leiche genannt, die auf kräftiges Schütteln, Ersticken oder Versuche zur Wiederbelebung zurückgehen konnten – vielleicht aber auch Folgen der Autopsie waren. Sally Clark gab an, beide Kinder seien eines natürlichen Todes gestorben. Der Begriff »plötzlicher Kindstod« wurde irgendwann während der Ermittlungen ins Spiel gebracht – und mit ihm hielt die Wahrscheinlichkeitstheorie im Gerichtssaal Einzug.

Eines der wichtigsten Gutachten für die Anklage war das von Professor Sir Roy Meadow, der kein Statistiker war, sondern ein bekannter Kinderarzt. Er sollte bei seiner Aussage vor Gericht medizinische Erkenntnisse vortragen und auf verdächtige Ähnlichkeiten beim Tod der beiden Kinder hinweisen.

Meadow gab keine Wahrscheinlichkeitswerte für die offensichtlichen Übereinstimmungen bei den Todesfällen an, hatte aber zuvor das Vorwort für eine breit angelegte, vom Staat mitfinanzierte Studie über den plötzlichen Kindstod geschrieben, in der das Sterberisiko eines Kindes in Abhängigkeit von bekannten Faktoren wie Rauchen, geringem Einkommen und niedrigem Alter der Mutter berechnet wurde. Sally Clark rauchte nicht, hatte ein ordentliches Einkommen und war über 27 – damit betrug die statistische Wahrscheinlichkeit für plötzlichen Kindstod in ihrer Familie 1 zu 8 543. Meadow folgte dem Beispiel der Autoren der Studie und stellte Spekulationen an, wie häufig der plötzliche Kindstod zweimal in der gleichen Familie auftritt: »Man muss 1/8 543 mit 1/8 543 multiplizieren, und das ist ... ungefähr 1 zu 73 Millionen.«

Er wiederholte diese Zahl und fügte hinzu: »In England, Schottland und Wales werden jährlich etwa 700 000 Babys lebend geboren, damit kommt dieses Ereignis nur einmal in hundert Jahren per Zufall vor.«

Der Staatsanwalt stürzte sich auf den Gutachter: »Es ist also wahr, dass nicht nur die Wahrscheinlichkeit ganze 1 zu 73 Millionen beträgt, sondern dass es *zusätzlich* bei den zwei Todesfällen Merkmale gibt, die auf jeden Fall verdächtig sind?« Professor Meadow antwortete: »Ich glaube das.«

Haben die Worte einmal den Mund verlassen, kehren sie nicht wieder zurück. Hatte sich der Professor klargemacht, dass die von ihm genannten Zahlen nicht nur dazu beitragen konnten, jemand unschuldig für Jahre hinter Gitter zu bringen, sondern auch seiner eigenen Karriere ein schmähliches Ende zu setzen?

Was war so falsch an seiner Aussage? Drei Dinge: Erstens ist der plötzliche Kindstod nicht die Nullhypothese, also die allgemeine Grundannahme, falls Mord ausgeschlossen ist. Zweitens ist der plötzliche Kindstod keine spezifische Krankheit, sondern als Todesfall definiert, für den man *keinen* erkennbaren Grund gefunden hat. Meadow hat später selbst darauf hingewiesen: »Alles was man über ihn weiß, besteht in Unwissen.« Unwissen ist aber nicht das Gleiche wie Zufall. Wir können aufgrund der statistischen Daten, die das Ergebnis von Beobachtungen und Zählungen sind, mit einer gewissen Sicherheit behaupten, dass es in Großbritannien in einer von 8 543 Familien ohne Risikofaktoren einen Fall von plötzlichem Kindstod gibt. Es gibt aber keine Rechtfertigung für die Annahme, dass es hier um Wahrscheinlichkeiten geht und diese Todesfälle das Ergebnis des Werfens eines riesigen 8 543-seitigen Würfels sind. Bei Todesfällen mit klaren Ursachen – seien es die Erbanlagen oder Umweltgifte – ist zum Beispiel die Wahrscheinlichkeit von zwei ähnlichen Todesfällen in der gleichen Familie weit höher.

Das zweite Problem war die Folgerung, dass eine geringe Wahrscheinlichkeit von plötzlichem Kindstod Sally Clark zur Mörderin machte. Der Staatsanwalt vermied in diesem Fall das sprichwörtliche »Missverständnis«, aber sein Gebrauch von »zusätzlich« zielte deutlich darauf ab, dass jeder weitere Beweis gegen die Mutter der beiden Babys die ohnehin schon winzige Wahrscheinlichkeit noch weiter reduzieren würde, der Tod der Kinder könne natürliche Ursachen haben.

Der dritte und schwerwiegendste Fehler war, dass der plötzliche Kindstod mit dem Fall gar nichts zu tun hatte. Sally Clarks Anwälte hatten nie behauptet, dass die Babys an plötzlichem Kindstod gestorben seien, sie waren vielmehr von einem natürlichen Tod ausgegangen. Die Autopsien hatten ergeben, dass *irgendetwas* nicht stimmte: Es handelte sich nicht um unerklärliche Todesfälle, sondern um Todesfälle, die man nicht erklären konnte. Es gab daher gar keinen Grund, die Wahrscheinlichkeit von plötzlichem Kindstod zu diskutieren – außer der Annahme der Staatsanwaltschaft, die Anwälte Clarks könnten das vielleicht zur Grundlage ihrer Verteidigung machen. Daher hatte die Anklage Zeit und Anstrengungen darauf verschwendet, ein Gegengutachten parat zu haben. Leider wurde keiner der drei genannten Einwände beim Kreuzverhör Meadows vorgebracht.

Wer kann schon wissen, was die Herzen einer Jury beeinflusst? Die medizinischen Erkenntnisse waren komplex und nicht eindeutig, es gab nichts Schlüssiges, nichts, was im Gedächtnis hängen blieb. Und dann kam ein Punkt vom äußersten Rand, der eigentlich überhaupt nicht zur Diskussion stehen sollte, jene dramatische Zahl: 1 zu 73 Millionen. Bei seiner Zusammenfassung warnte in der Tat der Richter, auf die Zahlen zu großes Gewicht zu legen: »Wie überzeugend sie Ihnen auch erscheinen mögen, wir verurteilen in diesem Gericht niemand aufgrund von Statistiken. Es wäre ein schrecklicher Tag, wenn wir es täten.« Aber das Gericht tat es.

Vier Jahre später hatte Sally Clark bei ihrer zweiten Revisionsverhandlung Erfolg. Es gab zwar Beweismaterial gegen sie, aber das Gericht fand auch, »dass die Präsentation des Verhältnisses 1 zu 73 Millionen und der zugehörigen Statistik vor Gericht mit der Behauptung, zwei Todesfälle der gleichen Art in einer Familie würden nach diesen Rechnungen nur einmal pro Jahrhundert vorkommen, gleichbedeutend mit der Aussage war, auch ohne die übrigen Indizien könne man so gut wie sicher sein, dass es Mord war«.

Bemerkenswert war, dass die Royal Statistical Society in einer Erklärung gegen das Gutachten des Mediziners protestiert hatte, in dem »ein schwerwiegender statistischer Fehler begangen wurde, einer, der einen entscheidenden Effekt auf den Ausgang des Falls haben konnte«. Sir Roy Meadow wurde schließlich die Zulassung entzogen. Die Richtlinien für Polizei und Staatsanwaltschaft über die Kindersterblichkeit, die er mitentwickelt hatte und die etwas flapsig mit »eines ist tragisch, zwei sind verdächtig, drei sind Mord« umschrieben wurden, stampfte man ein. Selbst die anerkannten Standards medizinischer Beweise kamen in Verruf. Die Presse, die in morbiden Vorstellungen von Monstermüttern geschwelgt hatte, machte eine Kehrtwendung und attackierte nun Ärzte, die sich als Hexenjäger betätigten. Die Wahrscheinlichkeitswerte, die bei Ungewissheiten immer eine gefährliche Sache sind, wurden revidiert.

Selbst wenn Meadows »1 zu 73 Millionen«-Rechnung dem Fall angemessen gewesen wäre, hätte das Bayessche Theorem einen Justizirrtum vermeiden können, weil es klargestellt hätte, welche Wahrscheinlichkeiten eigentlich verglichen wurden. Wenn es keinen anderen Beweis gibt und wir akzeptieren, dass die Wahrscheinlichkeit für zwei Fälle von plötzlichem Kindstod in der gleichen Familie 1 zu 73 Millionen beträgt, wie groß ist dann (bei gleichen Rechenmethoden) die Wahrscheinlichkeit, dass es zwei Mordfälle sind? Sie beträgt 1 zu 8,4 Milliarden! Zahlen nützen nicht immer dem Staatsanwalt, das scharfe Messer der Statistik hat zwei Schneiden.

Die Wahrscheinlichkeit, dass Bayes regelmäßig vor Gericht gefragt wird, ist gering. Juristen gelten als ganz durchschnittliche Menschen, die ihre Entscheidungen mit dem gesunden Menschenverstand treffen und von Natur aus skeptisch gegenüber allem sind, was ihn durch irgendeinen geheimnisvollen Rechenmechanismus ersetzen will. Die Furcht ist groß, dass die Menschen einen gewaltigen Respekt vor etwas haben könnten, was sie nicht verstehen, und dann einen Unschuldigen verurteilen, »weil man gegen die Zahlen nicht argumentieren kann«.

Leider haben falsche Rechnungen der Statistiker die richtigen gleich mit in Verruf gebracht. Es gibt bestimmte Arten von Indizien, bei denen das Bayessche Theorem verwirrten Richtern eine Richtschnur bieten könnte, die kaum jemand in Zweifel ziehen würde. Beispiele sind Abschätzungen, wie beweiskräftig Fingerabdrücke, Vaterschaftstests und DNA-Spuren sind. In diesen Fällen ist der »Lernfaktor« in der Bayesschen Gleichung nicht aus der Luft gegriffen, sondern durch Statistiken gut belegt. Aus ihnen kann man schließen, wie sicher unter den jeweiligen Voraussetzungen eine Identifizierung oder ein positiver medizinischer Test ist, sofern es wirklich einen Zusammenhang zwischen dem Medikament und der Krankheit gibt.

Galton war der Erste, der Fingerabdrücke als forensisches Beweismittel ins Spiel gebracht hat, und in mehr als einem Jahrhundert ist es nicht gelungen, die statistische Einmaligkeit unserer Fingerabdrücke zu widerlegen. Natürlich ist es eine andere Sache, den verwischten Teilabdruck am Tatort mit den sauberen Tintenabdrucken beim Erkennungsdienst in Einklang zu bringen. Dafür kann man aber Fehlerquoten angeben, die in die Bayesschen Berechnungen eingehen. Während inzwischen in den USA alle Gutachten für den Supreme Court mit Fehlerquoten versehen sein müssen, hält man den Fingerabdruck immer noch für ein absolut sicheres Merkmal: Er sagt zu 100 Prozent ja oder nein, schuldig oder unschuldig. Die älteste und weltgrößte Vereinigung von Forensikern *verbietet* ihren Mitgliedern sogar, Wahrscheinlichkeitsangaben zur Identifikation durch Fingerabdrücke zu machen, indem sie das als »unstandesgemäßes Verhalten« einordnet. Auch vor bundesdeutschen Gerichten wird der Fingerabdruck ohne Einschränkung anerkannt.

Aber selbst wenn Fehlerquoten angegeben werden, haben die Gerichte Zweifel. Im Vergewaltigungsfall gegen Adams, der kürzlich in England verhandelt wurde, war ein positiver DNA-Test der einzige Beweis zur Identifizierung des Täters, während alle anderen Indizien *gegen* seine Schuld sprachen. Das Gutachten der Anklage gab die Wahrscheinlichkeit für eine rein zufällige Übereinstimmung der Tatortspuren mit einer Probe des Angeklagten (und damit das Verhältnis von Unschuld zu Schuld) mit »mindestens 1/2 000 000 bis vielleicht 1/200 000 000« an. Der Gutachter der Verteidigung sagte vor Gericht aus, dass man korrekterweise dieses Verhältnis über das Bayessche Theorem mit den Anfangsvermutungen verknüpfen müsse. Soweit gesehen, waren sich alle einig.

Die Verteidigung erklärte dann, dass man mit dem Bayesschen Theorem zuerst die Wahrscheinlichkeitswerte der anderen Beweise miteinander kombinieren müsse, also dass das Opfer den Angeklagten bei einer Gegenüberstellung nicht identifizieren konnte, dass der Angeklagte fünfzehn Jahre älter war, als ihn das Opfer beschrieben hatte, und dass der Angeklagte für die Zeit der Tat ein Alibi hatte. Erst dann dürfe man den Wahrscheinlichkeitswert der DNA-Analyse mit berücksichtigen. Setzt man nun für diese unabhängigen Wahrscheinlichkeiten gängige Zahlen ein, erhält man als Ausgangswahrscheinlichkeit für die Schuld des Angeklagten rund 1/3 600 000. Damit kommt alles auf den Wahrscheinlichkeitswert für die Übereinstimmung der DNA-Analyse an, denn wenn er 1/2 000 000 beträgt, folgt aus dem Bayesschen Theorem eine Wahrscheinlichkeit der Schuld von 0,36, beträgt er aber nur 1/200 000 000, ist die Wahrscheinlichkeit der Schuld 0,98. Diese zwei Zahlen hätten die Diskussionen der Jury zu der Schlüsselfrage führen müssen, wie groß der richtige Wahrscheinlichkeitswert der DNA-Analyse ist.

Was immer auch die Jury in Betracht zog: Adams wurde verurteilt – und die höhere Instanz verdammte entschieden die Anwendung des Bayesschen Theorems:

Es ist unvermeidlich, dass die gewählten Prozentwerte [sic!] Sache der Einschätzung sind. Aber die offensichtlich objektiven Zahlen, die in dem Theorem angewandt wurden, könnten das Element der Einschätzung verdecken, auf dem es allein beruht ... Das Bayessche Theorem oder eine ähnliche Methode in eine Gerichtsverhandlung einzuführen, zwingt die Jury unnötigerweise und ganz unangemessen in ein komplexes Reich der Theorie und hält sie damit von ihrer eigentlichen Aufgabe ab.

Man mag sich nun fragen, was die »eigentliche« Aufgabe eines Gerichts ist, wenn nicht die, *alle* Möglichkeiten zu nutzen, um zu klären und festzulegen, wie es seinen »gesunden Menschenverstand« anwenden sollte. Aber man hielt sich an die gängige Meinung: Das mathematische Verfahren wurde ausgeschlossen, weil das Gericht es nicht verstand, nicht weil es nicht funktionierte. Wir dürfen also auf unseren Irrtümern beharren, solange es die üblichen sind.

1913 legte John Henry Wigmore, Dekan der Northwestern School of Law in Chicago, mit seinem Werk *Principles of Judical Proof* ein *»novum organum* für die Untersuchung juristischer Beweise« vor. Die Anspielung auf Francis Bacons großes Werk war doppelt: Wigmore unterstellte, dass eine Wissenschaft der Beweiswürdigung denkbar war, dass es sie aber noch nicht gab, dass also Recht und Gesetz noch tief im Gefängnis der mittelalterlichen Dunkelheit schmachteten. Wigmore war über einen Satz in William Stanley Jevons' *Principles* *of Science* gestolpert, wo das Problem zusammengefasst wurde, einen Haufen Beweismaterial so zu bearbeiten, dass man ein gerechtes Urteil fällen konnte: »Unsere Logik ist schwach und unvollkommen, insofern wir nur ein Ding nach dem anderen bedenken können.«

Wigmore schlug vor, das Beweismaterial nicht in zeitlicher Folge, sondern räumlich auszubreiten, also in Form eines Netzwerks, und damit »das Nebeneinander einzelner Ideen in unserem Bewusstsein zu zeigen, um daraus auf rationale Weise die eine endgültige Idee zu finden.« Wie alle verdienstvollen Dinge fing auch diese Arbeit mit einem leeren Blatt Papier und einem gespitzten Bleistift an:

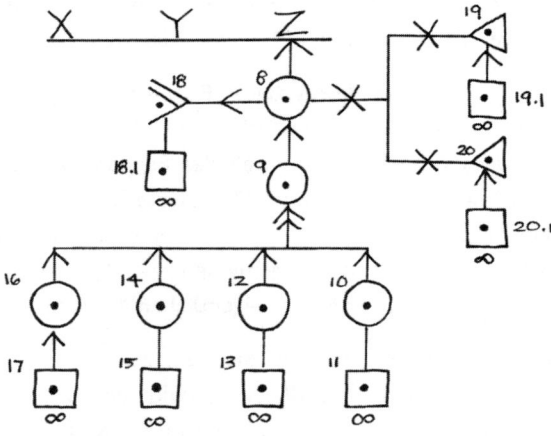

In Wigmores Darstellungen, von denen unsere Abbildung einen Ausschnitt zeigt, sind von rechts nach links die Hypothesen eingezeichnet, die zu »beweisen« sind – von jenen zugunsten des Klägers bis zu jenen zugunsten des Angeklagten. Jede steht (direkt oder auf Indizien beruhend) am Beginn einer Beweiskette. Die Symbole an den Knoten im Diagramm kennzeichnen 14 verschiedene Faktenarten, eingeschlossen die »angeblichen« Fakten, die vom Gericht anerkannten Fakten und die von allen akzeptierten Fakten. Alle Fakten können mit ihrer jeweiligen Glaubwürdigkeit (von »vorläufige Anerkennung« über Glauben und Zweifel bis zur »völligen Unglaubwürdigkeit«) markiert werden. Die erklärenden und bestätigenden Beweisstücke stehen direkt neben den zugehörigen Fakten und verstärken oder verringern die Glaubwürdigkeit. Erkenntnisse vom Hörensagen, Widersprüche oder verwirrende Aussagen werden weder richtiggestellt noch weggelassen, sondern erhalten ihr Gewicht und können damit zum »gesamten Überzeugungseffekt einer Menge unterschiedlicher Daten« beitragen.

Die Genialität des Wigmoreschen Diagramms ist zweifacher Natur: Erstens hat man den gesamten Fall sofort vor Augen und muss nicht lange nach irgendwo abgelegten Beweisstücken suchen. Zweitens bietet es, was man die »Granularität« der Fakten genannt hat, also ihre Struktur als Puzzle. Als Richter oder Schöffe müssen wir mit dem Urteil warten, bis wir *alles* gehört haben, aber das ist so gut wie unmöglich. Wenn wir einmal das Beweisstück gesehen haben, das den Abschluss des Falls »perfekt macht«, messen wir alle folgenden Beweisstücke daran, statt sie unbefangen zu betrachten und erst insgesamt am Schluss zu werten. Die grafische Darstellung verteilt die Beweisstücke und weist ihnen ihren Platz zu, sodass wir die Bedeutung und Glaubwürdigkeit jeder Tatsache in ihrem engeren Umkreis würdigen können – einschließlich des vermeintlichen Hauptbeweises –, bevor wir uns dem Fall als Ganzem widmen. Wie es Wigmore ausdrückte, zeigt uns das Schema nicht, was wir annehmen *sollten*, sondern was wir annehmen und wie wir dazu gekommen sind.

Niemand schien jedoch Wigmores komplizierte Symbole lernen zu wollen, und das *novum organum* war eine Totgeburt. An Schlaflosigkeit leidende Anwälte lasen es, Jurastudenten bewunderten es, aber es konnte nie die Analyse der Beweisstücke revolutionieren. Nachdem Wigmore emeritiert war, wurde der Kurs zur Erlernung des Schemas von »Pflichtfach« auf »Wahlfach« heruntergestuft und fristete zuletzt als Sommerkurs eine trübe Existenz, bis er ganz eingestellt wurde. Die Parallele zu Bacon war enger, als Wigmore gedacht hatte: Es dauerte auch bei ihm 60 Jahre, bis seine Ideen allgemein akzeptiert wurden.

»Einmal kommt für jeden Mann und jede Nation im Kampf um Lüge oder Wahrheit und die gute oder böse Seite der Augenblick der Entscheidung.« James Lowell irrt hier insofern, als es *viele* Augenblicke der Entscheidung sind: Selbst im einfachsten Wigmoreschema kann man bei n Beweisstücken etwa 2^n Entscheidungen treffen.

Es ist recht schwierig, ein solches Schema durchzuarbeiten, und es wird uns nicht gerade leichtgemacht, offen für alle Möglichkeiten zu bleiben, wenn wir uns durch den Dschungel der Wahlmöglichkeiten mühen. Computer haben es da einfacher: Sie schlucken Daten geradezu lustvoll, sträuben sich nicht dagegen, Fakten kreuz und quer abzuchecken, finden blitzschnell Differenzen zwischen ihnen und bestimmen das Gewicht, das ein Beweisstück hat. Außerdem können Computer Bayessche Rechnungen perfekt durchführen. Diese Fähigkeiten haben den Computer bis vor die Tore des Gerichtssaals gebracht und eine neue Art von Fahnder geschaffen: den forensischen Programmierer.

Patrick Ball, früher bei der American Association for the Advancement of Science, ist Computerfreak und hat sich auf das Rechtswesen gestürzt. Er und seine Kollegen überall auf der Welt haben die Beweisstücke für einige der schwersten Menschenrechtsverletzungen der letzten zwanzig Jahre von Südafrika bis Guatemala, von Indonesien bis zum Tschad gesammelt, geordnet und statistisch interpretiert. Ihre Ergebnisse wurden von den Wahrheitskommissionen und Staatsanwaltschaften gleichermaßen herangezogen. Ball selbst erschien als Gutachter beim Prozess gegen Slobodan Milosevic in Den Haag.

Die Aufgabe besteht darin, Fakten von Anekdoten zu unterscheiden und aus vielen Quellen einen verlässlichen Bericht darüber zu erstellen, wer was wann wem angetan hat. In El Salvador hat beispielsweise die sorgfältige Prüfung des Datenbergs nach allen Richtungen die Armeeoffiziere festnageln können, die für die Gräueltaten hauptsächlich verantwortlich waren. Einige der Offiziere, die nach dem Bürgerkrieg gezwungen gewesen waren, den Dienst zu quittieren, klagten nun und wollten die statistischen Schlüsse widerlegen. Ball hat die Geschichte bei einem Treffen von Hackern erzählt: »Also gingen wir mit dem vor Gericht, was Anwälte normalerweise bei sich haben. Das heißt, mit Aktenbündeln von Dutzenden von Fällen. Aber wir hatten auch Disketten mit meinen Ausarbeitungen dabei, überreichten sie dem Richter und sagten, darauf stehe, *wie* es gemacht wurde. Die Offiziere gaben auf und zogen ihre Klagen zurück. ... Warum das funktionierte? Großartige Daten!«

Großartige Daten und Bayessche Korrelationen helfen auch der Polizei bei ihren Ermittlungen. Kim Rossmo war Streifenbeamter in einem der raueren Viertel von Vancouver. Er hatte ein Gespür für die Feinheiten, die den einen Block vom anderen unterschieden, und die unsichtbaren Grenzen, die in einem Viertel zwischen diesem »Kraftzentrum« und dem nächsten verliefen. Er zog die offensichtlichen, ganz spezifischen Parallelen zwischen einer Stadt und dem Revier eines Raubtiers und ging noch weiter: Der Gewohnheitsverbrecher ist nicht nur ein Raubvogel oder Jäger auf der Pirsch, der ganz nach Belieben seine Spur des Verderbens durch eine Masse fügsamer Pflanzenfresser zieht. Er (es ist meistens ein »er«) ist auch den Einschränkungen ausgesetzt, die für ein Raubtier gelten: Ihn bestimmt der Wunsch, mit der geringsten Anstrengung bei größter Sicherheit zu jagen, und er hat die Gewohnheit, sich nur an ein paar wenigen Plätzen aufzuhalten, die durch wohlerprobte Schleichpfade verbunden sind. Als Rossmo an der Simon Fraser University an seiner Dissertation schrieb, griff er diese Ideen auf und begann, einen Algorithmus zu entwickeln, mit dem man die Wohnumgebung des Verbrechers aus der räumlichen Verteilung seiner Tatorte berechnen konnte.

Kriminelle neigen dazu, ihre Verbrechen nicht weit weg von ihrer Wohnung zu begehen. Dabei gibt es aber Varianten: Ältere Täter nehmen weitere Wege in Kauf als jüngere, Bankräuber weitere als kleine Diebe, Weiße weitere als Schwarze. ... Der springende Punkt ist, dass die gleichen Verhaltensmuster, die untersucht werden, wenn McDonald's ein neues Restaurant eröffnen will, oder die vom Staat in Betracht gezogen werden, wenn der ideale Platz für ein neues Krankenhaus oder eine Feuerwache gesucht wird, auch für Verbrecher gelten.

Es gibt allerdings einen gravierenden Unterschied, den wir »Pufferzone« nennen. In der allernächsten Umgebung der Wohnung eines Verbrechers nimmt die Wahrscheinlichkeit wieder ab, dass er kriminellen Aktivitäten nachgeht. Daher ist die Zone höchster Wahrscheinlichkeit für ein Verbrechen dort, wo sich der Wunsch nach Anonymität und der Wunsch, in einem vertrauten Umfeld zu »arbeiten«, die Waage halten.

Rossmo wurde Leiter der Forschungsabteilung der Police Federation in Washington, D.C. Seine Software zum geografischen »Profiling« wird heute von der Polizei einiger Länder verwendet, um aus den Informationen über Verbrechen, die in einer Karte eingetragen sind, bestimmte Muster herauszufinden, indem man geografische Daten mit Ermittlungsresultaten korreliert. Der Erfolg des Verfahrens beruht auf der Erkenntnis, dass unser Verhalten nie ganz zufällig ist. Man kann vielleicht ein Verbrechen nicht vorhersagen, aber durchaus das Verhalten von Verbrechern.

»Sie kommen in einen Raum, und alles ist voll Blut. Es liegt einer da, mit dem Messer im Rücken. Was Sie *nicht* tun sollten, ist eine Hypothese aufzustellen. Ich glaube, das zu tun, ist die häufigste Ursache für Justizirrtümer.« Jeroen Keppens liefert unwissentlich ein Echo auf den Talmud. »Schauen Sie sich stattdessen zum Beispiel das Muster der Spuren an der Wand an: Ist das Blut heruntergetropft oder verspritzt worden? Wenn Sie meinen, dass es verspritzt wurde, ist die Frage, woher es kam. Stellen Sie Mikro-Hypothesen auf, suchen Sie plausible Erklärungen für jedes kleine Beweisstück, gleich wenn Sie es entdecken.«

Keppens sieht nicht gerade aus, als wollte er mit Ihnen Blutlachen diskutieren. Er ist ein schüchterner, leise sprechender, höflicher junger Holländer, der gar nichts von den finsteren Schauplätzen des Verbrechens an sich hat. Und doch entwirft er als Experte für Künstliche Intelligenz computergestützte Systeme, die der Polizei durch die blutrünstigsten Fälle helfen und ihr die Entscheidungen erleichtern:

Wenn ich Sie angreife, bleibt etwas von mir an Ihnen hängen: vielleicht ein paar Fasern von meinem Pulli. Und es gibt Daten über die Seltenheit dieser Fasern, über die wahrscheinlich übertragene Menge, wie viel davon wieder herunterfällt und so weiter. All diese Wahrscheinlichkeiten können wir der Tatsache zuordnen, dass wir an Ihnen die Fasern gefunden haben. Bei Mischungen aus Körperflüssigkeiten ist die Beweiskette komplexer, man kann aber trotzdem ein Bayessches Netz knüpfen und die Beweisstücke möglichen Szenarien zuordnen.

Wir versuchen, ein *abduktives* Vorgehen zu unterstützen. Geht man deduktiv vor, sagt man: »Ich denke, ich weiß, was passiert ist. Stimmen die Beweise damit überein?« Induktives Vorgehen heißt: »Sieht es so aus, dass das Szenario zu den vorhandenen Beweisstücken passt?« Abduktives Vorgehen macht hier nicht halt: »Ich habe diese Beweisstücke. Legen sie irgendwelche plausible Erklärungen nahe? Welche anderen Beweisstücke könnten zu denselben Erklärungen Anlass geben? Nach was muss ich Ausschau halten, um zwischen den verschiedenen Erklärungen entscheiden zu können?« Wir gehen von dem aus, was wir sehen, und da die forensische Wissenschaft immer komplexer wird, wird es auch schwerer, daraus sichere Schlüsse zu ziehen. Daher kann es nützlich sein, reale Zahlen einzusetzen und die Beweisketten formal durchzurechnen.

Aber wie kann ein System, in dem die Wahrscheinlichkeiten auf bloßen Annahmen beruhen (selbst wenn es Annahmen von forensischen Experten sind), auf Zahlen reduziert werden? Ist das nicht nur ein Ratespiel, das zur Wissenschaft aufpoliert wird? »Ich glaube, dass Wissenschaftler verstehen, wie ungewiss die Angaben über ein System sind. Es mag vieles dafür sprechen, anstelle von genauen Zahlen unscharfe Begriffe wie ›sehr wahrscheinlich‹, ›ziemlich wahrscheinlich‹ oder ›sehr unwahrscheinlich‹ zu verwenden. Aber der Punkt ist, dass gerade jetzt Gutachter vor Gericht auftreten und genau diese Begriffe verwenden, *ohne* zu rechnen. Sie greifen ihre Zahlen aus der Luft, während man mit der Bayesschen Methode trotz der großen Fehlerspanne der Daten aussagekräftige Wahrscheinlichkeiten berechnen kann.«

Das ist nicht der Beginn einer Knopfdruckjustiz, aber Computer können der Intuition des Experten einen weiteren Horizont eröffnen und jedem Fahnder das gleiche fundierte Wissen über Wahrscheinlichkeiten bereitstellen. Keppens sagt dazu: »In einer Kleinstadt oder auf dem platten Land hat der Erste, der am Tatort eines Kapitalverbrechens ist, also der Polizeibeamte in Uniform, vermutlich so etwas noch nie zuvor gesehen. Die Entscheidungen, die er in den ersten fünf Minuten treffen muss, sind entscheidend – manchmal stellen sie die Weichen, ob etwas als Verbrechen oder Unglücksfall eingeordnet oder als natürlicher Todesfall abgehakt wird. Diese Art von Entscheidungen wollen wir unterstützen.«

Richard Leary bildet das Bindeglied zwischen der theoretischakademischen Seite der Systeme zur Entscheidungsfindung und der realen Welt der Fahnder, in deren Diensträumen die Wände mit Zetteln bedeckt sind und auf deren Schreibtischen Tassen mit kaltem Kaffee stehen. Noch vor kurzem war er Chefinspektor bei der West Midlands-Polizei, dem größten Polizeiapparat Englands außerhalb von London. Er hat die Kombination aus Distanz und Nähe bewahrt, wie sie ein Polizist haben sollte, und redet offen, aber bedächtig und immer darauf aus, seine Glaubwürdigkeit zu unterstreichen.

Er beschreibt FLINTS (Forensic Led INTelligence System), das Computerprogramm, das er entwickelt hat, um bei der Aufklärung von besonders häufigen Verbrechen zu helfen: »Es ist ein systematisiertes Kunstgebilde, eine Art Bastard aus Wigmore, DNA-Analyse und ein wenig Chaostheorie.« Das Programm stellt Fragen, die den Fahnder nötigen, unter den Beweisstücken, die in getrennten Dateien verzeichnet sind – DNA, Fingerabdrücke, Fußspuren, Einbruchspuren – Muster oder Verbindungen zu finden. Indem es einige Hypothesen aufstellt und bestimmt, welche Beweismittel nötig sind, um sie zu bestätigen oder zu widerlegen, hilft es, die im Nachhinein offensichtlichen, aber vorerst noch dunklen Beziehungen zwischen Personen und Verbrechen aufzudecken, die in der Masse der Daten versteckt sein können. Leary über das Verfahren:

Abduktives Vorgehen erfordert vom Fahnder, sorgfältig darüber nachzudenken, was er mit den Fakten anstellt. Es gibt in der Regel eine Fülle von Informationen – daran ist kein Mangel. Die wesentlichen Fragen sind: »Wo kommen diese Informationen her?« »Wie können wir sie nutzen, um daraus Beweismaterial zu machen?« »Wie kann man aus den Fakten Beweisketten bilden?« »Wie kann man die Beweisketten aus dem Kontext der Ermittlungen in den des Gerichts übertragen und dabei immer den originalen Kontext bewahren?« Wenn wir das versuchen, können wir uns nicht nur einfach auf unseren gefühlsmäßigen Instinkt verlassen oder auf protzige Technologie – ein Fahnder muss methodisch vorgehen, um ein logisches System zu entwickeln, das aus Informationen Beweise macht.

Der Vorteil von Wigmores abduktiver Methode bei der Systematisierung der Ermittlungen ist schnell genannt: Sie weist auf Lücken in der vorhandenen Beweiskette hin.

Allzu oft versucht ein Fahnder nur neue Beweismittel zu finden, um damit die derzeit favorisierte Hypothese zu untermauern, statt zwischen glaubwürdigen Alternativen zu unterscheiden. Das Fehlen von Beweisen und Erkenntnissen wird oft nicht genügend berücksichtigt. Aber der Zweck der Ermittlungen ist ja, Zweifel zu beseitigen, und einer der besten Wege dabei ist, die vorhandenen Daten zu untersuchen und zu fragen, was im Licht der einen oder anderen Hypothese fehlt. *Dann* erst sollte man auf die Suche nach neuen Daten gehen. So rät es der gesunde Menschenverstand – praktiziert wird es leider nicht.

Der Grund liegt nach Leary in der Ausbildung der Polizei: »Der Kurs, der derzeit für Chefermittler angeboten wird, ist zum Beispiel ganz auf Mord konzentriert. Ich weiß nicht so recht, was die besondere *Logik* bei Mordermittlungen ist – verglichen mit der Logik bei Diebstahl oder Drogenhandel. Die Kurse gehen davon aus, dass die Ermittlungen eher vom Gesetz als von Logik und Wissenschaft bestimmt werden. Das Übungsmaterial ist am Fall orientiert, nicht daran, den Fahndern Denkmethoden beizubringen.«

Sind computergestützte Systeme die Antwort? Nur bis zu einem bestimmten Punkt:

Die Daten werden auf ein bestimmtes Ziel hin gesammelt und systematisch angeordnet und dargestellt, sie durchläuft also ein roter Faden der Logik. Aber Daten sind nie perfekt. Bei sehr häufigen Verbrechen wird eine Menge einfach nicht gemeldet. Und wenn Sie an die visuellen Arten der Darstellung der Daten denken, etwa an Karten mit den »Brennpunkten der Kriminalität«, so ist das sehr beeindruckend. Das optisch aufbereitete Muster kann dem Urteil des Fahnders eine neue (und vielleicht falsche) Richtung geben. Sie können nie die Verantwortung der Menschen an eine Maschine delegieren.

Von all den zu Göttern erhobenen Tugenden der Antike – Weisheit, Häuslichkeit, Rache – bauen wir heute nur noch der Göttin der Gerechtigkeit Denkmäler. Sie ist vermutlich übrig geblieben, weil die Gerechtigkeit so schwer als menschliche Qualität zu definieren ist.

Recht und Gerechtigkeit sollen ewig gelten, aber auch heute. Sie sind in den Gesetzen *absolut* gefasst, sollen aber *relativ* zum aktuellen Fall angewandt werden. Allen ist klar, dass ein Beweis vor Gericht trotz seines Gewichts, und auch wenn jeder Zweifel ausgeschlossen ist, immer »nur« eine Wahrscheinlichkeitsaussage darstellt. Aber das einmal gefällte Urteil muss eindeutig sein und gilt für immer und ewig.

Versucht man, Fehlurteile zu vermeiden, indem man – wie in den USA – bei einem Prozess Geschworene einsetzt, so beruht dies auf der Hoffnung, durch Bildung des Durchschnitts der Meinung von zwölf Bürgern wie bei einer Messung in der Naturwissenschaft ein genaueres Ergebnis zu erhalten, als wenn man nur einen fragt. Dabei geht man allerdings davon aus, dass die Meinungen der Geschworenen um einen von allen akzeptierten Idealwert herum normalverteilt sind. Aber sowohl die Staatsanwälte als auch die Verteidiger versuchen, diese Verteilung zu beeinflussen, indem sie zum Beispiel – wenn dies die Gesetze erlauben – bei der Auswahl der Geschworenen mitbestimmen wollen oder sie wegen »Befangenheit« abzulehnen versuchen.

Jeder Anwalt hat dabei sein eigenes System: Die einen meinen, Iren seien besonders gnädig zu den Angeklagten, die anderen meinen, gerade Iren haben zu viele Verwandte im Justizapparat. Der große Verteidiger Clarence Darrow wollte Kongregationalisten und Juden in der Jury, aber keine Presbyterianer. Jeder wird zustimmen, dass Hausbesitzer aus Vorstädten einen Angeklagten lieber verurteilen als freisprechen: Sie sind voller Angst vor dem Verbrechen, beten den Besitz an und hatten nie Not zu leiden. Ist ein Schuldspruch für den Klienten höchst wahrscheinlich, gilt für den Anwalt als eiserner Grundsatz, dass einer der zwölf Geschworenen eine knurrige alte Frau sein sollte, die sich mit Freude schon aus Prinzip gegen die Meinung der restlichen elf auflehnt.

Die modernen Methoden, in Großbritannien und den USA die Bank der Geschworenen zu füllen, begannen überraschenderweise mit den Prozessen gegen die Pazifisten der 1970er Jahre, als freiwillige Helfer der sozialwissenschaftlichen Fakultäten die Meinung in den Städten untersuchten, wo Prozesse bevorstanden. Sie gaben dann den Anwälten die Möglichkeit, die Geschworenenbank als Ganzes abzulehnen und so die Auswahl zu beeinflussen. Ihr Erfolg ließ eine ganze Industrie entstehen: So gründete Professor Donald Vinson eine Firma mit 25 Millionen Dollar Grundkapital, um die Wohltaten solcher Untersuchungen der Sozialstruktur der ganzen Welt zukommen zu lassen. Er behauptet, dass man mit 96-prozentiger Sicherheit das gewünschte Urteil bekommt, wenn man seine vollen Dienste in Anspruch nimmt. Ein echtes Schnäppchen: Für diese Art von Justiz wird man natürlich gern ein wenig Geld ausgeben!

Das Gesetz ist nicht nur, was irgendjemand »gesetzt« hat, es verkörpert auch *Gerechtigkeit*: »Jemanden zu seinem Recht verhelfen« heißt, ihn aus der Poleposition starten zu lassen oder ihm ein gutes Handicap zu geben. Die größte Rechtsfiktion überhaupt ist der Anspruch, dass schon der Prozess allein für Gerechtigkeit sorgt – wenn wir uns der Sache annehmen. *Wir* ordnen die Fülle der Indizien und Beweise in eines der beiden Körbchen »schuldig« und »nicht schuldig« (in Schottland gibt es noch das dritte Körbchen »nicht bewiesen«, was in etwa »unschuldig, aber mach's nicht noch einmal« bedeutet).

Was brauchen wir also, um sicherzustellen, dass »gewöhnlich« Recht gesprochen wird? Das britische Gesetz hat lange auf der Idee der »achtbaren Person« beruht, über deren Integrität kein Zweifel besteht und die zu Beginn des 20. Jahrhunderts als der »Mann im Bus nach Clapham« definiert wurde. Dieses Bild wurde sehr sorgfältig gewählt: Clapham, südlich der Themse, war ein Bollwerk der Ehrbarkeit der unteren Mittelklasse. Der »Mann im Bus« kommt von seinem Bürojob in der City nach Hause. Seine Ansichten sind gemäßigt, seine Erwartungen gemäßigt optimistisch, seine Laster und Schwächen sind gemäßigt und unspektakulär. Er liest die Zeitung, kommt aber nicht in ihr vor.

Heute sitzt man im Bus nach Clapham zwischen einer Investmentbankerin, die sich dreimal in ihrem öden Appartement einschließt, bevor sie ein Diätmenü in die Mikrowelle schiebt, und einem arbeitslosen muslimischen Burschen, der mit seinen Freunden auf der Straße herumhängt, bis ihn die Polizei zum neunten Mal in sechs Monaten festnimmt. Jeder der beiden könnte Geschworener sein, wenn Ihr Fall verhandelt wird. Welcher von beiden ist die »achtbare Person«?

Die meisten Studien über die Beratungen der Geschworenen besagen, dass sie ihre Entscheidung intuitiv, schnell und auf sich bezogen fällen. Sie erfinden sich eine *Geschichte*, die um die Personen und nicht um die Beweisstücke kreist. Die Autorin der Geschichte »Er ist ein eiskalter Killer, der alles schon vor langem geplant hat« hat die gleichen Fakten gehört wie der Mann, der es so sieht: »Im Grunde ein netter Kerl, der in eine Situation kam, der er nicht mehr gewachsen war.« Hat eine Geschichte einmal Konturen gewonnen, wird ein Geschworener die Beweisstücke entsprechend interpretieren und die Lücken in der Beweiskette mit Ursachen und Motiven füllen, die seiner eigenen Erfahrungswelt entstammen: Im Grunde bastelt sich jeder seine eigenen Wahrscheinlichkeiten. An dieser Stelle bricht das Modell des Aristoteles zusammen, und die Rhetorik wird ihrem schlechten Ruf gerecht, weil ein smarter Anwalt auf all die verschiedenen Meinungen eingeht und nicht eine von allen geteilte Auffassung von Gerechtigkeit oder Wahrscheinlichkeit vertritt.

Als Geschworene müssen wir aber nach den Fakten urteilen. Warum dürfen wir dafür nicht das richtige Werkzeug benutzen? Warum gibt es Gesetze, die verhindern, dass bestimmte Beweise vor Gericht vorgebracht werden können? Warum werden wir nicht vom Richter in verständlicher Weise vor Beginn der Verhandlungen in allen Rechtsdingen unterrichtet? Warum werden die Geschworenen nicht per Zufall ausgewählt, sondern nach einer soziologischen Einkaufsliste? Und warum erfahren wir nichts über die Arten von Wahrscheinlichkeit, mit denen wir unsere Intuition schärfen können, nachdem doch viele richtige Entscheidungen der Intuition widersprechen? Und wie sollen wir in dieser komplexen und unvorhersagbaren Welt wissen, was »wahrscheinlich wahr« ist und »gewöhnlich« passiert?

»Gewissheit« ist der Gesang der Sirenen. Aber »Wahrscheinlichkeit« ist eine Melodie, die wir alle ohne Gefahr lernen können, wobei sie den gesunden Menschenverstand nicht ersetzt, sondern ihn auf die Probe stellt. Das Recht ist die Fortsetzung von Wahrscheinlichkeitsproblemen, von denen keines dem anderen gleicht und die, was die Fakten betrifft und wie sie zutage treten, alle nur denkbaren

Irrtümer enthalten. Wir müssen uns aber nicht mit unserem rohen Instinkt, rhetorischen Glanzleistungen oder Vorurteilen begnügen, um diese Probleme zu lösen: Es gibt Methoden, mit denen wir unsere Ansichten schärfen und das Wahrscheinliche aus der Masse des Möglichen herausfischen können. Schon 1891 hat der große Anwalt Robert Ingersoll die Geschworenen ermahnt: »Natürlichkeit und vor allem Wahrscheinlichkeit sind die Prüfsteine der Wahrheit. Die Wahrscheinlichkeit ist die Lampe, die jeder Geschworene in der Hand halten sollte. Und im Licht dieser Lampe sollte er den Weg zu seinem Urteil gehen. Wahrscheinlichkeit!«

Kapitel 9

Wetterkapriolen

Mir kam ein Traum, doch war's nicht ganz ein Traum.
Die goldne Sonne war erloschen, trüb
Durchzog den ew'gen Raum der Sterne Heer,
Glanzlos und bahnlos, und die eis'ge Erde
Flog blind und schwarz in mondenloser Luft.
Der Morgen kam und ging und kam – kein Tag!

Finsternis, von *Lord Byron* in jenem Sommer 1816
geschrieben, der infolge des Ausbruchs des Tambora
(Indonesien) nicht stattfand.

Heute zieht ein Regenschleier nach dem anderen vorbei, gestern brannte die Sonne von einem Himmel, blau wie Meißner Porzellan und wie von den besten italienischen Deckenmalern mit Zirrostrati verziert. Das Fenster bildet den Rahmen für Nachmittage, in denen der blinde Nebel seine feuchte Nase gegen das Glas drückt, für heulende Nächte, in denen es bei rasendem Westwind aus Kübeln schüttet und einen Morgen, an dem man ganz benommen voll Ehrfurcht auf den ersten Schnee und die Krähen schaut, die wie eine Kalligrafie auf den stillen Feldern hocken.

Wenn die Engländer jedes Gespräch mit einer Diskussion des Wetters beginnen, so sind das – durchaus nicht abschätzige – Klatschgeschichten über das dynamischste Wesen, das wir kennen. Das Wetter ist ein immer präsenter, aber launischer Liebhaber, bei dem sich Momente herzerwärmender Großzügigkeit mit harten, verwüstenden Schlägen abwechseln. Die Erde ist das Kraftpotenzial, aus dem das Wetter seine Bewegung speist, deshalb versuchen wir, die Erdgöttin gnädig zu stimmen, um dann voll Bange auf den Wettergott zu warten.

Hat aber Zeus nach der Sonnenwende sechzig Wintertage vollendet, dann nun entsteigt der Stern Arkturus der heiligen Flut des Okeanos und erscheint zuerst hell leuchtend im Dämmer des Abends.

Diese Zeilen sind aus Hesiods *Werke und Tage*, einer poetischen altgriechischen Sammlung von Wissen, das man für das Leben auf dem Land brauchen konnte. Dieser *sehr* alte Bauernalmanach gibt an, an welchen Tagen man mit dem Säen, dem Zurückschneiden und dem Dreschen beginnen soll, und erklärt, wie das Böse in die Welt kam. Hesiod, selbst ein böotischer Schäfer, glaubte fest an die Verbundenheit all dieser Dinge. Aber auch heute kann Ihnen jeder Bauer erzählen, dass kein Jahr wie das andere ist.

Weniger fromme Geister begannen sich in der Antike zu fragen, ob denn Zeus wirklich für Beständigkeit und Unbeständigkeit verantwortlich ist. Theophrast, der Schüler und Nachfolger Aristoteles', schrieb in den theologischen Exkursen zu seinem Werk *Über die Winde* ausführlich von Wind, Donner und Blitz, bezweifelte aber ihren göttlichen Ursprung: Unbeständigkeit konnte nicht das Werk eines Gottes sein, von dem die Weltordnung ausging. Warum gibt es die meisten Gewitter im Frühjahr und in den Bergen und nicht im Winter oder Sommer und im Flachland, wenn doch ein gerechter Gott ihr Erzeuger ist? Und warum schlägt der Blitz in unbewohnten Bergregionen in Bäume und Seen ein und tötet Tiere, die keinen Verstand haben? Gott ist doch auf sie nicht zornig!

Die Haltung der antiken Welt zum Wetter war ambivalent, was die bekannte Trennung zwischen dem bequemen Trost eines göttlichen Verursachers und der Mühsal wissenschaftlicher Zweifel widerspiegelt. Der bequemen Seite widmete sich Aratus, dessen *Sternbilder und Wetterzeichen*, eine aus vielen Quellen zusammengewürfelte Sammlung aus Astronomie, konventioneller Frömmigkeit und Wetterfolklore, die nach der *Ilias* und der *Odyssee* das seinerzeit am meisten kopierte Werk war. Nach ihm liegt alles in Gottes Hand und ist von ihm wohl geordnet: »Auch die weiblichen Säu', ... obgleich sie der Männer hatten Genuss, doch wieder in Gier sich einander besteigen, ... verkünden sie mächtigen Winter.« Göttliche Zeichen dieser Art sind vielleicht nicht so verlässlich wie ein Regenbogen, konnten aber doch recht nützlich sein.

Auf der anderen Seite haben wir in den Erben Theophrasts die ersten wissenschaftlichen Meteorologen. Sie waren nicht nur nachdenklich, weil Zeus' Donnerschläge seine eigenen Tempel zerstörten, sondern auch, weil weit voneinander entfernte Ereignisse allzu eng miteinander in Zusammenhang gebracht wurden. So preist Seneca die Bewohner von Cleonae für die Ernennung von »Hagelwächtern«, berichtet dann aber auch, was passierte, wenn das Herannahen eines Hagelsturms angekündigt wurde: Alle opferten Tiere. Seneca fährt mit trockenem Humor fort: »Und auf der Stelle bogen die Hagelwolken ab, weil sie ein wenig Blut geleckt hatten.« Korrelation ist eben nicht Kausalität: Dass im August der »Hundsstern« Sirius aufgeht, muss nicht der Grund für die große Hitze sein. Unsere Versuche, Ereignisse, die nichts miteinander zu tun haben, als Ursache und Wirkung zu verknüpfen, enden oft lächerlich.

Die Skeptiker unter den Meteorologen erkannten auch, dass die Wetterphänomene, wenn es wirklich rein materielle Erscheinungen waren, mit den gängigen Vorstellungen von der Natur der Materie übereinstimmen mussten: Schnee konnte man dann beispielsweise als eine Kombination von Wasser und Luft verstehen. Aristoteles' *Meteorologie* schlug als treffendste Analogie den menschlichen Körper mit seinem Fieber und seinen Erkältungen vor. Erdbeben wären danach Blähungen der Erde. Aber nichts von alldem war geeignet, um das Wetter vorhersagen zu können. Die Naturphilosophen kannten das Datum von Finsternissen auf Jahre im Voraus, aber sie waren nicht in der Lage zu sagen, ob es am nächsten Tag regnen würde.

Die traditionellen Wetterzeichen verknüpfen verschiedene Fakten miteinander: Ein Geruch nach Jod ist das Vorzeichen von Seewind. Sind die Haare so elektrisch aufgeladen, dass man sie nicht mehr kämmen kann, droht ein Temperatursturz. Diese Zusammenhänge mögen alle signifikant, erklärbar und wahr sein, aber man kann aus ihnen keine Wissenschaft machen, da sich Ursache und Wirkung nicht verknüpfen lassen: Ihre Währungen sind nicht frei konvertibel. Versucht man aber die Eigenschaften, die in Zahlen ausgedrückt werden können, für sich zu betrachten, kann man zumindest einige der Beobachtungen auf ihren Wahrheitsgehalt hin prüfen oder sie gar wiederholen.

Galilei begann damit, das Wetter in den Griff zu bekommen, indem er Messgeräte entwickelte und festlegte, was man messen sollte. Er schenkte uns das Thermometer und die Vorstellung von der Atmosphäre als Flüssigkeit mit eigenem Gewicht und eigener Zähigkeit. 1643 machte Torricelli Versuche, um die Vakuumpumpe zu verbessern. Als er ein leer gepumptes Glasrohr mit der Öffnung nach unten in ein Gefäß voll Quecksilber steckte, entdeckte er, dass die Flüssigkeit in dem Rohr bis zu einem bestimmten Punkt angehoben wurde, wo das Gewicht des Quecksilbers offensichtlich gleich dem Gewicht der darüberliegenden Atmosphäre war. Fünf Jahre später überredete der junge Pascal seinen Schwager, mit einem Torricellischen Glasrohr den Puy-de-Dôme zu besteigen. Wiederholte Messungen während des Aufstiegs zeigten, dass der Luftdruck tatsächlich vom Gewicht der Luft über uns abhängt. Inzwischen hatte Sir Christopher Wren ein Gerät zur Messung der Windgeschwindigkeit erfunden, das wie ein in der Luft schwingendes Ladenschild aussah (und zweifellos davon inspiriert war).

Zeit, Temperatur, Druck, Windgeschwindigkeit und Windrichtung – fast alle Elemente des modernen Wetterberichts waren in der Mitte des 17. Jahrhunderts verfügbar. Und nachdem es nun etwas zu messen gab, wurden auch faszinierende Beziehungen zwischen den Messdaten sichtbar. Boyle zeigte, wie Druck, Volumen und Temperatur eines Gases voneinander abhängen. Joseph Black isolierte in der Luft das Kohlendioxid, Rutherford den Stickstoff und Priestley den Sauerstoff. Lavoisier definierte die Atmosphäre als eine Mischung dieser Gase plus Wasserdampf (aber noch ohne die Edelgase wie Helium, Argon und Neon). An der Wende zum 19. Jahrhundert wurden die Wolken klassifiziert und die Feuchtigkeit gemessen. Man begann zu verstehen, welche Rolle der Wasserdampf beim Transport von Wärmeenergie spielt. Im kleinen Maßstab des Labors – in Messingzylindern und Glasrohren – offenbarte die Atmosphäre ihre geheimen Mechanismen.

Genügte das alles, um Fortschritte bei der Wettervorhersage zu erzielen? Leider nein. Jeder Besitzer eines Barometers konnte nun zwar sehen, dass ein Sturm in Anzug war, aber das wusste er auch schon, weil sein Knie schmerzte und sich die Katze im Keller verkroch. Um das globale Geschehen in der Atmosphäre zu verstehen, musste man globale Daten zur Verfügung haben.

Auf einem Gemälde aus dem Jahr 1799 sehen wir den Naturforscher und Entdeckungsreisenden Alexander von Humboldt an der Venezuelanischen Küste, bekleidet mit einer prächtigen pfirsichfarbenen Seidenweste, in Betrachtung des Sonnenaufgangs über der spiegelglatten Karibik unter einer Palme sitzen. Selbst in diesem Augenblick tropischen Müßiggangs stand ihm sein Kupferbarometer – Diener und Herr zugleich – fest zur Seite. Humboldt hatte 1797 in Tirol begonnen, mit seinem 30 Zentimeter großen Sextanten die Bergspitzen anzupeilen und jede Nacht in bestimmten Abständen den Luftdruck, die Temperatur, die Feuchte und die elektrische Ladung der Luft zu messen und deren Sauerstoff- und Kohlendioxidgehalt zu bestimmen.

Humboldt war darauf aus, etwas über die Einheit der Natur herauszufinden. Er verfolgte sein Ziel, indem er sein ganzes Leben lang leidenschaftlich beobachtete und Messungen anstellte. Dank seiner großen persönlichen Ausstrahlung und seiner Integrität konnte er zudem internationale Kräfte mobilisieren, globale Daten zu sammeln. So überredete er den Zar, in seinem Riesenreich eine Kette meteorologischer Stationen einzurichten, die alle zum gleichen Zeitpunkt gleichartige Messungen durchführen sollten. Der Präsident der Royal Society, der Herzog von Sussex, war ein Freund Humboldts aus seiner Studentenzeit. Ein Brief an ihn genügte, um in Kanada, Jamaika, St. Helena, Südafrika, Ceylon, Neuseeland und Australien Observatorien einzurichten und eine Expedition zur Erforschung der Antarktis auszurüsten. All diese Beobachter lieferten wunderbar komplette und konsistente Datensätze – ausgenommen der Posten der Königlichen Artillerie in Tasmanien, der sich weigerte, am Sabbat Messungen durchzuführen.

Aus den Messungen all dieser entlegenen Stationen konnte man ein zusammenhängendes Bild der in Bewegung befindlichen Atmosphäre gewinnen, wobei der neue Telegraf es sogar ermöglichte, die weltweiten Wetterdaten nahezu simultan an einem Ort zu sammeln. Ab 1849 wurden in der großen Halle der Smithsonian Institution in Washington täglich Wetterkarten der Vereinigten Staaten gezeigt: ein machtvolles Symbol von Einigkeit und Herrschaft. Die Technologie erlaubte es nun auch, in die dritte Dimension zu gehen. Humboldt hatte 1802 beim Versuch, den Chimborasso zu besteigen mit seinen fast 5600 Metern einen neuen Höhenrekord aufgestellt, wobei natür-lich immer sein Barometer im Gepäck war. Schon zwei Jahre später übertraf ihn der französische Physiker Gay-Lussac, als er an einem Nachmittag von Paris aus in einem Ballon bis in 7000 Meter Höhe aufstieg. Er nahm eine Taube, einen Frosch und verschiedene Insek-ten mit und brachte sie, zusammen mit einer Flasche Luft aus der höheren Atmosphäre, wieder mit nach unten, um damit die damals gängige Theorie zu widerlegen, in großen Höhen gebe es statt Luft nur giftige Dämpfe. Der Mut und die Zielstrebigkeit dieser frühen Forscher und Beobachter war erstaunlich. So wurden 1862 der eng-lische Ballonfahrer Coxwell und der Meteorologe Glaisher, der in Großbritannien die ersten täglichen Wetterkarten veröffentlichte, in ihrem Ballon von einem Aufwind unaufhaltsam in eine Höhe von über 9000 Meter getragen (nach eigenen Schätzungen waren es sogar 11000 Meter). Die Tauben, die sie in dieser Höhe freiließen, fielen in der dünnen Luft wie Steine nach unten. Sie selbst waren am Rande der Bewusstlosigkeit, als Coxwell mit letzter Kraft mit seinen Zäh-nen das Seil für das Gasventil ziehen konnte. Hinter vielen der langen Zahlenkolonnen wissenschaftlicher Tabellen stehen so dramatische Geschichten wie diese.

Wenn Sie einmal statt Ihres Morgenspaziergangs um den Block in größere Höhen aufbrechen wollen, werden Sie mit dem Flieger die Luftschicht, in der sich das Wetter im Wesentlichen abspielt, im Steig-flug in ein und einer halben Stunde durchquert haben. Diese Schicht, die Troposphäre, enthält 80 Prozent der Masse der Atmosphäre und fast ihren gesamten Wasserdampf – und das alles bei einer Dicke, die nicht einmal 1 Prozent des Erdradius ausmacht. Diese dünne Gas-hülle befindet sich in ständiger Bewegung, die von zwei Motoren unermüdlich angetrieben wird: der Sonnenstrahlung und der Erd-rotation.

Die Luft wird in den Tropen aufgeheizt, wo mehr Energie von der Sonne ankommt, als in den Weltraum zurückgestrahlt wird. Sie dehnt sich bei der Erwärmung aus, steigt auf und strömt vom Äqua-tor in Richtung der Pole. Dabei kühlt sie sich wieder ab, sinkt nach unten, strömt zum Teil zum Äquator zurück und schließt ihren Kreis-

lauf, indem sie dort die aufsteigende Luft ersetzt. Zu ihrem anderen
Teil bildet sie einen gegenläufigen Kreislauf in höheren Breiten. Unter
all diesen Luftzirkulationen dreht sich aber die Erde ständig ost-
wärts, und wie ein Ball, den man aus einem fahrenden Auto seitlich
hinauswirft, scheinen die Luftmassen, die sich vom Äquator weg
oder auf ihn zu bewegen, infolge der Erdrotation gekrümmte Bahnen
zu beschreiben. Warum? Weil sich ein Punkt am Äquator bei der
Erdumdrehung mit einer Geschwindigkeit von über 1 600 Kilometer
pro Stunde bewegt, während ein Punkt, der eine Handbreit vom Pol
entfernt ist, mit nur ein paar Zentimeter pro Stunde dahinschleicht.
Diese zwei Prozesse, der vertikale Wärmeaustausch und die horizon-
talen Bewegungsänderungen infolge der Trägheit, führen zusammen
zu jenen Spiralgebilden, die wir von den Satellitenbildern kennen.

Wenn das schon alles wäre, könnte man das Wetter überall leicht
vorhersagen – eine ziemlich langweilige Angelegenheit. Es gibt aber
noch viele andere Kräfte, die an der Wettermaschine drehen: den
Wechsel der Jahreszeiten, die unterschiedliche Reibung und den
unterschiedlichen Energieaustausch über Land und See, die Ener-
gieumwandlungen durch Verdunstung und Kondensation, den Wär-
metransport durch die Meeresströmungen, die unterschiedliche
Reflexion über Land, See oder Schnee, die Abschirmung durch Wolken – und den Einfluss des Lebens selbst: unser Atmen und Rülpsen
und die Tatsache, dass wir Holz und Benzin verbrennen.

Diese Komplexität macht das Wetter so rätselhaft, wie es die
Natur als Ganzes ist, und weckt in uns Menschen Instinkte wie bei
einem Liebhaber von Vogelstimmen: das Bedürfnis, dieses wechsel-
hafte Geschehen, für das wir keine eindeutige Erklärung haben, zu
beobachten und aufzuzeichnen. Die frühesten erhaltenen Wetteraufzeichnungen stammen aus den 1330er Jahren und sind, wenig
überraschend, von einem englischen Landpfarrer: William Merle aus
Driby. Wie viel doch die Naturwissenschaft der englischen Gewohnheit verdankt, akademisch geschulte Männer in eine Landgemeinde
zu versetzen, in ein »gesundes Grab«, wie es Sydney Smith einmal
bezeichnet hat! Die großen Geister in ihrer kleinen Welt waren gebildet genug, um sich darüber im Klaren zu sein, dass Wissen seinen
Ursprung in genauen, wiederholten Beobachtungen hat. Ihre An-

strengungen schenkten England eine unvergleichliche Datenreihe: fortlaufende Wetteraufzeichnungen in einem Großteil des Landes seit etwa 1650. (Das erste Beobachtungsnetz mit gleichen Instrumenten und festen Beobachtungszeiten – den »Mannheimer Stunden« 7, 14 und 21 Uhr – wurde 1781 von der Societas Meteorologica Palatina eingerichtet.)

Der berühmteste dieser Naturforscher und Geistlichen war zweifellos Charles Darwin, der Theologie studiert hatte (ohne allerdings die geistlichen Weihen empfangen zu haben). Diese beiden Qualifikationen machten Kapitän Robert Fitzroy, den Leiter der *Beagle*-Expedition von 1831, auf den jungen Gelehrten aufmerksam. Fitzroy vereinigte in sich sehr widersprüchliche Charakterzüge: Er war fromm und ungeduldig, menschenfreundlich und streitsüchtig und setzte voll Leidenschaft auf das Barometer, das für ihn *das* Forschungsinstrument war.

Nach beinahe fünf Jahren Fahrt auf engstem Raum in der kaum 30 Meter langen *Beagle* trennten sich die beiden Männer, um jeder für sich einen Reisebericht zu schreiben. Der Bericht Darwins ist weltberühmt (und unter dem Titel *Die Fahrt der Beagle* gerade neu auf Deutsch erschienen). Die meteorologischen Karten und Aufzeichnungen Fitzroys, die dieser mit gleicher Sorgfalt und Genauigkeit angelegt hatte, wurden bestenfalls einmal lobend mit den Worten »All das wird sofort gebraucht« erwähnt. In Darwins Schilderungen wechseln Induktion, Hypothese und Deduktion: Es finden sich Zusammenhänge, die auf Ursachen schließen lassen, und er schlägt Tests vor. Seine Arbeit war von Erfolg gekrönt (und stellte eine Provokation dar), weil sie als *Idee* überzeugte und zur weiteren Anwendung anregte. Der zeitgenössischen Wetterforschung fehlte diese intellektuelle Grundlage: Ihr Ziel war, das Wetter vorherzusagen, aber ihr einziges Mittel war die Beschreibung. Wenn später Seeleute die Winde vor Valparaiso 10 Strich westlich von der Stelle vorfanden, die Fitzroy geschätzt hatte, wurde dessen gesamtes Werk nutzlos – und alles war seine Schuld.

Die britische Admiralität beschäftigte sich insbesondere mit der Vorhersage von Stürmen. Der schreckliche Winter auf der Krim von 1854, der Florence Nightingales Hospitäler füllte, brachte für die unglücklichen Soldaten und Seeleute am 14. November eine Katastrophe: Bei einem Sturm im Schwarzen Meer sanken die Schiffe, die Zelte, Decken und Winterkleidung für sie geladen hatten. Der Sturm hatte schon an zwei Tagen zuvor eine Spur der Verwüstung quer durch Europa gezogen, aber niemand auf der Krim hatte davon erfahren. Diese harte Lektion brachte Frankreich und Großbritannien dazu, längs der bekannten Zugbahnen von Stürmen ein telegrafisches Frühwarnsystem einzurichten. Man folgte den Empfehlungen einer internationalen Konferenz, die von Quetelet geleitet wurde, richtete am Handelsministerium in London ein meteorologisches Amt ein und ernannte Fitzroy zu seinem ersten Leiter.

Tausende Kinder von Seeleuten verdanken ihr Leben Fitzroy. Die Küsten Großbritanniens sind mit scheußlichem Wetter förmlich geschlagen, dessen Auswirkungen durch die relativ flache See noch verstärkt werden. Fitzroys Sturmwarnungen waren die direkten Vorläufer des Seewetterdienstes, der britische Radiohörer in der Nacht mit der Litanei »Biskaya, Fitzroy, Sole: Südwest, Stärke 8, Gewitterschauer, Sicht mäßig bis schlecht« in ihren warmen Betten überraschte und auf schwankende Planken in der salzgeschwängerten Dunkelheit auf hoher See entführte.

Fitzroy trieb seine Mitarbeiter mit aller Härte an und sich selbst noch mehr. Es gelang ihm, eine 24-Stunden-Vorhersagekarte für die britischen Inseln zu zeichnen, den ersten Schnappschuss des zukünftigen Wetters. Ab 1862 veröffentlichte das Meteorological Office täglich in der *Times* eine Vorhersage. Wenn aber Fitzroy meinte, eine dankbare Nation würde ihn nun ehren, wurde er enttäuscht. Die *Times,* die mit der Linken seine Prognosen druckte, kritisierte ihn mit der Rechten: »Was immer der Fortschritt der Naturwissenschaften sein mag, niemals werden es Beobachter, die vertrauenswürdig sind und auf ihren Ruf achten, wagen, den Zustand des Wetters vorherzusagen.« Als Fitzroy die Ergebnisse seiner lebenslangen Forschung in *The Weather Book* veröffentlichte, hatte er das Pech, von Francis Galton rezensiert zu werden. Der schrieb zur Frage der Wettervorhersage: »Gewiss, eine Sammlung von Fakten, gesammelt von einem Haufen kleiner Angestellter, die ein paar Wochen arbeiteten, konnte diese einfache Frage und viele andere ähnliche beantworten.« War es nur ein »Haufen kleiner Angestellter«, der mit Fitzroy sechs Tage die Woche elf Stunden am Tag arbeitete? Und war es nur eine »einfache Frage«, wenn es die Mühen eines ganzen Lebens gekostet hatte, sie zu beantworten? Aber Messungen und Beobachtungen, wie sorgfältig sie auch gemacht werden, sind nicht das Gleiche wie eine Erklärung der Kräfte, die jene Phänomene verursachen. Fitzroy hat unschätzbare Wetterweisheiten gesammelt, aber Wetterweisheiten sind noch keine Wissenschaft – und genau die ist nötig, wenn man Wettervorhersagen machen will.

Wer nach unten blickt, kann ebenso Wunder entdecken, wie jemand, der zum Himmel aufschaut. Ein großer Teil der Forschungsarbeit des französischen Mathematikers Jean Leray bestand darin, vom Pont Neuf hinunter auf die Wirbel der Seine zu schauen, die sich um die Brückenpfeiler bildeten. Die Turbulenz hat von Leonardo bis Kolmogorow schon immer die Wissenschaftler und gleichermaßen die Künstler fasziniert – von den Illustratoren des *Book of Kells* bis zu den Tätowierern der Maori. Die Faszination geht von der ungeordneten Ordnung oder geordneten Unordnung aus: In einem wohldefinierten, geschlossenen System, wie es die Seine ist, passieren Dinge, die sich einer Vorhersage zu widersetzen scheinen. Ein Strudel am dritten Pfeiler wechselt von links nach rechts, ein Wirbel bildet zwei, dann drei Gegenwirbel. Während die Sterne das Lied ihres ewig gleichen Laufs singen, trillert die Turbulenz von der Ungewissheit, die mitten im brodelnden Leben herrscht.

Die Wissenschaft des 19. Jahrhunderts hat sich mit der Turbulenz beschäftigt, als sie die Bewegung großer Mengen von Teilchen (wie Molekülen oder Elektronen) verstehen wollte, die sich nicht voneinander unterscheiden. Der Norweger Vilhelm Bjerknes arbeitete an dieser turbulenten vordersten Front der Physik und untersuchte die Bildung von Wirbeln in inkompressiblen Flüssigkeiten. Es war ihm dabei bewusst, dass sich die Wissenschaft auf eine kollektive Analyse der Bewegung und Energie hin bewegte, bei der es darum ging, den Zustand des gesamten Systems zu beschreiben und nicht mehr die Position und Bewegung der einzelnen Teilchen.

1898 machte Bjerknes eine entscheidende Entdeckung, die zeigt, dass es wirklich besser ist, Kollegen zu haben, als einsam im Elfenbeinturm vor sich hin zu arbeiten: Er las in einer Arbeit von Ludwik Silberstein, wie sich Wirbel in kompressiblen Flüssigkeiten – wie etwa der Luft – bilden. Es schien so, als ob das nur passieren könne, wenn die Druckgradienten nicht mit den Dichtegradienten übereinstimmen, also beispielsweise, wenn die Erwärmung eines Gases seinen Druck lokal erhöht, ohne dass dabei die Dichte zunimmt.

Bjerknes' Freund Nils Ekholm arbeitete beim schwedischen Wetterdienst und hatte gerade entdeckt, dass Druck- und Dichtegradienten *in der Atmosphäre* nicht zusammenfallen. Bjerknes erkannte sofort die Anwendungsmöglichkeiten: Wenn Luft von hohem zu niedrigem Druck längs eines dazu schräg liegenden Dichtegradienten fließt – sei es vertikal oder horizontal, sei es bei Land- oder Seewind, sei es in einem Tornado oder beim Weg durch einen Schornstein –, erhält sie einen Drehimpuls, den man exakt berechnen kann. Das turbulente Wettergeschehen war somit nicht von Haus aus völlig unbegreiflich, sondern entpuppte sich als ein Problem der Hydrodynamik, das allerdings sehr komplex ist.

Bjerknes wollte also »aus dem gegenwärtigen Zustand der Atmosphäre den künftigen ableiten. Dies heißt, das Problem der Wettervorhersage als ein mathematisches aufzustellen und womöglich zu lösen«. Er setzte seine Arbeiten mit einem Artikel im Jahr 1904 fort, in dem er die Bewegungen in der Atmosphäre mit vier einfachen Gleichungen mathematisch beschrieb. Dazu kombinierte er Newtons Bewegungsgesetze und die zwei ersten Hauptsätze der Thermodynamik und erhielt ein Gleichungssystem, in dem Hoffnung und Schrecken zu gleichen Teilen vertreten waren. Das Wetter war nun endlich in einem Satz von Gleichungen gefangen, die Prognosen für ein einfaches System erlauben: eine kompressible »Flüssigkeit« mit Reibung (und, nach den Kriterien der Thermodynamik, ein ideales Gas). Rechnet man in einem geografisch fixierten Referenzgitter, können die Gleichungen aber nicht-linear werden. »Nicht-linear« besagt, dass eine Größe eine andere nicht nur direkt verändert, sondern mit ihr in einer Wechselwirkung steht. So hängt zum Beispiel die Reibung von der Geschwindigkeit ab, diese wird jedoch wiederum von der Reibung bestimmt. Ein Satz simultaner linearer Gleichungen ist leicht lösbar, einer mit nicht-linearen Gleichungen oft nicht. Bjerknes' Theorie erlaubte zwar, das Wetter in alle Zukunft vorhersagen zu können, aber leider war diese Erlaubnis für die irdische Atmosphäre nicht gültig.

Bjerknes mag ja vielleicht zufrieden damit gewesen sein, die Dinge in dieser Sackgasse zu belassen, aber nun griff die Geschichte ein. Er arbeitete 1917 in Leipzig, als die deutsche Generalität zu begreifen begann, wie wichtig eine gute Wettervorhersage für die Kriegsführung ist. Das brachte Bjerknes als Bürger eines neutralen Landes in eine immer schwierigere Lage. Seine Mutter ließ ihre Beziehungen spielen und erreichte, dass er nach Norwegen zurückgerufen wurde, um das neu gegründete Geophysikalische Institut in Bergen zu leiten, einem idealen Ort, um das Wetter zu erforschen: Es regnet dort an zwei von drei Tagen, und man kann in den Straßen der Stadt Regenschirme aus Automaten ziehen.

Die Reeder von Bergen finanzierten das Institut, um ein drängendes Problem zu lösen: Norwegen hatte sich traditionellerweise auf die Sturmwarnungen des British Meteorological Office verlassen, das aber jetzt, als die Zeppelinangriffe der Deutschen drohten, das Wetter über dem Nordatlantik zum militärischen Geheimnis erklärt hatte. Ohne genaue Wetterprognosen riskierten aber die Heringsfangschiffe jedes Mal eine Katastrophe, wenn sie in das von Stürmen durchwühlte Becken der Nordsee ausliefen. Bjerknes richtete entlang der Küste Beobachtungsstationen ein, die ausreichend genaue und miteinander vergleichbare Daten lieferten, um die Meldungen vom Atlantik zu ersetzen, und hatte nun zumindest die Chance, mithilfe seiner Gleichungen nützliche Vorhersagen zu berechnen.

Dank dieser umfangreichen zeitgleichen Beobachtungen war die Forschergruppe von Bergen im Verlauf des Krieges zu neuen Vorstellungen über Stürme gelangt. Sie entstanden demnach nicht nur einfach in Tiefdruckgebieten, sondern längs der Grenzschichten unterschiedlicher Luftmassen. Von der damals gängigen, vom Krieg geprägten Sprache beeinflusst nannten die Meteorologen diese Grenzschichten »Fronten« und zeigten, wie sie sich bewegten, rückläufig wurden, sich vereinigten und spiralförmig einringelten. Die Gruppe von Bergen entwickelte auch die Wetterkarte, wie wir sie heute kennen: mit den roten Linien der Warmfronten, auf denen runde Buckel sitzen, und den mit Dreieckchen besetzten blauen Linien der Kaltfronten, die sich zwischen den mit H und T gekennzeichneten Hoch- und Tiefdruckgebieten schlängeln.

Solange der Krieg und die wirtschaftliche Krise die norwegische Regierung zwang, die Meteorologie zu fördern, hatte Bjerknes Mittel und Möglichkeiten, alle Daten zu sammeln, die er brauchte. Nach Kriegsende war Bjerknes jedoch wieder in die Zeiten der bloßen Wetterfolklore zurückgeworfen: Die wenigen verbliebenen Beobachter konnten nur nach oben gucken und mit Meldungen wie »dunkler Himmel« oder »Zusammenbrauen von Unwetter« auf drohendes Unheil hinweisen. Der Mann, der versprochen hatte, die Meteorologie als ein rein mathematisches Problem zu behandeln, war gezwungen, wieder in die Fußstapfen eines Aratus zu treten.

Die beiden großen Probleme der Meteorologie blieben die Sammlung von Daten und ihre Interpretation. Bjerknes hatte die Aussicht auf eine deterministische Wettervorhersage eröffnet, zu der nur ausreichend viele Informationen nötig waren, um die Gleichungen zu füttern. Für eine exakte Vorhersage schien man den allwissenden »Dämon« Laplaces zu brauchen, der die *gesamte* Zukunft voraussagen kann, wenn er *alles* über die Gegenwart in Erfahrung bringt. Gab es nicht wenigstens eine Stichprobe, an der man die Macht der Gleichungen testen konnte? Gab es denn keinen Tag, der so gut dokumentiert war, dass der Kampf mit den nicht-linearen Termen Erfolg versprechen konnte?

Es gab diesen Tag tatsächlich: Es war der 20. Mai 1910, der zu einer historischen Wende der Wettervorhersage beitrug. An diesem Tag passierte nichts Besonderes am Himmel, aber Aufstiege von Wetterballons in ganz Europa um 7 Uhr Greenwichzeit hatten vergleichbare Daten des Winds, der Temperatur und des Drucks aus bestimmten, vorher festgelegten Höhen geliefert. Wenn es jemals möglich sein sollte, das Wetter als mathematisches Problem zu behandeln, gab es nun einen Testfall, zu dem man auch die richtige Lösung in Form des Wetters der nächsten Tage kannte.

Es war Lewis Fry Richardson, der diese Herausforderung annahm, ein weiterer dieser hartnäckigen und dickköpfigen Quäker, der als glühender Pazifist seine aggressiven Instinkte für den Kampf gegen Zahlenkolonnen aufsparte. Er war durch seine Arbeiten über unterirdische Strömungen in Moorgebieten mit den hydrodynamischen Gleichungen vertraut, die Bjerknes benutzte. Seine mathematische Ausbildung hatte ihn auch überzeugt, dass es möglich sein sollte, die Gleichungen wenn schon nicht exakt, so doch annähernd mit der »Methode endlicher Differenzen« zu lösen.

Als der Krieg begann, verweigerte Richardson den Wehrdienst und ging nach Frankreich, um bei der Versorgung von Verwundeten mitzuhelfen. Er hatte das Problem »20. Mai« im Gepäck: rein numerisch den Fortgang des Wetters über sechs Stunden an jenem ganz gewöhnlichen, ruhigen Frühlingstag zu berechnen, an dem Europa noch den Frieden genießen konnte. Er benötigte fast sechs Wochen, um auf einem Heuhaufen in einer kalten Scheune in harter Arbeit die neue Wetterlage auszurechnen. Richardson schickte sein Manuskript ins Hinterland, um es außer Gefahr zu bringen. Dort ging es aber zunächst verloren, um erst einen Monat später unter einem Haufen Kohlen wieder aufzutauchen.

Der erste Versuch einer numerischen Wettervorhersage war nicht gerade ein Erfolg: Richardsons Rechnungen ergaben ganz gegen die Realität, dass am 20. Mai 1910 nach einem ruhigen Beginn aus Richtung Osten heftige Unwetter heranzogen – mit Windgeschwindigkeiten größer als die Schallgeschwindigkeit. Das wäre gerade noch auf dem Jupiter als »normaler« Tag durchgegangen, aber nicht auf der Erde. Richardson erkannte aber zumindest, dass der Fehler nicht im Prinzip lag, sondern in der praktischen Durchführung. Obwohl die Rechnungen mit der Methode der endlichen Differenzen durchgeführt wurden, waren sie einfach zu komplex und heikel für eine Person allein. Man müsste schon eine ganze Gruppe von Rechenknechten einsetzen, und so hatte Richardson die Vision einer »Wetterfabrik«:

Stellen Sie sich einen großen Theatersaal vor, in dem aber die Ränge und Galerien rundherum gehen und auch den Raum beanspruchen, wo sonst die Bühne ist. Die Wände sind so bemalt, dass sie zusammengenommen das Bild der Erde ergeben. Die Decke entspricht der Region des Nordpols, England liegt in Höhe der Galerie, der Äquator im oberen Rang, Australien in der Höhe des ersten Rangs und die Antarktis im Parkett. Myriaden von Rechenmaschinen arbeiten am Wetter des Teils der Erde, wo sie platziert sind. ... Der Verantwortliche für das gesamte Theater ... richtet einen rosigen Lichtstrahl auf die Gebiete, die mit ihren Rechnungen voraus sind und einen bläulichen auf die Gebiete, die zurückgefallen sind.

Die »Rechenmaschinen« sind natürlich Menschen wie Karl Pearsons junge Frau, denen jeweils ein ganz bestimmter Teil der Berechnung einer Gleichung zugewiesen wird, wobei jeweils eine Gruppe von 32 Rechnern aus dem vorgegebenen Datensatz einen neuen für einen Zeitpunkt bestimmt, der 3 Stunden voraus liegt. Bei einer Welt, die mit einem Gitter der Maschenweite von 200 Kilometern eingeteilt ist, würde man 64 000 dieser Rechner benötigen, die alle ihre kleinen Rechenmaschinen rattern lassen. Richardson wusste, dass das reine Fantasie war, aber es ist anzumerken, dass es eine ganz *präzise* Fantasie war. Indem er von seinen eigenen gewissenhaften Versuchen einer Wettervorhersage ausging und sie auf eine größere Skala übertrug, konnte er genau angeben, welche Datenmengen mit welch mächtigen Rechenmaschinen verarbeitet werden mussten, um die Wettervorhersage aus dem Sumpf der Zaubersprüche und Bauernweisheiten zu befreien.

Große Kriege führen dazu, alle Ressourcen und Anstrengungen zu konzentrieren. Zu Beginn des Ersten Weltkriegs hatten die Armeen im Wetter bestenfalls eine lästige Störung beim taktischen Vorgehen gesehen. Die Vorhersage hatte keine große Bedeutung, weil nach den Worten eines britischen Generals schließlich »unsere Truppen nicht mit dem Regenschirm ins Feld ziehen«. Die mörderische Ungewissheit, wohin die Giftgaswolken zogen, die manchmal vom Wind zurückgetrieben wurden, änderte diese Meinung sehr schnell. Während des Zweiten Weltkriegs war für die Luftsicherung und zur langfristigen Planung des gemeinsamen Vorgehens der Streitkräfte eine genaue Vorhersage dringend nötig – aber immer noch nur schwer zu verwirklichen. Warren Weaver, der oberste Mathematiker der USA im Krieg, wies darauf hin, dass es in Wirklichkeit *ungenaue* Vorhersagen waren, die den Erfolg der Landung in der Normandie am D-Day gesichert hatten:

Die Wettervorhersage für dieses Ereignis, die von den amerikanischen Streitkräften stammte, war handwerklich so unvorstellbar schlecht geraten, dass die deutschen Experten, die weit bessere Vorhersagen lieferten, sie einfach nicht für echt halten konnten. Sie konnten natürlich auch nicht glauben, dass diese Vorhersage unser Vorgehen bestimmen könnte, und damit auch nicht, dass die Invasion zu der Zeit stattfinden sollte, zu der sie dann wirklich stattfand.

Zur gleichen Zeit wurde in der Barackenstadt für die Wissenschaftler des Manhattan-Projekts die geballte amerikanische Geld- und Geistesmacht auf das Problem konzentriert, nicht-lineare Differenzialgleichungen zu lösen. Der Grund war, dass die gleiche komplexe Dynamik unabhängiger Variabler, die das Wetter erzeugt, auch im glühenden Herz einer Atombombe herrscht. Die Newtonschen Gesetze bestimmen zusammen mit den Gesetzen der Thermodynamik das Geschehen an der Druckfront bei der Implosion der Bombe, die zur Einleitung der Kernverschmelzung führt, in gleicher Weise wie an der Kaltfront, die in der Nacht Sturm und Regen bringt. Nur die Werte sind weit größer, und der Prozess verläuft schneller. John von Neumann, der Papst der modernen Rechenmethoden, wurde nach Los Alamos eingeladen, um dabei zu helfen, diesen nur Momente dauernden, heftigen Sturm zu beschreiben.

Bis zu seiner Ankunft hatte sich das Lösen von Gleichungen im Großen und Ganzen so entwickelt, wie es Richardson vorausgesehen hatte: Menschliche Computer, in der Regel die Frauen der Physiker, bedienten Tischrechner und rechneten damit Schritt für Schritt das Schema der endlichen Differenzen durch. Von Neumann hatte jedoch schon die ersten elektronischen Computer arbeiten sehen, Geräte, die mit dem großen kugelförmigen Theatersaal in Konkurrenz treten konnten.

Von Neumann, von dem man sagte, sein Gehirn habe einem Rennwagen unter Dreirädern geglichen, sah sofort, dass eine Reihe günstiger Voraussetzungen zusammentrafen: Die neuen Computer, die im

Rahmen der Kriegsanstrengungen finanziert worden waren, konnten
nicht nur die militärischen Planungen nach dem Krieg unterstützen,
sondern sich auch den Herausforderungen des Zivillebens stellen – die
Vorhersage, nein: Kontrolle des Wetters eingeschlossen. Alles lief
gut – zumindest, was die Vorhersage betraf: 1945 brauchte man noch
sechs Tage, um eine einigermaßen genaue 24-Stunden-Vorhersage des
Luftdrucks über Nordamerika zu errechnen, womit man immerhin
das Wetter zu Beginn der gerade vergangenen Woche vorhersagen
konnte. 1950 waren die Computer endlich so weit, Richardsons Ziel
zu erreichen, mit der realen Wetterentwicklung Schritt zu halten.
1952 benötigte man für eine 24-Stunden-Vorhersage nur noch 5 Minuten Rechenzeit. Von Neumann und seine Kollegen glaubten schon
bald, dass es möglich sein würde, die Nicht-Linearität des Wettergeschehens (und damit die Empfindlichkeit des Systems) zu nutzen,
um das Wetter nach Wunsch zu beeinflussen: beispielsweise, indem
man Wolken mit Trockeneis impfte und es dort regnen ließ, wo es erwünscht war, oder indem man die Bahn von Stürmen umlenkte und
überhaupt dem Himmel alles Plan- und Zügellose austrieb. In jenem
nun schnell zu Ende gehenden Jahrzehnt voll überbordendem Optimismus und großer Ängste, von Traumhäusern mit ihren Atombun-
kern, schien die größte Ungewissheit dieser Welt darin zu bestehen,
möglicherweise für immer zu verschwinden.

Diese Geschichte wurde schon oft erzählt, weil sie so gut ist: Wie alle
guten Forscheranekdoten geht es um den Zufall und den Unwillen,
das bloß Zufällige zu akzeptieren. Edward Lorenz ließ 1961 in seinem Büro im MIT ein Wettermodell auf einem Computer rechnen.
Es war ein *Royal McBee,* so groß wie ein Schreibtisch und so teuer
wie ein Wohnhaus, der nicht einmal so viel leisten konnte wie heute
ein Taschenrechner. Lorenz vereinfachte daher die Wettergleichun-
gen seiner virtuellen Welt erheblich: Es gab keine Reibung, keine
Feuchtigkeit und keine Jahreszeiten. Aber trotzdem konnte er in den
Mustern des Wind- und Druckfelds, die um seinen kleinen Privat-
globus wanderten, vertraute Dinge erkennen, die ihn an seine Tage
als Wetterbeobachter im Army Air Corps erinnerten: Fronten zogen
von West nach Ost, Sturmwirbel bildeten sich.

An einem Wintertag beschloss Lorenz, einen Modelllauf, den er schon einmal gerechnet hatte, weiterlaufen zu lassen. Um die Arbeit zu verkürzen, fütterte er der Maschine Anfangswerte ein, die er in der Mitte des vorangegangenen Modelllaufs erhalten hatte. Lorenz ging auf die Suche nach einer Tasse Kaffee, und als er zurückkam, entdeckte er etwas Seltsames: Das Wetter, das er mit denselben Daten *noch einmal* gerechnet hatte, unterschied sich völlig vom ersten Ergebnis! Das heißt: Der gleiche Input lieferte mit den gleichen Gleichungen einen völlig verschiedenen Output.

Was war im Herzen des *Royal McBee* vor sich gegangen? Lorenz erinnerte sich, dass der Computer zwar die Zahlen mit nur drei Dezimalstellen ausdruckte, aber in Wirklichkeit mit sechs Dezimalstellen rechnete. Die ausgedruckten Zahlen mit ihren drei Stellen, die er bei seinem neuen Versuch eingegeben hatte, stimmten also nicht mit den vollständigen, sechsstelligen Ergebnissen überein. Der Unterschied betrug zwar nur ein paar Tausendstel und war damit weit kleiner als die Fehlerspannen bei jeder Wetterbeobachtung, aber doch groß genug, um schon nach einigen Monaten Simulation zu völlig unterschiedlichen Ergebnissen zu führen. Lorenz sagte, in diesem Augenblick habe er erkannt, dass eine Langfristvorhersage des Wetters unmöglich ist. Rechenmodelle reagieren ungeheuer empfindlich auf Änderungen der Anfangswerte.

Billardkugeln galten immer als die idealen Modelle eines gänzlich deterministischen Newtonschen physikalischen Systems. Es existiert aber in Amerika eine Variante des Billardspiels, die »Bumper Pool« heißt. Bei ihr gibt es alle nur denkbaren Arten von Stößen, seien sie angeschnitten oder verfälscht, weil in der Mitte kreisrunde, elastische Hindernisse ausgelegt sind. Diese runden Teile vergrößern die Differenz zwischen Einfalls- und Ausfallswinkel, wodurch eine Abweichung der Kugel gegen den Queue von 1 Grad nach dem ersten Aufprall auf ein solches Hindernis auf 5 Grad anwächst. Beim nächsten Hindernis werden es gar 25 Grad, was die Kugel auf eine völlig unerwartete Bahn voller Hindernisse zwingt. Der Spieler scheint aus bloßem Unglück zu verlieren, ist aber in Wirklichkeit nur Opfer der übergroßen Empfindlichkeit des Systems gegenüber den Anfangswerten.

Lorenz entdeckte, dass deterministische Systeme, also Systeme mit klaren Gesetzen, die überall und immer gelten, zwei radikal verschiedene Formen annehmen können. Die erste entspricht dem Werfen einer Münze: Man weiß nicht, was bei einem einzelnen Wurf geschehen wird, die Variationen mitteln sich aber bei vielen Versuchen heraus und lassen ein klares Muster auftauchen. Die ständige Wiederholung erlaubt Vorhersagen. Die andere Form entspricht dem Bumper Pool: Kleinste Variationen überlagern sich und schaukeln sich auf, und die Wiederholungen *sperren sich* gegen jede Vorhersage: Das System verhält sich *chaotisch*.

Die Mathematik eines chaotischen Systems erzeugt in jedem Größenbereich die gleichen Effekte. Sag mir, wie genau Du sein willst, und ich werde meinen kleinen Keim der Instabilität auf die nächste Dezimalstelle ansetzen! Das System wird dann erst nach einigen zusätzlichen Wiederholungen unvorhersagbar, aber das Chaos bleibt weiterhin unvermeidlich. Das gängige Bild ist das von jenem Schmetterling, der in Brasilien mit den Flügeln wackelt und in China einen Sturm hervorruft. Aber selbst dieser winzige Eingriff ist noch unnötig groß. Der Physiker David Ruelle, einer der ganz Großen in der Chaostheorie, liefert eine überzeugende Demonstration, indem er die gerade noch messbare Schwerkraftwirkung »ausschaltet«, die ein einziges Elektron auf die Atmosphäre ausübt. Selbst in diesem Fall dauert es nicht viel mehr als zwei Wochen, bis der Einfluss auf das Wetter so groß ist, dass es bei einem Picknick regnet, obwohl »eigentlich« die Sonne scheinen sollte.

Lorenz hat uns ein Bild geschenkt, das zur Ikone des Chaos geworden ist, ein frühes Beispiel dessen, was wir heute (auch im Deutschen) »Strange Attractors« nennen, also Objekte, die eine »seltsame« Anziehung aufeinander ausüben. Es zeigt die Ereignisse in einem ganz einfachen dreidimensionalen System, das durch drei nicht-lineare Grundgleichungen bestimmt wird. Es hat zwei Grundzustände, die oft wie die zwei Flügel eines Schmetterlings beschrieben werden. Ein Meteorologe könnte den linken Flügel einer Wetterlage zuordnen, in der der Jetstream in großen Höhen nach Norden gerichtet ist und kalte, klare Luft von der Arktis heranführt, während der rechte Flügel einem nach Süden verschobenen Jetstream entspricht, der feuchteres, gestörtes Wetter bringt. Der Zustand des Systems ist in jedem Augenblick durch einen Punkt auf den Achterbahnen bestimmt, die über beide Flügel führen. Der Punkt kann sich für einige Umläufe auf dem linken Flügel befinden, kann aber auch plötzlich zum rechten Flügel überwechseln. Es können somit zwei beliebig nahe beieinanderliegende Punkte, die wir als Ausgangswerte nehmen, für einige Umläufe zusammenbleiben, dann aber plötzlich weit auseinanderdriften. Ihnen geht es wie Darwin und Fitzroy, die über fünf Jahre auf der *Beagle* nah beieinander waren und dann verschiedene Wege gingen: Der eine hat unser Verständnis der Welt verändert, der andere blieb in ihren rätselhaften Details verhaftet.

Die Chaostheorie entsprang dem Hirn von Lorenz nicht als fertiges Gebilde. Weit zurück im 14. Jahrhundert hatte der großartige Bischof Nikolaus von Oresme, der vielen erst später entwickelten wissenschaftlichen Ideen schon sehr nahekam, eine Ahnung des Chaos, als er die Astrologie verdammte. Er argumentierte, dass man das menschliche Glück nicht vernünftig aus den Positionen der Fixsterne und Planeten vorhersagen könne – nicht nur, weil es hier keine Verbindung von Ursache und Wirkung gibt, sondern weil das Planetensystem selbst instabil ist. Keiner seiner Zustände gleicht exakt irgendeinem Zustand in der Vergangenheit, und keiner wird in Zukunft wieder auftreten. Diese Idee tauchte wieder bei Poincaré auf, einem ähnlich bedeutenden französischen Gelehrten, der die Stabilität des Sonnensystems untersuchte und herausfand, dass die Bewegung von drei Körpern in einem Schwerefeld unvorhersagbar ist. Lorenz' Entdeckung ist so wichtig, weil sie zeigt, dass das Chaos *überall* um uns herum am Werk ist. Er setzte damit unserer intellektuellen und technologischen Macht klare Grenzen, und zwar nicht tief im Inneren der Atome oder an den Rändern des sichtbaren Universums, sondern draußen vor dem Küchenfenster.

Wie steht es nun nach dieser Erkenntnis mit der Wettervorhersage? Sie ist in der undankbaren Lage von jemand, dessen über alle Zweifel erhabenen Anstrengungen von Grenzen eingeschränkt werden: ein Torschützenkönig bei einer Gurkentruppe in der 3. Kreisklasse. Die

Kurzfristvorhersage hat sich enorm verbessert. 24-Stunden-Vorhersagen sind in Großbritannien zu 87 Prozent genau. Die 36-Stunden-Vorhersage für eine Schicht bis 5 Kilometer über dem Boden bringt es in den USA sogar auf 90 Prozent – eine tolle Nachricht für Piloten, wenn schon nicht für unser Picknick. Sagt der Wetterfrosch im Fernsehen mit 60 Prozent Wahrscheinlichkeit am Abend Regen voraus, so ist das sowohl genauer gerechnet als auch vermutlich richtiger als die Aussage des Arztes, dass wir eine Operation mit 60-prozentiger Wahrscheinlichkeit überleben. Die Frage ist allerdings, wem die Leute eher glauben!

Es gibt zwei Gründe, warum der Wettervorhersage nicht geglaubt wird, und beide hängen mit dem Zufall zusammen: Der erste hat mit der relativen Häufigkeit und unterschiedlichen Wichtigkeit bestimmter Wetterereignisse zu tun. Während ein Hoch über dem Kontinent liegt, ist es leicht, auch für den nächsten Tag mit einer hohen Trefferquote schönes Wetter vorherzusagen – aber an eine solche Vorhersage erinnern sich die meisten Menschen natürlich nicht. Gewitter und Hagelschlag prägen sich dagegen ein – und gerade sie sind für einen bestimmten Ort und für eine bestimmte Zeit schwer vorherzusagen, da sie einerseits relativ kleinräumig sind und andererseits ihre Entstehung sehr empfindlich auf die Randbedingungen reagiert. Eine plötzliche Windböe kann sich durch das dichteste Netz von Beobachtungsdaten hindurchwinden wie eine Katze durch eine Tür, die gerade zuschlägt. So etwas passierte bei einem großen Sturm in Großbritannien im Jahr 1987, als ein Wetterfrosch im Fernsehen für immer seine Glaubwürdigkeit verlor, nachdem er die Befürchtung eines Zuschauers abtat, ein Hurrikan sei im Anzug. Ein paar Stunden später krachten die ersten Bäume im Hydepark zusammen. (Ein weiteres Beispiel für einen Orkan, der durch die Maschen der Vorhersage schlüpfte, war 1999 »Lothar«.)

Das zweite Problem, mit dem der Zufall den Prognostiker belastet, ist der sogenannte Basisraten-Effekt. An dieser Stelle kommen wir wieder auf das Bayessche Theorem zurück, da ja jede Vorhersage Erwartungswerte angibt. Sie werden sich erinnern, dass das Theorem beschreibt, wie unsere ersten Annahmen über die Wahrscheinlichkeit eines Ereignisses und die Glaubwürdigkeit unserer Prognose in einem bestimmten Maß durch das reale Geschehen modifiziert werden.

Das bedeutet, dass sich die Verlässlichkeit der Vorhersage eines bestimmten Wetterphänomens aus dem Produkt der Genauigkeit des Prognoseverfahrens mit der Häufigkeit des Phänomens bestimmt. Wenn also das Phänomen eher häufig ist (wie der Regen in Bergen), hat seine richtige Vorhersage einen verstärkenden Effekt auf unsere anfänglichen Annahmen. Ist das Phänomen dagegen selten, verringert das die Anfangsannahme, einer Prognose zu glauben, ganz erheblich – da mag die Vorhersage noch so genau sein. Es gibt ein berühmtes Beispiel: die Affäre um Sergeant John Finley im Jahr 1884. Dieser hatte behauptet, er könne mit 96,6-prozentiger Sicherheit voraussagen, ob es an einem bestimmten Ort einen Tornado geben würde oder nicht. Das klang sehr überzeugend, bis G. K. Gilbert zeigte, dass die Genauigkeit der Vorhersage sogar 98,2 Prozent beträgt, wenn man einfach ein Schild mit der Aufschrift »Kein Tornado« zeigt. Es ist wie bei medizinischen Tests: Genauigkeit bedeutet wenig, wenn es um seltene Ereignisse geht.

In gewissem Sinn existieren heute Richardsons Wetterfabriken: Eine ist das Europäische Zentrum für mittelfristige Wettervorhersage (EZMW), in dem 25 Länder in dem Bemühen zusammenarbeiten, die Wettereffekte zu verstehen. Seine Meteorologen und Supercomputer berechnen deterministische Vorhersagen über drei bis sechs Tage, aber sie ziehen auch gegen das Chaos in den Kampf, indem sie Wahrscheinlichkeitsprognosen für Europa über zehn Tage herausgeben. In diesem Fall flattert der Schmetterling, der ein Gewitter in Spanien anregen wird (oder auch nicht), irgendwo über dem Nordpazifik. Wie entscheiden die Prognostiker, ob er geflattert hat oder nicht?

Die Antwort ist: Sie entscheiden es gar nicht. Stattdessen bestimmen sie aus dem aktuellen Wetter die kritischen Gebiete, die am empfindlichsten reagieren und verändern dort die Parameter innerhalb bestimmter, vernünftiger Grenzen per Zufall. Dadurch entstehen 51 zufallsbestimmte Ausgangslagen, mit denen die Simulationen gestartet werden. Das Endergebnis ist daher nicht nur eine einzige Wetterlage, sondern eine Sammlung von Wahrscheinlichkeitsverteilungen für jeden Gitterpunkt. Sieht man sich einen Punkt genauer an, erhält man eine Verteilungskurve durch 51 Werte für die Windgeschwindigkeit, die Temperatur und den Druck. Gruppieren sich diese Werte wie bei einer Normalverteilung sehr eng um einen Mittelwert, können wir sicher sein, dass uns alles, was der Schmetterling diese Woche vorhat, wenig beeinflussen wird. Streuen die Werte jedoch stark, müssen wir zumindest davon ausgehen, dass die Lage unsicher ist. Man nennt dieses Verfahren *Ensemble-Vorhersage*. Bei ihr sind nicht nur Temperatur und Niederschlag Variable, sondern auch die Vorhersagbarkeit selbst.

Natürlich denken die meisten von uns in einer ganz anderen Weise über das Wetter nach. »Ein Freund hat mich am Montag angerufen. Er will am Samstag eine Gartenparty machen und will wissen, ob es dann regnen wird.« Tim Palmer, Abteilungsleiter beim EZMW, ist jung, flott und sprachgewandt. »Ich sagte, dass ich ihm einen Wahrscheinlichkeitswert liefern kann. ›Das will ich nicht, ich will nur wissen, ob es regnet oder nicht.‹ Ich sagte ihm: ›Schau, kommt die Queen zu deiner Party?‹ ›Was hat denn das miteinander zu tun?‹ ›Wie groß ist das Risiko, wenn es regnet und du kein Zelt hast? Welche Wahrscheinlichkeit, dass es regnet, kannst du gerade noch akzeptieren?‹ Er dachte nach und sagte: ›Es sind nur Arbeitskollegen. Ich kann mit 60 Prozent leben.‹ Die Ensemble-Vorhersage für seine Frage lag bei einem Wert von 32 Prozent. Er mietete kein Zelt und – Gott sei Dank – es regnete auch nicht.«

Von der Welt ohne Reibung und Jahreszeiten in Lorenz' frühem Rechenmodell ist es ein weiter Weg zu einer Wettersimulation mit einer Ensemble-Vorhersage. Inzwischen sind die Auswirkungen der Meerestemperatur ebenso dazugekommen wie die Reibung durch die Meereswellen und durch Bergketten. »Heute muss man über breite Kenntnisse verfügen, wenn man das Wetter erforschen will: Strahlung, die Grundlagen der Quantenmechanik, Chemie, Meeresbiologie, Strömungsmechanik. All das wirkt im System der Atmosphäre zusammen, aber wenn Sie es mit Millionen und Abermillionen Programmzeilen in ein einziges Modell packen wollen, haben Sie das Problem, dass kein Einzelner mehr das Gesamtgebilde verstehen kann.«

Es bleibt aber eine noch größere Schwierigkeit: Die Messungen und Beobachtungen werden immer feinmaschiger, aber die Keime von Wetterphänomenen sind noch weit kleiner. Auch wenn die ganze Welt mit einem Gitter von Messfühlern bestückt wäre, die nur 1 Meter auseinanderliegen, würden sich zwischen ihnen Dinge ereignen, die sich der Beobachtung entziehen, aber innerhalb von Tagen überraschend zu gewaltigen Wettersystemen anwachsen können. Ein Teil der Antwort auf das Problem ist daher, auf dieser kleinsten Skala ein wenig *zusätzlichen* Zufall einzufügen. Nehmen Sie zum Beispiel Schwerewellen: ein winziges Zittern in der Atmosphäre oder im Ozean, wenn zum Beispiel die Luft über eine raue Oberfläche weht oder die Flut gegen den Druck ankämpft. Manchmal kann man ihre Spur in großen Höhen in Form von Linien kleiner Schäfchenwolken entdecken, die wie eine Reihe von Augenbrauen aussehen. Diese Wellen sind normalerweise zu klein, um von den bestehenden Wettermodellen aufgelöst zu werden, sie können aber unter bestimmten Bedingungen größere Bewegungen in der Atmosphäre beeinflussen. Wie kann man ein so seltenes, aber folgenschweres Phänomen in ein Vorhersagemodell einbauen? Indem man einen Zufallsterm hinzufügt: Man lässt das Bild in der kleinsten Skala ein wenig wackeln. Meistens ist dieses Wackeln zu gering, um eine Wirkung auf das größere System zu haben, aber manchmal löst es Änderungen aus, die bei einem einfachen, deterministischen Modell, das kleinskalige Variationen herausfiltert, nicht auftreten. Diese Technik wird »Stochastische Resonanz« genannt und wird in vielen Bereichen angewandt. Sie kann dazu dienen, die optische Wahrnehmung bei Menschen zu verbessern oder Robotern zu einem besseren Gleichgewicht zu verhelfen. Eine Prise Zufall kann also tatsächlich zu größerer Präzision führen!

Für die Meteorologen ist das komplexe Wettersystem schon an sich faszinierend. Aber sie wissen sehr wohl, dass der Rest der Welt in erster Linie an seinen Auswirkungen interessiert ist. Wir wollen über das Wetter nur Bescheid wissen, damit wir es von der Liste der Ungewissheiten streichen können. Deshalb arbeitet Tim Palmer daran, die Wahrscheinlichkeitsgradienten, die uns die Ensemble-Vorhersage liefert, so aufzubereiten, dass sie die Entscheidungen von Personen oder Institutionen über ihre Ressourcen und Möglichkeiten bestimmen können. »Nehmen wir die Malaria in Afrika. Ihr Auftauchen und ihre Verbreitung ist stark wetterabhängig. Es gibt gute Modelle, die das Wetter mit der Seuche verknüpfen, aber mit ihnen kann man nur schwer einen Ausbruch vorhersagen, weil die Verknüpfung allzu kompliziert ist. Stattdessen koppeln wir unser Seuchenmodell direkt an die Ensemble-Prognose und produzieren statt der Wahrscheinlichkeitskurven des Wetters die der Malaria. Das Wetter ist nur ein Zwischenmedium. Gesundheitsorganisationen können nun Entscheidungen über Vorsorgemaßnahmen treffen, wo immer die Wahrscheinlichkeit für Malaria eine bestimmte Schwelle überschreitet.«

Das ist der große Unterschied zwischen der von Wahrscheinlichkeit bestimmten und der klassischen Vorhersage: Die Entscheidung bleibt uns überlassen. Wie bei allen Problemen, die mit dem freien Willen zu tun haben, ist es psychologisch gesehen schwer, sich vom Schicksal zu befreien. Die Welt ist umso schwieriger zu bewältigen, je mehr wir über sie wissen. Es waren noch gute Zeiten, als wir den Wetterfrosch im Fernsehen dafür verantwortlich machen konnten, wenn der Frost den frisch gegossenen Zementboden gesprengt hatte oder der frisch gesäte Weizen erfroren war, nachdem sein lächelndes Gesicht verkündet hatte, dass die Nachttemperaturen nur bis knapp über den Gefrierpunkt absinken würden. Eine Vorhersage auf Wahrscheinlichkeitsbasis gibt Prozentwerte an, zu denen es auf Wunsch auch noch eine Fehlerspanne und die Volatilität gibt. Das besagt alles noch nicht viel, solange wir es nicht mit unseren persönlichen Prozentzahlen verbinden können, mit unseren Raten von Gewinn und Verlust oder unserer Bereitschaft, Risiken auf uns zu nehmen. Sobald das Wetter nicht mehr Schicksal oder Strafe ist, wird es zu einer weiteren Größe bei unserem ständigen Bemühen, die Ungewissheiten in den Griff zu bekommen.

Stanislaw Ulam lag in seinem Bett und wollte sich von einer Krankheit erholen, indem er eine Patience legte. Während sich andere vielleicht der köstlichen Trägheit des Krankseins und den aufgedeckten Karten hingegeben hätten, fragte sich Ulam an diesem Tag im Jahr 1946, wie groß wohl die Chance ist, dass ein vom Zufall bestimmter Standard-Solitaire mit 52 Karten aufgeht. Vielleicht können wir uns glücklich schätzen, dass er sich nicht wohl fühlte, denn nach ein paar Versuchen, das Problem allein mit den Mitteln der Kombinatorik zu lösen, gab Ulam auf – und entdeckte einen mathematisch weniger eleganten, dafür aber erfolgversprechenderen Weg: »Ich fragte mich, ob es statt des ›abstrakten Denkens‹ nicht eine mehr praktische Methode geben könnte, die darin besteht, das Blatt, sagen wir 100-mal, aufzudecken und einfach nur zuzuschauen und zu zählen, wie oft die Patience aufgeht.«

Er beschrieb die Methode von Neumann, der sie, ganz Dandy, »Monte-Carlo-Methode« nannte – weil es bei ihr wie in einem Kasino zugeht, in dem sich überall Rouletteteller drehen, an denen man beobachten kann, wie sich das Gesamtsystem auf lange Sicht verhält. Diese Technik ist inzwischen in vielen Bereichen verbreitet, in denen die Summe zahlreicher nicht vorhersagbarer Einzelereignisse abgeschätzt werden muss. Das reicht von den Zusammenstößen von Neutronen in Atombomben über den Handel an den Finanzmärkten bis zu tropischen Zyklonen. Sagt ein Analyst »Okay, lassen wir es durch den Computer laufen«, denkt er gewöhnlich an derartige Simulationen des Zufalls.

Monte Carlo – oder, für alle Nicht-Dandys: eine »stochastische Simulation« – bedeutet, dem Zufall Zugang ins Herz der Rechnungen zu verschaffen. Bei dieser Methode werden die Beobachtungs- oder Messergebnisse und ihre Statistik als Anfangswahrscheinlichkeiten eingegeben. Angenommen, Sie kennen die Statistik einer bestimmten Wechselwirkung und wissen, wie oft ein Neutron dabei absorbiert wird. Sie fügen dann in Ihre Modellrechnung ein Programm ein, das die Absorptionswahrscheinlichkeit bei diesem Prozess per Zufall vorgibt, aber dabei eine Gewichtung vornimmt, die sich an Ihren Messungen orientiert. Im Kasino von Monte Carlo müssten Sie dafür einen Rouletteteller so mit roten und schwarzen Fächern ausstatten, dass die Verteilung *Ihren* Erfahrungen entspricht. Die Resultate des Modelllaufs mit den per Zufall gewählten Werten werden dann beim nächsten Lauf als Anfangswerte eingefüttert und mit dem gleichen Programm verarbeitet. Das Ergebnis dieser kombinierten Rechnungen entspricht unserer Ensemble-Vorhersage: Lässt man das Modell immer wieder laufen, erhält man Häufigkeitsverteilungen, die man analysieren kann, als hätte man Tausende von Experimenten oder Messungen gemacht. Das mag zwar als Konzept sehr primitiv erscheinen, führt aber zu Ergebnissen, die so genau werden, wie es Ihre Zeit und die Kapazität Ihres Computers erlauben.

In der Wetterwelt gibt die Monte-Carlo-Methode Versicherungsgesellschaften die Möglichkeit, Katastrophen einzubeziehen. Bis 1980 waren alle Annahmen über die vermutliche Schadenssumme für Hurrikans auf nicht viel mehr gegründet als den Optimismus oder Pessimismus des Unternehmens. Wenn auch in Gleichungen gepackt, dachten viele Versicherer nach diesem einfachen Schema: »Man stelle sich den schlimmsten Sturm vor, der in diesem Gebiet möglich ist. Er beschert uns Verluste in Höhe der größten Verluste, die wir jemals hatten – plus einem Prozentsatz, der das seitherige Anwachsen unseres Unternehmens widerspiegelt. Dann muss man entscheiden, wie oft ein solcher Megasturm vermutlich auftritt und den Verlust über die Jahre verteilen, in denen kein solcher Sturm zu erwarten ist.« Das sind ganz klare Denkschritte, aber sie sind gefährlich, und zwar nicht nur, weil sehr viel geraten und angenähert wird. Schon der Prophet sagt: »Der Wind weht, wo er will.« Die Gewalt eines Sturms ist nicht gleichmäßig über ein großes Gebiet verteilt, sondern auf schmale Zonen konzentriert. Ein Megasturm wartet auch nicht eine bestimmte Zeit ab, bis er wieder »dran« ist. Der Begriff »Jahrhundertsturm« täuscht Linearität vor, während die Wirklichkeit nicht-linear ist.

Aus diesen Gründen berechnen heute die Computer der großen Versicherungsgesellschaften Ensemble-Vorhersagen. Zum Beispiel werden die bekannten Daten von Hurrikans in den USA eingespeist, und das Modell rechnet die Zugbahnen der Stürme während der nächsten 50 000 Jahre. Jeder dieser paar tausend stochastisch erzeugten Hurrikans befreit auf seinem Weg ein anderes Gebiet von versichertem Eigentum, wobei größere Gebäude gesondert programmiert werden, da sie je nach Windrichtung verschieden empfindlich reagieren. Das Ergebnis ist keine Wetterprognose, sondern eine Schadensprognose, die es erlaubt, die Prämien an die zu erwartenden Forderungen der Kunden anzupassen.

Die offensichtliche Zufälligkeit bei Katastrophen dieser Art – mein Haus ist nur noch Brennholz, während beim Nachbarn sogar der Sonnenschirm auf der Veranda noch an seinem Platz steht – wird bei diesen Rechnungen nicht ignoriert, sondern zur Grundlage für die Gesamtabschätzung des Risikos gemacht.

Beschäftigt man sich mit dem Wetter auf der Grundlage von Wahrscheinlichkeiten, so ist das der Übergang von der Frage »Was wird sich ereignen?« zu »Welchen Unterschied macht das, was sich ereignen könnte, für mich?« Das ist ganz offensichtlich eine Rechnung, die auf Katastrophen zugespitzt ist, sie kann aber auch für ganz »normale« Tage verwendet werden: Ist es kalt oder mild, feucht oder trocken? Wenn Sie sich in einem Herbst aalen, der »für die Jahreszeit« zu warm ist, denken Sie bitte einen Augenblick daran, welch schlechte Nachricht dieses Wetter für die Wollindustrie darstellt. Wenn es dem Schäfer verhasst ist, sollte er vielleicht etwas dagegen unternehmen.

Er könnte zum Beispiel Barney Schauble anrufen, dessen Firma gegen Ereignisse versichert, deren Auftreten »normal« ist. Schauble kommt aus der Finanzwelt, er weiß daher, wie ganz unspektakuläre alltägliche Risiken vielen Unternehmen Probleme bereiten: »Dieser Markt entwickelte sich durch die Bedürfnisse der Energieunternehmen, da das Wetter den Energiebedarf stark bestimmt. Ein warmer Winter in Denver oder ein kühler Sommer in Houston kann die Gewinnerwartungen völlig über den Haufen werfen, wenn eine Firma Gas für die Heizung oder Strom für die Klimaanlage verkauft. Auch für die Besitzer von Freizeitparks kann das Wetter einen großen Unterschied ausmachen: Regen ist an sich schon schlimm, Regen am Wochenende ist noch schlimmer und Regen am Memorial Day-Wochenende ist das Allerschlimmste.« Die Summen, die sich schon aus kleinen Variationen ergeben, können sich anhäufen. Der Sommer 1995 war für die bescheidenen Verhältnisse von England und Wales ungewöhnlich warm: Die Temperaturen lagen zwischen 1 und 3 Grad über dem Durchschnitt. Die zusätzlichen Leistungen, die in diesem Jahr die Versicherungen für Ernteausfälle, geringeren Energieverbrauch, gesunkenen Kleidungsabsatz und Gebäudeschäden durch Austrocknung und Senkung des Bodens erbringen mussten, betrugen über 2 Milliarden Euro.

Barney Schaubles Gesellschaft konzentriert sich auf alles, was

zwar variabel ist, aber insgesamt vorhersagbar bleibt: auf die Wetter-
elemente, die um einen Mittelwert herum normalverteilt sind.

Heizungstage, Tage an denen gekühlt wird, zu hoher Niederschlag in
einem bestimmten Zeitraum – also Dinge, über die es genaue Daten aus
vielen Jahren gibt. Die Leute kommen zu uns, weil sie Risiken ausgesetzt
sind, die unvermeidlich sind, die wir aber diversifizieren und auf viele
Schultern verteilen können. Ginge es um finanzielle Risiken, wüssten die
meisten Unternehmen sofort, dass sie nicht alles auf eine Karte setzen
dürfen. Das Wetter ist ein noch neuer Markt, der aber genauso funktioniert. Die Unternehmen kommen zu uns, um ihre Erwartungen auf
lange Sicht auszugleichen und ihre Bilanzen vorhersagbarer zu machen.

Die Leute sind es nicht gewöhnt, über mögliche Ereignisse nach-
zudenken, deren Auftreten ganz normal ist, sie neigen eher dazu, die
Dinge in »unwichtig« und »katastrophal« einzuteilen. Sie müssten ihr
Risikomanagement mehr unter dem Aspekt der Wahrscheinlichkeiten
sehen. Wenn es um die Finanzen geht, macht niemand eine punktgenaue
Vorhersage eines Wechselkurses in sechs Monaten. Man spricht viel-
mehr von einem *Schwankungsbereich* und von Wahrscheinlichkeiten in
Prozentzahlen. Wenn wir auf diese Weise alle Risiken bedenken, wird die
Welt insgesamt zu einem weniger riskanten Ort, weil wir akzeptieren,
dass das Ungewöhnliche seinen bestimmten Platz im weiten Bereich der
Wahrscheinlichkeiten hat. Ansonsten bleibt Ihnen nur noch, zu raten.
Und eines ist sicher, wenn Sie raten: Sie könnten falsch liegen.

Schaubles Firma hatte eine Zeit lang einen Prognostiker eingestellt.
»Er hatte nie ganz Recht oder Unrecht, aber eines von beiden wäre
gut gewesen.« Schauble ist daher an Vorhersagen nicht mehr interessiert. Er hat damit zu tun, Variationen auszugleichen, wozu ihm lange
Datenreihen genügen, die ihm alles über Streuungen und Volatilitäten
sagen, was er braucht. Seine Klienten sind wiederum bereit, ein wenig
von dem Überschuss in guten Jahren für die Reduktion des Verlusts
in schlechten Jahren zu zahlen. Es gibt aber auch Unternehmen, für
die eine genaue Wettervorhersage für *dieses* Jahr wichtig wäre, damit
sie ihre unternehmerischen Entscheidungen treffen können.

Das südliche San Joaquin-Tal in Kalifornien ist ein Gebiet mit
einer Monokultur, was Sie leicht erraten können, wenn Sie an einem

Septembernachmittag durch die Stadt Raisin fahren. Draußen in den Weinanbaugebieten sind Pappbehälter zwischen den Reihen der Rebstöcke aufgestellt, in denen die Ernte des Jahres lagert: Ihr Wert beträgt 400 Millionen Dollar, was 99 Prozent der Ernte des gesamten Bundesstaats ausmacht und die bei weitem größte Einzelernte von Rosinen auf der Welt darstellt. Es sind drei Wochen Sonne nötig, um Thompson's Seedless-Trauben zu trocknen. Haben Sie Angst, dass während dieser entscheidenden Periode Regen aufziehen wird, können Sie sich entscheiden, die Trauben zu verkaufen und daraus Saft pressen zu lassen. Der Profit wäre geringer, dafür aber sicher. Was tun?

Diese Entscheidung führt zu der umfassenderen Frage, wie man Risiken und Chancen von Zufallsereignissen abschätzen kann. Die Behandlung dieses Problems geht bis auf eine Lösung des Sankt-Petersburg-Paradoxons im Jahr 1738 zurück, die Daniel Bernoulli glückte. Das Paradoxon, das zum ersten Mal von Daniels Cousin Nikolaus 1718 beschrieben worden war, ist schnell erklärt: Ein verrückter Milliardär lädt Sie im Kasino von Sankt Petersburg zu einem Spiel mit einer Münze ein. Bei »Zahl« bekommen Sie nichts, wenn das erste Mal »Kopf« fällt, dagegen 2^n Rubel, wobei n die Zahl der bisherigen Würfe ist. Wie viel sollten Sie setzen, um bei dem Spiel mitzumachen? Ihr Erwartungswert ist das Produkt aus der Chance, zu gewinnen, und der Höhe des Gewinns. Beim ersten Wurf ist die Gewinnchance 1/2, und Sie erhalten 2 Rubel, der Erwartungswert ist also 1/2 x 2 = 1 Rubel. Beim zweiten Wurf beträgt er entsprechend 1/2 x 1/2 x 4 = 1 Rubel und so weiter. Der Erwartungswert für das gesamte Spiel ist also 1 + 1 + 1 + ... und somit unendlich groß! Sollten Sie daher unendlich viele Rubel setzen, um bei der Wette mitzuhalten? Sie müssten noch verrückter sein als Ihr Spielpartner!

Die Gewinnsumme wächst also mit jedem Wurf um 1 Rubel, aber nach Daniel Bernoulli wächst die *Bedeutung* des Geldes nicht linear mit seiner Summe an. Wenn der Milliardär Ihnen 1 Rubel schenkt, Ihnen aber anbietet, eine Münze zu werfen und dabei vielleicht einen zweiten Rubel dazuzugewinnen, werden Sie (wie fast alle) die Wette annehmen. Bietet er Ihnen stattdessen 1 Million Rubel und die Möglichkeit, durch das Werfen einer Münze 1 Million dazuzugewinnen, werden Sie vermutlich (wie fast alle) hart schlucken und daran denken, wie Sie wohl Ihrer Gattin erklären könnten, dass Sie mit leeren Händen nach Hause kommen. Geht es bei Wahrscheinlichkeitsrechnungen um Geld, so hängt sein Wert davon ab, was Sie mit ihm anfangen können – also von seinem *Nutzen*, um einen Begriff zu benützen, den die Ökonomen lieben. Als der Finanzier John Jacob Astor nach der Börsenpanik von 1837 einen Freund mit den Worten »Ein Mann, der 1 Million Dollar besitzt, ist ebenso weg vom Fenster, wie wenn er reich gewesen wäre« tröstete, hat er etwas Wichtiges gesagt: Der *Grenznutzen* eines Vermögens, das größer ist als 1 Million Dollar, ist gering. Wenn Sie also annehmen, dass es einen Term gibt, der den geringer werdenden Grenznutzen beim Anwachsen des Geldbergs angibt, sollten Sie Ihre Erwartungswerte bei jedem Wurf des Sankt-Petersburg-Spiels mit diesem Term multiplizieren. Das Ergebnis ist ein *endlicher* Höchstgewinn für das Spiel.

Auch bei Informationen gibt es einen Grenznutzen für alle Transaktionen, die auf der Ungewissheit beruhen. Wollen Sie Rosinen verkaufen, kann die Präzision der Wettervorhersage einen beträchtlichen Grenznutzen haben, weil sie Ihre Entscheidung – jetzt verkaufen, um Saft zu pressen, oder weiter eintrocknen lassen? – aus dem Reich des Münzenwerfens in das eines wohl überlegten Risikomanagements hinüberrettet. Mit der Größe des Regenrisikos können Sie sogar den Anteil an Ihrer Ernte berechnen, den Sie für die Safterzeugung abzweigen sollten, um damit die Zusatzkosten für den Regenschutz der restlichen Beeren auf ihrem Weg zur Rosine zu bezahlen. Das Problem ist, dass der Grenznutzen von Informationen auch davon abhängt, wie viele Menschen über sie verfügen. Fresno County, wo 70 Prozent der Traubenernte eingebracht werden, ist klein: Jede Anbaufläche ist dem gleichen Wetter ausgesetzt. Die Nachfrage ist weder für Traubensaft noch für Rosinen unbegrenzt. Deshalb ist der Marktpreis für Saft oder Rosinen auch zum Teil davon abhängig, ob ein paar Winzer ihre Wette auf das Wetter verloren haben. Wenn *alle*, die Wein anbauen, den Zugang zu einer perfekten 3-Wochen-Prognose haben und daher immer die »richtige« Entscheidung treffen, würde das Angebot steigen und der Preis fallen: Die ganze Branche würde draufzahlen.

Es scheint, dass das Schicksal für Gewerbezweige, die vom Wetter abhängen, einen Aufschlag rechtfertigt – und für einige stellt dieser Aufschlag die Rechtfertigung dar, dickköpfig darauf zu bestehen, das Schicksal sich austoben zu lassen. Keines der französischen Anbaugebiete unter dem Gütesiegel *appellation contrôlée* erlaubt den Winzern, bei Trockenheit zu wässern. Die meisten untersagen auch den Gebrauch von schwarzem Plastikmulch, der Unkraut fernhalten und den Boden erwärmen soll. Die Verordnungen beschreiben exakt, was mit den Wurzelstöcken geschehen darf, welche Schädlingsbekämpfung erlaubt ist und wie der Wein hergestellt werden muss – alles im Namen der »Lage«, jener geheimnisvollen Einheit von Mikroklima und Bodenbeschaffenheit, die einen Chablis zum *grand cru* macht und von einer 2-Liter-Flasche Liebfrauenmilch unterscheidet. Ein derartiges System der Selbstbeschränkung kann in der Tat entscheidend sein, um die feine Aura von Lage und Jahrgang heraufzubeschwören, welche die besten französischen Weine auszeichnet. Es gibt aber auch das Argument, dass die hohen Preise, die von den Winzern verlangt werden, wenn sich doch noch alles auf wunderbare Weise zum Guten fügt, nur zu rechtfertigen sind, wenn ein 1997er Cabernet vom Regen davongespült wird und ein 2003er Merlot reichlich Sonne abbekommt. Nichts in diesem Gewerbe, weder die Preisgestaltung noch die Informationen noch das Wetter selbst, ist normalverteilt. Nichts schart sich um einen Mittelwert, das System bleibt beharrlich nicht-linear.

Nach Edward Lorenz liegt die oberste Grenze für eine verlässliche Wettervorhersage bei zehn Tagen. Natürlich ist heutzutage unsere größte Sorge, eine verlässliche Vorhersage für die nächsten hundert Jahre zu bekommen. Es gibt einen alten Meteorologenspruch: »Klima ist, was du erwartest, Wetter ist, was du bekommst.« Aber auch die Erwartungen an das Klima sind von Ungewissheiten durchsetzt.

1939, also schon vor langer Zeit, hat das *Time*-Magazin leichthin verkündet, dass »Alte, die behaupten, die Winter in ihrer Kindheit seien noch richtige Winter gewesen, völlig Recht haben. ... Die Wetterfrösche haben keinen Zweifel, dass die Welt zumindest gegenwärtig immer wärmer wird.« Das neue Klima, das sich entwickelte, schien ein weiteres Geschenk des Schicksals für die USA zu sein, die größte unter den Nationen. Das Leben wurde von Tag zu Tag reicher und angenehmer – warum sollte das nicht auch für das Wetter gelten? Wer würde es nicht begrüßen, wenn in Maine irgendwann Palmen wachsen? Warum sollten wir uns also Sorgen machen? Weil wir inzwischen mehr von der Dynamik des klimatischen Wandels wissen, genug, um uns darüber klar zu sein, wie wenig wir diese Prozesse zu unseren Gunsten beeinflussen können.

»Klima« ist eine Erfindung der Menschen: der »Durchschnitt« eines Systems, das nicht zum Durchschnitt neigt. Wie die kleinen Wellen im Wasser eines Flusses verändert sich das Klima unter dem Einfluss vieler Kräfte. Immer wiederkehrende Eiszeiten scheinen mit Änderungen in der Erdumlaufbahn und/oder der Kontinentalverschiebung zu tun zu haben. Auch das Strahlungsangebot der Sonne schwankt. Die Populationen von Lebewesen wie das Phytoplankton am Anfang der Nahrungskette der Meere durchlaufen ihre eigenen chaotischen Bahnen von Anwachsen und Auslöschung. Die »Southern Oscillation«, Ursache des El Niño-Phänomens, unterbricht alle vier, fünf Jahre die Regelmäßigkeit des tropischen Wetters. Vulkane machen immer wieder jede meteorologische Wette zunichte: Ein Ausbruch in Neu-Guinea im 6. Jahrhundert verdeckte für Monate die Sonne und setzte den Schlussstrich unter das Römische Weltreich. Der Tambora in Indonesien ließ 1816 den Sommer ausfallen, und eines Tages wird die gewaltige Magmakammer unter dem Yellowstone ihren Deckel sprengen und alle Sorgen der Menschen relativ trivial erscheinen lassen. Jede dieser voneinander unabhängigen Kräfte, die das Klima mitbestimmen, schwankt in einem ganz bestimmten Maß und Rhythmus und verstärkt die anderen Einflüsse auf das Klima oder schwächt sie ab. Und dann gibt es ja noch uns, die wir Kohle und Öl verbrennen und damit den in Jahrmillionen von Pflanzen absorbierten Kohlenstoff in ein paar Jahrhunderten freisetzen.

Time hatte Recht: Es wird wärmer. Die mittlere Erdtemperatur ist im 20. Jahrhundert um etwa 0,6 Grad gestiegen, der mittlere Meeresspiegel liegt inzwischen etwa 15 Zentimeter höher, da sich Wasser bei der Erwärmung ausdehnt und Gletscher und die polaren Eiskappen abschmelzen und sich ihr lange gespeicherter Wasservorrat in die Meere ergießt. Mittelwerte der Erwärmung sind jedoch reichlich abstrakt, denn in den höheren subarktischen Breiten erwärmt sich die Erde weit schneller als anderswo, während es im Nordpazifik sogar Gebiete gibt, die sich abkühlen. Wir wissen auch, dass ein Klimawandel schnell vonstatten gehen kann, wenn er einmal begonnen hat: Eisbohrkerne, Baumringe und Sedimente auf dem Grund von Seen und Meeren zeigen, dass die wesentlichen Klimaveränderungen in der Vergangenheit fast »momentan« erfolgten – wohlgemerkt: »momentan«, gemessen an geologischen Zeitskalen.

Warum das? Weil fast alles, was mit Wetter und Klima zu tun hat, in sich den Keim der Nicht-Linearität trägt. So reflektiert zum Beispiel das Eis der Arktis die Sonnenstrahlung, weswegen sich der arktische Ozean nicht erwärmen kann. Schmilzt das Eis, absorbiert die dunkle Meeresoberfläche mehr Sonnenstrahlung, woraufhin noch mehr Eis schmilzt und sich der Prozess immer mehr aufschaukelt. In einem System, das in »normalen« Zeiten das Gleichgewicht bewahrt, muss nur ein bestimmter Wert in den maßgeblichen Gleichungen eine bestimmte Schwelle über- oder unterschreiten, und schon springt es vom einen Flügel des »Strange Attractors« zum anderen. Eine Folge von wärmerem Wasser ist eine größere Verdunstung. Da der Wasserdampf den lebenswichtigen Energieaustausch in der Atmosphäre maßgeblich mitbestimmt, führt dies wiederum zu einem kräftigeren Antrieb für Stürme. Gleichzeitig wirft aber die mächtiger gewordene Wolkendecke mehr Sonnenstrahlung in den Weltraum zurück, und zumindest durch diesen Prozess werden die Veränderungen geringer, statt anzuwachsen. Niemand weiß, wie das Ganze ausgeht.

Das Grundproblem ist aber, dass man sich über die Auswirkungen *sicher* sein will. Als die Meteorologie zur Wissenschaft wurde, hat sie automatisch die hohen Ideale ewiger Gesetze einerseits und vergänglicher Phänomene andererseits übernommen. Humboldts Annahme von der Einheit der Natur wuchs sich zu dem Glauben aus, der Planet habe die Kraft, sich selbst zu regulieren. Als ein Kind der Aufklärung vermutete er, dass dieser Regelmechanismus auf einen Mittelwert zusteuern würde und damit alles gut ausgehen könnte. Erst seit kurzem wissen wir, dass diese Verschiebungen auch schnell und in Form von Katastrophen auftreten: Das Licht wird nicht heruntergedimmt, sondern geht plötzlich aus. Der Thermostat wird nicht hochgedreht, sondern das Haus brennt nieder.

All die ureigenen Probleme der Beschreibung des Wettergeschehens – die mangelnde Genauigkeit der Modelle, die Nicht-Linearität des Systems, die Möglichkeit, dass wirkungsvolle Kräfte unter der Beobachtungsschwelle liegen – sind inzwischen Themen von großer sozialer Bedeutung. Soll eine CO_2-Steuer erhoben werden? Sollen mehr Kernkraftwerke gebaut werden? Sollten Sie sich ein Haus an der Nordseeküste kaufen, obwohl dort vielleicht ein Unterwasserparadies sein wird, wenn Ihre Kinder in Rente gehen (wenn es dann noch Rente gibt)? Mit der Art von Wissenschaft, wie sie heute bestimmend ist, und solange wir unter einem Himmel leben, wie ihn Bjerknes, Richardson oder Lorenz beschrieben haben, kann keine dieser Fragen mit Sicherheit beantwortet werden.

Vielleicht sind Sie jetzt enttäuscht und kommen zu dem Schluss, von der Wissenschaft Sicherheit zu erwarten, sei wie der Glaube der Kinder, die Erwachsenen wüssten und könnten alles. Es ist ein Rückfall in den zynischen Relativismus von Teenies, wenn man die Wissenschaft wegen ihrer unsicheren Resultate auslacht und ihr damit jede Brauchbarkeit abspricht: »Ist doch alles Schwindel. Die können um Himmels willen nicht einmal das Wetter der nächsten *Woche* vorhersagen.«

Gibt es noch einen dritten Weg? Ja, denn wo die Ungewissheit letztlich nicht behebbar ist, sollten die Wahrscheinlichkeiten ihre Herrschaft antreten. Es gibt Anzeichen, dass sich diese Erkenntnis Bahn bricht: Das Intergovernmental Panel on Climate Change geht zum Beispiel von dem vorher verwendeten, allgemein üblichen Modell zur Ensemble-Vorhersage auf der Grundlage von Wahrscheinlichkeiten über. Sein nächster Bericht wird gewichtete Änderungsspannen enthalten und damit unseren Ängsten zumindest eine Gestalt geben. Es bleiben noch viele Probleme, wobei das größte ist, unsere subjektiven Bemühungen auf eine Größenordnung hochzuschrauben, welche die gesamte Menschheit umfasst. Befassen wir uns mit Fragen des Nutzens oder Werts, sind Wahrscheinlichkeiten eine Sache der menschlichen Erwartungen. Bei den Berechnungen ist derjenige, der die Erwartungen hat, die Konstante: Man nimmt an, dass die gleiche Person – Sie zum Beispiel –, die das gegenwärtige Risiko auf sich nimmt, auch auf den zukünftigen Gewinn spekuliert. Geht es aber um Maßnahmen, die das Klima betreffen, sind diese beiden Rollen zeitlich, räumlich und in der Größenordnung weit voneinander entfernt.

Schaffen Sie Ihr Auto ab, weil dann vielleicht Ihre Enkel besser leben werden? Verzichten Sie darauf, einen Eingeborenen aus dem Brasilianischen Regenwald zu vertreiben, weil eine gewisse Wahrscheinlichkeit besteht, dass es dann in Afrika weniger Dürren gibt? Stecken Sie das Kapital Ihrer Firma in teure Energiespartechnik, weil es dadurch wahrscheinlich zu einer kleinen Verbesserung des Loses der Menschheit kommt? So zu handeln geht davon aus, dass *Ihr* gegenwärtiger Nutzen an jemand anderen und in die Zukunft übertragen werden kann. Anders gesagt: Als Spezies werfen wir eine kosmische Münze und haben als Gegner jenen verrückten Milliardär aus Sankt Petersburg.

Kürzlich wurde in einer Studie versucht, dieses Spiel zu analysieren, indem man für unseren Planeten die gleiche Chancen-Risiko-Rechnung aufstellte wie für das Rosinengewerbe. Es ist allerdings unwahrscheinlich, dass heute durchgeführte Maßnahmen früher als in hundert Jahren einen messbaren globalen Profit einbringen. Die übliche ökonomische Praxis besteht darin, zukünftige Gewinne oder Verluste auf Werte zwischen 3 und 6 Prozent jährlich zu beschränken. Das heißt aber, dass es fast *keinen* Gewinn in der fernen Zukunft gibt, für den es Sinn macht, jetzt zu bezahlen. Die Kosten und Gewinne sind gewaltig und wie fast alle gewaltigen Größen höchst empfindlich für viele der Rand- und Anfangsbedingungen.

Werden wir bezahlen, um an dem Spiel teilnehmen zu können? Die Wette kann zwar rein arithmetisch formuliert werden, sie fordert aber trotzdem große Anstrengungen von der menschlichen Natur (und der übel beleumdeten Cousine der menschlichen Natur, der zweckgerichteten Politik). Dazu verdammt, Kinder mit Freuden zu empfangen, mit Schmerzen zur Welt zu bringen und mit Schuldgefühlen großzuziehen, tun wir uns nicht leicht damit, ein Opfer in der Gegenwart gegen einen Gewinn in der Zukunft aufzurechnen. Wir gehen stattdessen gern den Bayesschen Weg weiter, indem wir unsere Annahmen von Normalität an die Änderungen in unserer Umwelt anpassen – und die Folgen ertragen müssen. Der *Homo sapiens* hat in der Sahara gejagt, als dort noch der Dschungel wuchs. Grönland wurde einst seinem Namen gerecht. Unseren ersten Hinweis, dass sich das Meeresniveau verändern könnte, verdanken wir einer Entdeckung von Lyell aus dem Jahr 1828: Er stellte damals fest, dass die oberen Enden der Säulen des sogenannten Serapeions von Pozzuoli von Vertiefungen übersät sind, die Seegetier verursacht haben könnte. Das bedeutet, dass es zuerst erbaut und dann überflutet wurde, um zuletzt wieder aufzutauchen. Wie jene alten Neapolitaner fügen wir uns aus Gewohnheit in das Schicksal, indem wir es vorziehen, uns ihm anzupassen, statt dagegen anzukämpfen.

Barney Schauble verweist darauf, dass die Kehrseite dieser Selbstzufriedenheit in dem irrationalen Wunsch besteht, angesichts der möglichen Niederlage etwas zu tun – irgendetwas zu tun. Einige Vorschläge zur Beeinflussung des Klimawandels, die derzeit im Umlauf sind, verbinden diesen krampfhaften Instinkt mit dem Touch der heldenhaften Wetterbeeinflussung eines von Neumann: riesige Schirme zwischen Erde und Sonne, eine neue Schicht der Atmosphäre mit reflektierenden Aluminiumballons und Gürtel von Fontänen im Ozean, die den Wind mit Wasserdampf sättigen. Selbst Stalins Plan, die Flussrichtung der sibirischen Ströme umzukehren und mit ihnen die Steppen Kasachstans zu bewässern, wurde wiederbelebt, um damit zu verhindern, dass die polare Eiskappe schmilzt. In Amerika gab es Vorschläge, das Wetter zu beeinflussen, indem man durch einen wohlplatzierten Flügelschlag eines künstlichen Schmetterlings an den Auslösemechanismen drehte. In Wirklichkeit ging es aber darum, Regen zu stehlen, der eigentlich den Nachbarn zustand. Wie es aussieht, ist die Klimaänderung nicht das Einzige, was wir in den folgenden Jahrzehnten fürchten müssen.

Unsere enge, aber indirekte Verbindung mit den Mechanismen unserer Umwelt bedeutet, dass unsere Versuche, die Verhältnisse zu ändern, bestenfalls dem Reiten eines Pferdes entsprechen und nicht dem Steuern eines Autos: Wir versuchen, die Wirkung größerer Kräfte mit unseren eigenen Zielen in Einklang zu bringen. Schlimmstenfalls bündeln unsere nur schwach ausgebildeten Fähigkeiten, mit der Ungewissheit umzugehen – unsere Impulsivität, unsere Selbstsucht, und dass wir zu kurz denken –, die Effekte der naturgegebenen Unvorhersagbarkeit und verwandeln ein komplexes System in ein kompliziertes. In einem solchen System sind Fehler und Vorzüge ungleich verteilt: Der Fehler eines einzigen Mannes, Thomas Midgley, schenkte der Welt die Verschmutzung der Atmosphäre mit FCKWs und die Zerstörung der Ozonschicht, während der Versuch, diesen Fehler ungeschehen zu machen, der konzentrierten Anstrengung von Millionen von Menschen bedarf.

Wir reden davon, dass die Natur »im Gleichgewicht« ist, als würde wirklich ein mittlerer Zustand existieren, zu dem sie, wenn wir uns nicht einmischen, immer zurückkehrt. Das ist aber eine Illusion, die sich unserer eigenen Anpassungsfähigkeit und unserem kurzen Gedächtnis verdankt. Die Natur ist immer in Bewegung, ja in gewaltiger Bewegung. Ihr zukünftiges Schicksal kann so wenig sicher vorhergesagt werden, wie das der ausgefransten Wolken, die vor dem Fenster vorüberjagen. Wir werden vielleicht nie in der Lage sein, diese Bewegungen zum besten Nutzen aller zu steuern, aber wir können die sich ändernden Wahrscheinlichkeiten aufzeichnen und ihre vermutliche Bedeutung untersuchen. Es ist wie bei Senator John Ingalls' Besucher von Kansas, der, »wenn er der Stimme der Erfahrung gelauscht hätte, seine Pilgerfahrt in keiner Jahreszeit ohne Mantel, Fächer, Blitzableiter und Schirm begonnen hätte«: Wir müssen auf Draht sein und dürfen nicht den Kopf verlieren.

Kapitel 10

Kriegsspiele

Das Leben hat herrliche Momente hier, vielleicht weil es so
nahe am Tode liegt. ... Grausig! Gewaltig! Groß!

August Stramm, Briefe aus dem Krieg

Wie viele seiner Zeitgenossen begrüßte der expressionistische Lyriker August Stramm den Krieg als Zeit der Reinigung und Befreiung – einen Krieg, der sich bald als unvorstellbar schmutzig und trostlos erweisen sollte und keine der Hoffnungen einlöste. Stramm kostete er das Leben: Er fiel 1915 auf dem »Feld der Ehre«. Für alle, die ihr Leben nicht einsetzen müssen, ist der Krieg ein Zustand, der von jeglicher Ungewissheit befreit: Das graue Mischmasch der Politik löst sich in die absoluten Kategorien von Freund und Feind auf, in die klare Entscheidung zwischen Leben und Tod. Die Handlungen im Krieg sind bei all ihrer Banalität von Notwendigkeit und Gefahr geprägt, was ihnen eine Lebendigkeit verleiht, die im Job eines Angestellten zu Friedenszeiten fehlt. Sloan Wilson, der Autor von *Der Mann im grauen Anzug*, hat es einmal so ausgedrückt: »Nach vier Jahren Soldatsein erscheint es sehr schwer, wieder zu Besprechungen zu gehen, wo darüber entschieden wird, ob man den Frühstücksflocken besser eine Gummispinne oder einen Blechfrosch als Geschenk beilegt.«

Kommt ein Mann in die Jahre, wächst sein Interesse an Kriegsgeschichte. Viele ansonsten ganz friedfertige Menschen, die Musik, Bilder und gutes Essen schätzen, kennen die allerkleinsten Details der Schlachten von Waterloo oder Sedan und bekommen beim Erzählen einen verräterischen Glanz in ihren Augen. Wie kann es dazu kommen, wo doch der Tod und das Sterben immer grauenvoll sind und wo doch ein Krieg in den seltensten Fällen das Ziel erreicht hat, für das er begonnen wurde? Die Antwort folgt aus einem tiefen menschlichen Bedürfnis: dem Protest gegen den Zufall. Irgendwo in uns hat sich der Gedanke eingenistet, dass ein Krieg wie das Glücksspiel eine

Bewährungsprobe für den Charakter ist. Wir setzen unser Leben und die Ehre unseres Landes aufs Spiel, weil wir glauben, dass ein Sieg allem die höheren Weihen bringt. Im Krieg zu bestehen bedeutet, den Zufall zu beherrschen und das Unkontrollierbare zu bändigen. In Friedenszeiten gibt es nur wenige Möglichkeiten, ein Leben zu führen, das einen so klaren Sinn hat. Nach liebevollen Vätern werden weder Plätze noch Straßen benannt, die wahren Vollstrecker des Schicksals sind vielmehr die Führer im Kampf.

Generäle wissen es eigentlich besser: Ein Krieg ist kein Wettkampf mit dem Schicksal, sondern mit einer anderen Intelligenz – dem Gegner. Da sich die Welt nicht um uns kümmert, können wir annehmen, dass sie sich nach den klassischen Regeln der Wahrscheinlichkeit verhält, aber im Krieg wird die Kraft von Tausenden durch den Willen eines Einzigen ganz bewusst, spekulativ und voll Hintergedanken gelenkt. Ein General muss wissen, was sich im Kopf des Gegners verbirgt – und noch ein wenig mehr. Der große preußische Feldmarschall von Moltke hat es so formuliert: »Der Feind kann zwischen drei Möglichkeiten wählen – und wird sich für die vierte entscheiden.«

Nach alten indischen Berichten sollte das Schachspiel ein Modell für den Krieg darstellen. Es gab, wenn auch selten, tatsächlich Rajahs, die das Brettspiel vorzogen, um ihre Armeen zu schonen – vielleicht weil sie dachten, dass das Schachspiel bei aller Komplexität doch deterministisch bestimmt ist. Es gibt immer einen »besten« Zug, ganz gleich, welchen Gegner man hat. Mit einem ausreichend großen Gehirn ist man unschlagbar – vorausgesetzt, man spielt die weißen Figuren und darf den ersten Zug machen. Der Erfolg im Krieg wird hingegen von den *kombinierten* Absichten *beider* Parteien bestimmt. Bei einer Schlacht gibt es Siege und Niederlagen, die nicht nur eine Frage der Macht, sondern auch von Entscheidungen sind, die sich wechselseitig beeinflussen. Der Krieg konfrontiert uns mit einer neuen Art von Ungewissheit, die besonderen Gesetzen gehorcht.

Alles wird man ja satt, des Schlummers selbst und der Liebe,
Auch des süßen Gesangs und bewunderten Reigentanzes,
Welche doch mehr anreizen die sehnsuchtsvolle Begierde
Als der Krieg; doch die Troer sind niemals satt des Gefechtes!

Die *Ilias* ist nicht nur eine großartige Dichtung, sie ist auch ein Lehrbuch und wurde als solches während der gesamten Antike benutzt. Wie kann man ein Stadttor verteidigen? So wie Ajax, der Sohn des Telamon? Wie führt man einen Angriff durch? Wie der »männermordende« Hektor, als er die Danaer auf ihre Schiffe zurücktrieb? Wie geht man mit seiner mächtigsten Waffe um? Vermutlich nicht wie Agamemnon mit Achill.

Homer zeigt uns den Krieg aus der Sicht des Helden, für den ehrenhaft zu handeln das erste aller Ziele ist und Erfolg zu haben nur das zweite. Von dem chinesischen General Sunzi ist der früheste Ratgeber erhalten, in dem der Krieg als das Handwerk von *Realisten* beschrieben wird, wo ein Rückzug ebenso ratsam sein kann wie ein Angriff. Die höchste Kunst besteht demnach darin, zu siegen, ohne kämpfen zu müssen: »Lege Köder aus, um den Feind zu verführen. Täusche Unordnung vor und zerschmettere ihn. Wenn der Feind in allen Punkten sicher ist, dann sei auf ihn vorbereitet. Wenn er an Kräften überlegen ist, dann weiche ihm aus. Wenn dein Gegner ein cholerisches Temperament hat, dann versuche ihn zu reizen. Gib vor, schwach zu sein, damit er überheblich wird. Wenn er sich sammeln will, dann lasse ihm keine Ruhe.« Sunzis *Kunst des Krieges* wird gern in den Buchläden auf Flughäfen gekauft, vielleicht weil das ehrwürdige Alter des Buches den Glanz antiken Heldentums auf die Listen und Ausweichmanöver des modernen Business fallen lässt. Das Buch zählte auch zur Lieblingslektüre Mao Tse-tungs – wobei man aber immer bedenken muss, dass Strategie eigentlich nichts mit Ideologien zu tun hat, sondern nur auf den Sieg aus ist.

Sunzis und Homers Werk beleuchten bestimmte Aspekte des Krieges, aber es gibt noch viele andere: Es gibt mehr Theorien als Feldzüge und mehr Bücher als Schlachten. Jeder erfolgreiche General landet nach seinen Ruhmestaten auf dem Feld der Ehre schließlich an einem Schreibtisch, wo er im Nachhinein die Taktiken und Strategien enthüllt, die er zuvor im Krieg geheim gehalten hatte. Xenophon schrieb seinen *Hipparchikos,* Cäsar seine *Commentarii* über den gallischen Krieg, der Marschall Moritz von Sachsen seine *Einfälle über die Kriegskunst,* Friedrich der Große seine *Instruktionen* und Napoleon I. seine *Maximes.* Selbst der nüchternste Feldherr hat das

Gefühl, etwas entdeckt zu haben, was der Nachwelt erhalten werden sollte – so verkündete Feldmarschall Montgomery die großen Worte, dass es »nur drei Regeln der Kriegskunst gibt: Falle nie in Russland ein. Falle nie in China ein. Falle nie in Russland oder China ein«. Krieg heißt Bewegung, aber Krieg kann auch Verharren in Stellungen sein. Krieg bedeutet Kühnheit, aber auch Planung, er erfordert Genialität und beruht auf eiserner Disziplin. Und Krieg ist, wie es Napoleon betont hat, eine Wissenschaft, in der jedes Gesetz bedeutsame Ausnahmen kennt. Könnte hinter all diesen Sprüchen etwas Wichtiges stecken? Kann das Siegen wirklich jemals eine Wissenschaft sein, die man studieren kann und die nicht nur auf Zitaten von Feldherren aufbaut, sondern über Regeln und Gesetze verfügt? Der Römer Flavius Vegetius war zum Teil dieser Ansicht, weil er festgestellt hatte, dass es seinen Landsleuten eher Übung und System als irgendeine angeborene Überlegenheit erlaubt hatten, die Welt zu erobern: »Denn was hätte gegen die Menge der Gallier die geringe Zahl der Römer vermocht? Was hätte gegen die hoch aufgeschossenen Gestalten der Germanen unser kurzer Wuchs wagen können?«, heißt es in *De re militari*. Er war sich der Kraft und des Muts der Barbaren wohl bewusst und entwickelte einen formalen Ansatz für militärische Auseinandersetzungen. Er spürte, dass die Götter nicht den einzelnen Helden, sondern die ganze Legion begünstigten, eine militärische Einheit, deren gemeinsames Vorgehen die individuellen kriegerischen Tugenden der Gegner aufwog. Die Betonung lag auf den weniger spektakulären Dingen wie Logistik, Sold, Nachschub, Drill, Festungsbau und Schanzarbeiten. Er hat auch darauf hingewiesen, dass man den Feind mit all seinen Gewohnheiten, seiner Denkweise und seinen Präferenzen kennen und seine Handlungen vorausahnen muss. Aber wie diszipliniert auch die Legionen sind und wie unerschütterlich die Festungen stehen: Ein Krieg ist keine deterministische Angelegenheit. Der Feldherr wählt seine Strategie mit dem Wissen, dass dies auch der Feind tut.

Vegetius lebte im letzten Jahrhundert der Glanzzeit Roms, und die Ära der Gewalt, die nun folgte, machte viele der Annahmen hinter seiner rationalen Sicht des Kriegshandwerks zunichte. Dazu gehörte besonders der Glaube, dass der Zweck des Krieges die Sicherung des

Friedens ist. Als fränkischer Ritter im 10. Jahrhundert hätten Sie eine ganz andere Sicht der Dinge gehabt. In Ihrem kleinen Reich als Besitzer eines Anwesens, nur ein wenig größer als das Ihres Nachbarn, waren Sie der Einzige, der sein Feld nicht selbst bestellen musste. Ihre Aufgabe war, diejenigen zu schützen, die für Sie arbeiteten. Besser genährt, besser in Übung und besser bewaffnet als die Bauern, boten Sie dem Dorf Ihre Unverwundbarkeit im Austausch gegen die gebührende Achtung und gegen Abgaben für Ihren Lebensunterhalt. Für die Dorfbewohner war es, wie wenn sie in Ihnen einen Panzer besessen hätten. Die einzige Chance, Ihre Lage zu verbessern, bestand darin, das Vieh und die Ernte des Nachbardorfes zu rauben – die aber auch einem Ritter gehörten. Wäre das nicht so gewesen, hätten sich »Ihre« Dorfbewohner nicht bedroht gefühlt und hätten keinen Grund gehabt, Sie und Ihre Familie durchzufüttern. Ihr gefährlichster Feind war also gleichzeitig die wichtigste Rechtfertigung für Ihre Existenz.

Es galt als ganz natürlich, dass überall und ständig mörderisch und gnadenlos gekämpft wurde: Jeder Verlust des einen war der Gewinn eines anderen. Erst als die Kreuzzüge eine Gelegenheit für Plünderungen weit jenseits der Scheune des Nachbarn boten, wurde das Kriegsgeschäft wieder besser organisiert. Damit und mit der Annahme, dass man mit Kooperation mehr für alle erreichen konnte als einzeln, entstand ein neues Konzept von Rittertum: die Ritterlichkeit, die den Tugenden des Gehorsams, der Loyalität, der Disziplin und der Selbstbeschränkung neuen Wert verlieh.

Um fair zu sein: Es machte für den Sarazenen oder Slawen keinen Unterschied, ob die gepanzerte Gestalt, die rasend auf ihn einschlug, von der puren Lust am Kampf oder von der Hingabe an Christus, der Bewunderung Lancelots oder dem Minnedienst für Lady Odile bestimmt war. Aber der Wille der bewaffneten Männer, nach einem Sinn jenseits materieller Werte zu suchen, war für Europa ein erster Schritt auf dem Weg zurück in die Zivilisation. Damit verlor die Gewalt ihren Platz im Zentrum der Existenz, und es entstand die wesentliche Trennung zwischen dem Kampf und den Dingen, für die es wert war, zu kämpfen. Die Heerführer, welche die Kampfkraft ihrer Soldaten für Zwecke jenseits der Plünderung einsetzten, wurden mehr und mehr zu Experten. Im 16. Jahrhundert studierten sie wieder Vegetius und wurden von seinen Idealen angesteckt, der »wahren Kriegsdisziplin«, die von Fluellen in Shakespeares *Heinrich V.* preist. Die Soldaten kämpften wieder in einer Schlachtordnung, die der Bewaffnung entsprach, und hörten auf das Kommando eines einzigen Führers. Der Krieg wurde wieder von scharfen Denkern geplant, deren Strategien sich in der Schlacht beweisen mussten.

Der Krieg, die Liebe und die Karten – warum scheinen diese drei so verwandt? Weil es alles *Spiele* sind. Das heißt, sie werden natürlich wie ernste Angelegenheiten betrieben und unterliegen Regeln, die den Handlungsspielraum einschränken. Jeder eigene Schritt ist abhängig von den Wünschen und Vorstellungen des anderen, und zwischen Erfolg und Fehlschlag öffnet sich ein tiefer Graben. Sie ähneln allerdings nicht den Glücksspielen, die von Cardano, Fermat, Pascal und Jakob Bernoulli beschrieben wurden, denn dort ordnen sich beide Spieler dem Zufall unter, und der Kampf fand gegen die Götter statt, nicht gegen den Feind. Die Rechnungen galten den Hoffnungen und der Gerechtigkeit und nicht Strategien unter Einbeziehung der Vorgeschichte. Die ersten Wahrscheinlichkeitstheoretiker waren für diesen Unterschied nicht blind. Leibniz, der mit ihnen allen korrespondierte, sagte 1710, dass Spiele, die den Zufall mit einer Strategie *kombinieren,* »die beste Repräsentation des menschlichen Lebens und insbesondere der militärischen Angelegenheiten« darstellen. Er hoffte, dass es möglich sei, für sie eine vollständige mathematische Theorie aufzustellen. Bis sich dieser Wunsch und der, eine Seeschlacht auf einer Tischplatte zu simulieren, verwirklichte, mussten allerdings noch viele Jahre ins Land gehen.

Nur einer in der frühen Geschichte der Wahrscheinlichkeitstheorie behandelte ein Problem, bei dem es um Strategien ging: der erste Lord Waldegrave, der 1713 das Kartenspiel »Le Her« beschrieb. Bei diesem Spiel ziehen zwei Spieler Karten von einem gut gemischten Deck, wobei die höhere gewinnt. Einer der Spieler, er möge Pierre heißen, gibt zuerst Paul eine Karte und nimmt dann selbst eine. Ist Paul mit seiner Karte nicht zufrieden, kann er Pierre dazu zwingen, die Karten zu tauschen (es sei denn, Pierre hält einen König, mit dem er von vornherein gewinnt). Ist Pierre mit dem Tausch (oder seiner ursprünglichen Karte) nicht zufrieden, darf er eine neue Karte vom Deck ziehen. Zieht er aber einen König, muss er ihn zurückgeben und akzeptieren, was er schon hat. Dann werden die Karten aufgedeckt. Bei einem Patt gewinnt Pierre als derjenige, der aufgespielt hat.

Wie beim Blackjack gibt es einige Faustregeln: Paul sollte alle Karten unter sieben Punkten tauschen und die höheren behalten, Pierre alle unter acht Punkten. Aber was ist mit der Sieben und der Acht selbst? Hier entscheiden die Absichten des Gegners mit: Wenn Paul eine Sieben *immer* tauscht, sollte Pierre tauschen, wenn er eine Acht erhält. Wenn aber Pierre immer eine Acht tauscht, erzielt Paul einen Vorteil, wenn er eine Sieben *nie* tauscht. Wir stehen vor einem Dilemma: Der eine Spieler gewinnt, wenn beide derselben Strategie folgen, der andere gewinnt, wenn sich die Strategien unterscheiden. Was kann dann ein Spieler tun, um zu gewinnen?

Waldegrave stellte fest, dass nicht die Wahrscheinlichkeiten bei der Ziehung der Karten das Problem darstellen, sondern die Wünsche der Spieler. Jeder will gewinnen, gleich, was der Gegner vorhat. Jeder will einen bestimmten Betrag herausschlagen, obwohl er weiß, das alles von der Gnade des Gegners abhängt. Waldegrave kam daher zu der Lösung, dass Pierre in 5/8 der Fälle seine Acht halten und sie ansonsten tauschen sollte. Paul wiederum sollte seine Sieben in 3/8 der Fälle halten. Die Wahrscheinlichkeiten haben nicht mit der Häufigkeit der Karten zu tun, sondern folgen aus den Spielregeln.

Mit diesem Vorschlag hat Waldegrave zwei wirkungsvolle Ideen eingeführt: Die erste ist, dass ein Spieler den maximalen Verlust eingrenzen kann, auch wenn er die Erwartungswerte bei dem Spiel nicht anzugeben vermag. Die zweite ist, dass man beim Fehlen einer absolut sicheren Strategie das eine oder andere Mal den Zufall entscheiden lassen und dabei das Gewicht dieser Wahl nach den jeweiligen Chancen der Alternativen festlegen sollte. Ein solches Vorgehen nennt man heute *Mischstrategie*.

Daniel Bernoulli entwickelte bei Überlegungen zum Sankt-Petersburg-Paradoxon schon bald seine Idee des *Nutzens* als einer Komponente bei der Wahrscheinlichkeitsrechnung. Der Nutzen ist für den Spieler ein weit besseres Werkzeug, um die Resultate möglicher

Strategien zu berechnen, als all die Dukaten, Rubel und Pistolen. Zusammengenommen stellen diese Ideen die Grundlage der modernen
Spieltheorie dar, obwohl es noch weitere zwei Jahrhunderte dauern
sollte, bis sie formuliert wurde.

Eines der historischen Rätsel der Kriegsführung ist, wie der »Nutzen« eines einzelnen Soldaten im Lauf der Geschichte von dem einer
ganzen Armee abgelöst wurde. Sokrates weist in Platons *Laches*
darauf hin, wie merkwürdig es für das rationale Denken erscheint,
dass ein einzelner mutiger Mann anderen Männern helfen soll, eine
gefährdete Stellung zu verteidigen, wenn es doch in seinem Interesse
wäre, sich lieber selbst in Sicherheit zu bringen und die anderen ihren
Kämpfen zu überlassen. Auch Tolstoi missbilligte die gedankenlose
Annahme der Historiker, dass Generäle Schlachten »gewinnen« oder
»verlieren«, als ob die (oft tödlichen) Erfahrungen Tausender Betei-
ligter keinerlei Bedeutung hätten. Eine Quelle für *Krieg und Frieden*
war der französische Exilant Joseph de Maistre, der abstritt, dass
jemand wirklich berichten kann, was in einer Schlacht abläuft:

Auf dem weiten Schlachtfeld, das mit allem angefüllt ist, was dem Gemetzel dient und unter den Tritten der Männer und Pferde zermalmt wird,
mitten im Feuer und Qualm .... verkünden Ihnen Menschen in vollem
Ernst: »Wie können Sie *nicht* wissen, was in der Schlacht passiert ist,
nachdem Sie dabei waren?« Und wie oft kann man von jemand anderem
das genaue Gegenteil hören!

Und doch scheinen sich Armeen dem Willen eines Einzelnen unter-
zuordnen, zumindest für einen begrenzten militärischen Zweck. Generäle mögen zwar immer auf mehr Widerstand und Chaos stoßen,
als sie sich wünschen, sie haben aber auch immer die Möglichkeit,
mit einem Wort oder einer Geste Massen an Kämpfern in Bewegung
zu setzen.

Tolstoi bestand wie de Maistre darauf, dass Sieg oder Niederlage
letztlich nichts mit der tatsächlichen Aufstellung der Männer und
dem Einsatz der Ressourcen zu tun haben, sondern damit, was die
gegnerische Seite vermutet. Es gibt viele Beispiele stärkerer Armeen,
die eine Niederlage eingestanden, oder von schwächeren Kräften, die

sich hartnäckig weigerten, sie zu akzeptieren. Nach der Niederlage in der Schlacht von Albuera 1811 klagte Marschall Soult: »Die Briten waren restlos geschlagen, und es war mein Tag. Aber sie wussten das nicht und wollten nicht davonrennen.«

Die Schulung im Kriegshandwerk ist nicht auf Helden zugeschnitten, sondern versucht ganz im Gegenteil den Einzelkämpfer auf eine bekannte und ersetzbare Quantität zu reduzieren, sodass seine »Wirkung« vorhersagbar ist. Aber aus Disziplin wird schnell starre Härte. Cromwells rotgekleidete Puritaner und Gustav Adolfs rücksichtslos kämpfende schwedische Lutheraner verhielten sich so uniform, weil ihnen allen die Verpflichtung zur Selbstaufopferung für die Sache gemeinsam war. Spätere Armeen wollten dies nachahmen, hatten aber nicht mehr die Kraft, die Soldaten zu motivieren. Ein europäischer Offizier des 18. Jahrhunderts kannte all das, was man ihm in der Kadetenschule oder der Ecole des Nobles eingebläut hatte – von der Belagerungstechnik bis zum Tanzen eines Menuetts bei Hof. Er kannte seinen Vegetius Wort für Wort auswendig wie der Bauer das Vaterunser – aber wie dieser hatte er keine großen Erwartungen, den Geist der Worte in die Tat umsetzen zu können. Auch Armeen tendieren dazu, alles Lebendige in einem formalen Käfig erstarren zu lassen: Als die Österreicher feststellten, dass »ihre« kroatischen Bandenkämpfer große Erfolge gegen die Türken erlangten, steckten sie sie in die Regimenter und drillten sie derart mit soldatischer Perfektion, dass sie all ihre vorher vorhandene Effektivität verloren. Wie schon Sokrates festgehalten hat, bedeutet Disziplin, auf private Ziele (wie Sicherheit) zugunsten allgemeiner Ziele (wie den Sieg) zu verzichten. Wenn aber *alle* das Ziel und den Zweck aus den Augen verlieren, übernehmen die Mittel die Herrschaft und aus effektiver Disziplin wird kleinliches Beharren auf Regeln.

An diesem Punkt trat Napoleon auf, um in den Köpfen der alten Militärs für Wirbel zu sorgen. Er war kein Traumtänzer und liebte die weniger angesehenen Truppenteile wie die Artillerie und den Nachschub. Er *betrog* gern – ganz unschuldig und offen beim Schach, aber auch bei dem formaleren Spiel eines Krieges. Er teilte vor den Augen des Feindes seine Truppen, stellte in Gewaltmärschen den Feind zwischen den eigentlichen Schlachtfeldern, durchschlug die sorgfältig ausgerichteten Linien durch Kanonenkugeln oder Angriffsspitzen und verhandelte noch während der Kämpfe bereits mit dem Gegner – und machte dabei die Politik zu einem Teil der Strategie. Vor allem aber war Napoleon ein Herrscher, der den Krieg ganz nach seinem Willen und seinen Ideen führte. Die großen Feldherren des vorangegangenen Jahrhunderts hatten in einem System agiert, aber die Schlachten Napoleons waren, selbst wenn sie von seinen Marschällen geführt wurden, seine eigene Erfindung. Wer von den feindlichen Generälen gegen ihn erfolgreich war, hatte gelernt, in seinen Begriffen zu denken. Napoleon eröffnete die Schlacht mit der Artillerie – Wellington verschanzte sich hinter den Hügeln. Napoleon griff in Kampfsäulen an – Wellington verbesserte seine Technik mit alternierenden Salven aus zwei Linien, um das Feuer zu konzentrieren; Napoleon setzte die Kavallerie erst spät ein – Wellington bildete Carrées, die so unverwundbar waren wie ein Stachelschwein. Nach den vielen Wiederholungen waren die Betrugsmanöver durchschaubar geworden: »Er kam auf uns in der gleichen alten Weise zu«, stellte Wellington nach Waterloo fest, »und wir vertrieben ihn in der gleichen alten Weise.«

Napoleons Kriege stellten eine drängende Frage wieder zur Diskussion: Gibt es eine *Wissenschaft* der Kriegsführung? Er selbst hatte seine Methode mit »Ich werfe mich in den Kampf, dann wird sich zeigen, wie es weitergeht« gekennzeichnet, aber das war nur eine weitere Kriegslist, um den Ruhm zu ernten und seine bornierten Gegner vor ein Rätsel zu stellen. Er hatte herausgefunden, wie er das Glück für sich arbeiten lassen konnte, indem er nicht nur mit den Chancen spielte, die Kräfte und Terrain boten, sondern auch mit denen der gegnerischen Absichten. Als sein Glück dann zur Neige ging und der große Herrscher auf seiner Felseninsel festgesetzt wurde, versuchten die Sieger seine Genialität in Form neuer Kriegsregeln und -übungen zu kopieren.

An den verschiedenen Fürstenhöfen und in den deutschen Kadettenschulen hatten sich die angehenden Strategen schon lange mit einem »Kriegsschach« vergnügt, dem »Versuch eines aufs Schachspiel gebauten taktischen Spiels von zwey und mehreren Personen zu spielen«, dessen Erfinder Johannes Hellwig damit ein Abbild des

Krieges schaffen wollte. 1811 präsentierte der preußische Regierungsrat von Reißwitz, der ironischerweise Zivilist war, ein neues Spiel in einem Sandkasten, bei dem aus kleinen Porzellanfiguren bestehende Armeen das Gelände ausnutzen konnten, um sich insgeheim neu zu gruppieren, wie es Napoleon in der Praxis vorgeführt hatte. Von Reißwitz' Sohn brachte die letzten Verbesserungen an dem Spiel an. Er war Leutnant der Artillerie und von dem unbedingten Willen dieser Waffengattung besessen, den Instinkt durch Berechnungen zu ersetzen. Er ersetzte die wunderschöne, aber nur ablenkende Modelllandschaft durch eine neu erfundene militärische Reliefkarte und die Porzellansoldaten durch kleine Metallplättchen. An die Stelle der Entscheidungen der Spieler traten nun detaillierte Beschreibungen aller Spielzüge, während der Schiedsrichter durch einen Würfel ersetzt wurde.

Die Wahrscheinlichkeiten hatten auf dem Schlachtfeld Einzug gehalten. Schließlich gewinnt nicht immer der Schnellste das Rennen und nicht immer der Stärkste die Schlacht, es gibt nur eine *Tendenz* dazu. Napoleon hatte die entscheidende Rolle des Glücks im Krieg gezeigt, die nun das neue »Kriegsspiel« in den zufälligen, aber sorgfältig gewichteten Entscheidungen bei jeder Begegnung umsetzte. Die Spielregeln haben »den Zweck, demjenigen Spieler, der das Glück zu benutzen und im Unglück dem Missgeschick zu begegnen versteht, jene Rechte einzuräumen, welche demselben auch in der wirklichen Ausübung zu Gebote stehen«, heißt es in der Anzeige des Kriegsspiels im *Militair-Wochenblatt* vom 6. März 1824.

Das Spiel war ein enormer Erfolg, und schon bald waren alle preußischen Offiziere (und nach den preußischen Siegen die der ganzen Welt) verrückt nach ihm. Diese Verrücktheit nahm zwei Formen an: Für die einen war das Kriegsspiel eine sorgfältig ausgearbeitete Blaupause für den nächsten Krieg, für die anderen eine fantasievolle Skizze seiner Variabilität. Dieses Auseinanderklaffen der Meinungen spiegelte auch die verschiedenen militärischen Traditionen der französischen und deutschen Militärausbildung in jenen immer mehr vom Wahnsinn geprägten Jahrzehnten wider, in denen Europa dem Weltkrieg entgegentaumelte.

Victoire, c'est la volonté. Die französische Generalität behauptete, das Land würde durch den Glauben an sich selbst siegen. Der Geist des Angriffs mit allen Mitteln, der durch die Befehle genialer Vorgesetzter angefeuert wurde, könne die Truppen mit *élan vital* füllen und den Würfel des Kriegsglücks zu ihren Gunsten fallen lassen. Selbst ihre Hosen waren in aggressivem Rot gehalten: »*Le pantalon rouge, c'est la France!*«, rief M. Étienne, ein ehemaliger Kriegsminister aus. Diese patriotischen Hosen erwiesen sich als große Hilfe für die feldgrauen Deutschen, als sie 1914 auf ihre Gegner zielten.

Ganz anders in Deutschland: Dort vertiefte das Kriegsspiel den Glauben, das Schicksal wie ein Gott beherrschen zu können, und verstärkte damit eine Krankheit, von der alle Generalstäbe besessen sind. Das fand seinen höchsten Ausdruck im Plankabinett, wo in versiegelten Paketen die detaillierten Befehle für alle denkbaren Kriege aufbewahrt wurden. Es gab offensichtlich sogar einen Plan, New York mit Amphibienfahrzeugen einzunehmen. Die deutsche Armee zählte 1,5 Millionen Mann, die mit 11 000 Eisenbahnzügen in Richtung Frankreich befördert werden sollten, für die es einen minutengenauen Fahrplan gab. Napoleons Gespür stand nicht mehr zur Debatte. Statt vorzupreschen, um dann zu sehen, was passiert, wurde nun alles vorausberechnet. Die Blaupause des kommenden Kriegs, der sogenannte Schlieffenplan, verletzte absichtlich die Neutralität Belgiens – auch, weil sonst einfach nicht genug Platz gewesen wäre, um solche Massen an Soldaten und Kriegsgerät an der deutsch-französischen Grenze in Stellung zu bringen. Das Kriegsspiel hatte dem Krieg ein neues Gesicht verliehen: numerisch, zielgerichtet und unvermeidbar.

Aber lassen Sie uns für einen Augenblick zu von Reißwitz' eigentlicher Erfindung zurückgehen. Er hatte es ermöglicht, dass das Schicksal – der Zufall – auf ganz lokaler Ebene seinen Einfluss geltend machen konnte: wenn die Spieler würfelten, um den Erfolg oder Misserfolg einer Kriegshandlung herauszufinden. Oberhalb dieser Ebene bestand alles in der Multiplikation dieser lokalen Ergebnisse. Das Gewicht der Würfel und die impliziten Wahrscheinlichkeiten von Sieg und Niederlage wurden durch Informationen über die Feuerkraft jeder Einheit und ihrer Waffen und ihrem Potenzial zu töten bestimmt. Diese Eigenschaften waren aber keine sicheren Tatsachen, sondern wurden geraten – und möglicherweise falsch geraten.

Ein Maxim-Maschinengewehr kann in einer Minute über 450 Schuss von Kaliber .303 abfeuern. Vor dem Krieg schätzten die Deutschen, dass dies ungefähr der Feuerkraft von 80 Gewehren entspricht. Das stimmt, wenn es nur um die Feuerkraft geht, aber es war eine tragische Fehleinschätzung. Die Soldaten erkannten sehr schnell, dass es ein großer Unterschied ist, eine Stellung anzugreifen, die von achtzig einzelnen Schützen verteidigt wird, die alle ihre ganz besondere Aufmerksamkeit, ihren Mut, ihre Fähigkeiten und ihre Ausdauer zusammenwirken lassen, oder ein einziges Maschinengewehr attackieren zu müssen, das nur immer drauflosschießt. Irrt eine Blaupause für den Krieg in einem wesentlichen Punkt, ist sie nicht mehr wert als eine freihändige Skizze: Beide Deutungen des Kriegsspiels – die französische wie die deutsche – hatten es verfehlt, die Realität zu erfassen.

Émile Borel war ein Mann, der aufs Beste gerüstet war, um die Spieltheorie wiederzuentdecken: Er hatte zusammen mit Lebesgue an der Maßtheorie gearbeitet, der geheimnisvollen Kette, an der sich die Wahrscheinlichkeiten von der Welt der Menschen hinüberschwangen in das abstrakte, vieldimensionale Reich der Mengenlehre. Borel untersuchte Spielkarten, schrieb eine Abhandlung über die Chancen beim Bridge, wurde 1925 französischer Marineminister und überlebte den Zweiten Weltkrieg als 70-Jähriger, dekoriert als Kämpfer der Résistance.

Er verfasste in den 1920er Jahren fünf Arbeiten über die Spieltheorie. Da er nichts von Waldegrave wusste, kehrte er zur Idee der völlig gerecht ausgewogenen Spiele zurück, bei denen es keinen Vorteil der Bank gibt und bei denen für die Spieler, wenn beide der gleichen Strategie folgen, die Gewinnchancen völlig gleich sind. Er nahm an, dass die Spieler jene Strategien verwerfen würden, die nur wenig einbringen, was immer auch der Gegner macht. Dann fiel ihm etwas Interessantes auf: Wenn man dennoch so vorgeht, kann das die Strategie des Gegners unterlaufen. So weiß zum Beispiel jedes Schulkind, dass wegzulaufen oder wegen jedem Ärger beim Lehrer zu petzen, die Strategie der Feiglinge ist. Das Gesetz des Pausenhofs sagt aber auch, dass es nur noch mehr Gewalt hervorruft, wenn man wegen jedem Schubser oder Tritt in die Luft geht. Die feigen Strategien zu verwerfen muss nicht heißen, dass alles auf eine einzige, beste Strategie hinausläuft. Eine bestimmte Mischung aus Unterwerfung, beim Lehrer zu petzen und Widerstand zu leisten könnte der einzige Weg sein, die schlimmsten Schläger im Zaum zu halten. Wie sich die Mischung aus den verschiedenen Taktiken zusammensetzt, hängt davon ab, welchen Erfolg sie versprechen, sie werden aber in jedem Fall per Zufall eingesetzt, damit niemand sie vorhersagen kann. Borel hat es so ausgedrückt: »Einer Mischstrategie wortwörtlich zu folgen, würde eine völlige Inkohärenz des Denkens erfordern, die natürlich mit der Intelligenz gekoppelt wäre, die man braucht, um die als schlecht erkannten Methoden zu verwerfen.« Diese Methode einer »wohlabgemessenen Inkohärenz«, wie sie in den Geschichten von *Bruder Hase* vorkommen, scheint viele der Lieblingsspiele von Kindern zu beherrschen. Wir sollten sie anwenden, wenn wir zum Beispiel das nächste Mal herausgefordert werden, »Schere, Stein, Papier« zu spielen.

Weder können Sie immer Ihre Herzenswünsche erfüllen noch immer gewinnen. Das würde gegen die Wünsche Ihres Gegners gehen, an den Sie bei dieser Unternehmung gekettet sind. Sie können nicht mehr erreichen, als Ihr maximales Risiko zu minimieren – und es gibt, wie bei Waldegraves Lösung für »Le Her«, eine Mischstrategie, die dazu führt.

John von Neumann wurde 1903 geboren und stammte aus einer Familie jüdischer Bankiers in Budapest. Als Kind spielte er mit seinen Brüdern eine selbstgebastelte Version des Kriegsspiels und ließ Soldaten nach den Befehlen eines Würfels über die Karte des Schlachtfelds marschieren. Er liebte immer die Herausforderung und schien wie viele Spieltheoretiker Genialität für einen Muskel zu halten, der sich bei einer Art geistigem Fingerhakeln zu beweisen hatte. Beim Lesen von Borels Arbeiten stieß er auf die Behauptung, dass es bei der Wahl zwischen mehr als drei Strategien unmöglich ist, den am wenigsten schlimmen Ausgang zu garantieren. Dieser Herausforderung konnte er sich nicht entziehen. 1928 veröffentlichte er einen Artikel, in dem er mit ein wenig einfacher Mathematik bewies, dass jedes endliche Nullsummenspiel für zwei Spieler eine von den Regeln bestimmte, vorgegebene Lösung hat, wenn man Mischstrategien einsetzt.

Das ist am leichtesten zu verstehen, wenn man die Spieltheorie grafisch mit Matrizen darstellt: In der Kopfzeile der Matrix stehen die Strategien, die dem Gegner zur Verfügung stehen (bluffen, mitgehen, angreifen, manövrieren, flirten, sich verpflichten), in der linken Spalte stehen unsere Strategien (passen, erhöhen, halten, dem Gegner zusetzen, missverstehen, sich unterwerfen). Jede Kombination von Strategien liefert ein Resultat für beide Seiten, das in den Klammern angegeben ist: An erster Stelle steht unser Nutzen, an zweiter der des Gegners – was immer für uns der erwünschteste »Nutzen« ist: Geld, Land, Ruhm oder Ehre.

	Strategie 1	Strategie 2	Strategie 3
Strategie A	(3, –3)	(– 2,2)	(2, – 2)
Strategie B	(– 1,1)	(0,0)	(4, – 4)
Strategie C	(– 4,4)	(– 3,3)	(1, – 1)

In unserem Beispiel würden wir zweifellos der Strategie B folgen, da sie den größten Gewinn verspricht, während wir schlimmstenfalls eine Einheit verlieren können. Wir werden sicher nicht so dumm sein, Strategie C zu wählen, denn mit ihr könnten wir bestenfalls eine Einheit gewinnen, aber auch vier verlieren. Ähnliche Überlegungen bestimmen aber auch die Entscheidungen unserer Gegner, die natürlich ebenso versuchen, ihren Schaden möglichst klein zu halten. Sie werden also kaum Strategie 3 wählen. Kombination B2 repräsentiert für beide Seiten den minimierten maximalen Verlust, den »Minimax«, um im Jargon der Spieltheoretiker zu bleiben – eine sichere Position, die weder Gewinn noch Verlust verspricht.

Wenn unsere *Gegner* nun wissen, dass wir die Strategie B wählen werden, setzen sie auf Strategie 1 und gewinnen, während wir verlieren. Wenn aber *wir* wissen, dass die Gegner Strategie 1 wählen, werden wir zu Strategie A wechseln und drei Einheiten gewinnen. Wissen *sie*, dass wir zu A wechseln, werden sie Strategie 2 wählen.

Wir sind in der gleichen Lage wie bei »Le Her«: Beide Seiten reagieren immer wieder mit einer neuen Wahl. Die Lösung ist hier wie dort eine Mischstrategie: Für uns heißt sie, in einem Sechstel der Fälle Strategie A wählen, im Rest der Fälle B – für die Gegner in einem Drittel der Fälle Strategie 1 und in zwei Dritteln der Fälle Strategie 2. Im Schnitt werden wir verlieren, und sie werden pro Spiel den dritten Teil einer Einheit gewinnen: Wir haben einfach die schlechteren Karten. Das mag nicht gerade befriedigend sein, aber es verdeutlicht, wo hier das Schwerkraftzentrum des Spiels liegt: Spielen beide Seiten mit großem Geschick, um den maximalen Verlust zu minimieren, tendiert das Spiel in diese Richtung – es ist so sicher wie das Amen in der Kirche.

Die erste Anwendung der Spieltheorie außerhalb der spielbesessenen Salons von Budapest bot sich in der Ökonomie, denn dort gibt es, anders als im Krieg, keine klaren Strukturen, welche die individuellen Entscheidungen zu einer Gesamtstrategie bündeln. Hört ein General nicht auf eine Grundregel (indem er zum Beispiel in China oder Russland einfällt), führt der Fehler logischerweise zur Niederlage. Vergisst aber eine Regierung oder ein Unternehmen, auf den Wandel des Markts zu reagieren, sind Arbeitslosigkeit oder eine Deflation die Folge. Aber wessen Entscheidung hat eigentlich zu diesem Resultat geführt? Die Nachfrage entsteht durch die gebündelten Wünsche der Konsumenten, das Warenangebot durch die konkurrierende Produktion. Zu den Strategien der beiden Parteien zählen simple Entscheidungen über die Preise und Investitionen, aber auch kompliziertere Dinge wie Rivalität, Fragen des Ansehens und des Bestrebens, es jemandem gleichzutun. Geld ist nur *ein* Maß für Erfolg, ein besserer allgemeiner Maßstab ist, wie schon erwähnt, der Nutzen. Das macht die Spieltheorie so attraktiv für die Konstruktion ökonomischer Modelle. Sie erklärt mit nur wenigen Grundannahmen, wie eine gegebene Verteilung des Nutzens Millionen von rationalen, teils widersprüchlichen Entscheidungen beeinflussen kann, die insgesamt den Markt bestimmen oder ein Unternehmen am Laufen halten.

Die klassische ökonomische Lehre schien wie die klassische Physik nur Bedingungen zu beschreiben, die auf Erden überhaupt nicht vorkommen: einen Markt ohne Reibung, ohne Eingangskosten und mit

Teilnehmern, die alle damit zufrieden sind, jeder für sich nach den Regeln von Angebot und Nachfrage zu handeln. Indem die Spieltheorie es möglich gemacht hat, die wechselseitige Beeinflussung durch strategische Entscheidungen zu untersuchen, hat sie die Wirtschaftstheorie aus einem Universum befreit, wo alles wie ein Uhrwerk abläuft. Das geschah mit dem Buch *Spieltheorie und wirtschaftliches Verhalten*, das von Neumann und sein Princetoner Kollege Oskar Morgenstern, ein Wirtschaftswissenschaftler aus Wien, 1944 veröffentlichten. Das Buch gibt die grundlegenden Axiome an, mit denen die rationale, strategische Wahl im Wirtschaftsleben bestimmt wird, und ist eines jener ungelesenen Meisterwerke, die in ihrem Gebiet den größten Einfluss haben, von denen aber nur wenige Exemplare verkauft werden – in diesem Fall waren es ganze 4 000.

Unterdessen galt es aber auch, einen Krieg zu gewinnen. Borel hatte gewarnt, dass militärische Angelegenheiten zu kompliziert seien, um auf ein Pokerspiel reduziert zu werden, aber die Atombombe schien die Dinge stark zu vereinfachen. Sollte man sie werfen oder nicht? Sollte man einen Erstschlag wagen oder »nur« die gegenseitige Auslöschung sicherstellen? Mit starker Hand zuschlagen oder mit vorgespielter Schwäche bluffen? Das ähnelte nicht nur dem Pokerspiel, es *war* Poker!

Die Spieltheorie war schon von Studenten, die bei von Neumann gelernt hatten, angewandt worden, um Bombenziele in Japan auszuwählen. Bombardiert man nur die wichtigen Ziele, wird der Gegner dort die Abwehr zusammenziehen, bombardiert man auch unwichtigere, zerstreut man die gegnerische Abwehr, hat aber auch weniger verwüstet. Angesichts dieses Dilemmas holte man von Neumann, um ihn ein Ziel für die Atombombe festlegen zu lassen – eine Aufgabe, der er sich offensichtlich gern stellte.

Im Nachhinein bleibt die Frage, ob wirklich die Atombombe einen strategischen Konflikt zum wissenschaftlichen Problem gemacht hat, wie man damals annahm. Schon zu Beginn des Zweiten Weltkriegs hatte die Bombardierung von Städten eine ähnliche Bedeutung in den Vorstellungen der Militärs: Es war die Trumpfkarte, die nur in der äußersten Not ausgespielt werden sollte. Als die Bombardierungen schließlich durchgeführt wurden, waren die Ergebnisse tatsächlich erschreckend, was den Verlust an Menschenleben und Kulturgütern betraf, aber die anfängliche Vermutung, dass die Menschen in Panik verfallen und Staat und Gesellschaft zusammenbrechen würden, hatte sich nicht bestätigt. Selbst in Japan haben die beiden Atombombenabwürfe das Ende des Krieges möglicherweise nur durch einen Bluff schneller herbeigeführt: Die Japaner nahmen an, dass es noch viele weitere Bomben in Reserve gäbe. Zählt man nur die Schäden, so hatte Japan schon schrecklichere Angriffe hinter sich als die auf Hiroshima und Nagasaki. Das schnelle Ende des Krieges erweckte den Anschein, als seien Atomwaffen *das* Werkzeug, einen Krieg zu gewinnen. Das galt besonders, nachdem der neue Feind, der Kommunismus, einen konventionellen Krieg unmöglich machte: Was auch immer du vorhast – falle nie in Russland oder China ein!

Die Konflikte auf dieser Welt schrumpften zu einer 2x2-Matrix zusammen, und das militärische Denken wurde von Zivilisten übernommen: vom Personal von RAND (Research AND Development: »Forschung und Entwicklung«) und später von den *whiz kids* Robert McNamaras im Pentagon. Die Eigenschaft strategischer Probleme, eine Lösung *a* oder *b* zu haben, bei denen die Entscheidung einer Minute zu einer Vernichtung von Millionen (Menschen, Dollar) führen kann, ließ den intellektuellen Marschallstab an jene weiterwandern, die es gewöhnt waren, mächtige Dinge abstrakt zu behandeln: an die Mathematiker und Physiker. Es war keine Zeit mehr, in der Schlacht zu lernen, wie es die US-Armee zuvor getan hatte. Der nächste Krieg musste zuerst *in der Theorie* gewonnen werden.

Von Neumann spielte regelmäßig, wenn auch laienhaft Poker und wusste, wie man Macht einsetzen musste. Es gibt eine Passage aus Thukydides' *Geschichte des Peloponnesischen Krieges*, die er auswendig konnte und besonders gern zitierte. Es ist die schlichte Botschaft der Athener an die schwankenden Melier, die eigentlich wissen sollten, »dass im menschlichen Verhältnis Recht gilt bei Gleichheit der Kräfte, doch das Mögliche der Überlegene durchsetzt, der Schwache hinnimmt«. Nach dem Krieg hielt von Neumann die Welt für ein einfaches Nullsummenspiel mit zwei Spielern, die über die vollständigen Informationen verfügen. Die USA hatten die Atombombe, die Sowjetunion nicht, würde sie aber vermutlich bald haben – dank der Arbeit ihres Spions in Los Alamos, Klaus Fuchs. Die Aufteilung Osteuropas zeigte deutlich, dass Stalin aggressive und expansive Absichten verfolgte, womit eine friedliche Koexistenz ausgeschlossen war. Welches Spiel konnte einfacher sein? Die Sowjets hatten die Wahl, die Bombe zu bauen, »wir« wussten, dass sie es tun würden. Ob wir einen Präventivschlag wählen sollten oder nicht, wurde vom (vermuteten) Ausgang beider Varianten bestimmt. Der Versuch, eine sichere Welt zu schaffen, war nach dieser Logik den Tod von Millionen von Russen wert. »Wenn man schon sagt, man sollte die Bombe morgen werfen«, fragte von Neumann, »warum dann nicht gleich heute – und wenn um fünf, warum dann nicht schon um eins?«

Die Matrix des Problems bestätigte das: Solange der Westen die Bombe hatte und Stalin nicht, hatten *wir* eine Strategie, die auf jeden Fall unseren »Nutzen« maximieren würde, ganz gleich, was *er* tat:

	Sie bomben (konventionell)	Sie bomben nicht
Wir bomben	(1,0)	(1,0)
Wir bomben nicht	(0,1)	(0,0)

Hatten die Sowjets erst einmal ihre Waffen auf den neuesten Stand gebracht, würde der Nutzen anders aussehen:

	Sie bomben (atomar)	Sie bomben nicht
Wir bomben	(0,0)	(1,0)
Wir bomben nicht	(0,1)	(0,0)

Von Neumann zeigte diese Matrix im Weißen Haus vor, aber keiner der beiden Präsidenten Truman und Eisenhower, denen er seine Vorschläge machte, handelten danach. Warum nicht? Vielleicht, weil sie tief im Inneren eine Ahnung von den Dingen hatten, die von der Spieltheorie nicht abgedeckt werden: die Frage der Wiederholungen und welcher Art der Nutzen ist. Wir werfen um ein Uhr eine Bombe auf Russland. Und was dann? In welcher Weise ist das Spiel dann entschieden? Truman war Hauptmann der Artillerie gewesen und stolz darauf, bis zum letzten Augenblick des Ersten Weltkriegs seine

Kanone abgefeuert zu haben, aber er hatte den Optimismus eines Politikers, »man könne sich zusammensetzen und die Differenzen aushandeln, wenn man die Sichtweise der Leute auf der anderen Seite kennt und sie die eigenen«. Eisenhower wusste noch besser, worüber er sprach: »Ich hasse den Krieg, wie ihn nur einer hassen kann, der ihn erlebt hat, der seine Brutalität, Sinnlosigkeit und Dummheit gesehen hat.« Beide Präsidenten wussten, dass das Spiel nach dem Schweigen der Waffen *nicht* vorbei ist.

Es ist interessant, dass der Koreakrieg, der Konflikt, der während des Kalten Krieges am deutlichsten den Regeln der Spieltheorie folgte, voll und ganz konventionell geführt wurde. In seinen drei Jahren verschoben sich die Schlachtfelder die Halbinsel hinauf und hinunter, und beide Kräfte, die UN und China, mussten feststellen, dass die Minimax-Lösung hieß, zum Status quo zurückzukehren. Sowohl die Nordkoreaner wie General McArthur, die beide einen vernichtenden Sieg anstrebten, verloren.

Von Neumanns Minimax-Theorem war nur für Nullsummenspiele angewandt worden, in denen der Gewinn des einen Spielers jeweils der Verlust des anderen ist. Neumanns RAND-Kollege John Nash erweiterte die Idee auf Spiele, in denen bei bestimmten Kombinationen von Strategien *beide* Spieler einen Vorteil haben können. Nash zeigte, dass es auch in diesen Fällen ein Gleichgewicht geben muss, also Situationen, in denen beide Spieler nach Ende des Spiels sagen: »Gemessen an dem, was der Gegner getan hat, habe ich das bestmögliche Resultat herausgeholt.«

Diese Gleichgewichte müssen nicht unbedingt den Ausgang darstellen, den beide Spieler am meisten angestrebt haben oder der ihnen den größten Nutzen verspricht. Das Gute, Einfache und Mögliche sind drei Dinge, die selten zugleich zu erreichen sind. Wenn Sie sich also in einer solchen Situation wiederfinden, müssen Sie vielleicht Ihre Definition des »Guten«, also Ihre Nutzenfunktion, den Umständen anpassen, um ein Gleichgewicht zu finden.

Richmond, die Hauptstadt der Konföderierten, weniger als 100 Meilen von Washington entfernt, Eisenbahnzentrum und wichtiger Industriestandort, stellte für das Oberkommando der Unionsarmee im amerikanischen Bürgerkrieg das große Problem dar. Die wichtigsten Komponenten eines jeden Vorgehens gegen die Stadt waren klar und wohl bekannt: Die angreifende Potomac-Armee war größer und besser ausgerüstet als die Verteidigungsarmee von Nord-Virginia. Die Verteidiger hatten dagegen den Vorteil, das Land bestens zu kennen. Sie standen unter dem Kommando von General Robert E. Lee, der dafür bekannt war, keinen Fehler ohne Grund zu machen. Mit Gott auf der Seite der stärksten Bataillone war es ein Spiel, bei dem sich die Waagschale zugunsten der Union neigen sollte. Es brauchte aber Zeit, bis sich ein General fand, der die Strategie umsetzte, die zu diesem neuen Gleichgewicht führen konnte.

Der erste Spieler war General George McClellan, der »kleine Napoleon«. Unter Lee als Superintendent war er der Zweite seines Lehrgangs in West Point gewesen und sah einen Krieg als das Zusammenprallen von Generälen und eine glänzende Strategie als die höchste Tugend eines Generals. Er kannte seine Gegner – und wusste, was sie wussten.

Im April 1862 setzte McClellan im sogenannten »Halbinselfeldzug« zum ersten Mal seine Truppen ein, um Richmond anzugreifen. Der Zweck war natürlich, den Krieg zu gewinnen. Aber McClellan hatte auch andere Zwecke und wollte anderen Nutzen aus der Schlacht schlagen: den alten Klassenkameraden seine Macht zeigen, das Leben seiner Soldaten schonen und die Ängste der politischen Führer dämpfen. Er ging daher vorsichtig vor, sicherte seine Linien, machte probeweise Vorstöße in Richtung Front und setzte ganz auf seine Überlegenheit an Soldaten und Feuerkraft.

Für Lee war dieser Komplex an Nutzen völlig klar zu erkennen, und er machte sich prompt daran, ihn aufzubrechen. Er bedrohte Washington mit einer kleinen, aber beunruhigenden Truppe und befahl »Prince John« Magruder, sich vor den Augen der Unionsarmee abzusetzen. McClellan sollte glauben, eine Armee der doppelten Größe vor sich zu haben. Dann zog er Verteidiger aus der Grenzregion von Richmond ab und führte sie mit seinen eigenen Truppen zusammen, um die Unionsarmee immer wieder unerwartet hart anzugreifen. McClellan konnte den Großteil seiner Truppen mit einer Kombination aus guter Stabsarbeit und standhafter Verteidigung retten, aber das war nicht gerade die glanzvolle Aktion, die er vorgehabt hatte. Indem er das Leben seiner Soldaten und seine Reputation über den Sieg stellte, war es ihm nicht gelungen, eine Gleichgewichtssituation zu erkämpfen.

Zwei Jahre später überschritt ein ganz anderer Mann den Rapidan und drang in Nord-Virginia ein: Ulysses S. Grant, ein Mann, der Fehlschläge gewohnt war und nicht unter dem Zwang stand, glänzende Siege erringen zu müssen. Auch er war in West Point gewesen, gehörte aber eher zu den schwächsten Kadetten des Jahrgangs. Seine Armeekarriere war nicht gerade steil, da er zwar Talent für Mathematik und Pferde zeigte, aber in Gesellschaft gehemmt war und zudem keinen Alkohol vertrug. Als der Krieg begann, hatte er gerade in Ohio bankrott gemacht und versucht, das Ledergeschäft der Familie zusammen mit seinen zwei jüngeren Brüdern über die Runden zu bringen. Grant wusste aber einiges, was McClellan nicht wusste: dass die Politiker alles für einen Sieg geben würden, dass Lee eigentlich weniger Soldatenleben opfern durfte, als er tat, und dass die stärkere Truppe siegen musste, wenn sie ohne Unterbrechung vorrückte.

Grant hatte eine ganz einfache Strategie: Lee an seiner rechten Flanke zu umgehen und damit zu überlisten. Lee, der schon einen Schritt weiter war, wollte das nicht zulassen und attackierte die Truppen der Unionsarmee, während sie sich noch durch das dichte Gestrüpp der Wildnis kämpfte. Sehr schnell entbrannte ein blutiger Kampf im Unterholz. Grant verlor 17 500, Lee 8 000 Soldaten. Ausgekämpft und ohne neue Ideen wäre ein General alter Schule wieder zurück über den Fluss gegangen. Grant stieß dagegen weiter nach Osten und Süden vor.

Der Krieg in Virginia wurde zu einem immer wieder neuen Spiel, bei dem Lee lokal einen Vorteil gewann, die größere Armee der Union aber trotzdem weiter vorstieß und ihr Gebiet ausdehnte. Grant verlor bei seinem Kriegszug mehr als 60 Prozent seiner Männer: In Cold Harbor hefteten die Soldaten Zettel mit ihren Namen und Adressen an die Uniform, weil sie sicher waren, in den Tod zu gehen. Aber Grants Verluste wurden aufgefüllt. Lee verlor hingegen ein Drittel seiner erfahrenen Generäle, die nicht zu ersetzen waren. Das Ende ließ lange auf sich warten, aber die Art des Gleichgewichts in diesem Spiel machte es unausweichlich: Lee hatte angesichts der Strategie Grants keine erfolgversprechende Gegenstrategie zur Hand.

Der Gegensatz von McClellan und Grant zeigt, wie unterschiedlich man Einflüsse bewerten kann, die von außen kommen. Das Resultat der Matrix hängt von den Annahmen ab, mit denen man ins Spiel geht, und es kann leicht Dinge geben, die man höher einschätzt als den bloßen Sieg oder mehr fürchtet als die Niederlage. Obwohl sie ihren König und ihre edelsten Kämpfer verloren hatten, war die Schlacht an den Thermopylen ein Triumph für die Spartaner, weil sie ihren Sinn für Kampfesmut angesichts der Verzweiflung verherrlichte. Dünkirchen war ein Triumph für den britischen Glauben an bürgerlichen Anstand und den Durchhaltewillen. Sowohl die Perser als auch die Deutschen waren verblüfft über die Reaktion der jeweiligen Gegner auf ihre Niederlagen.

Grant sagte, er hätte immer annehmen müssen, dass General Lee in jeder Situation das Richtige tun würde. Die Spieltheorie setzt rationale Spieler voraus, die immer eine Strategie wählen, die für ihren größten Nutzen sorgt und die, wenn verschiedene Gleichgewichtszustände zur Wahl stehen (es kann mehr als ein Nash-Gleichgewicht bei einem Spiel geben!), den wünschenswertesten wählen. Was passiert aber, wenn der Gegner *nicht* rational handelt und das zwar stabile, aber am wenigsten verlockende Feld der Matrix wählt?

1862 fiel Paraguay in die Hände von Francisco Solano López. Der plumpe General, der sich geschmeichelt fühlte, weil man ihm Ähnlichkeit mit Bonaparte zuschrieb, glaubte, dass es das Schicksal gut mit ihm meinte, und provozierte 1865 zur gleichen Zeit Kriege mit Argentinien und Brasilien. Uruguay schloss sich den beiden Ländern zu einer Dreierallianz an, und was nun folgte, war einer der blutigsten Kriege, die jemals stattfanden.

López' Armee hatte sich innerhalb von achtzehn Monaten aufgelöst: Alle Soldaten waren tot, verwundet oder gefangen. Jeder männliche Einwohner von Paraguay war eingezogen worden: Zehnjährige kämpften und starben an der Seite ihrer Großväter. Die Neurekrutierten marschierten halbnackt in den Tod, angeführt von Obristen, die barfuß waren. Die Marineinfanterie griff mit Macheten die gut gepanzerten Brasilianer an. Als die Alliierten vorrückten, wuchs López' Paranoia: Er folterte und tötete die meisten Männer seiner Regierung und des Staatsdienstes, 500 Mitglieder des diplomatischen Korps und zwei seiner eigenen Brüder. Und trotzdem kämpfte das Volk Paraguays weiterhin mit selbstmörderischem Mut. Schließlich wurde López von brasilianischen Truppen am Ufer des Aquidaban gestellt und erschossen, als er den Versuch machte, schwimmend zu entkommen.

»Ich sterbe für mein Vaterland«, waren angeblich seine letzten Worte. Richtiger wäre gewesen: »Das Vaterland ist für mich gestorben.« Paraguay verlor 90 Prozent seiner männlichen Bevölkerung. Noch viele Jahre danach wurde Polygamie toleriert. Nach jedem vernünftigen Standard war die Wahl, die López getroffen hatte, ohne Sinn und Verstand, und trotzdem folgte ihm eine ganze Nation in den Abgrund. Die Macht des Krieges bündelt die individuellen rationalen Urteile zu Irrationalität zusammen.

Manchmal sind wir Spieler in einem Spiel – manchmal spielt das Spiel mit uns: Situationen, die zwar irrational, aber stabil sind, brauchen überhaupt keinen paranoiden Diktator, um weiter zu bestehen. Mark Shubik, ein weiteres RAND-Mitglied, beschrieb ein besonders beunruhigendes Partyspiel. Eine Dollarnote wird an den höchsten Bieter versteigert. Der einzige Unterschied zu einer klassischen Auktion ist, dass auch derjenige, der am zweitmeisten bietet, zahlen muss. Wenn Sie also 70 Cent bieten und Ihr Nachbar 75 Cent, verlieren Sie Ihr Geld (und Ihr Gesicht), und der Nachbar gewinnt 25 Cent. Selbst wenn Sie den Dollar für 1,10 Dollar ersteigern, verlieren Sie nur 10 Cent, während der Zweitbeste viel mehr verloren hat. Bei der Annäherung an die Dollarmarke wird das Bieten natürlich nachlassen, aber sobald sie überschritten ist, legt es wieder zu. Die Bieter ersteigerten im Schnitt die Dollarnote für 3,40 Dollar, nur um nicht vergeblich so viel geboten zu haben. Das wird manchmal als das Macbeth-Prinzip bezeichnet: »Ich bin einmal so tief in Blut gestiegen, dass, wollt' ich nun im Waten stille stehn, Rückkehr so schwierig wär', als durch zu gehn.« Das Prinzip lässt sich nicht nur auf Auktionen oder politischen Mord anwenden, es beschreibt auch das Entstehen gigantischer, aber sinnloser Projekte (Rhein-Main-Donau-Kanal, Concorde, Transrapid...), den Ablauf von Streiks, Waffenentwicklungen, die in Sackgassen führen – und all der kleinen Konflikte, die sich unerbittlich aufschaukeln.

McGeorge Bundy, Kennedys und Johnsons Sicherheitsberater und Mann für Indochina, besuchte einmal in den frühen 1970ern eine Secondary School in Boston, während die Proteste gegen das amerikanische »Engagement« in Vietnam gerade ihren Höhepunkt erreichten. Der Empfang war nicht gerade freundlich: Die jungen, ernsten Gesichter um ihn herum zeigten ihre Verachtung für den kompromittierten Kriegshetzer. Bundy begann mit ruhiger Stimme: »Ich werde Sie durch die Ereignisse seit 1945 führen. Wenn Sie meinen, dass ich an dem Punkt angekommen bin, an dem wir hätten aussteigen sollen, melden Sie sich!« Er fing mit einfachen, »unschuldigen« Dingen an, mit der Hilfe für ein beschädigtes britisches Kriegsschiff, mit der Unterstützung der schwachen Franzosen, dem Einsatz für ein befreites, befreundetes Land, der Unterstützung der einheimischen Armee: da eine politische Entscheidung, dort eine Verpflichtung ... für sich genommen Kleinkram. Jeder neue Schritt schien nur logisch, um die bereits erreichte Position abzusichern – und es gab schließlich immer noch so viel zu verlieren. Die Zuhörer nickten: Der Erste meldete sich, als Bundy am Beginn des Heißen Krieges angekommen war, als sich die USA mit regulären Truppen beteiligten. Die Studenten hatten wie die US-Regierung den Dollar weit überbezahlt.

Im Nachhinein entpuppen sich irrationale Entscheidungen von ansonsten rationalen Menschen oft als das Produkt ihrer Zeit und des Mangels an Informationen. Von allen Vereinfachungen, die in den frühen Versionen der Spieltheorie eingebaut waren, hat man die »umfassende Information« am meisten infrage gestellt. Das Konzept besagt, dass man die verschiedenen Profite und Verluste beider Seiten zu Beginn direkt vor Augen hat und in der Matrix verzeichnet findet. In der Realität gleichen viele Konflikte aber eher Bäumen als Matrizen: Der Gewinn ist an den äußersten Verzweigungen zu finden, die ihre Existenz einer Reihe von Entscheidungen verdanken, von denen jede die nächste beeinflusst. Der Versuch, sich Ihre Chancen in weiter Zukunft vorzustellen, könnte Sie davon überzeugen, dass es keinen Weg zum Traumgewinn gibt. Sie könnten ihn daraufhin ausschlagen und eine Anfangsstrategie wählen, die gegen Ihre eigenen Interessen ist. In Ihrem Irrtum befangen, handeln Sie wie ein irrationaler Spieler. Die Spieltheorie nennt das die *zitternde Hand*: die Wahrscheinlichkeit, dass sich zunächst verschlossene Reiche an Möglichkeiten, seien sie erwünscht oder nicht, durch Irrationalität im Kleinen öffnen.

Das Bündnissystem der Großmächte zu Beginn des Jahres 1914 glich einem jener Zirkusakte, wo sich die gesamte Familie in einer umgekehrten Pyramide auf den Schultern des Vaters aufbaut, jeder noch ein Instrument spielt, und der Vater auf einem Ball balanciert. Der Ball war in diesem Fall Serbien, dessen Existenz vom orthodoxen Russland (unterstützt von Frankreich) garantiert und vom katholischen Österreich (unterstützt von Deutschland) bedroht wurde. Großbritannien, das sich vor Abenteuern auf dem Kontinent eher hüten wollte, stimmte mit Frankreich in groben Zügen überein, hatte ein generelles Misstrauen gegenüber Deutschland, war an der Gründung Belgiens beteiligt gewesen und garantierte dessen Neutralität. Der deutsche Aufmarschplan verletzte aber gerade die Neutralität Belgiens. Deshalb hing alles, die Zukunftshoffnung von Millionen von Menschen, von der Antwort auf eine einzige, einfache Frage ab: Konnte sich Serbien einer Provokation Österreichs enthalten?

Dann wurde der österreichische Thronfolger, Erzherzog Franz Ferdinand, in Sarajevo ermordet, wobei sich schnell herausstellte, dass der serbische Militärgeheimdienst in die Tat verwickelt war. Der österreichische Außenminister Graf Berchtold, ein intriganter Dummkopf, war mehr als gewillt, seine Kollegen und Alliierten zu täuschen und sich seinen eiskalten Wunsch zu erfüllen, den kleineren Nachbarn zu bestrafen. Das Ultimatum, das Berchtold Serbien stellte, war ganz bewusst so formuliert, dass es die Nationalehre Serbiens verletzte. Es war ein Köder, der in die Falle des Krieges locken sollte. Die serbischen Politiker, die ihre einzige Schreibmaschine ruiniert hatten, kritzelten unter dem Druck der »Deadline« an einer Antwort und versuchten eine Formulierung zu finden, die Österreich gegenüber ein Zugeständnis darstellte, aber nicht in den Augen der

Serben selbst. Hinter der Verzweiflung machte sich mehr und mehr Fatalismus breit, den der Informationsminister Jovanovic so formulierte: »Gut, ich nehme an, alles was wir tun können, ist im Kampf zu fallen.«

Es gab natürlich eine Alternative, es war nur zu schmerzhaft, sie in Betracht zu ziehen. Für die bedrängten Minister *schien* es rationaler, die tödliche Maschinerie in Gang zu setzen, als sich zu unterwerfen. In Europa mobilisierte in einer Kettenreaktion ein Staat nach dem anderen, und innerhalb von drei Tagen waren Russland, Deutschland und Frankreich offiziell im Krieg. Es gab einen Augenblick, als Kaiser Wilhelm II. die Nerven verlor und versuchte, den erbarmungslosen Ablauf zu stoppen, aber sein Generalstabschef von Moltke erklärte unter Tränen, dass die Zugfahrpläne zu komplex seien, um sich an ihnen jetzt noch zu schaffen zu machen. Reichskanzler von Bethmann Hollweg betete: »Wenn der eiserne Würfel rollt, möge uns Gott helfen.« Aber Gott weigerte sich, mitzuspielen. Stattdessen fielen Millionen von Menschen durch die »zitternde Hand«.

Es ist nicht immer leicht, die bessere Strategie ein paar Schritte im Voraus zu erkennen: Selbst wenn es immer nur um die Wahl zwischen zwei Möglichkeiten geht, wächst das Universum denkbarer Resultate mit jedem Schritt wie die Potenzen von 2. Schon nach sieben einfachen Entscheidungen gibt es 128 mögliche Versionen der Zukunft. Das ist der Grund, warum die Spieltheorie die Idee der (Selbst-)Verpflichtung oder des *Commitment* eingeführt hat, des bewussten, sichtbaren Ausastens des Baums der Möglichkeiten. Als Cortez die Schiffe verbrannt hatte, mit denen er über den Atlantik gekommen war, wussten sowohl seine Männer am Strand wie auch die Azteken, die ihn vom Kliff aus beobachteten, dass er nur einen Plan hatte: die neue Welt zu erobern. Herman Kahn, der Erzpriester im absolutistischen Reich des Kalten Krieges, war besorgt, dass sich ein Land bei einem atomaren Angriff *nicht* revanchieren würde. Das allein machte einen Erstschlag schon vorstellbarer. Deshalb entwarf und testete er die Idee einer *Doomsday machine*, einer Maschinerie des Weltuntergangs, die ganz bewusst außerhalb der öffentlichen Kontrolle arbeiten sollte und bei einem feindlichen Angriff automatisch den Gegenschlag einleiten würde. Eine Studie der Ingenieure besagte, dass dies »technisch machbar« sei – immer einer der schreckenerregendsten Ausdrücke, die aus dem Mund eines Amerikaners kommen können.

Die Spieltheorie begünstigt uns, weil sie unseren Gegnern die Annahme erlaubt, wir würden rational handeln. Wenn wir also unsere Entscheidung geheim halten wollen, müssen wir so handeln, dass es irrational erscheint. Das ist, was Richard Nixon zustimmend als die »Mad President«-Strategie bezeichnete, die, wenn sie schon nicht den Feind in Furcht und Schrecken versetzte, so doch uns.

Eine entscheidende Neuerung im Werk von Neumanns und Morgensterns ist die Art und Weise, wie der Nutzen dargestellt wird. Zuvor waren Präferenzen relativ: »Ich ziehe dieses jenem vor, und das diesem.« Es wurde eine Reihenfolge angegeben, aber den Präferenzen wurde kein absoluter Wert zugemessen. Der Durchbruch in *Spieltheorie und wirtschaftliches Verhalten* besteht in einer Formel, mit der man die relative Ordnung in feste, absolute Werte verwandeln kann und so den Grad, in dem man ein bestimmtes Ergebnis favorisiert, in eine Rechnung einzusetzen vermag, mit der man dann die Wahrscheinlichkeit dieses Ergebnisses beziffert. Damit wurde die Spieltheorie erheblich komplizierter, denn verschiedene Strategien haben oft verschiedene interne Wahrscheinlichkeiten für Erfolg oder Misserfolg und liefern auch verschiedene Gewinne, wenn sie sich durchsetzen. Die Kenntnis dieser Wahrscheinlichkeiten stellt die Grundlage für Mischstrategien dar: Man entscheidet per Zufall über verschiedene Möglichkeiten, benutzt dabei aber einen Zufallsgenerator, der nach der Wahrscheinlichkeit eines Erfolgs gewichtet ist.

Im Winter 1943/44 bereiteten die Alliierten die Landung in Frankreich vor – und die Deutschen wussten das. Alle wussten, dass es nur zwei mögliche Landungsgebiete gab: das Departement Pas de Calais und die Normandie. Das Gebiet um Calais bot einen kürzeren Seeweg, eine sanft abfallende Küstenregion und eine Reihe guter Häfen. Die Normandie erforderte dagegen einen Aufmarsch über Nacht in rauer See und zu Stränden, in deren Hintergrund steile Klippen aufragten und die den Landungsbooten und Versorgungsschiffen keinerlei Schutz boten. Von Calais aus konnte die Invasionsarmee direkt in Richtung des flachen und vertrauten Flandern und der Picardie vorrücken und mit der schnellen Überquerung der großen nordsüdlichverlaufenden Flusssysteme rechnen. Von den Stränden der Normandie führte dagegen der Weg in ein Schachbrett aus kleinen Feldern und undurchdringlichen Hecken. Die Wahrscheinlichkeitstheorie favorisierte ganz klar Calais. Das war aber auch den Deutschen klar, und der blutige Fehlschlag von Dieppe 1942 hatte gezeigt, wie schwer es sein würde, einen gut verteidigten Hafen zu erobern. Deshalb grübelten beide Seiten nach, ob die Wahl auf die wahrscheinlichere Möglichkeit fallen würde (und sollte) oder nicht. Die ganze Frage schien darauf hinauszulaufen, eine Münze mit zwei gleichen Seiten zu werfen.

So würde die Spieltheorie tatsächlich das Problem formulieren. Ganz intuitiv hat man aber den Eindruck, dass diese Annäherung an das Problem zur Voraussetzung hat, dass das Spiel wiederholt werden kann. Professionelle Pokerspieler bluffen so oft, wie es ihnen eine optimale Mischstrategie nahelegt. Das tun sie aber, weil sie immer und immer wieder spielen. Was aber, wenn alles auf diese eine Hand voll Karten ankommt? Kann man dann tatsächlich rechtfertigen, die weniger wahrscheinliche Strategie zu wagen, wenn sie vom Zufall ausgewählt wird?

Gleichungen kombinieren Konstanten mit Variablen. In einem wissenschaftlichen Experiment hat man nur Macht über die Variablen, aber in menschlichen Angelegenheiten können auch die Konstanten beeinflusst werden. Die Alliierten wählten die Normandie trotz (oder vielleicht gerade wegen) ihrer geringeren Erfolgschancen. Diese waren die »Konstanten« bei dem Spiel, und die Alliierten machten sich daran, sie den Umständen anzupassen, während sie gleichzeitig alles daran setzten, dass sie in den Köpfen der Gegner unverändert schienen.

Es war natürlich unmöglich, den Aufmarsch der Invasionskräfte an der englischen Küste gegenüber der Normandie zu verheimlichen, es war aber durchaus möglich, ihn relativ unwichtig erscheinen zu lassen und seine wahre Bedeutung zu verschleiern. Eine gewaltige Phantomarmee, die »Erste US-Armeegruppe«, wurde geschaffen, komplett mit Flugzeugen aus Leinwand und zusammenklappbaren

Panzern ausgestattet und in Südostengland stationiert – in einem Gebiet, das Calais gegenüberlag. Der Mangel der Normandie an sicheren Ankerplätzen und die Schwierigkeit, dort den Nachschub sicherzustellen, wurden auf brillante Weise durch neue Technologien überwunden: »Mulberry«-Häfen aus Beton und PLUTO (PipeLines Under The Ocean), die erste Unterwasser-Pipeline für Treibstoff. Die Abwehr täuschte auf geschickte Weise die deutschen Erwartungen: Der Doppelagent »Garbo« (Juan Pujol) warnte Berlin Stunden vor dem Beginn der Landung in der Normandie, also ein wenig zu spät. Dann nutzte er das Vertrauen aus, das man ihm wegen der Warnung schenkte, und überzeugte die Deutschen, dass die Normandie nur ein Ablenkungsmanöver war und der wirkliche Angriff dort erfolgen würde, wo man ihn eigentlich erwartete: bei Calais. 21 deutsche Divisionen wurden zwei Monate lang abgezogen und warteten an einer Stelle auf die Landung, wo sie nie erfolgte.

Wie weit sind wir inzwischen von Lord Waldegraves Tisch mit den Kartenspielern entfernt? In mancherlei Hinsicht haben wir ihn nie verlassen. Bei vielen Verhandlungen – bei den Vereinten Nationen und wenn es vor Gericht um Ehescheidungen geht – wird immer noch das am wenigsten Schlechte anstelle des Besten akzeptiert. Jeder Führer – vom Familienvater bis zum US-Präsidenten – weiß, dass zu führen oft nur bedeutet, sich willentlich für die Zufallswahl zu entscheiden, wie sie die Mischstrategie erfordert. Könnte man immer bestimmen, welche Wahl einen Gewinn garantiert, könnten wir die Regierungen nach Hause schicken und das Regieren (wie das Schachspielen) einem Computer überlassen.

Die modernen Spieltheoretiker beschäftigen sich heute routinemäßig mit Angelegenheiten, die selbst ihre Vorgänger bei RAND für unberechenbar gehalten hätten: erste Annahmen, unvollständige Informationen, Irrationalität. Wie bei der formalen Wahrscheinlichkeitsrechnung ist es nötig geworden, in die Gleichungen einen Bayesschen Term einzufügen, der die Anfangsvorstellungen ausdrückt, also das Spiel, von dem wir *dachten*, es spielen zu können. In bestimmter Hinsicht hatte also Tolstoi recht: zu gewinnen oder zu verlieren ist etwas, was in uns steckt.

Tolstoi kam wahrscheinlich durch seine eigenen Erfahrungen im Krimkrieg 1854 zu diesem Schluss. In dessen langer Geschichte vom Mut der einzelnen Kämpfer und der Unfähigkeit der Armee als Ganze hört sich nichts merkwürdiger an als die Schlacht von Inkerman, der große Versuch der Russen, die Belagerung von Sewastopol zu durchbrechen. Auf dem Papier war der Plan perfekt: 40 000 Soldaten, die in zwei mächtige Angriffsspitzen aufgeteilt waren, sollten die Inkerman-Höhen erobern, wo sich die Briten mit zehnmal weniger Kämpfern nur leicht verschanzt hatten. In der Zwischenzeit sollte eine mobile russische Armee die Stellung der Briten von rückwärts angreifen und damit die Anstrengungen der Verteidiger spalten. Die Russen wollten auf dieser rückwärtigen Seite die steilen Klippen hinaufklettern, und zwar genau dann, wenn die Kameraden von vorn die alte Windmühle erreicht hätten, welche die britischen Stellungen markierte.

An jenem Morgen war dichter Nebel. Die russischen Truppen wälzten sich in ihren dicken Mänteln wie eine dunkle, dichte Masse aus der Stadt. Die Verteidiger auf den Höhen bemerkten, dass irgendetwas passierte, aber die Ziellosigkeit und das Durcheinander, das die gesamte Kriegsführung auf der Krim kennzeichnete, hatten verhindert, irgendwelche Vorkehrungen gegen einen Angriff zu treffen. Als auch der letzte britische General realisiert hatte, dass ein größerer Angriff geplant war, hatte er schon längst begonnen.

Was nun passierte, war so unvorhersehbar wie wirkungsvoll: Überall auf dem Hügel wurde den britischen Einheiten, Gruppen von 20, 30 Mann, klar, dass es hoffnungslos war, sich hinter ein paar Steinhaufen gegen Tausende von Angreifern zu verteidigen. Sie entschlossen sich stattdessen, selbst anzugreifen. Ohne Befehl von oben und ohne sich untereinander abzusprechen, erhoben sich die Kompanien und stürzten auf die bedrohlichen Massen des Gegners los. Die einzelnen Soldaten schwammen mit dem Schwert oder Bajonett durch sie hindurch wie scharlachrote Fische durch den großen, grauen Ozean. Die Wirkung auf die russischen Reihen war verheerend: Darauf getrimmt, unaufhaltsam vorzupreschen, fingen sie an zusammenzubrechen, als plötzlich der Feind mitten unter ihnen war. Der Angriff, der an Prinz Mentschikoffs Kartentisch so perfekt geplant worden war, löste sich in Chaos und Konfusion auf, und die russischen Standarten wurden nie bei der alten Windmühle aufgepflanzt. Die andere Hälfte der russischen Truppen wartete und sah zu, wie ihre tapferen, aber überrumpelten Kameraden eine Niederlage einstecken mussten. Kleine Gruppen roter Gestalten trieben sie den Berg hinunter.

Sieg und Niederlage bei dieser Schlacht beruhten auf den anfänglichen Vorstellungen der Beteiligten: Die Russen glaubten an die Macht, die ihre größere Zahl darstellte und durch unbedingten Gehorsam zusammengehalten wurde. Die Briten glaubten daran, dass in Notfällen die Initiative Einzelner oder kleiner Gruppen zum Erfolg führen würde. Dieser Gegensatz der Grundannahmen bestimmte das Spiel – und nicht die Wahl einer Strategie. Die britischen Kommandeure *hatten* überhaupt nie eine Strategie zur Verteidigung der Inkerman-Höhen entwickelt!

Das Glück in einer Schlacht bewegt sich auf unkalkulierbare Weise, aber eine Kanonenkugel fliegt auf einer Parabel, und ein Kriegsschiff folgt dem Impuls von Wind und Strömung. Die Mathematik hielt ihren Einzug in die Kriegskunst zuerst bei der Artillerie und der Marine. Cardanos Konkurrent Tartaglia veröffentlichte die erste algebraische Abhandlung über die Artillerie. Seefahrtshandbücher aus dieser Zeit boten den Kapitänen die trigonometrischen Kenntnisse, die sie brauchten, um den Erdball zu umrunden: Wir sind endlich wieder bei der klassischen Physik mit ihrer Fernwirkung der Kräfte gelandet. Hauptsächlich die Zweige des soldatischen Handwerks, die am meisten von der Physik abhängig waren, trugen dazu bei, aus der Kriegstechnik eine Wissenschaft zu machen.

Eine der Hoffnungen von Leibniz war, eine Seeschlacht auf dem Kartentisch analysieren zu können – und zumindest was das betraf, wäre seine Hoffnung nicht enttäuscht worden. Ein bemerkenswerter Schotte, John Clerk of Eldin, war von der Seefahrt besessen, obwohl er sich selbst nur ein einziges Mal mehr als 40 Meilen von der Küste entfernt hatte, als er einmal von Glasgow auf die Insel Arran fuhr. Er hatte durch Geburt und Heirat Beziehungen zu den klügsten Köpfen der schottischen Aufklärung, die seinen absoluten Unwillen verstärkten, irgendetwas zu akzeptieren, nur weil es von oben angeordnet wurde. Nachdem er die Mathematik der Navigation gelernt hatte und wusste, wie man ein Schiff steuert, sah er keinen Grund, warum nicht auch die Taktik der Seekriegsführung auf ähnliche Grundprinzipien reduziert werden konnte.

Um 1775 nahm Clerk Winkelmesser, Lineal und Kompass und einen Haufen kleiner Korkstücke und stellte nach dem Essen die wenig befriedigenden Vorstellungen, welche die Königliche Flotte in letzter Zeit geboten hatte, auf dem Tisch nach. Das Grundproblem war, dass die Briten die Franzosen zu einer großen Entscheidungsschlacht zwingen wollten, die Franzosen aber nicht so recht bereit waren, dabei mitzuspielen. Typischerweise lief die britische Flotte mit dem Wind auf die französische zu, um dann zu versuchen, sich zu dieser parallel aufzureihen und mit ihren Batterien eine Breitseite zu schießen. Das war eine komplexe, aber geheiligte Prozedur. Ein Admiral, der auf andere Weise angegriffen hätte, wäre womöglich vor ein Kriegsgericht gekommen. Die Franzosen verweigerten sich aber: statt ihre Positionen einzuhalten, feuerten sie auf die vordersten der angreifenden Schiffe, um dann abzudrehen und mit dem Wind zu entkommen. Es war äußerst frustrierend.

Clerks Korkflotte lieferte die Lösung für dieses beunruhigende Problem: ein ganz einfaches, wagemutiges Manöver, das »breaking the line« genannt wurde. Statt sich selbst parallel zur gegnerischen Flotte aufzubauen und zu hoffen, die Angelegenheit in einem fairen, aufrechten Kampf zu erledigen, nutzten die Briten nun den Impuls, den ihnen der Wind gab, durchbrachen die gegnerische Schlachtlinie, feuerten ihre Breitseiten auf Bug und Heck der französischen Schiffe, die weniger gut gepanzert waren, und rollten den Gegner auf, bevor er sich absetzen konnte. Dieser Plan glich sehr der Taktik, die später Napoleon an Land anwenden sollte.

Clerk testete diese Taktik auf seinem Tisch bei vielen Seeschlachten unter den verschiedensten Wetter- und Seebedingungen. Als er sich von der Wirksamkeit seines Verfahrens überzeugt hatte, setzte er sich mit denen in Verbindung, die seiner Meinung nach seine Taktik am ehesten umsetzen konnten: den Freunden und Ratgebern von Admiral Rodney, der damals – 1780 – gerade dabei war, gegen die

Franzosen in der Karibik in den Krieg zu ziehen. Bei der nächsten Seeschlacht, der »Schlacht der Heiligen«, setzte Rodney die neue Taktik mit großem Erfolg ein und errang einen Sieg. Clerk erhielt die Belohnung, die üblicherweise einem Amateur zusteht, der sich mit Erfolg in die Arbeit der »Profis« einmischt: Ablehnung und Vergessenheit. Rodneys Anhänger wiesen aufs Entschiedenste die Vorstellung zurück, dass ihr Held die Hilfe einer Landratte mit einer Armada aus Korkstückchen in Anspruch genommen hatte.

Clerk hätte etwas Besseres verdient: Er hatte den grundlegenden Unterschied einer Schlacht zu Land und auf See verdeutlicht. Eine Seeschlacht folgt den Newtonschen Gesetzen: Kleine, aber gut bewaffnete Einheiten bewegen sich zielstrebig durch einen einheitlichen, gefährlichen Raum und nutzen dabei die Gesetze der klassischen Mechanik aus, um einen Vorteil gegenüber anderen, gleichwertigen Schiffen zu erreichen. Ein Schiff mag sich vom anderen in der Bewaffnung, Geschwindigkeit und Wirkung unterscheiden, aber wenn man diese Größen einmal kennt, gibt es einen besten Weg, es einzusetzen, den man berechnen und im Modell simulieren kann. In diesem einfacheren Universum können Modelle oder Kriegsspiele die Vorhersagen liefern, die das klassische »Kriegsspiel« versprochen hatte, aber nicht zu bieten imstande war.

Das mag erklären, warum der Vatikan der Kriegssimulation in Newport, Rhode Island, liegt: Das U.S. Naval War College. Diese erste Schule der Seekriegstheorie wurde 1885 mit großen Hoffnungen und einem sehr kleinen Budget gegründet. Zum Glück hatte Newport in Alfred Thayer Mahan einen der größten Theoretiker des Seekriegs und in William McCarty Little einen genialen Konstrukteur von Kriegsspielen, der Seeschlachten von kleinen Duellen mit nur zwei Schiffen bis zu Aktionen, die den halben Globus umspannten, simulieren konnte. Schon bald wurde das Linoleum-»Deck« von Pringle Hall mit seinem Schachbrettmuster als die Spielwiese künftiger Admirale berühmt.

Zwischen den Weltkriegen wurden am Naval War College 130 strategische Kriegsspiele durchgeführt, von denen 121 einem Krieg gegen Japan galten. Schaut man sich die Berichte an, ist faszinierend, wie sich die Annahmen der Marine durch die Ergebnisse dieser Simulationen änderten. Der von Mahans Ideen geprägte traditionelle Blick bestand darin, dass eine einzige große Schlacht der zusammengezogenen Flotten das Schicksal des Pazifik entscheiden würde – ein Denken, das vielleicht die Taktik der Japaner beeinflusst hat, die ihrem Angriff auf Pearl Harbor zugrunde lag. Die Erfahrung bei den Kriegsspielen zeigte jedoch, dass ein solcher Krieg lange dauern würde, dass Land- und Seeoperationen nicht getrennt geführt werden konnten und dass der Sieg erst bei einer völligen Isolierung der japanischen Hauptinseln zu erwarten war – und vielleicht nicht einmal dann. »Nichts was während des Kriegs passierte, war eine Überraschung, absolut nichts – ausgenommen die Kamikaze-Taktik«, stellte Admiral Nimitz fest.

In *strategischen* Dimensionen hatte Nimitz Recht, aber in Wirklichkeit war fast alles, was auf der *taktischen* Ebene passierte, eine Überraschung, weil die taktischen Spiele des War Colleges in einem anderen Geist angelegt waren als die strategischen. Sie gingen Schiff für Schiff und Deck für Deck von exakten Daten wie der Dicke der Panzerung aus. Das Ziel war, jede Einzelheit der technologischen Kriegsführung zu simulieren, wobei sogar die Erddrehung berücksichtigt wurde, weil sie die Rechnungen des Zielschützen an einer Kanone beeinflusst. Die Gefahr bei diesem nahezu besessenen Ansatz war die gleiche wie beim Kriegsspiel: Der präzise vorgegebene Ablauf des Spiels verstärkte jede Ungenauigkeit bei den Voraussetzungen oder Anfangswerten. Die Spiele gingen von weiträumigen Schlachten aus, die bei Tag zwischen gewaltigen Flotten ausgetragen wurden. In Wirklichkeit fanden die meisten taktischen Einsätze im Pazifik in Form wieselschneller Attacken auf kleinem Raum statt: nonstop, verworren, eng umgrenzt und böse. Im Spiel hatten die Beteiligten drei Minuten für jeden Zug, der reale Feind ließ das nicht zu.

Heute sind die Einrichtungen für das Kriegsspiel in Newport in einem großen, blanken Spezialgebäude untergebracht. Der Schachbrettboden und die Zelluloidmodelle sind klimatisierten, fensterlosen Räumen gewichen, in denen auf Supercomputern Simulationen laufen. Der reine Seekrieg wurde durch Szenarien ersetzt, in denen alle Zweige des Militärs beteiligt sind und die von den Einsätzen einzelner Spezialisten bis zu denen von Flugzeugträgern reichen. An den größten Spielen können Hunderte von Spielern teilnehmen. Sie umfassen mehr als das reine Kriegsgeschehen: Simulierte Politiker zögern und sorgen sich, während eine simulierte CNN-Truppe ständig im Hintergrund herumläuft und die Strategien aufdeckt und analysiert.

Selbst wie man vorgeht, um zu siegen, hat sich geändert. Im Kalten Krieg wurde der Erfolg oft daran gemessen, wie lange man eine Einheit mit einer bestimmten Feuerkraft einsetzen musste, um eine bestimmte Anzahl von Feinden auszuschalten. Mit dem Nachlassen der nuklearen Spannung erkannten die Militärhistoriker, wie wenig Schlachten (vielleicht weniger als ein Fünftel) wirklich durch Zermürbung des Gegners gewonnen wurden. Aus den Gleichungen des Kriegsspiels sind die Stichworte für eine qualitative Definition des Nutzens geworden: die MOEs (Measures of Effectiveness) bei der Verfolgung einer RMA (Revolution in Military Affairs). Die Unterscheidung zwischen Strategie und Taktik wird immer mehr verwischt, wenn jeder Gefreite Teil eines »Informationsschlachtfelds« ist.

John Bird muss dafür sorgen, dass die Kriegsspiele all das leisten, was man von ihnen vernünftigerweise erwarten kann – aber nicht mehr. Er gehört als Designer und Sachverständiger bei den Kriegsspielen für das Heer, die Marine und die Luftwaffe zum »weißen Team«, wie das im Spieljargon heißt. Als Zivilist, der es gewohnt ist, in einer mit Spannung aufgeladenen militärischen Umgebung zu arbeiten, spricht er langsam und wohlüberlegt wie jemand, der viel Geheimwissen im Kopf hat. »Die Streitkräfte legen strategische Konzepte oder neue Formen von operationellem Vorgehen auf den Tisch. Wir untersuchen sie, wir erfinden selbst welche und entwickeln sie weiter. Wenn sich am Ende die ganze Idee als Unsinn herausgestellt hat, ist es auch okay.«

Die Spieltheorie gilt immer noch für Spiele, aber sie hat sich weit von der Gewissheit entfernt, wie sie von Neumann noch propagiert hat. John Bird meint dazu: »Es ist nicht immer ein Nullsummenspiel. Alle Parteien versuchen, für sich das unter den gegebenen Umständen Beste herauszuschlagen. Dazu muss nicht gehören, die Pläne des Gegners zu vereiteln. Die Politik ist immer ein Term der Gleichung, sonst würde man den Blick für die Umstände verlieren und zwar das Spiel gewinnen, aber nicht den Krieg.«

Der Experte überbrückt den Unterschied zwischen einer Rolle als
Sklave des Würfels und einer als allwissender Analytiker:

Wo, wie bei Spezialeinsätzen, kleine Einheiten wichtig sind, nehmen wir
ein, zwei typische Operationen und schauen sie uns im Detail an: das
Vorgehen der einzelnen Soldaten, den Zeitablauf von Minute zu Minute,
die Chancen, unentdeckt zu bleiben. Gibt uns das ein klares Bild, können
wir daraus Daten für die anderen Operationen gewinnen. Es ist wie bei
der Wettervorhersage: Ist eine bestimmte Region für das gesamte System entscheidend, muss man sie sich genauer anschauen. Die Ergebnisse
werden mit Techniken wie der Monte-Carlo-Analyse gewonnen und dann
miteinander kombiniert. Die zufälligen Ausreißer werden eliminiert, was
nichts anderes heißt, als dass man vom Feind erwartet, sich »richtig« und
klug zu verhalten, wenn auch nicht unbedingt brillant. Es ist im gewissen
Sinn eine Art Bayessche Annäherung an das Problem. Gibt es Ergebnisse,
die alle Erwartungen widerlegen und dem anerkannten Wissen widersprechen, muss man sie genauer untersuchen.

Wie nahe kommt ein Modell dem »wahren« Leben? Ein Krieg auf
»kleiner Flamme«, beispielsweise ein Städtekampf, ist brutal, lässt sich
aber nur schwer modellieren. Und dann gibt es ja noch die Macht der
Psyche: Damit haben wir höllisch viel Probleme, und das nicht nur im
Spiel. Während des zweiten Irakkriegs haben die USA eine psychologi-
sche Operation durchgeführt und versucht, gegnerische Soldaten zum
Desertieren zu bewegen. Wir hatten damit einige Erfahrungen und ein
paar Ideen, wie das gehen könnte. Gut, es war effektiv: Unser Ergebnis entsprach den Wünschen und verringerte die Wahrscheinlichkeit
einer Schlacht zwischen großen Einheiten. Aber wir hatten auch ein un-
erwünschtes Ergebnis: Banden bewaffneter Männer, die wieder in der
Bevölkerung untertauchten, wo wir sie nicht mehr finden konnten. In
der Sprache der Spieldesigner: Wir haben das gewünschte Ergebnis sub-
optimiert.

Was die Militärs tun, ist sehr schwer genau zu quantifizieren. Sie wollen,
dass der Gegner aufgibt – aber was bedeutet »aufgeben«? Bedingungs-
lose Unterwerfung, ein Regimewechsel, ein Waffenstillstand, eine Feuer-
pause oder die Absage an eine Invasion in Nachbarstaaten? In jedem Land
sind die Beziehungen zwischen der Bevölkerung, der Regierung und den

Streitkräften anders. Genau betrachtet könnte sich herausstellen, dass sich die psychologischen Parameter in einer Weise verändern, die die Erfolgsaussichten verbessern. Aber um *welchen* Erfolg geht es genau?

Womöglich werden wir nie erfahren, bis zu welchem Grad Simulationen den Ablauf des Kalten Kriegs beeinflusst haben. Als die Rivalitäten eskalierten, hat die reine Spieltheorie sicher eine immer kleinere Rolle gespielt. Der Kalte Krieg in seinem rein militärischen Aspekt wurde letzten Endes ja nicht wegen unserer militärischen Fähigkeiten oder Strategien gewonnen, sondern wegen der hohen Ausgaben für das Militär. Die Gesamtkosten der USA für die nukleare Abschreckung betrugen über die vierzig Jahre der Spannung fast 5500 Milliarden Dollar, eine große Last, aber eine Last, welche die reichste Nation der Welt leicht tragen konnte. Die Sowjets konnten dem einfach nicht genug entgegensetzen. Das wahre Modell für den Sieg der westlichen Welt waren nicht die schlauen Strategien, wie sie sich RAND ausgedacht hatte, sondern etwas, das weit zurück in die Zeiten der Bernoullis führte: Es war der Ruin des einen Spielers, die Entdeckung, dass bei einem Spiel mit voneinander abhängigen Wetten immer der gewinnt, der das größte Kapital einsetzen kann.

Charles Kinglake, der Chronist des Krimkriegs, stellte fest: »Der Kriegsgott verabscheut die Uniformität und zertritt alle Formen und Regeln.« Immer noch sind für einen Zivilisten die Formeln und Regeln das Wesentliche am militärischen Leben. Jeder Konflikt ist letzten Endes ein konventioneller Konflikt, nicht nur aus Bequemlichkeit, sondern weil es so schwer ist, einen Sieg zu definieren. Wie sollte sich also ein erfolgreicher Feldherr verhalten? Wie ein rationaler Spieler oder wie der geniale Kriegsgott?

»Millennium Challenge '02« war eine Übung der US-Streitkräfte, die 250 Millionen Dollar kostete und eines der ausgefeiltesten Kriegsspiele aller Zeiten darstellte. Das Szenario bestand darin, dass die USA einen skrupellosen »starken Mann« am Persischen Golf zu neutralisieren hatten – eine seinerzeit nicht ganz fiktive Figur. Das Oberkommando der Streitkräfte, das darauf bedacht war, die amerikanischen Möglichkeiten an einem Widersacher zu messen, der die

Mühe wert war, gewann Generalleutnant Paul Van Riper, um den Gegner zu spielen. Der reichdekorierte Veteran und frühere Leiter des Combat Development Command war schon in Rente, war aber für seine aggressive und unkonventionelle Denkweise bekannt. Van Riper hatte offensichtlich Gefallen an seiner Rolle. Er wusste, dass die Übertragung seiner Befehle und Aufrufe per Funk unsicher sein würde, und verschickte sie daher per Motorrad, um sie als Teil des abendlichen Aufrufs des Muezzins zum Gebet verbreiten zu können. Er ließ »seine« Flugzeuge und Kriegsschiffe scheinbar ziellos in den Seezugängen jenes namenlosen Schurkenstaats kreisen, aber als sich dann die Invasionsflotte auf einen Punkt konzentrierte, stießen seine Kräfte in einer bestens geplanten Weise plötzlich vor und versenkten sie. Die Schiffe der Amerikaner mussten wieder neu ins Spiel eingesetzt werden, damit es irgendwie weitergehen konnte. Am Ende der ersten Woche musste Van Riper feststellen, dass seine Befehle unterlaufen wurden: »Statt eines frei ablaufenden Spiels mit zwei Seiten, wie es der Kommandeur der US-Streitkräfte behauptete, entwickelte sich ein Manöver, das strikt nach einem vorgegebenen Drehbuch ablief. Der Ausgang war vorbestimmt, und sie schrieben das Drehbuch so um, dass das Manöver auch so ausging.«

Die Entgegnung des US-Kommandos war in gewisser Weise auch vernünftig: Der wichtigste Punkt bei der Übung sei, noch nicht getestete Systeme und Konzepte zu erproben. Wenn ein Gegner Schlupflöcher in den Spielregeln ausnützt, um einen Vorteil zu gewinnen, so wird dadurch der Gesamtzweck unterlaufen. Es geht dann darum, das Spiel zu gewinnen – und nicht um den Sieg im nächsten Krieg. Van Riper war damit nicht einverstanden: »Man entschließt sich nicht für etwas und sucht dann nach einem Weg, dieses Ziel zu erreichen. Man schaut vielmehr, welche Karten ausgespielt werden« – auch wie sie gegen jemand ausgespielt werden, der ein ganz anderes Spiel als man selbst spielt. Es war ein neues Beispiel für ein altes Problem: Was ist, wenn Ihr Gegner nicht mit Ihrer Definition von »Sieg« und »Niederlage« übereinstimmt?

Man könnte nun annehmen, dass ein Mann wie General Van Riper nur ein nervender Quälgeist ist, der nützlich ist, weil er die Finger auf Wunden legt, die sich der verschnarchten Selbstgefälligkeit verdanken, wie sie Berufsarmeen gern entwickeln. Seine Motive lagen aber in Wirklichkeit weit tiefer. Er widersetzte sich fertigen Drehbüchern aus philosophischen Gründen: Er glaubte, dass man einen Krieg aus denselben Gründen *nicht* exakt modellieren könne, aus denen sich das Wetter einer Vorhersage widersetzt: »Ein Krieg ist ein nicht-lineares Phänomen. ... Bei einer militärischen Aktion gibt es so viele Variable, dass man den Ausgang eines Konflikts einfach nicht vorhersagen kann.«

Van Riper und seine Schüler sehen den Krieg als das Spielfeld chaotischer Kräfte. Sie verurteilen insbesondere die »Newtonsche« Annahme der Strategen des Kalten Krieges und derjenigen, die von computergestützten »Informationsschlachtfeldern« träumen. Sie streiten ab, dass es Rechenverfahren gibt, die Zerstörungen beschreiben können oder eine Kosten-Nutzen-Analyse von Sieg und Niederlage liefern, einen Algorithmus, der dem Krieg die für ihn ganz wesentliche Ungewissheit nimmt. Eine Schlacht wird vom Denken und Handeln von Menschen bestimmt, die unter gewaltigem Stress stehen. Nur die Geschichte kann daher so etwas wie ein Analogon zu den Ensemble-Vorhersagen liefern und damit eine Methode, um die wenigen Konstanten von den vielen unvorhersagbaren Variablen zu trennen. »Die amerikanische Militärpolitik bleibt in der unaufgehobenen Dialektik von Geschichte und Technologie befangen, zwischen denen, für welche die Vergangenheit der Prolog der Zukunft ist, und denen, die sich um die Vergangenheit nicht scheren.«

Eine Denkschule, die so großen Wert auf Geschichte legt, weiß naturgemäß, dass diese Ideen nicht neu sind. Der von allen anerkannte Prophet des nicht-linearen Blicks auf den Krieg war ein Zeitgenosse Napoleons: der preußische Offizier polnischer Herkunft in russischen Diensten Carl Clausewitz, der Wittgenstein der Kriegstheorie. Sein Hauptwerk *Vom Kriege* ist brillant geschrieben, faszinierend, aber auch schwer zu begreifen.

Clausewitz verstand vollkommen, was Nicht-Linearität im Krieg bedeutet: die Art und Weise, wie die militärischen Kräfte auf sich zurückwirken und damit unvorhersagbare Ergebnisse bewirken. Alle Versuche der Berechnung sind seiner Ansicht nach zum Scheitern verurteilt: »Sie streben nach bestimmten Größen, während im

Kriege alles unbestimmt ist und der Kalkül mit lauter veränderlichen Größen gemacht werden muss. Sie richten die Betrachtung nur auf materielle Größen, während der ganze kriegerische Akt von geistigen Kräften und Wirkungen durchzogen ist. Sie betrachten nur die einseitige Tätigkeit, während der Krieg eine beständige Wechselwirkung der gegenseitigen ist.« In jedem Konflikt sind drei grundlegende, in verschiedene Richtung wirkende Kräfte am Werk: die ursprüngliche »Gewaltsamkeit« (ein »blinder Naturtrieb«), die Wahrscheinlichkeiten und der Zufall (eine »freie Seelentätigkeit«) und die Politik (der »bloße Verstand«). Grob gesehen treiben die Menschen mit ihrem Hass und ihrer Feindschaft den Krieg an. Die Armee nutzt die Chancen, indem sie den Krieg formt und gestaltet, und die Regierung, die politische Ziele verfolgt, lenkt ihn. Keine der Kräfte oder Tendenzen hat jedoch den Vorrang, alle beeinflussen den Verlauf eines Krieges wie drei Magnete ein Stück Eisen, das sich zwischen ihnen befindet – und demnach auf chaotische Weise: »Die Aufgabe ist also, dass sich die Theorie zwischen diesen drei Tendenzen wie zwischen drei Anziehungspunkten schwebend erhalte.«

Selbst innerhalb der reinen Kriegskunst sah von Clausewitz ständig den Zufall am Werk: »Es ist alles im Kriege sehr einfach, aber das Einfachste ist schwierig. Diese Schwierigkeiten häufen sich und bringen eine Friktion hervor und dann Erscheinungen, die sich gar nicht berechnen lassen, eben weil sie zum großen Teil dem Zufall angehören.« Und Friktion oder Reibung ist, wie wir gesehen haben, eine typische Quelle für chaotisches Verhalten, da sie auf eben die Kräfte zurückwirkt, durch die sie ausgelöst wird. Die Reibung und ihre geistigen Gegenstücke wie Leidenschaft, Verwirrung, unerfüllbare Ziele und Glück verhindern, dass ein Krieg völlig rational verlaufen kann. Sie bleiben die Elemente, die schon die Theorie der Spiele und der Wolken an ihre Grenzen stoßen ließen.

Gibt es also keine Möglichkeit, den Verlauf eines Konflikts vorherzusagen, ohne ihn ständig zu wiederholen? Doch: Es ist zumindest gut zu wissen, *wann* eine Situation unvorhersagbar ist und *wann nicht*. Generäle werden dann nicht länger das Leben Tausender von Soldaten opfern, weil das Spiel mit den Zinnsoldaten im Sandkasten, mit dem Würfel oder auf Reliefkarten die Strategie vorgegeben hat. Und zivile Experten werden nicht weiterhin annehmen, dass der ganze Krieg nur ein Pokerspiel ist, bei dem nur der Ausgang zählt und der geschichtliche Verlauf keine Bedeutung hat.

Wie wir bei der Meteorologie gesehen haben, müssen Chaos und Komplexität nicht bedeuten, dass die menschliche Erfindungsgabe geschlagen ist. Hat man diese Störenfriede einmal dingfest gemacht, können sie vielmehr das Ende der menschlichen Einfalt einläuten. Ähnelt ein militärischer Konflikt dem Wettergeschehen, so hat auch er Passatwinde und Flauten, also Bereiche, die innerhalb eines nichtlinearen Systems vorhersagbar(er) sind. Der Kriegsgott verabscheut Uniformität – aber seine verdrießlichen Kumpane Misstrauen, Unterdrückung und Rache kommen so regelmäßig wie die Jahreszeiten über uns. Und an dieser Stelle kann die Spieltheorie sehr hilfreich sein.

Eines ihrer bekanntesten Szenarien ist das *Prisoner's Dilemma*, das »Gefangenendilemma«. Kurz gesagt geht es um Folgendes: Sie und Ihr Komplize sind festgenommen worden und befinden sich auf der Polizeiwache in getrennten Zellen, sodass Sie sich nicht absprechen können. Sie werden beide verdächtigt, eine Bank ausgeraubt zu haben, man kann Ihnen aber nur ein kleines Ding *nachweisen*, nämlich dass Sie ein geparktes Auto geknackt haben. Der Beamte, der das Protokoll aufnimmt, bietet Ihnen einen Deal an: Wenn Sie Ihren Kumpel dran glauben lassen, können Sie nach Hause gehen, während er mit zehn Jahren Gefängnis rechnen muss. Ihnen ist natürlich klar, dass man Ihrem Kumpel dasselbe Angebot gemacht hat. Wenn Sie sich nun gegenseitig verpfeifen, werden Sie beide mit einer Haftstrafe von fünf Jahren rechnen müssen. Schweigen Sie beide, bekommen Sie je ein Jahr für den Autodiebstahl.

	Er verpfeift Sie	Er verrät Sie nicht
Sie verpfeifen ihn	5 Jahre, 5 Jahre	Freilassung, 10 Jahre
Sie verraten ihn nicht	10 Jahre, Freilassung	1 Jahr, 1 Jahr

Sie stecken in einem Dilemma, weil Ihnen Ihre Intuition sagt, dass es richtig wäre, zu schweigen und davon auszugehen, dass Ihr Kumpel das Gleiche tut. Die Minimax-Lösung des Problems ist aber, dass Sie sich wechselseitig beschuldigen. Zugegeben: Das Ergebnis ist für jeden von Ihnen nur die drittbeste von vier Möglichkeiten, aber zu singen stellt das kleinere Risiko dar, wenn man davon ausgeht, dass auch der andere den Mund nicht hält.

Im realen Leben entstehen in Zeiten eines sichtbaren Wandels – wenn die Bevölkerung zunimmt, die Ressourcen abnehmen oder neue Kriegsbeute zur Verteilung ansteht – Bedingungen, unter denen sich schon ein kleiner Keim von Misstrauen so auswachsen kann, dass die Gesellschaft vor dem Gefangenendilemma steht. Protestanten und Katholiken, Hutu und Tutsi, Serben und Kroaten: Selbst wenn zuvor nur wenig Feindseligkeit zwischen ihnen bestand, können zwei Bevölkerungsgruppen eines Gebiets zu dem Ergebnis kommen, dass sich plötzlich die Chancen für einen glücklichen Ausgang des Lebensspiels rapide verschlechtern. Die Mehrheit in einer gemischten Bevölkerung kann zwar weiter glauben, dass Friede und Zusammenarbeit die beste Lösung darstellen, wenn aber eine hinreichend große Minderheit auf die Idee kommt, dass ihre Interessen nur mit einem Sieg ihres Volksstamms oder ihrer Ethnie gesichert werden, kann sich dies sehr schnell zu einer sich selbst erfüllenden Prophezeiung entwickeln. Sie bekommen Angst, Ihr Nachbar könnte Ihr Haus niederbrennen. Sollen Sie warten, bis er und seine zwielichtigen Freunde mit der Fackel ankommen? Nein, Sie rufen besser *Ihre* Freunde zusammen und besorgen sich Benzin und Zündhölzer. Die Zivilgesellschaft erstarrt sehr schnell, und der Einzelne verliert die Möglichkeit, über sich selbst zu entscheiden. Selbst die mutigen Kämpfer, die für den Frieden auf die Barrikaden gehen, verlieren alles, weil sie von ihren mitgefangenen Freunden verraten werden.

In das Gefangenendilemma kann man – wie in vielen Situationen des Lebens – leichter gelangen als wieder herauszufinden. Das liegt zum Teil daran, dass es so leicht ist, die Interessen vieler gegenüber dem Vorteil weniger hintanzustellen. Die Kindersoldaten in vielen afrikanischen Kriegen handeln aus eigenem Interesse, aber dieses Interesse ist ganz auf ihre Einheit beschränkt. Nachdem sie nicht länger die Bevölkerungsgruppe vertreten, für die sie eigentlich gekämpft haben, sind sie durch die Maschen des Netzes gegenseitiger Unterstützung und Verpflichtungen gefallen, das in Friedenszeiten so sorgfältig geknüpft worden war. Sie haben nur eine einfache Wahl: zwischen einem kurzen Leben voll Aufregung, Terror und Plünderungen – und einem etwas längeren voll harter Arbeit, Demütigung und Sorgen. So brutal diese jungen Kämpfer erscheinen und so sinnlos es wirkt, was sie tun: Sie sind nur rationale Spieler in einem abartigen Spiel.

Bestimmt das Gefangenendilemma eine Gesellschaft, können Anführer wie Fußvolk ein persönliches Interesse daran haben, das Morden fortzusetzen. Die Anführer sind es gewöhnlich, die das »Problem« zuerst mit den Begriffen »wir« und »sie« formulieren und damit das allgemeine Unbehagen auf die zwei Pole von Furcht und Hass zuspitzen. Oft definieren sie sich selbst durch das Chaos, das sie mit ausgelöst haben, und gewinnen auf diese Weise Macht und Ansehen. Der Gründer des »Leuchtenden Pfades«, der am hartnäckigsten kämpfenden Guerillagruppe Perus, war Soziologieprofessor an einer Provinzuniversität. Das Prestige, das dieses Amt bot, konnte kaum an den Ruhm heranreichen, ein ganzes Land zu terrorisieren. Radovan Karadžić war Psychiater in einer Kleinstadt, Stalin war Seminarist und Hitler ein mäßig begabter Maler von Ansichtskarten. Keiner von ihnen hätte vermutlich außerhalb der Katastrophen, in die er sein Volk hineinzog, viel erreicht. Ein militärischer Anführer ist selten damit zufrieden, die tristen Probleme des Friedens zu lösen. Vielleicht trug Fidel Castro deshalb noch ein halbes Jahrhundert, nachdem er von den Bergen herunterkam, Olivgrün – bis ihn seine Erkrankung zwang, auf Bequemeres umzusteigen.

Selbst Politiker, die auf legitime Weise an die Macht kamen, aber einen schon lang andauernden Konflikt geerbt haben, können ein Interesse daran haben, ihn zu verlängern. Schließlich könnte ein Friedensschluss das Ende der internationalen Aufmerksamkeit, der Hilfsgüter, Gipfeltreffen und Unterstützungen bedeuten. Wir verleihen dem Frieden einen absoluten Wert und machen ihn zur moralischen Trumpfkarte, aber in der Spieltheorie stellt er nur einen von vielen Faktoren in der Nutzenfunktion der Beteiligten dar – sei es bei einem Warlord, einem Killer oder einem Flüchtling. Eine Änderung in der Definition dessen, was als Nutzen gilt, ist daher oft der einzige Weg, um einen Konflikt zu beenden.

Der »internationale Terrorismus«, selbst schon eine Metapher, lädt regelrecht zu Metaphern ein: Ist er eine Krankheit, ein Parasit oder ein Gift? Obwohl es sich offensichtlich um einen Konflikt zwischen Menschen handelt, zögern wir, von einem »Krieg« zu sprechen, weil die Auseinandersetzung nicht den Konventionen eines Krieges folgt und nicht dessen einfache Struktur hat. Den Terrorismus als »Krankheit« einzuordnen, erscheint der beste Weg, wenn es um die Aufklärung terroristischer Handlungen und um den Schutz vor ihnen geht. Für den Statistiker sind unsere Methoden, Terroristen aufzuspüren, die mitten unter uns leben, die gleichen wie beim Screening auf eine seltene ansteckende Krankheit. In beiden Fällen gibt es das Problem, dass jemand, beziehungsweise etwas, fälschlicherweise positiv getestet wird. Wir erinnern uns an das Screening auf Brustkrebs, das wir in Kapitel 7 diskutiert haben. Angenommen, in den USA sind 1 000 Terroristen aktiv. Mit einem Test, der mit einer Sicherheit von 99 Prozent Terroristen herausfiltern kann, wenn er öffentliche Datensammlungen durchkämmt, würden 2,8 Millionen unschuldige Personen verdächtigt werden: Die Chance, dass der mit Handschellen im Einsatzwagen festgehaltene Typ ein Terrorist ist, ist kleiner als 1 zu 300 000. Andererseits würden 10 wirkliche Terroristen durch das Raster fallen – und einer wäre schon zu viel! Noch wichtiger ist, was eine derartige Rasterfahndung, die sichere Ergebnisse verspricht, für eine Zivilisation bedeutet, in deren Namen wir schließlich diesen Kampf führen. Wie können wir in einer Gesellschaft, die auf gegenseitigem Vertrauen beruht, einerseits frei sein, andererseits aber auch frei von allen Gefahren? Benjamin Franklin hat es auf den Punkt gebracht: »Wer wesentliche Freiheiten aufgibt, um für kurze Zeit ein wenig Sicherheit zu gewinnen, verdient weder Freiheit noch Sicherheit.«

Gordon Woo, Terrorismusexperte bei einem der weltgrößten Unternehmen für Risikoanalyse, sagt dazu: »Eine reine Sicherheitsstrategie kann nie die Antwort sein. Die adäquate Metapher für den Terrorismus ist ›Überflutung‹: Wenn man irgendwo den Damm öffnet, wird nur die Flut weiter flussabwärts schlimmer. Wir ›härten‹ prominente Ziele – und schon wechseln die Terroristen zu nicht ›gehärteten‹ Zielen.« Mit seiner sanften Stimme, der blitzenden Brille und dem etwas gekrümmten Rücken ist Woo eine Kombination aus persönlicher Zurückhaltung und intellektueller Sicherheit, wie sie das Kennzeichen der Leute mit einem glänzenden Cambridge-Abschluss in Mathematik sind. Auf die Untersuchung des Terrorismus kam er aufgrund seiner langen Erfahrungen mit der Wahrscheinlichkeit anderer Phänomene, bei denen sich hohe Risiken und Nicht-Vorhersagbarkeit paaren: Erdbeben und Vulkane. Er fährt ganz ruhig und nüchtern fort:

Wenn man nicht alles schützen kann, muss man mehr über die Bedrohung herausbringen, über ihre innere Dynamik. Im Fall von Al Qaida gibt es einige Möglichkeiten, ihre Methoden und ihre Motivation zu verdeutlichen, und sie alle beeinflussen die Art und Weise, wie wir mit dem Problem umgehen. Was die Methoden betrifft, so scheinen die Mitglieder dieses Netzwerks über Befehls- und Informationswege zu verfügen, die denen eines Ameisenhaufens entsprechen: Die Anweisungen kommen nicht von einer Zentrale, aber es handelt auch keines der Mitglieder völlig unabhängig. Es gibt stattdessen kurze informelle Kontakte, und man teilt die Ziele und Grundsätze. Die Struktur ist eine Kombination horizontaler und vertikaler Elemente. Das alles bedeutet, dass es wenig ändert, wenn man den Kopf der Organisation »eliminiert« oder ein paar von den Fußtruppen hinwegfegt. Das Netzwerk repariert sich selbst wieder.

Terrorismus ist das Gegenbild einer Versicherung: Sein Ziel ist es, die Zerstörungskraft zu konzentrieren, um die größten und spektakulärsten Schäden zu erzeugen. Und wie Versicherer die großen Risiken diversifizieren und die Last auf die Schultern vieler verteilen, wechseln auch die Terroristen zu einer Mischstrategie mit zahlreichen kleineren und zufällig gewählten Angriffen, wenn die ganz großen Ziele zu riskant werden. Es ist eine ganz einfache Kosten-Nutzen-Analyse: Was ist spektakulär genug, um der moslemischen Welt zu zeigen, dass sie den Westen verletzt – aber nicht so groß angelegt, dass es zu viele Ressourcen kostet, und vor allem, dass es zu einem Fehlschlag kommen kann. Das bedeutet aber für uns, dass wir damit beginnen können, unsere eigenen Kurven von Bedrohlichkeit und Häufigkeit von Anschlägen zu zeichnen. Es ist wie bei den Erdbeben: Wir können Annahmen über das Risiko von Terroranschlägen machen und sogar ihre Kosten angeben, obwohl wir keine deterministischen Gesetze haben, die einen bestimmten Anschlag vorauszusagen in der Lage sind.

Diese Leute sind schlau. Ihr Ziel ist es, Spuren in der Geschichte zu hinterlassen. Sie wissen, dass sie dazu dem Westen deutlich sichtbare Wunden zufügen müssen: indem sie Menschen töten und beträchtliche Schäden anrichten. Die Zeit ist dabei kein wichtiger Faktor. Wenn es wirklich darum geht, wieder ein Kalifat zu errichten, rechnen sie in Jahrhunderten. Auch das Leben eines einzelnen Terroristen zählt nichts. Mit den Begriffen der Spieltheorie ist der einzige signifikante Verlust, den sie fürchten können, bei einer spektakulären Aktion einen Fehlschlag zu erleiden. Daher sind die Schlüsselworte von Al Qaida Geduld, sorgfältige Vorbereitung und Aufklärung der Lage.

Was kann uns also die Spieltheorie über den Terrorismus sagen? Trotz der ungeheuren militärischen Überlegenheit des Westens sind wir in diesem finsteren und privaten Kampf in der gleichen Lage wie Lee angesichts des Feindes unter General Grant. Wir machen den Versuch, uns entlang des ganzen Erdkreises gegen einen Feind zu verteidigen, der bereit ist, jede Menge Zeit und Blut zu opfern, um uns zu schaden. Wir können jede Schlacht gewinnen, falls wir das wollen, aber um den Krieg zu gewinnen, müssten wir die Felder der Matrix des Spiels neu beschriften. Wir müssten davon Abschied nehmen, dass es ein Nullsummenspiel ist, und versuchen, den Nutzen neu zu definieren, mit dem unsere Gegner kalkulieren, indem wir ihm neue Wohltaten untermischen.

Die Absichten des extremen Islam sind nicht zeitgebunden und haben kein Endziel. Der einzige Weg, um in der Strategie der Terroristen dem Erfolg seine Bedeutung zu nehmen, wäre eine neue Form von Erfolg, den sie erringen könnten und der attraktiver wäre als das heutige Ziel. Der Schlüssel ist, die Bestrebungen der »gewöhnlichen«, säkularisierten Moslems zu fördern und damit für sie den Frieden erstrebenswert zu machen. Das ist aber etwas, was die westlichen Regierungen nicht einmal versucht haben.

Da der Terrorismus nicht einfach von selbst verschwindet, sollten die Regierungen auch versuchen, die Risiken und die Geheimdienstinformationen ehrlicher einzuschätzen. Um es deutlich auszudrücken: Leute, die in eine Handelsakademie gegangen sind, sind besser geeignet, diese Probleme zu bewerten, als Regierungsbeamte. Leute aus der Wirtschaft sind zumindest darauf trainiert, trotz Ungewissheiten vernünftige Entscheidungen zu treffen. Alles ist eine Frage der Wahrscheinlichkeit: die Urteile der Geheimdienste, Risikoabschätzungen, Entschlüsse zu fassen. Ich denke nicht, dass unsere Politiker bereit sind, in diese Richtung zu denken oder mit solchen Begriffen zu operieren. Sie wollen Sicherheit vermitteln, aber es gibt sie einfach nicht.

Nur bei einem Kampf mit dem Messer gibt es keine Regeln, ein Krieg bleibt eine Angelegenheit von Bräuchen, Traditionen, Vereinbarungen und Konventionen. Geraten sie durcheinander, wird der Krieg grausamer, und der Kampf wird zum Selbstzweck. Herman Kahn hat darauf hingewiesen, dass eine wichtige Quelle des Schreckens an der Ostfront im Zweiten Weltkrieg das Durcheinander aus den soldatischen Traditionen der Wehrmacht (nach Vorschrift, ehrenhaft, betont ritterlich) und den gegen allen Brauch verstoßenden »Werten« der Waffen-SS (gewaltsam, furchterregend, die Macht anbetend) war. Selbst in Gebieten, wo man die Deutschen zunächst willkommen hieß, führte dieser Gegensatz dazu, dass sich alle gegen die Besatzer richteten, weil ihnen deren Verhalten immer unverständlicher wurde.

Konventionen sind in der klassischen politischen Theorie die Grundlage jeder organisierten Gesellschaft. Wir arbeiten zusammen, wir vertrauen bei Kauf und Verkauf auf an sich wertloses Papiergeld, wir halten vor der roten Ampel an. Die Spieltheorie würde »Warum?« fragen. Müsste nicht unsere private Strategie sein, alles, was zu haben ist, auch zu bekommen, unsere Nachbarn übers Ohr zu hauen und dann irgendwo auf einer verführerischen Insel im Süden unser Vermögen zu verprassen? Warum streben wir nicht nach dem Gleichgewichtszustand, wenn das Leben die Gestalt des Gefangenendilemmas annimmt, und verraten uns angesichts der Polizisten des Schicksals wechselseitig?

Die Antwort scheint zu sein, dass wir nie nur ein Spiel spielen. Bei seinem berühmten Experiment von 1980 hat Kenneth Axelrod individuelle Computerprogramme miteinander in einem Turnier verknüpft, bei dem es immer wieder zu einem Gefangenendilemma kam. Für jeden Schritt wurden Punkte vergeben: fünf Punkte, wenn einer floh, drei für Kooperation, einer, wenn beide flohen, und null Punkte für den vertrauensseligen Trottel. Von 14 Teilnehmern bei der ersten Runde und 64 bei der zweiten war der Gewinner eines der einfachsten Programme: TIT FOR TAT von Anatol Rapoport, das bei der ersten Runde kooperierte und dann dem Gegner genau das antat, was der Gegner in der vorhergehenden Runde getan hatte. In der E-Gesellschaft stellt TIT FOR TAT den braven Spießer dar. Das Programm kennt keine schmutzigen Tricks, man kann es nur einmal überlisten, aber wenn man es fair behandelt, revanchiert es sich durch ebenso faires Verhalten. Es reagiert, wie es uns die Weisen immer raten: Das Beste erhoffen und auf das Schlimmste gefasst sein. Indem es diese Elemente von Erinnerung und konditioniertem Verhalten aufnahm, führte Rapoports Vier-Zeilen-Programm Konventionen ein, wodurch das Spiel, das zuvor dem Zustand der Welt von Hobbes entsprach, für den Beginn der Zivilisation gerüstet war.

Ähnliche Experimente der evolutionären Spieltheorie, bei denen Strategien von der Software durchgespielt werden und der Nutzen in der »Reproduktion« besteht, zeigen sogar eine noch interessantere Dynamik: In einer Welt, in der Gauner und ehrbare Bürger, Gierige und Faire sich vermischen und sich per Zufall miteinander einlassen, geht es den Gaunern prima. Gibt man jedoch auch nur einen Hauch von Präferenzen zu diesem Gemisch – die Ehrbaren mögen zum Beispiel lieber nur mit anderen Ehrbaren Geschäfte machen oder, noch einfacher, nur mit ihren nächsten Nachbarn –, werden wir schnell nach Dodge City versetzt: Die verlässlichen Strukturen einer Zivilgesellschaft bilden sich heraus, und nur ein kleiner Rest der Gesellschaft besteht aus Gaunern, die jene abknallen, die zu unvorsichtig sind.

All das – und damit auch jede geistige Freiheit, die wir aus einem wechselseitig fairen Umgang beziehen – hängt von einem entscheidenden Glauben ab: dass dieses Spiel nicht das letzte ist, ja nicht einmal das vorletzte. Wir nehmen an, in einer Welt weiterzuleben, die durch unsere heutigen Handlungen geprägt wird. Wenn wir sicher wüssten, dass wir das *letzte* Spiel spielen und keinerlei Chance auf eine Revanche haben, könnten wir unser letztes Hemd verspielen, wir könnten plündern, betrügen und zerstören. Selbst wenn wir nur sicher wüssten, *welches* unser letztes Spiel ist, könnten wir einen Profit daraus ziehen, ehrlos zu handeln. Daher sind die gefährlichsten Gestalten der Weltgeschichte jene, die glauben, sie *wüssten*, wie das Spiel ausgeht – sei es, dass sie an einen Sieg auf Erden denken oder an das Paradies.

Als die Spieltheorie zum ersten Mal auf den Plan trat, schien sie einen sicher erscheinenden Weg zu eröffnen, den Verlauf eines Krieges abzuschätzen und den am wenigsten schlimmen Ausgang auswählen zu können. Inzwischen scheint die Lektion, die uns die Spieltheorie lehrt, sowohl genauer zu sein als auch mehr dem wahren Leben zu entsprechen: Der Tod wird uns ereilen – aber wir hoffen, dass das nicht so bald sein wird. Inzwischen leben wir dieses eine Leben, und unsere Gegen- oder Mitspieler, seien sie gottlos oder nicht, sind wie wir damit konfrontiert, wählen zu können. Unter diesen Umständen ist ein anständiges Leben nicht nur das, was uns unsere Mutter immer beigebracht hat, sondern auch eine ziemlich gute Strategie.

Kapitel 11
Geheimnisse des Seins

Ich denke, dass die Wahrscheinlichkeit ein grundlegenderes
Konzept darstellt als die Kausalität. In einem konkreten Fall
kann nämlich die Entscheidung, ob eine Ursache die wahre ist
oder nicht, nur getroffen werden, indem man die Wahrscheinlichkeiten bei der Messung berücksichtigt.

Max Born, Natural Philosophy of Cause and Chance

Draußen in der Nacht hörte man die lauten Schreie der Tiere. Drin-
nen warf die Lampe ihr goldenes Licht auf den breiten Tisch und ließ
die dort verstreuten Papiere wie Blätter erscheinen, die sich in einer
sanften Brise bewegen. Bischof Colenso, der an seinem Wörterbuch
der Zulu-Sprache arbeitete, schaute auf das konzentrierte Gesicht
Ngidis, der so genau zugehört hatte. Das Übersetzungspensum des
Tages war erledigt, aber der Zulu hatte noch eine Frage: »Ist das alles
wahr? Glauben Sie wirklich, dass sich das alles so zugetragen hat?
Und hat Noah für alle etwas zu essen zusammengetragen, für die
wilden Tiere und die Raubvögel und für alle anderen?« Der Bischof
hielt inne. Er musste zugeben, dass er nicht *alles* glaubte. Das löste
eine Kette von Ereignissen aus, an deren Ende er sich verunglimpft
und exkommuniziert wiederfand.

Sind wir in der gleichen Lage? In den ganzen letzten Kapiteln haben
wir von einer *Wissenschaft* des Ungewissen gesprochen, von einer
Art vernünftigem Denken, das gleich nach der logischen Deduktion
kommt, und von einer wissenschaftlichen Methode als Mittel, um
der Welt auf die Schliche zu kommen und unseren Weg durch sie zu
bahnen. Wir haben die überraschenden Stärken und gelegentlichen
Schwächen dieser Wissenschaft kennen gelernt, indem wir jener Spi-
rale aus Hoffnung und Enttäuschung gefolgt sind, die alle menschliche Entdeckerlust antreibt. Wir neigen dazu, unsere Erwartungen
zurückzuschrauben, das Erreichte gering zu schätzen und die Enttäuschungen zu überhöhen. Die Wahrscheinlichkeitstheorie hilft

uns, Entscheidungen zu treffen, und gibt uns ein Werkzeug in die Hand, Dinge in den Griff zu bekommen, die immer wiederkehren, aber nicht vorhergesagt werden können. Sie hilft uns, Katastrophen, Krankheiten, Ungerechtigkeiten und Rosinen-Missernten zu verhindern oder den Schaden zu begrenzen. Aber glauben wir wirklich an diese Theorie? In welchem Maß sind diese Erkenntnisse wirklich *wahr*? Gehören sie wirklich zum Wesen dieser Welt und unserer Erfahrungen – und nicht nur zu den Würfeln und Roulettetellern?

Eine 1A-Wahrheit nach den Kategorien von Lloyd's würden vermutlich die meisten von uns zur klassischen Physik zählen. Obwohl wir mit den Newtonschen Gleichungen in ihrer reinen Form wenig persönliche Erfahrung haben, glauben wir fest an ihre Gültigkeit in den Weiten des Alls und hier bei uns um die Ecke. Dieses Vertrauen hat zwei Ursachen: Erstens haben sich die meisten von uns nicht mehr mit Physik beschäftigt, seit sie in der Schule das Fallgesetz eingetrichtert bekamen – so, wie wir die Mathematik mit der Geometrie Euklids abgeschlossen haben. An alles, was wir uns zuletzt erarbeitet haben, glauben wir besonders fest und halten es für wahr. Zweitens haben wir Menschen gerade die richtige Größe für die Newtonsche Mechanik: Unsere Billardtische und Tennisplätze lassen sich leicht bis auf planetarische Dimensionen aufblasen.

Wir kleben auch an der klassischen Physik, weil Newtons Universum so wundervoll ist – nicht nur wegen der Einfachheit und Macht seiner Gesetze, sondern auch wegen der Eleganz, mit der sie angewandt werden können. Die Planeten bewegen sich in all ihrer Großartigkeit unaufhaltsam voran, ohne dass auch nur der Pendelschlag eines Uhrwerks die Sphärenmusik unterbricht. Harmonisch glatte Kraftfelder bestimmen, wie sich die Massen verhalten und beherrschen die Elektrizität und den Magnetismus. Das Konzept der Annäherung an einen Grenzwert, also das Fortsetzen von Kurven in den Bereich jenseits der Auflösung jeglicher Messung, nimmt uns die Kinderfurcht vor Ewigkeit und Unendlichkeit und offenbart ein weites Kontinuum aus Raum und Zeit, in dem jede Bewegung unausweichlich vorbestimmt ist.

Nicht so im Bereich der ganz kleinen Dinge! Beim Blick in Welten, in denen ein Molekül riesig ist, entdecken wir, dass die Newtonschen

Gesetze – anders als das Grundgesetz – nicht überall gelten. Was aber in jedem Größenbereich eine Rolle spielt, sind die Wahrscheinlichkeiten.

Eines der verwirrendsten Experimente der Physik ist zugleich eines der unterhaltsamsten: Füllen Sie eine Badewanne mit heißem Wasser, legen Sie sich hinein und fangen Sie an, Ihre Zehen zu bewegen. Machen Sie es nur mit dem linken Fuß, breiten sich die Wellen ganz sanft bis zu Ihrer Nasenspitze aus und bilden am Wannenrand eine glatte Wellenlinie. Bewegen Sie aber alle zehn Zehen, wandelt sich das Bild. An manchen Stellen überlagern sich die beiden Wellenzüge und bilden doppelt hohe Wellenberge, während sie sich anderswo gegenseitig auslöschen und Bereiche mit spiegelglattem Wasser entstehen. Sind Sie Zehenprofi und wackeln synchron, können Sie ein Interferenzbild erzeugen, das auf Dauer erhalten bleibt und in dem sich Bereiche ohne Wellen und mit doppelt hohen Wellen strahlenförmig in Richtung Ihres Kopfes.

1804 wurde das gleiche Experiment mit Licht durchgeführt. Auch Sie können es leicht wiederholen: Ritzen Sie in ein Fensterrollo zwei feine Schlitze und lassen Sie Sonnenlicht, aus dem Sie alle Farben bis auf eine herausgefiltert haben, auf einen Schirm im verdunkelten Raum fallen. Sie werden nicht zwei helle Flecke sehen, sondern ein Muster aus hellen und dunklen Bändern, die sich vom Zentrum nach außen erstrecken. Das Licht verhält sich also wie die Wellen in der Badewanne und wird an der einen Stelle verstärkt und an der anderen ausgelöscht. Es ist also kein Wunder, dass wir bei allen möglichen Formen elektromagnetischer Strahlung – von der Mikrowelle bis zur Gammastrahlung – von Wellenlänge, Frequenz und Amplitude sprechen.

Wir wissen aber, dass sich Licht auch wie ein Strom winziger Teilchen verhält. Diese Photonen können Elektronen aus einer Oberfläche herausschlagen und damit unsere Wäsche bleichen und unsere Haut bräunen. Jedes Photon transportiert ein genau bemessenes Energiepaket, das von der Strahlungsart abhängt. Die matten Radiowellen durchdringen unseren Körper, ohne dass wir etwas merken, während die geschäftigen Röntgenstrahlen eine Spur der Verwüstung hinterlassen. Das ist nicht nur blasse Theorie, sondern tagtägliche

Praxis. Wir sind inzwischen in der Lage, Photonen mit einer genau bemessenen Energie zu erzeugen und können ihren Strom, der bei einer 60-Watt-Birne 10^{20} Photonen je Sekunde beträgt, so drosseln, dass ein Photon nach dem anderen heraustropft.

Wir können nun die gleiche Frage wie die Forscher stellen, die dieses Experiment gemacht haben: Was passiert, wenn wir ein Photon nach dem anderen auf unsere beiden Schlitze schießen? Nach allem, was wir wissen, kann das Interferenzmuster nur durch eine große Schar von Photonen entstehen, die sich durch die zwei Schlitze zwängen. Aber selbst, wenn die Photonen nacheinander abgeschickt werden, wenn also vor und hinter den Schlitzen kein Gedrängel herrscht, erhalten wir das gleiche Interferenzmuster! Dieser Effekt ist nicht auf Licht beschränkt, sondern tritt auch bei einzelnen Elektronen auf. Sogar Riesenmoleküle von Kohlenstoff-60 in Fußballform, sogenannte Fullerene (benannt nach Buckminster Fuller), verhalten sich so, als würden Sie mit sich selbst interferieren, also ihre Identität aufspalten und durch beide Schlitze gleichzeitig schlüpfen. Es wird noch verrückter, denn wenn wir an die Schlitze Detektoren anschließen, die feststellen, welchen Schlitz das Teilchen passiert hat, verschwindet der Effekt: Statt des Interferenzmusters entstehen auf dem Schirm zwei Lichtflecke, die anzeigen, dass keine Interferenz stattgefunden hat.

Was geht hier vor? Zunächst sehen wir, auf welch komplexe Weise die Newtonsche Welt mit der Welt der Quantenmechanik zusammenwirkt. Unsere Erfahrungen mit der sichtbaren, klassischen Physik deuten auf eine kontinuierliche Veränderung aller Dinge: Steigt die Temperatur von 20 auf 25 Grad Celsius, durchläuft sie dabei *alle* Zwischenstufen. Fliegt ein Tennisball von der einen Seite des Platzes zur anderen, kommt er dabei an *allen* Zwischenstationen vorbei. Die Quantenmechanik verdankt ihren Namen der Tatsache, dass es bei dem Phänomen, die sie untersucht, anders zugeht: Es gibt festliegende »Quanten«, die keine Zwischenwerte erlauben. Elektronen springen ohne Zwischenstation von einem Energieniveau auf ein anderes. Dazu kommt, dass Teilchen noch miteinander verknüpft scheinen und sich gegenseitig auf messbare Weise beeinflussen, obwohl sie weit voneinander entfernt sind. Im Größenbereich der Quantenmechanik wird also die Frage »Wo ist das Teilchen gerade?« genauso verwirrend und sinnlos wie die Frage »Was hat das alles zu bedeuten?« Der Beobachter ist immer Teil des Geschehens. Schon wenn er etwas »nur« betrachtet – zum Beispiel, indem er Detektoren an den Schlitzen anbringt –, ändert er die Natur des physikalischen Systems. Die Frage nach dem Ort eines Photons, ohne es auch zu beobachten, also ohne es zum Beispiel von einem Detektor anzeigen zu lassen, ist so sinnlos wie die Frage nach Kopf oder Zahl bei einer Münze, die in der Luft wirbelt: Wir müssen sie auf den Handrücken klatschen und nachsehen!

Was können wir also ohne direkte Messung beschreiben? Wahrscheinlichkeiten! In der Quantenmechanik ist die Wahrscheinlichkeit der »Äther«, durch den sich die Wellen voranbewegen. Das Interferenzmuster zeigt, mit welcher Wahrscheinlichkeit das Photon durch den einen oder anderen Schlitz schlüpft. Machen wir seinen Weg nicht durch eine Messung dingfest, folgt es diesem Wahrscheinlichkeitsfeld und geht durch beide Schlitze zugleich. »Ort eines Objekts« ist daher ein Begriff mit zwei Gesichtern: Zunächst meint man damit ein wellenförmiges Wahrscheinlichkeitsfeld. Wird dann eine Messung gemacht, ist es ein Punkt im Raum.

Warum soll das nur im Größenbereich der Quantenwelt gelten, aber nicht in der klassischen Welt? Warum sehen wir kein Interferenzbild, wenn wir beispielsweise Fußbälle durch die Fenster des Nachbarhauses werfen? Nach Ansicht des Physikers Roger Penrose ist das alles eine Frage der Größenskala. Die Wahrscheinlichkeitsverteilung für den Ort eines Teilchens enthält einen Term, der bei der Überlagerung mit der Wahrscheinlichkeitsverteilung eines anderen Teilchens zu einer Verstärkung oder Auslöschung führen kann. Dabei entsteht das Interferenzbild. Wenn wir nun aber in die Größenbereiche der klassischen Physik übergehen, haben wir es ständig mit einer Unzahl von Wahrscheinlichkeitsverteilungen zu tun, die sich überlagern und den genannten Schlüsselterm zu Null werden lassen. Damit verbleiben nur die jeweiligen Wahrscheinlichkeitsverteilungen für jeden einzelnen Weg. Der Fußball zerschlägt entweder die eine oder die andere Fensterscheibe, und an der Wand im Zimmer des erzürnten Nachbarn wird kein interessantes Interferenzmuster entstehen und ihn von unserer Untat ablenken.

»Glauben Sie das wirklich?« Die Zweifel Ngidis sind nie weit entfernt, wenn es um die Quantenmechanik geht. Und Sie sind nicht allein, wenn Sie nicht ganz zufrieden mit der Tatsache sind, dass die Wahrscheinlichkeit die Grundlage der Wirklichkeit ist. Obwohl Einstein als Erster die Photonen als Quanten der Strahlungsenergie erkannt hatte, liebte er die Idee überhaupt nicht, dass es Dinge gibt, die keine physikalische Präsenz haben, bevor sie nicht beobachtet oder gemessen werden. Richard Feynman gab lächelnd zu Protokoll: »Ich denke, man ist auf der sicheren Seite, wenn man sagt, dass niemand die Quantenmechanik versteht.« Vielleicht ist es mit dem »Verstehen« (im Sinn von »sich ein kohärentes inneres Bild von einer nicht sichtbaren Wirklichkeit zu machen«) wie mit dem Ort eines Objekts: Es hat für bestimmte Größenordnungen seinen Sinn verloren. Immerhin funktionieren die Gleichungen, sodass Feynman mit seiner Mahnung Recht hat: »Halt die Klappe und fang an zu rechnen!«

Gibt es irgendeine Möglichkeit, über solche Dinge nachzudenken, ohne ins bloße Plappern zu verfallen? Vielleicht! Es *gibt* im wirklichen Leben Situationen, in denen wir ein Wahrscheinlichkeitsfeld jenseits einzelner Bewegungen und Positionen wahrnehmen. Wenn Sie mit dem Auto zur Arbeit fahren, stellen Sie sich vermutlich Ihren Weg als Wahrscheinlichkeitsfeld vor, in dem es zwischen den Kreuzungen bestimmte Fahrspuren gibt, auf denen man gewöhnlich schneller vorankommt und nicht hinter einem Bus herkriechen muss. Morgen fahren Sie in der Frühe vielleicht – oder auch nicht – auf der Höhe der Currybude in der linken Spur, und alles ist entschieden: Sie jubeln oder Sie sind verzweifelt. Die Strecke, die in Ihrem Kopf gespeichert ist, hat eben – wie die Anordnung der Schlitze für den Lichtstrahl – beides: Sie hat Wahrscheinlichkeitscharakter und ist, wenn Sie sich für eine Variante entscheiden, eindeutig bestimmt.

Bei den extremen Größenskalen der Physik ist immer ein Hauch von mittelalterlicher Theologie im Spiel, ein Hauch von *credo quia impossibile* – »Ich glaube, weil es unmöglich ist.« Wir wollen deshalb zurück in das Reich des Sichtbaren und Greifbaren gehen, indem wir uns einem Gerät aus dem 19. Jahrhundert zuwenden, das groß, gewichtig und äußerst sinnvoll ist: dem Dampfkessel.

Wo liegt die Quelle seiner Kraft? Es ist die Bewegung. Die erhitzten Wasserdampfmoleküle zischen in dem abgeschlossenen Raum des Kessels umher und erzeugen Druck, indem sie ständig miteinander zusammenstoßen und auf die Wände des Kessels prallen. Aber schon beim Formulieren dieses Satzes war es nötig, die Beschreibung der einzelnen Moleküle mit der ihrer Gesamtheit zu vermischen: Die Teilchen folgen ihrem hektischen Weg, während der Druck insgesamt gemessen wird. Jedes Molekül verhält sich exakt wie ein Anhänger Newtons, jeder Zusammenstoß folgt wie bei Billardkugeln den Newtonschen Bewegungsgesetzen: Wir haben ein klassisches, deterministisches System. Wenn Sie auf der Suche nach einem Modelluniversum für den allwissenden Laplaceschen Dämon sind, in dem von jedem Teilchen Ort und Geschwindigkeit bekannt sind, könnten Sie das Innere des Dampfkessels als Beispiel nehmen. Während aber der Dämon seine Aufgabe erfüllen könnte, wären wir selbst dazu völlig unfähig. Selbst die Vorhersage der Positionen der Moleküle in einem Kubikmillimeter Dampf nach nur einer Millisekunde ist ausgeschlossen. Wir sind auf dieses Problem schon beim Blick auf das Wettergeschehen gestoßen: Die Komplexität setzt der Vorhersagbarkeit Grenzen. Wir sind zwar in der Lage, die Gleichungen zu formulieren, das heißt aber noch lange nicht, dass wir sie auch lösen können.

Die Bewegungen einzelner Moleküle, die ständig von ihren Nachbarn gestoßen werden, sind *an sich* deterministisch, aber *für uns* zufällig. Das bedeutet, dass viele der Grundgrößen, mit denen wir physikalische Systeme beschreiben – Wärme, mechanische Arbeit, Druck – nur statistisch definiert sind. James Clerk Maxwell, der große Physiker des 19. Jahrhunderts, gab die Eigenschaften eines Gases (zum Beispiel den Dampfdruck) in Abhängigkeit von den statistischen Verteilungen der Moleküleigenschaften (zum Beispiel der Geschwindigkeit) an und fand dabei heraus, dass sie normalverteilt sind. Um zu diesem Schluss zu kommen, musste er über den rostigen, nüchternen Dampfkessel die gleichen Annahmen machen wie wir, als wir einige seltene Exemplare von Wahrscheinlichkeitssystemen beschrieben haben: Die Bestandteile sind gleichmäßig verteilt, das System befindet sich als Ganzes im Gleichgewicht, und alle Flugrichtungen der Moleküle sind gleich wahrscheinlich. Mit anderen Worten: Man kann das System mit Würfeln vergleichen, die unverfälscht und unveränderlich sind und ohne Tricks geworfen werden.

Wenn das alles wäre, könnten wir immer noch sagen, dass der Rückgriff auf Wahrscheinlichkeiten nur ein Weg ist, über den Druck zu *reden,* dass sie aber keine inneren Eigenschaften der realen Welt darstellen. Maxwell fand aber im Dampfkessel noch einen weiteren Dämon. Er erblickte 1871 das Licht der Welt, um auf einen wesentlichen Unterschied zwischen dem, was in physikalischen Systemen *passieren kann,* und dem, was wirklich *passiert,* hinzuweisen. Wir können uns diesen Dämon als den Türsteher vorstellen, der das Verbindungsrohr zwischen zwei Dampfkesseln bewacht. Wie Maxwell zeigen konnte, haben die Dampfmoleküle unterschiedliche Energien, die um die konstante, mittlere Energie des Systems geschart und normalverteilt sind. Erreicht ein Molekül das Verbindungsrohr, misst der Dämon seine Energie. Ist sie größer als eine vorher festgelegte Marke, darf es weiterfliegen, wenn nicht, versperrt der cool in die Ferne blickende Dämon mit verschränkten Armen den Weg. Nachdem genügend Zeit verstrichen ist, führt diese Auswahlprozedur dazu, dass zwischen beiden Dampfkesseln eine Energiedifferenz besteht: Alle VIPs mit hoher Energie feiern im einen Kessel eine wilde Party, während die laschen Loser voll Groll im anderen Kessel herumhängen. Die Gesamtenergie des Systems ist gleich geblieben, aber es ist nun besser organisiert und so gut geordnet, dass man die Energiedifferenz zwischen beiden Kesseln nutzen könnte, um nützliche Arbeit zu leisten. Durch das bloße Sortieren scheint etwas aus dem Nichts entstanden zu sein, was ein thermodynamisches Perpetuum mobile antreiben könnte.

Maxwell hat natürlich klargemacht, dass es einen derartigen Türsteher im wahren Leben nicht gibt. Mischt man heiß und kalt, erhält man eine lauwarme Brühe, die sich nie wieder »entmischen« wird. Hitze und Kälte gleichen sich ebenso aus wie hoher und geringer Druck. Es kommt nie vor, dass sich diese Extreme in irgendeiner Ecke zusammenrotten. Dieses Verhalten der Natur wird im Zweiten Hauptsatz der Thermodynamik beschrieben, dem *Entropiesatz.* Die Entropie ist der Anteil an Energie, der keine Arbeit zu leisten vermag und in jedem abgeschlossenen System anwächst. Was vorher allem

Halt gab, fällt in Stücke. Die Hauptstütze gerät ins Wanken. Alle physikalischen Systeme nehmen die bequemste Form an, das heißt diejenige, in der die Energiegradienten gegen Null gehen.

»Ich wollte Ihnen heute nur Weniges geben, freilich alles, was ich habe, meine ganze Denk- und Sinnesweise, mein innerstes Gemüt, mit einem Worte, mich selbst.« Ludwig Boltzmann, aus dessen Antrittsvorlesung in Wien von 1902 dieser Satz stammt, hatte stets einen persönlichen Energiegradienten, der steil nach oben oder unten wies. Er befand sich nie in einer bequemen Situation, um auszuruhen, obwohl er das Musterbild eines arrivierten Wiener Professors aus dem 19. Jahrhundert darstellte: rundlich, mit wallendem Bart und schlechten Augen hinter ovalen Brillengläsern. Er war freundlich und versuchte zu überzeugen, er war einmal inspiriert, dann ohne Hoffnung, bald kühn und bald voller Zweifel. Seine schwankenden Stimmungen führte er darauf zurück, dass er auf der Schwelle zwischen Faschingsdienstag und Aschermittwoch geboren war.

Boltzmanns Gewissenhaftigkeit erlaubte es nicht, die logische Lücke zu ignorieren, die zwischen den zwei Vorstellungen von einem Gas bestehen: dem Gas als einer Ansammlung individueller Moleküle, die nach den Regeln der klassischen Physik zusammenstoßen, und dem Gas als einem Kollektiv, das mit seinen statistischen Eigenschaften beschrieben wird. Er versuchte 1872 mit seiner »Transportgleichung« eine Brücke zwischen beiden Vorstellungen zu schlagen. Diese Gleichung beschreibt den Impulstransport, der in den Ketten von Zusammenstößen im Laufe der Zeit stattfindet und im Endeffekt dazu führt, dass die Geschwindigkeiten (und damit die Impulse) der Teilchen normalverteilt sind. Der Prozess gleicht einer komplexen dreidimensionalen Version des Galtonschen Bretts.

Wir können uns das so vorstellen: Bei jedem Zusammenstoß zwischen einem Teilchen mit höherer Geschwindigkeit und einem langsameren wird Energie übertragen. Wenn Sie mit Ihrem Auto auf ein langsameres Fahrzeug vor Ihnen aufprallen, macht dieses einen Satz nach vorn, während Ihres langsamer wird oder gar zum Stehen kommt. Wir wollen mit einem System beginnen, das zur Hälfte aus schnellen Teilchen besteht, zur anderen Hälfte aus nahezu bewegungslosen. Die Entropie des Systems ist niedrig, da es gut geordnet ist. Im Laufe der Zeit und nach vielen Zusammenstößen nimmt der Anteil der schnellen Teilchen ebenso ab wie der der bewegungslosen, während die Teilchen mit Geschwindigkeiten, die dazwischen liegen, mehr werden. Bei jedem Zusammenstoß wird Energie übertragen, ähnlich wie von Generation zu Generation die Gene übertragen werden und doch die Population als Ganzes normalverteilt bleibt. Wir können also weder etwas zur Geschichte noch zum Ort und der Geschwindigkeit eines einzelnen Teilchens sagen, wohl aber den Anteil der Teilchen angeben, deren Geschwindigkeit zwischen zwei gegebenen Marken liegt. Der umfangreiche Filz aus unzähligen Bewegungsfunktionen kann mathematisch in eine Reihe diskreter Stufen einsortiert werden, so wie die reiche Vielfalt einer Gruppe von Menschen nach dem Brustumfang oder den Antworten bei einer Umfrage geordnet werden kann.

1877 erweiterte Boltzmann diese Vorstellung, um zu erklären, wie in jedem geschlossenen System die Entropie ihrem Maximalwert zustrebt. Boltzmann gelang dieser großartige Durchbruch, indem er den Zustand des Gesamtsystems mit der Summe all seiner möglichen Mikrozustände in Bezug setzte.

Angenommen, ein System hat eine bestimmte Gesamtenergie. Es gibt viele Möglichkeiten, wie diese Energie verteilt ist: gleichmäßig auf alle Teilchen – oder konzentriert auf ein einziges, hyperaktives Molekül, während alle anderen in frostiger Unbeweglichkeit ausharren. Wir können alle Möglichkeiten zwischen diesen Extremen als Mikrozustände bezeichnen, wobei jeder von ihnen gleich wahrscheinlich ist – in dem Sinne, wie alle 36 Möglichkeiten eines Wurfs von zwei Würfeln gleich wahrscheinlich sind. Sie werden sich aber erinnern, dass die Augensummen der Würfel *nicht* gleich wahrscheinlich sind: Es gibt viele Würfe mit der Summe 7, aber nur einen mit der Summe 12. Werfen beim Craps im Kasino unzählige Spieler zur gleichen Zeit je zwei Würfel, so wird das Ergebnis eine symmetrische Verteilung um die Summe 7 sein. Aus dem gleichen Grund sind die Geschwindigkeiten der Moleküle in einem Gas, das sich im Gleichgewicht befindet, normalverteilt: Es gibt weit mehr Kombinationen der Moleküle, die zu dieser Verteilung beitragen als zu einer, bei der sich alle schnellen Flitzer auf der einen und alle trüben Tassen auf der anderen Seite befinden. Die maximale Entropie eines physikalischen Systems ist der Makrozustand, der von den wahrscheinlichsten Mikrozuständen gebildet wird. Er entspricht exakt dem, was »gewöhnlich« passiert.

Boltzmanns Verknüpfung des Mikroskopischen mit dem Makroskopischen hat uns gezeigt, wie all jene unzähligen kleinen Auffahrunfälle in unserer Welt dazu führen, dass das System an Ordnung und Besonderheiten verliert. Der Krug geht so lange zum Brunnen, bis er bricht – um dann nie wieder ganz zu werden. Verpasste Chancen kommen nie wieder. Sie können Ihr Leben aus dem gleichen Grund nicht noch einmal durchleben, der es verbietet, dass sich der umgerührte Kaffee wieder »entrührt«.

Boltzmanns Zeitgenossen entgegneten, man könne aber zumindest in der Theorie das Umrühren des Kaffees umkehren! In der klassischen Physik ist jede Wechselwirkung umkehrbar: Lässt man einen Film rückwärts laufen, wird kein physikalisches Gesetz verletzt. Jeder Zusammenstoß zweier Billardkugeln funktioniert in beide Zeitrichtungen. Es ist wahr, dass wir in einem fast vollständig dunklen, kalten und leeren Universum leben. Dass ein Stern Licht aussendet, erscheint uns ganz »normal«, wir beobachten aber nie den umgekehrten Vorgang, also dass sich Licht im Raum sammelt und auf einen Stern konzentriert. *Wenn* wir es beobachten würden, wäre das sehr überraschend, aber durchaus nicht gegen die physikalischen Gesetze. Unser Sinn für die Zeitrichtung, unser Glaube, dass jeder Prozess unumkehrbar von der Vergangenheit in die Zukunft abläuft, findet in der Mechanik unseres Kosmos keine schlüssige Begründung.

Wie konnte also Boltzmann behaupten, es müsse eine Richtung geben, wenn man all die Mikrozustände aufaddiert, obwohl doch die Zeit im mikroskopischen Bereich keine vorgegebene Richtung hat? Wie kann in einem dummen Dampfkessel eine Wahrheit verborgen sein, die wir am Himmel nicht auffinden können? Die Einwände waren formaler Natur und wurden mathematisch formuliert, aber in ihnen klingt die Empörung durch, mit der die Vertreter des freien Willens ihre Einwände gegen Quetelets statistische Konstanten vorbrachten.

Es ging aber um mehr als moralische Empörung, es herrschte echte Verwirrung. Zu Poincarés Schlussfolgerungen bei der Untersuchung des Dreikörperproblems zählt der Beweis, dass jedes physikalische System, dem man ausreichend Zeit gibt, jedem seiner vorherigen Zustände wieder beliebig nahekommt. Das ist nicht ganz die »ewige Wiederkehr«, mit der Nietzsche seine Leser zu schrecken liebte – die Hoffnungslosigkeit, die der Held annehmen und bejahen muss –, da nur die Positionen, aber nicht die Wege zu ihnen wiederkehren. Dieser Augenblick wird Poincaré zufolge irgendwann kommen, aber nicht im Kontext der Vergangenheit und Zukunft seines ersten Auftretens. Trotz dieser Einschränkung schien aber Poincarés Beweis der Vorstellung einer ständig zunehmenden Entropie zu widersprechen, da aus ihm auch folgt, dass das System irgendwann, wenn man nur lange genug wartet, zu seinem Zustand mit niedriger Entropie zurückkehrt: Die Sahne wird irgendwann wieder aus dem Kaffee herauswirbeln.

Boltzmann stimmte diesen Überlegungen überraschenderweise zu. Er sagte, dass wirklich ein Zustand geringer Entropie aus einem mit hoher entstehen kann, dass aber geringe Entropie mit *geringer Wahrscheinlichkeit* gleichbedeutend ist. Wir können uns vorstellen, wie sich der Zustand unseres Systems durch den Raum möglicher Zustände bewegt, als wäre er eine unsterbliche, höchst aktive Fliege, die in einem Zimmer gefangen ist. Fast jeder Punkt des Raums entspricht dem Zustand der maximal möglichen Entropie, nur ein, zwei weit entfernte Ecken entsprechen Zuständen mit geringer Entropie. Im Laufe der Zeit wird die Fliege an allen Plätzen des Raums so oft vorbeikommen, wie man will, aber fast alle Plätze sehen, was ihre Entropie betrifft, nahezu gleich aus. Die Zeit zwischen Besuchen der Fliege an einem der anderen, interessanteren Punkte mit geringer Entropie ist ungeheuer groß. Boltzmann berechnete für die Moleküle einer Gaskugel mit einem Radius von 0,0001 Zentimeter eine Wartezeit von 3×10^{57} Jahren (etwa 200 000 000 000 000 000 000 000 000 000 000 000 000 000 000 000 000-mal das Alter des Universums), bis sie eine schon einmal eingenommene Anordnung ein zweites Mal einnehmen. Ein System von der Größe einer Kaffeetasse würde somit mehr als kalt werden, bevor sich Kaffee und Sahne spontan wieder trennen.

Die Richtung der Zeit ist also keine innere Eigenschaft der Natur, sondern wird vom Übergewicht des Häufigeren über das Seltenere diktiert. Sie ist ein Teil dessen, was »gewöhnlich« passiert, aber nicht unbedingt so passieren muss. Es gibt keinen physikalischen Grund, dass unser Leben von der Vergangenheit in die Zukunft verläuft, es ist nur statistisch gesehen wahrscheinlicher. Irgendwo im Universum mag sich die Physik wirklich verhalten wie in einem jener Filme, die wir gern am Ende eines Kindergeburtstags rückwärts abspulen: Das Wasser läuft zurück in den Eimer, und die Sahnetorte sammelt sich im Gesicht der Oberschwester, um zurück zum Kuchenbuffet zu fliegen. So etwas ist »nur« äußerst unwahrscheinlich: »Alles liegt an Zeit und Glück«, heißt es im *Prediger Salomo* – weil Zeit Glückssache ist.

Boltzmanns Entdeckungen schufen das moderne Feld der statistischen Mechanik, einer allgemeinen Theorie, zu der als besonderer Fall die Thermodynamik gehört. Sie untersucht nach den Worten des genialen Josiah Willard Gibbs von Yale, wie »in der Gesamtzahl aller Systeme zu jeder gewünschten Zeit die verschiedenen möglichen Konfigurationen und Geschwindigkeiten verteilt sind, wenn man diese Verteilung einmal vorliegen hat«.

Gibbs' Vision war allumfassend. Seine Idee einer universellen, auf Wahrscheinlichkeiten begründeten Beziehung zwischen Mikrozuständen und Makroeigenschaften hat sich als äußerst fruchtbar erwiesen. Denken wir an die Art und Weise, wie wir Zustände mit geringer Entropie mit den Begriffen der Mechanik beschreiben: mit steilen Energiegradienten oder deutlich unterschiedenen Positionen und Geschwindigkeiten. Ganz allgemein sprechen wir von geordneten Verhältnissen, wenn wir statt einer uniformen Masse von Teilchen, die zufällig herumschwirren, eine Wolke sehen, die Gestalt annimmt – eine Gestalt, die es wert ist, mit einem Begriff benannt zu werden.

Eine Tasse auf dem Tisch hat ihre eigene Identität: *Tasse*. Fällt sie herunter, entstehen 15 Porzellanscherben, 278 kleinere Fragmente, Staub, ein wenig Wärme und ein scharfes Geräusch. Allein die Länge der Beschreibung des neuen Gebildes ist bemerkenswert. Claude Shannon, den wir schon als den Konstrukteur des Roulette-Computers kennen, arbeitete am MIT und bei Bell an Problemen von Telefon-Netzwerken. Er stieß dabei auf einen weiteren physikalischen Prozess, der nicht umkehrbar ist: den Verlust an Sinn. Es ist wie in dieser Geschichte von Wolfgang Neuss, wo beim Militär ein Befehl per »Stiller Post« weitergegeben wird. Aus »Morgen früh ist eine Sonnenfinsternis, etwas, was nicht alle Tage passiert. Die Männer sollen im Drillich auf dem Kasernenhof stehen und sich das seltene Schauspiel ansehen. Ich werde es ihnen erklären. Falls es regnet, werden wir nichts sehen, dann sollen sie in die Sporthalle gehen« wird nach ein paar Zwischenstationen »Morgen um neun Verfinsterung des Oberst im Drillich wegen der Sonne. Wenn es in der Sporthalle regnet, was nicht alle Tage passiert, antreten auf dem Kasernenhof! Sollten Schauspieler dabei sein, sollen sie sich selten machen«. *Alle* Kommunikationswege, vom Gerücht bis zur Glasfaseroptik, zeigen ähnliche Tendenzen: Bei jedem Schritt geht ein wenig von dem Sinn verloren, den die gegebene Menge an Information transportieren kann.

Shannons großer Beitrag zu diesem Thema in einer Arbeit von 1948 besteht in der Idee, dass der Sinn eine statistische Eigenschaft einer Botschaft ist. Shannon hatte festgestellt, dass auch eine Botschaft, die als Welle per Radio oder Telefonleitung verbreitet wird, als Transport von Teilchen verstanden werden kann. Die Informationsteilchen, die »Bits« genannt werden, stellen das Minimum an Fakten dar, das man weitergeben kann: ja oder nein, an oder aus, 1 oder 0. Ein Informationsstrom gleicht daher einem System von Teilchen, das seine bestimmten Wahrscheinlichkeiten für Ordnung oder Unordnung hat: 111111111111 sieht nach einer sehr geordneten Botschaft aus, während 1001010011101 völlig ungeordnet erscheint. Will man das Maß an Ordnung einer Botschaft bestimmen, kann man versuchen, sie anderswie zu formulieren. Die erste Botschaft könnte man auch mit »13 Einsen« beschreiben, die zweite erfordert eine langwierige Aufzählung, und es gibt praktisch keine Möglichkeit, sie kürzer zu formulieren, als die Ziffern nacheinander aufzuzählen wie in der Originalbotschaft.

Kommunikation hat somit ihre eigene Art von Entropie, die, wie Shannon zeigen konnte, mathematisch den Boltzmannschen Gleichungen gehorcht. Von einem Gedicht mit extrem geringer Entropie zu einer endlos verwickelten Geschichte – wer mit wem wann und warum und überhaupt ... – kann man jeder Botschaft eine minimale Menge an Information zuordnen, die nötig ist, um sie zu transportieren. Jede darüber hinausgehende Information ist redundant – wie Energie, die keine Arbeit leisten kann.

Die Beziehung zwischen Sinn und Energie, zwischen Nonsens und Entropie geht sogar noch tiefer. Die Lösung des Paradoxons von Maxwells Dämon besteht letzten Endes darin, dass Sinn und Energie gleichgesetzt werden können: Der Dämon muss Fakten über die ankommenden Teilchen sammeln, wenn er seine Absicht durchsetzen will, die einen zu bevorzugen und andere abzuweisen. Das Sammeln von Information ist aber ein physikalischer Vorgang. Irgendwann wird der Dämon keinen Speicherplatz mehr haben, da er ein endliches System darstellt. Er muss dann anfangen, wieder Daten aus seinem Speicher zu löschen. Das Löschen von Daten reduziert aber das Verhältnis von geordneter zu zufälliger Information und ist daher ein thermodynamisch irreversibler Prozess, bei dem die Entropie zunimmt. Das Perpetuum mobile bleibt unmöglich, weil das Kontrollsystem des Dämons die ganze nützliche Energie, die es erzeugt hat, wieder verbraucht.

Die Regeln eines Informationssystems, die Einschränkungen, unter denen seine Entropie ihrem Maximum zustrebt, sind die Konventionen, die wir für unsere Kommunikation gewählt haben: die Symbole, Kodes und Sprachen. Diese Einschränkungen können selbst einen großen Einfluss auf die Ordnung oder den Sinn einer Botschaft haben.

Shannon hat zum Beispiel gezeigt, wie aus einem totalen Kauderwelsch (XFOML RXKHRJFFJUJ) etwas entstehen kann, was immerhin wie das Lallen eines betrunkenen Angelsachsen klingt (IN NO IST LAT WHEY CRATICT FROURE). Man muss dazu nur fordern, dass die Häufigkeit von Buchstabengruppen die statistische Wahrscheinlichkeit widerspiegelt, mit der sie im geschriebenen Englisch vorkommen. Mit noch ein paar weiteren statistischen Einschränkungen, die das Vokabular, die Grammatik und den Stil betreffen, ist man in der Lage, den jeweiligen Zustand einer Sprache festzustellen. Shannon berechnete die Durchschnittsentropie des heutigen geschriebenen Englisch mit 64 Prozent. Das bedeutet, dass die meisten Botschaften auch mit etwas mehr als einem Drittel ihrer Länge auskommen, um verstanden zu werden. Andere Sprachen haben ein anderes Maß an Zufall und Redundanz. Man kann die Sprache herausfinden, in der ein Text geschrieben ist, indem man ein File-Kompressionsprogramm darauf anwendet, also den Text »zippt«. Weil auch die Kompressibilität ein empfindliches Maß für die Informationsentropie ist, macht es das mittlere Verhältnis von komprimiertem zu unkomprimiertem Text schnell möglich, eine Sprache zu identifizieren.

Nach David Ruelle kann man mit dieser Idee noch weiter gehen: Da ein wichtiger Aspekt der statistischen Mechanik ist, dass die Gesamtbedingungen eines Systems auf jedem seiner Teile ihre Spuren hinterlassen (wenn Sie Ihren Dampfkessel verkleinern oder weiter aufheizen, steigt der Druck überall darin an), folgen aus der *Autorschaft* an einem Text ebenfalls Beschränkungen mit Wirkung auf die Statistik. Shakespeares durchschnittliche Entropie wird der Bacons nicht gleichen, Vergils Prägnanz ist nicht die Ovids. Vielleicht erklärt das, warum wir die Handschrift eines Dichters selbst in einem Werk erkennen, das uns neu ist. Wir verwechseln auch keinen van Gogh, den wir zuvor noch nie gesehen haben, mit einem Gauguin. Auch Bach ist schon nach den ersten Takten ohne Zweifel Bach, und schon auf den ersten Blick unterscheiden wir klassizistische von neoklassizistischer Architektur. Ein Leser beurteilt einen Text anders als der Experte, der ihn Punkt für Punkt mit Sorgfalt untersucht, und entscheidet nach Wahrscheinlichkeitskriterien, indem er die statistische Verteilung von Eigenschaften ins Auge fasst. Ein israelisches Team hat kürzlich einen Worthäufigkeitstest veröffentlicht und behauptet, damit könne man entscheiden, ob ein Text von einer Frau oder einem Mann geschrieben wurde. Mich würde sehr interessieren, was der Test zu diesem Buch sagen würde ...

Wir holen uns unsere Bilder und Analogien gern aus den gerade aufblühenden Technologien: Das 19. Jahrhundert war förmlich vom

Dampf besessen, das beginnende 20. Jahrhundert vom Telefon, sein Ende vom Computer, der den philosophischen Referenzpunkt unserer Zeit darstellt. Kolmogorow erweiterte die Informationsentropie Shannons zur sogenannten »Algorithmischen Komplexität«: Man misst die Zufälligkeit in einem System, einer Botschaft oder einer Idee, indem man die Länge ihrer Beschreibung mit der Länge des kürzesten Computer-Algorithmus vergleicht, der nötig ist, um die Beschreibung zu erzeugen. So enthält zum Beispiel die Ziffernfolge, die π ausdrückt, keine Wiederholungen. Sie ist unvorhersagbar, aber weit davon entfernt, zufällig zu sein, denn ihr Algorithmus (Umfang eines Kreises geteilt durch seinen Durchmesser) ist wunderbar knapp. Die meisten Aneinanderreihungen von Ziffern haben eine weit größere Entropie, so ist die Wahrscheinlichkeit, um eine Zufallsfolge von binären Zahlen (also 1 und 0) um mehr als k Stellen zusammenzupressen 2^{-k}. Ein Beispiel: Die Chance, einen Algorithmus zu finden, der um zehn Stellen kürzer ist als die gegebene Folge, die er produzieren soll, ist kleiner als 1 zu 1,024. Unser Universum hat sehr wenig eingeschriebenen Sinn.

Kolmogorows Idee führt uns wieder zur Wahrscheinlichkeitsstruktur der Wahrheit zurück. Was tun wir anderes, wenn wir die Welt beschreiben, als einen Algorithmus zu konstruieren, der einige Aspekte ihrer Konsistenz und Vielfalt erzeugt, die unsere Vorstellungskraft gefangen nehmen? »Bedeutung«, »Sinn« und »Wichtigkeit« sind die statistischen Merkmale einiger weniger Zustände unseres Universums mit niedriger Entropie, die inmitten des Hintergrundrauschens der unzähligen Informationen existieren. Ohne die Anstrengung, durch einen Aufwand an Energie Entropie herauszupressen und Informationen eine Bedeutung zu verleihen (das heißt, die Botschaft durch kürzere Algorithmen zu kodieren), würde sich die Information in Richtung des Zustands bewegen, in dem die Entropie am größten ist – ähnlich dem Dampf im Kessel oder der rundlichen Witwe in ihrem Korsett. Das Leben würde sein Skript verlieren und zu dem werden, für was es in Depressionen verfallene Teenager halten: ein sinnloser Haufen von Müll.

Was können wir also von der Welt *erwarten?* Boltzmann konnte zeigen, dass sich jedes physikalische System in einem Zustand befindet, in dem seine Entropie groß ist, weil dieser Zustand bei weitem am wahrscheinlichsten ist. Shannons Erweiterung des Entropiebegriffs auf Informationen erlaubt es uns, das Gleiche auch bei Beweisen, Hypothesen und Theorien anzunehmen: Unter den Einschränkungen durch das schon als wahr Erkannte ist die Erklärung, die für alles noch Unbekannte die maximale Entropie annimmt, wahrscheinlich die beste, weil sie die wahrscheinlichste ist. Ockhams Rasiermesser ist davon ein Spezialfall: Es verbietet unnötige Konstruktionen und besagt, wir sollen keine Ordnung erfinden, wo keine sichtbar wird.

Die Annahme maximaler Entropie kann bei Überlegungen, die mit Wahrscheinlichkeiten zu tun haben, eine große Hilfe sein. Laplace nahm für Hypothesen, die miteinander in Konkurrenz stehen, die gleiche Wahrscheinlichkeit an, bevor er sie überprüfte – zum Ärger von Leuten wie von Mises und Fisher. Sie werden sich erinnern, wie wir bei der Idee, die Bayessche Methode auch auf Beweise vor Gericht anzuwenden, über die Frage hinweggegangen sind, was wir als Anfangshypothese wählen sollten, also was wir glauben sollten, *bevor* wir die ersten Fakten kennen lernen.

Das Konzept der maximalen Entropie gibt uns die Antwort: Wir wählen, was am wenigsten Information benötigt, um das wenige Bekannte darzustellen. Wir nehmen an, dass sich jenseits der wenigen wirksamen Einschränkungen die Dinge verhalten, wie sie sich gewöhnlich verhalten: so zufällig, wie sie sein können, ohne dass es unbequem wird.

Langsam sind wir so weit, eine Antwort auf die neugierigen Fragen Ngidis zu finden. Früher haben wir akzeptiert, dass die Wahrscheinlichkeit etwas mit der Ungewissheit zu tun hat, aber wir waren vorsichtig bei der Annahme, es handle sich bei der Wahrscheinlichkeitstheorie um eine Wissenschaft. Inzwischen wissen wir, dass die Wissenschaft selbst, also unsere Methode, alles was es gibt, in die klare, kommunizierbare und falsifizierbare Form der Mathematik zu übersetzen, äußerst eng mit dem Begriff der Wahrscheinlichkeit verbunden ist. »Wo ist es?« ist eine Frage der Wahrscheinlichkeit. Das Gleiche gilt für »Wie viele sind es?«, »Wer hat das gesagt?« und »Was bedeutet das?« Immer wenn wir einen Begriff oder eine Messung mit einer Eigenschaft verbinden (also nicht nur zwei mathematische Begriffe aufeinander beziehen), treffen wir Wahrscheinlichkeitsaussagen. Es gibt einige Schlussfolgerungen, die eindeutiger als andere aussehen. Das liegt aber nur daran, dass einige Zustände wahrscheinlicher sind als andere. Als Beobachter überwachen wir heute nicht mehr eisern die Säulen der Gewissheit, sondern surfen auf den Wellen der Wahrscheinlichkeitsverteilungen.

Grob vereinfacht ist der springende Punkt bei Kant, dass die Realität die Münze ist, die durch das »Würfeln« unseres Bewusstseins geprägt wird. Wie *erspüren* die Welt in »Raum« und »Zeit«, deshalb *denken* wir mit der Grammatik, die uns dieses Vokabular auferlegt hat, benutzen also die Mathematik. Heißt das, dass wir auch unbedingt in Wahrscheinlichkeiten denken müssen, wenn unser Begriff von der Welt von ihnen geprägt ist? Sind wir trotz unserer Gewissheiten und Illusionen in Wirklichkeit nur Buchmacher, deren Leben darin besteht, auf einem Waagebalken zu balancieren, an dem die Schalen mit Chancen und Risiken hängen? Sollen wir *das* wirklich glauben?

Wir hatten nicht immer großen Erfolg damit, wenn wir versucht haben, es zu glauben. Die Ökonomie blieb uns lange die Lösung des Geheimnisses schuldig, wie sich das wirkliche Verhalten der Menschen von den entsprechenden Aussagen der klassischen Wahrscheinlichkeitstheorie unterscheidet. Seit den Tagen Daniel Bernoullis war der kühne Glaube dieser Disziplin, dass sich die ökonomisch Handelnden, also wir, rational verhalten, indem wir versuchen, unseren subjektiven Nutzen zu maximieren. Geld ist also nicht alles: Wir reden inzwischen von »Nutzen« und »subjektiv«. Trotzdem erwartet man von uns, voller Hoffnungen und Erwartungen zu handeln und Wahrscheinlichkeiten mit dem Profit in ein Gleichgewicht zu bringen, indem wir frühere Profite anhäufen und zukünftige umso geringer einschätzen, je länger wir noch darauf warten müssen. Im Kasino, das unsere Welt darstellt, diesem Palast der Gefahren und Vergnügungen, den wir erst bei unserem Tod verlassen, setzen wir an den vielen Tischen bei den verschiedensten Spielen: Risiko gegen Belohnung, Extraprofit gegen gerechten Tauschhandel, Arbeit gegen Lohn (oder gegen einen inneren Gewinn oder gegen die Anerkennung der Mitmenschen). Der Nutzen ist die persönliche Währung, in der wir unsere Bilanz von Soll und Haben gegenüber der restlichen Welt aufmachen: Verluste, Arbeit, Beleidigungen, Traurigkeit, Armut – all diese »Dinge« sind in irgendeiner Weise untereinander konvertibel, und die Risiken, die sie bergen, können insgesamt gegen einen ähnlich weiten Bereich »guter« Dinge aufgerechnet werden. Die Ökonomen haben dank der Arbeiten Morgensterns und von Neumanns das mathematische Werkzeug, den Weg zu verfolgen, den Werte in diesem System nehmen: Die Befriedigung durch altruistisches Handeln ist zum Beispiel ebenso Teil der Gesamtrechnung wie die Gier nach Gold. Niemand ist nur Zuschauer an den Tischen des Kasinos: ob Geldhändler oder Krankenschwester, Bettler oder Wohltäter der Menschheit – wir spielen alle mit.

Und trotzdem scheinen wir die Spielregeln noch nicht allzu gut zu verstehen. Einer der RAND-Kollegen von Neumanns, Merrill Flood, machte sich einmal einen Spaß daraus, seiner Sekretärin ein kleines Spiel vorzuschlagen: Er versprach ihr 100 Dollar auf die Hand – oder 150 Dollar unter der Bedingung, das Geld zu teilen und sich mit einer Kollegin aus dem Schreibbüro über die Aufteilung zu einigen. Die beiden Frauen fanden ganz schnell eine Lösung: Sie wollten die Summe gerecht teilen, sodass jede 75 Dollar bekommen würde. Flood war nicht nur ratlos, sondern regelrecht verärgert. Nach der Spieltheorie wäre klar gewesen, dass die Sekretärin so wenig weitergibt wie irgend möglich. Ihre Kollegin hat nur die Wahl, ein paar Cent zu bekommen oder gar nichts, sie hätte also *jede* Summe akzeptieren müssen, die es auch nur wert war, von der Schreibmaschine aufzuschauen. Die beiden kamen aber mit ihrer simplen Aufteilung in zwei gleiche Hälften zu Flood, sodass seine Sekretärin nun schlechter dran war, als wenn sie einfach die 100 Dollar angenommen hätte.

Die beiden Sekretärinnen verhielten sich gar nicht so untypisch: Alle weiteren Untersuchungen dieses Aufteilspiels zeigten, dass der Wunsch nach einer gerechten Halbierung und die Empörung über eine Ungerechtigkeit häufiger sind, als man es nach einer sturen Berechnung des maximalen Nutzens vermuten würde. Es gibt nur zwei Gruppen von Spielteilnehmern, die sich so verhalten, wie es die Theorie vorhersagt, und so wenig wie möglich weitergeben: Computer und Autisten. Es scheint, dass Fairness eine besondere Dynamik in unserem Denken entfaltet, die weit von den materialistischen Berechnungen von Verlust und Gewinn entfernt sind. Es ist daher Ironie der Geschichte, dass der Kommunismus, also das politische System, das Fairness und Gerechtigkeit verbreiten wollte, dies allein im Namen des Materialismus versprach.

Der geschilderte Test ist auch nicht der einzige, in dem sich der *Homo sapiens* anders verhält als der *Homo oeconomicus*. Der tiefe Einblick in die Arbeit des Gehirns, der seit einiger Zeit mit Elektroenzephalografie, Positronen-Emissions-Tomografie oder funktionaler Magnetresonanzdarstellung möglich ist, zeigt, wie weit entfernt wir von Adam Smiths Welt des immer aktiven Eigeninteresses sind. Zum Beispiel nehmen wir bewusst höhere Risiken auf uns, wenn uns die Wahrscheinlichkeitsrechnung in Form einer Wette präsentiert wird, als wenn sie Teil eines Versicherungsangebots ist. Es scheint, dass wir in verschiedenen Situationen äußerst unterschiedliche Annahmen über Zukunftsrisiken und -chancen machen, die grob gesprochen darauf hinauslaufen, mögliches zukünftiges Leid zu überschätzen und künftige Freuden zu unterschätzen. Unsere Kapazität für rationale geistige Anstrengungen ist begrenzt: Wir denken in der Regel nicht weiter als zwei strategische Schritte voraus, und selbst die größte Selbstdisziplin kann plötzlich zusammenbrechen. Es ist wie mit dem Bauern Iwan in der russischen Geschichte, der, nachdem er allen Verlockungen sämtlicher Kneipen seines Dorfes widerstanden hat, in die letzte und übelste mit den Worten »Na gut, Wanka, weil du *so* gut gewesen bist ...« hineingeht. Nicht die Logik, sondern die Emotionen bestimmen viele unserer Entscheidungen und führen oft dazu, dass wir vom rechten Weg abkommen: Auf jeden zwanglosen Nichtstuer kommt ein zwanghafter Geizhals. Wir enden ebenso leicht im Gefühl der Nutzlosigkeit wie in Furcht und Angst.

Die funktionalen Untersuchungen der Gehirntätigkeit ergeben, dass das Gehirn nicht wie ein einzelner Computer arbeitet, der Wahrscheinlichkeiten berechnet, sondern wie ein Netzwerk von Spezialisten, die für ihren Bereich alle möglichen Fachgutachten über Wahrscheinlichkeiten an unser Bewusstsein mit seiner rationalen Intelligenz liefern. Ein Mensch verhält sich wirklich als »ökonomische Einheit« – aber weniger als Individuum, sondern eher wie eine Firma, deren Chef das Selbstbewusstsein ist, das sich in seinem neuen Büro im präfrontalen Cortex breitgemacht hat. Es bezieht seine Informationen nicht von der Außenwelt, sondern von den Abteilungen im Inneren des Gehirns, und verarbeitet die Berichte zu Zielvorstellungen, Plänen und Absichten. Die Botschaften, die unser Bewusstsein erreichen, stehen oft wie bei denen von Abteilungen einer Firma untereinander in Konkurrenz. Der Hypothalamus schreit zum Beispiel dauernd nach mehr Essen, Schlaf und Sex, während der visuelle Cortex höflich unsere Aufmerksamkeit auf ein Objekt lenkt, das am Horizont vorüberzieht. Unterdessen will uns die Amygdala daran erinnern, dass wir das letzte Mal, als es Austern gab, danach gar nicht glücklich waren.

In einer Welt, die optimal organisiert ist, kooperieren alle Abteilungen zum höheren Wohle der Gesamtpersönlichkeit: Die Emotionen und unser Urteilsvermögen, unsere Reflexe und unsere Überlegungen verarbeiten unsere Erfahrungen ganz nach den jeweiligen Möglichkeiten, während das rationale Denken seine strategischen Initiativen und andere Chefangelegenheiten durchzieht. Aber haben Sie schon jemals in einer so reibungslos funktionierenden Firma gearbeitet? Die meisten von uns wursteln sich wie die meisten Firmen irgendwie mit mäßiger Effizienz durch. Memos von unserem Gefühlssystem haben gewöhnlich höchste Priorität, automatische Reaktionen werden nicht näher untersucht, und das Bewusstsein versucht wie ein schwacher Chef im Nachhinein die Verantwortung für Entscheidungen zu übernehmen, die in Wirklichkeit unbewusste Wünsche oder emotionale Reflexe waren: »Viele Raucher werden neunzig Jahre alt.« »Man kann ihm nicht vertrauen, weil er eine fliehende Stirn und kleine Schweinsäuglein hat.« Es mag vielleicht einen besten Weg geben, menschlich zu handeln, aber nicht alle von uns haben ihn gefunden – weswegen unser Bewusstsein wie ein ängstlicher Chef oft in Büchern, auf Seminaren und bei teuer bezahlten Beratern Hilfe sucht.

Wenn wir die klassische Vorstellung aufgeben müssen, dass das rationale Bewusstsein ein einsamer Herrscher ist, der Wahrscheinlichkeitsentscheidungen trifft, um den maximalen Nutzen herauszuschlagen, heißt das, dass das Team, das ihn ersetzt, weit differenzierter und vor allem bemerkenswerter ist: Unser Gehirn vereinigt in sich zahllose Agenten, die alle in ihrem jeweiligen Herrschaftsgebiet Wahrscheinlichkeitsurteile fällen. Wenn Sie zum Beispiel auf die Bühne gehen, um eine Rede zu halten oder ein Stück auf dem Flügel vorzutragen oder die Julia zu spielen, können Sie das Gemurmel Ihrer inneren Experten hören, die Ihnen Botschaften wie diese unterbreiten: »Du wirst dort draußen sterben.« »Du hast schon schwierigere Situationen gemeistert.« »Der Zuschauer in Reihe 2 schaut freundlich aus.« »Mehr Luft! Nachbarin, euer Fläschchen!« Und dann noch in jenem sehr freundlichen, aber bestimmten Kommandoton, wie er in der Chefetage üblich ist: »Wenn du fertig bist, wird dir klar werden, dass es die Anstrengung wert war.«

Woher wissen die Experten das alles? Wie kommen unsere vielen inneren Agenten zu ihren Schlüssen? Vor allem: Wie kommen sie dazu bei so wenig Information? Unsere Sinne sind nicht gerade besonders scharf ausgebildet, aber unsere Fähigkeit, Schlüsse aus den unscharfen Beobachtungen zu ziehen, ist bemerkenswert. Eine auf den ersten Blick so einfache Aufgabe, mit den zweidimensionalen Bildern, die unser Auge liefert, eine dreidimensionale Welt zu meistern, ist das Ergebnisses eines Zusammenspiels, wie es auch die mächtigsten Computer noch vor Probleme stellt.

Bilder der Welt sind weniger Darstellungen als Hypothesen oder Theorien der Welt. Ihre Gegenstücke, die optischen Täuschungen, zeigen uns einiges über die Struktur und den Reichtum dieser Theorien, denn wir unterliegen ihnen nicht nur in der Form der üblichen eingedrückten Würfel oder zusammenlaufenden Parallelen, sondern bei jeder perspektivischen Zeichnung oder Fotografie. Beim Sehen machen wir höchst komplexe Annahmen, die auf nur äußerst wenigen Daten beruhen. Wir können uns also auch irren! Der Anthropologe Colin Turnbull brachte einen befreundeten Pygmäen aus dem Regenwald zum ersten Mal in die »zivilisierte« Welt. Als der Mann eine Herde Kühe über ein Feld trotten sah, lachte er über diese lustigen Ameisen. Er hatte noch nie die Erfahrung machen können, etwas in größerer Entfernung zu sehen, deshalb mussten für ihn die Kühe, die nur einen kleinen Winkel seines Sehfelds einnahmen, winzig sein. Der Beobachter ist der wahre Schöpfer der Welt.

Die Theorie des Sehens mag ja reichlich komplex sein, aber es ist eine Theorie, die ein Kind schon mit vier Monaten beherrscht und in die Praxis umsetzt, wenn es seine Aufmerksamkeit auf eine Stelle richtet, wo es das interessante »Ding« *erwartet*. Kinder, die ein wenig älter sind, arbeiten bereits mit weit mächtigeren Theorien und wissen, dass die Dinge an ihrem Platz sind, auch wenn man sie nicht sieht. Sie wissen, dass man die Dinge in Kategorien einordnen kann, dass Dinge und Kategorien Namen haben können, dass das eine Ding andere verursachen kann, dass *wir* es fertig bringen, etwas zu bewirken. Und das alles ist eine Wahrheit, die in unserer Welt steckt, es ist nicht nur *meine* Wahrheit oder *meine* kindliche Erfahrung.

Kürzlich wurde ein Experiment durchgeführt, bei dem Vierjährige ausgefeilte und weitreichende Urteile fällten, die auf dem Verhalten eines Kastens beruhten, an dem ein Lämpchen aufleuchtete, je nachdem welches Exemplar von äußerlich gleich aussehenden Blöcken, sogenannten »Blickets«, man darauflegte. Die Kinder brauchten nur ein, zwei Versuche, um herauszufinden, welche Blickets das Licht aufleuchten ließen. Das macht deutlich, welche Herausforderung die menschliche Erkenntnisfähigkeit für die Wahrscheinlichkeitsgesetze darstellt. Wenn wir unsere Schlussfolgerungen nur auf die Häufigkeit bestimmter Ereignisse, auf Assoziationen oder Ähnlichkeiten stützen würden, müssten wir *viele* negative und positive Beispiele haben, bevor wir eine Hypothese aufstellen könnten. Vielleicht würden wir nicht von Mises' sich unendlich verschachtelnde Kollektive benötigen, aber sicher mehr als zwei, drei Versuche. Selbst Herr »Student« (Sie erinnern sich? Der »Student« mit der »Student-*t*-Verteilung«) würde beim Anblick so kleiner Kollektive seine Hände über dem Kopf zusammenschlagen. Und doch können wir, als wäre es unsere naturgemäße Fähigkeit, sehen, sortieren, benennen und Ursachen herausfinden.

Joshua Tenenbaum ist Leiter der Computational Cognitive Science Group am MIT. Sein Interesse an der Erkenntnis schlägt Brücken zwischen Mensch und Maschine. Eine der Enttäuschungen über die allerneuesten und so eindrucksvollen Technologien ist, dass sie das Versprechen der Künstlichen Intelligenz nicht einlösen konnten. Trotz der Hoffnungen in den achtziger Jahren putzen weder Maschinen unseren Haushalt noch fahren sie für uns das Auto noch bringen sie uns am Ende eines langen Arbeitstages den Drink an die Couch. Sie können die Welt nicht einmal analysieren. Sie haben Probleme, aus einem Zufallsbild bestimmte Muster und Strukturen herauszufinden:

Die menschliche Wahrnehmung – von ihrer zweidimensionalen visuellen Form aufwärts – kann nicht deduktiv sein. Wir stellen keine einfache, logische Verbindung mit der Wirklichkeit her, weil es einfach nicht genügend Daten gibt. Alle möglichen denkbaren Welten könnten zum Beispiel das gleiche Bild auf unsere Netzhaut werfen. Intuitiv würden Sie sicher sagen, dass wir weder die Axiome der sichtbaren Welt kennen noch ihre absoluten Regeln, sondern dass wir einen Sinn für das Wahrscheinliche haben.

Beim wissenschaftlichen Vorgehen beginnt man mit der Nullhypothese und testet ihre Signifikanz. Dazu muss man aber viele Daten heranziehen. Der Mensch verhält sich anders: Selbst wenn es nicht genügend Daten gibt, um wenigstens eine *Korrelation* zu zeigen, schließt der Mensch, dass das eine Ding das andere verursacht, Ein Modell, dass eine solche Induktion aufgrund nur weniger Beispiele erklären kann, fordert, dass wir bereits eine oder mehrere Hypothese haben, mit denen wir die Erfahrung überprüfen.

Das Modell, das Tenenbaum und seine Kollegen favorisieren, ist ein hierarchisches System von Bayesschen Wahrscheinlichkeitsurteilen. Wir haben das Bayessche Theorem zuerst im Zusammenhang mit dem Gesetz und der Forensik kennen gelernt, wo eine Theorie dessen, was sich ereignet hat, immer wieder im Licht neuer Beweise überprüft werden muss. Mit dem Theorem können wir die Veränderung unseres Glaubens an die Theorie in Abhängigkeit von der Wahrscheinlichkeit berechnen, mit der das neue Beweisstück zu erwarten ist. Das Bayessche Denken ist in manchen Fachgebieten immer noch unbeliebt, einmal, weil es eine Anfangsannahme braucht, und zum anderen, weil seine Schlussfolgerungen immer nur vorläufig sind: ein neues Beweisstück, und schon muss die Hypothese wieder revidiert werden. Aber das ist genau das, was Lernen ausmacht: von der Entdeckung, dass die Muh-Kuh auf dem Feld die gleiche ist wie im Bilderbuch, bis zur Entdeckung beim Studium, dass die ganze Chemie, die man in der Schule gepaukt hat, falsch ist. Der Vorteil des Bayesschen Ansatzes ist, dass er Urteile in Situationen erlaubt, in denen unser Wissen noch relativ gering ist und unsere Annahmen erst durch die Reihe der Erfahrungen bestätigt oder widerlegt werden. Der Ansatz passt gut zu unserem Bedürfnis, in unserem kurzen Leben auch dann schon Schlüsse zu ziehen, wenn sie noch auf wackligen Beinen stehen.

Einer der Gründe, warum Tenenbaum und seine Arbeitsgruppe von *hierarchischer* Bayesscher Induktion sprechen, ist, dass wir gleichzeitig getrennte Urteile über viele Aspekte der Realität treffen können und nicht nur über den Aspekt, auf den sich unser Bewusstsein gerade konzentriert. Nehmen wir noch einmal den Detektor für die Blickets. Tenenbaum sagt dazu:

Das ist ein interessantes Experiment, weil es deutlich zeigt, dass sich Kinder ein kausales Bild der Welt machen: von der Welt, wie sie *funktioniert*, nicht nur von der, die sie *sehen*. Aber es passiert da noch mehr: Die Kinder beweisen auch, dass sie eine Theorie haben, wie der Detektor funktioniert. Diese Maschinen sind deterministisch und nicht vom Zufall bestimmt. Sie reagieren auf Blickets, auch wenn Nicht-Blickets anwesend sind. Daneben haben die Kinder auch eine Vorstellung davon, wie sich Kausalität verhalten sollte. Sie erkennen nicht nur Korrelationen und schließen daraus auf Kausalität, sondern haben einen ersten Theorieansatz, wie Ursache und Wirkung ganz allgemein zusammenhängen.

Und man kann annehmen, dass sie auch eine Theorie haben, wie Forscher arbeiten: Sie stellen rationale Fragen statt uns auf den Arm zu nehmen – wenn's nicht gerade die große Schwester ist. Das ist mit der Bayesschen Hierarchie gemeint: Wir testen nicht nur die Erfahrung an ein oder zwei Hypothesen, sondern verwenden viele verschiedene *Schichten* einer Hypothese. Wir können zum Beispiel mit der Theorie beginnen, dass eine bestimmte Erfahrung nicht zufällig ist. Dann haken wir die Theorien über die sinnliche Erfahrung, die Gefühlswerte, die Folgen für die Zukunft und die Meinungen der anderen ab und glauben, nun eine ganz eigene Wahl getroffen zu haben: Pfirsicheis oder Schokoladenkuchen? Angenommen, wir entscheiden uns für das Pfirsicheis und stellen dann fest – wie andere schon oft –, dass es nicht so gut schmeckt wie erwartet. Wir sind auf ein Gegenbeispiel gestoßen – aber ein Beispiel wogegen? Wie geht die Hierarchie der Hypothesen mit dieser Ausnahme um? Wie weit zurück ist die Theorie nun widerlegt?

Nach der wissenschaftlichen Methode führt man ein Experiment durch, um eine Hypothese zu widerlegen. Aber so arbeiten wirkliche Forscher aus Fleisch und Blut nicht. Wenn sie auf ein Gegenbeispiel stoßen, werden Ihre ersten Fragen sein: »War alles richtig befestigt?« »Gibt es ein Eichproblem?« »Steckt im Aufbau des Experiments ein Fehler?« Sie ordnen also Ihre Hypothesen an und beachten zunächst die zufallsbestimmten, ungewissen und nicht die wichtigste. Wenn wir also beim Test einer Hypothese auf diese Weise reagieren, ist klar, dass ein Gegenbeispiel eine persönliche Theorie, die schon mehrere Bayessche Zyklen hinter sich hat, nicht erschüttern kann.

Selbst wer für alles ganz offen ist, wird kaum jede Annahme zur Disposition stellen und darauf warten, dass sie falsifiziert wird. Sobald die Erfahrung eine Annahme bestätigt, packen wir unsere vorherigen Hypothesen ganz tief weg. Wir versuchen alles, was nur mit dem besonderen Fall zu tun hat, zu vergessen und stürzen uns auf das Wesentliche: das allgemeine Gesetz. Das Bewusste wird zur unbewussten Reaktion, das Hypothetische wird zur Gewissheit. Kinder fragen ein Jahr lang »Wasndas?« und hören dann damit auf. Die Dinge sind *benannt*. Weitere Begriffe schnappen sie ganz nebenbei automatisch auf. Wie unter Zwang fragen sie noch einige Zeit »Warum?«, aber schon bald wird das eine rein rhetorische Frage: »Warum darf ich kein Motorrad haben? Ich weiß: Weil du *mein Leben* ruinieren willst, deshalb.«

Diese Formbarkeit, diese ständige Neuformung der Wahrnehmung durch die Erfahrung, hinterlässt physikalische Spuren, die wir in Aufnahmen unseres Gehirns finden können. Londoner Taxifahrer haben einen größeren Hippocampus als wir, weil dort die Orientierung gespeichert ist. Geiger verfügen über ein größeres motorisches

Zentrum, das mit den Fingern der linken Hand verknüpft ist. Das Chefbüro in unserem Kopf arbeitet wie das Chefbüro jedes Unternehmens: Es verschiebt Ressourcen dorthin, wo sie am dringendsten gebraucht werden, konzentriert sich auf das Kerngeschäft und versucht, sich wiederholende Prozesse noch reibungsloser ablaufen zu lassen. Wie bei einem Fließband scheint das Ziel zu sein, alle gemeinsamen Aktionen davon zu befreien, das Bewusstsein einzubeziehen. Sie sollen also automatisch geschehen. In einem wunderbar durchdachten Experiment hat man Leute gebeten, sich die Stellung einiger Schachfiguren auf dem Brett zu merken. Schachprofis konnten das schneller und genauer als die anderen, aber nur, wenn die Anordnung der Figuren eine wirklich mögliche Spielsituation darstellte. Bei einer zufälligen Stellung wurde das Erinnern zu einem Akt des Bewusstseins, und die Profis brauchten genauso lang wie die Laien, um die Aufgabe zu erfüllen.

Diese Kombination aus Formbarkeit und einem hierarchischen Wahrscheinlichkeitsmodell könnte vielleicht einen ersten Ansatz zur Erklärung unserer hartnäckigen nationalen, religiösen und politischen Unterschiede liefern. Eltern stellen fest, dass Kinder, die sie aus der Dritten Welt adoptiert haben, in der neuen Kultur ohne Schwierigkeiten groß werden, während jemand wie Henry Kissinger, der mit 15 in die USA kam, immer noch einen deutschen Akzent hat, den er in einer Zeit erworben hat, die kürzer war als jene, die er in Harvard oder im Weißen Haus verbrachte. Perfekte Zweisprachigkeit, ein musikalisches Gehör, aber auch tiefe und hartnäckige Vorurteile entwickeln wir in frühester Kindheit oder überhaupt nicht. Wenn wir sie einmal haben, verschwinden sie nur schwer. Nach einigen Runden von Schlussfolgerungen ändern neue Beweise nur noch wenig.

Wie Tenenbaum erklärt, bietet uns die Bayessche Induktion Geschwindigkeit und Anpassungsfähigkeit auf Kosten möglicher Irrtümer: »Wenn Sie die falschen Daten zur Verfügung haben oder mit der falschen Sammlung von Hypothesen starten, können Sie auf falsche Zusammenhänge wie Konspirationstheorien und Aberglaube verfallen, so wie man optischen Täuschungen erliegt. Sie können sie zwar überprüfen, aber wenn Sie auf ein Gegenbeispiel treffen, werden Sie nicht gleich die Flinte ins Korn werfen, sondern weiter versuchen, an Ihrer Hypothese zu basteln. Auf jeden Fall werden Sie immer noch annehmen, dass *irgendwas* die Ursache ist.« Man kann sich auf jeden Fall leicht ein Leben (und, ganz besonders wichtig, eine Kindheit) vorstellen, das auf all diesen falschen Daten beruht, sodass die Vermutungen, die das Hirn anstellt, immer verrückter werden und, infolge einer wachsenden Verfestigung der Erwartungen, für immer aus dem Lot bleiben.

Es ist eine tiefe Tautologie, dass die Verrückten über keinen gesunden Menschenverstand verfügen, da dieser weit mehr ist als Logik. Verrückte denken oft *zu* streng, haben aber falsche Prämissen: »Sollte die CIA tatsächlich versuchen, unser Gehirn mit Radiowellen zu steuern, würde ein Hut aus Metallfolie sichere Abhilfe schaffen.« Was bei den verschiedenen Krankheiten in verschiedenem Maß fehlt, ist ein Gespür für Wahrscheinlichkeiten. Für einen Depressiven sind alle Chancen für eine glückliche Zukunft gleich Null. Manische Menschen ziehen Schlüsse, die von den Sinneseindrücken nicht gerechtfertigt werden. Bei einigen Formen von Verletzungen des Gehirns werden die Gefühle von der rationalen Intelligenz getrennt, wobei die Bedeutung von zukünftigem Schmerz oder Lustgewinn reduziert wird. Die Folge ist eine hemmungslose Risikobereitschaft. Störungen wie bei Autisten hindern uns, die Gedanken der anderen abzuschätzen. Die Welt erscheint voll irrationaler, Grimassen schneidender Wesen, die trotzdem aufgrund irgendwelcher telepathischer Fähigkeiten das Verhalten der anderen verstehen.

Eine der subtilsten und destruktivsten Störungen der Wahrscheinlichkeitsmechanismen führt zu einer Persönlichkeitsstruktur, die zuerst in den 1940ern von Hervey Cleckley benannt wurde: zur Psychopathie. Dem Psychopathen fehlt es nicht an rationaler Intelligenz, er (meistens ist es ein Mann) ist logisch, oft klug und charmant. Er weiß, was Sie hören wollen. Er weiß in Situationen, wo formale Regeln eingehalten werden müssen wie in der Schule, der Justiz oder Medizin, wie er sie zu seinem Vorteil ausnutzen kann. Seine Impulsivität bringt ihn in Schwierigkeiten, aber seine Intelligenz rettet ihn wieder. Er wird oft inhaftiert, aber selten verurteilt. Er könnte Ihnen ganz abstrakt erklären, was er durch sein Verhalten wahrscheinlich auslösen wird, etwa, wenn er Geld vom Nachbarn stehlen, seine Arbeitspapiere fälschen, seine Tanzpartnerin betatschen oder nackt mit einer Flasche Weizenkorn auf dem Kopf durch die Stadt rennen würde. Er kann sogar selbst kritisieren, dass er solche Dinge in der Vergangenheit getan hat, steht aber unter dem Zwang, seine Untaten zu wiederholen und »im Suff wieder wie ein Irrer loszurennen und sich in einen neuen blöden Schlamassel zu bringen«, wie es der Onkel einer der Klienten Cleckleys ausgedrückt hat. Der Defekt eines Psychopathen ist mangelnde Einsicht, die Unfähigkeit, die theoretische Wahrscheinlichkeit mit der aktuellen zu verbinden und so seinen Handlungen und ihren Konsequenzen einen Sinn zu geben. Seine Vorstellung von Ursache und Wirkung ist wie ein Syllogismus unter falschen Voraussetzungen: Er »funktioniert«, aber er *bedeutet* nichts.

Wir haben nun die Wahrheit durch ein Labyrinth verfolgt und sind vor einem Spiegel gelandet. Es zeigt sich, dass uns die Dinge ungewiss erscheinen, weil Gewissheit keine Eigenschaft der Dinge, sondern nur der Ideen ist. Die Dinge scheinen ihre ganz besondere Art zu haben, zu existieren oder sich zu ereignen, denn so sehen wir sie und so ordnen wir unsere Erfahrungen: Wir sind dem Zufall gegenüber blind und suchen das Muster im Chaos, den roten Faden im Knäuel, die Stimme im Wind und die Hand im Dunklen. Die rein formale Berechnung von Wahrscheinlichkeiten wird uns immer künstlich erscheinen, weil sie uns bei dem Sprung von der Wahrnehmung zu den aus ihr folgenden Schlüssen bremst und uns den Sprung bewusst macht. Sie zwingt uns, den tiefen Abgrund aus Ungewissheit und Zufall zur Kenntnis zu nehmen, der sich vor uns öffnet – und bekanntlich sind Sprünge niemals leicht, wenn man in die Tiefe schaut.

Eine so lange Geschichte hat natürlich eine Moral. Ein weiterer Bischof, diesmal ist es der Erzbischof von York, fragte einmal, als er im Radio laut nachdachte: »Hatten Sie schon einmal die Vorstellung, dass die Sehnsucht nach Gewissheit eine Sünde sein könnte?« Er wollte darauf hinaus, dass wir unser Menschsein verraten, wenn wir von etwas wissen, dass es nur *wahrscheinlich* ist, es aber für *wahr* halten. Wenn wir die Resultate unseres Nachdenkens über die Welt als deduktiv gewonnene, logische Fakten deklarieren (oder uns, noch schlimmer, auf eine höhere Autorität berufen, um unsere Schlüsse damit noch mehr zu untermauern), messen wir uns eine Macht zu, die per definitionem dem Übernatürlichen, Göttlichen vorbehalten ist. Die Lektion von Evas Apfel ist, dass in der Welt grundsätzlich alles ungewiss ist: Außerhalb des Paradieses ist alles nur wahrscheinlich.

Ist das eine schlimme Nachricht? Wohl kaum. Die Wahrscheinlichkeit zeigt, dass es zwischen dem Unmöglichen und dem ganz Gewissen unzählige Grade von Glauben gibt, und ähnlich gibt es auch verschiedene Stufen, die Aufgabe zu erfüllen, Mensch zu sein. Wenn Sie eine verlässliche Unterscheidung von Leib und Seele wollen, versuchen Sie es mit dieser: Unsere Körper sind wie alle Formen von Leben im Wesentlichen Entropie-Maschinen. Wir existieren, indem wir Energiegradienten abbauen, also hochkonzentrierte Dosen aufnehmen und sie in Form von Bewegung, Wärme, Lärm und Abfall verbrauchen und abbauen. Unsere Seelen schwimmen dagegen stromaufwärts und kämpfen gegen den Entropiefluss an. Jedes Neuron, jede Zelle enthält einen Maxwellschen Dämon in Form von Ionenkanälen, die sortieren und trennen und damit lokal Strukturen aufbauen, die nicht nur wie bei hirnlosen Automaten zum Urteilen und Handeln dienen, sondern auch zum Erinnern, Vorausdenken, Spekulieren und Erklären. Wir erzählen Geschichten und Witze – die besten von ihnen könnte man damit beschreiben, dass sie an unseren Sinn für Wahrscheinlichkeiten rühren.

Das ist unser Schicksal und unsere Verpflichtung: nach dem weniger Wahrscheinlichen, dem Zustand mit geringer Entropie zu suchen und ihn herbeizuführen. Das bedeutet verbinden, bauen, beschreiben, bewahren, erweitern ... sich bemühen und sich nicht unterwerfen. Wir denken nicht und denken über unser Denken nicht nach, weil wir jemals Gewissheit erlangen können, sondern weil es Formen von Ungewissheit gibt, die besser als andere sind. Bessere Erklärungen bedeuten mehr Sinn, weitere Anwendungsmöglichkeiten und weniger Entropie.

Und wenn wir das alles tun, müssen wir Mut beweisen, da es in der Welt der Wahrscheinlichkeiten keine allgemein verbindlichen Gesetze gibt, hinter denen man sich verstecken kann. Das Glück hilft dem Tüchtigen: Gut vorbereitet nimmt unser Geist dem Schicksal zumindest die Hälfte seines Schreckens. Und das nicht zuletzt, weil jedes Urteil, das wir fällen, und jede Entscheidung, die wir treffen – wenn wir es richtig machen –, Teil eines größeren und explizit menschlichen Strebens ist: des endlosen Kampfs gegen den Zufall.

Dank

Wir leben in einer wunderbaren Zeit, in der wir rund um den Globus neue Freunde finden können, die unsere Interessen teilen. An erster Stelle wollen wir allen danken, die sich zu Interviews für dieses Buch bereit erklärt haben oder uns ihr Fachwissen auf anderen Wegen zur Verfügung stellten. Wir ließen uns gern überzeugen, dass es in dieser Welt voller Ungewissheiten zu den Gewissheiten gehört, auch bei Unbekannten auf begeisterte Unterstützung zu treffen.

Peter Ginna, ein Freund von uns beiden, hat mit seinem Elan dazu beigetragen, dass wir mit dem Projekt begonnen haben. Beide konnten wir uns auf die Fähigkeiten und Talente zu Hause verlassen, sodass das Buch eigentlich das Werk unserer gesamten Familie ist.

Rick Kot und seine Mitarbeiter bei Viking haben das Manuskript in seiner letzten Fassung mit liebevoller Genauigkeit und hoher Professionalität und Zuverlässigkeit durchgearbeitet. Sie haben, wie viele andere, zu allem Schönen und Guten unseres Buches beigetragen – die Fehler und alles Misslungene gehen ganz auf unser Konto.

Register